高等职业教育精品工程系列教材

# 电机拖动与控制

## （第2版）


主　编　王晓敏　卫书满

副主编　何朝阳　叶林勇

参　编　钟雪莉　万江丽

陈经文　贾露梅





電子工業出版社

Publishing House of Electronics Industry

北京 • BEIJING

## 内 容 简 介

本书为适应高职高专机电类专业教学改革实际需要而编写，教材中共包含电机原理和电力拖动两部分，主要内容有直流电机、变压器、交流电机、微特电机的基本结构及理论，电动机的电力拖动、电动机的变频控制、常用低压电器及基本控制电路、电动机的运行维修。全书共分 8 章，为了适应工学结合、项目驱动的教学改革原则，各章均有电机拖动与控制的实验实训项目。每章前后均附有学习目标、学习要求提示及小结习题。

本书深度适宜，实用性强，层次分明，条理清晰，结构合理，重点突出，概念阐述清楚、准确，内容深入浅出，通俗易懂。可作为高等职业学院、高等专科学校、成人高校及民办高校机电一体化、应用电子技术、自动控制、仪器仪表测量、计算机应用、机械制造、数控加工和模具技术等专业的教学用书，也可作为相关专业的培训教材或相关工程技术人员的技术参考及学习用书。



**图书在版编目（CIP）数据**

电机拖动与控制 / 王晓敏，卫书满主编. —2 版. —北京：电子工业出版社，2016.8

ISBN 978-7-121-29621-5

Ⅰ. ①电… Ⅱ. ①王… ②卫… Ⅲ. ①电力传动－高等学校－教材②电机－控制系统－高等学校－教材 Ⅳ.①TM921②TM301.2

中国版本图书馆 CIP 数据核字（2016）第 182108 号

策划编辑：郭乃明
责任编辑：郭乃明　　特约编辑：范　丽
印　　刷：北京捷迅佳彩印刷有限公司
装　　订：北京捷迅佳彩印刷有限公司
出版发行：电子工业出版社
　　　　　北京市海淀区万寿路 173 信箱　邮编　100036
开　　本：787×1 092　1/16　　印张：18.25　　字数：467.2 千字
版　　次：2016 年 8 月第 1 版
印　　次：2021 年 7 月第 6 次印刷
定　　价：42.00 元

凡所购买电子工业出版社图书有缺损问题，请向购买书店调换。若书店售缺，请与本社发行部联系，联系及邮购电话：（010）88254888，88258888。

质量投诉请发邮件至 zlts@phei.com.cn，盗版侵权举报请发邮件至 dbqq@phei.com.cn。

本书咨询联系方式：QQ34825072。

# 前 言

我国的高等职业教育目前进入了新的发展时期，各高职高专院校将培养适应生产、管理、服务第一线需要的应用型高级技术人才作为办校的根本目标，因此，编写适用于职业教育特点，突出科学性、实用性、综合性的高职教材已成为一项极具重要意义的工作。

科学技术发展到现在，随着现代化的进程，电机的应用越来越广泛，掌握电机技术已是电气工程技术人员一项必不可少的本领。根据21世纪高职院校人才培养方案及课程教学的要求，结合现代电机及拖动控制技术发展的最新趋势，作者总结多年的教学和科研经验，从实用角度出发，编写了这本独具特色的教材。本书力求内容新颖，叙述简练，灵活应用。全书参考学时84学时，调整部分章节内容也可适用于42～64学时。具体安排可参考下表：

| 章节 | 课 程 内 容 | 学 时 数 | | |
|---|---|---|---|---|
| | | 合计 | 讲授 | 实训 |
| 绪论 | 电机及电力拖动的作用 | 4 | 4 | — |
| 第1章 | 直流电机 | 10 | 6 | 4 |
| 第2章 | 变压器 | 10 | 6 | 4 |
| 第3章 | 异步电机 | 10 | 6 | 4 |
| 第4章 | 微特电机 | 10 | 6 | 4 |
| 第5章 | 异步电动机电力拖动 | 10 | 6 | 4 |
| 第6章 | 电动机的变频控制 | 10 | 6 | 4 |
| 第7章 | 电力拖动控制系统 | 10 | 6 | 4 |
| 第8章 | 电动机的运行维修 | 10 | 6 | 4 |
| 总 计 | | 84 | 52 | 32 |

本书在编写过程中，力求做到以培养能力为主线。在保证基本概念、基本原理和基本分析方法的基础上，力求避免烦琐的数学推导。在教材的编排方面，力求遵循以下原则。

1．注重教材内容的实用性。本书内容的编排是根据机电设备应用的需要和发展现状而确定的，适应培养企业实用性人才的需要。本书从实用性出发，确定了以了解实际电机与拖动控制为目的，尽量保证电机与拖动控制技术的内容精炼、易懂，为读者学好本课程奠定了基础。

2．注重教材内容的理论联系实际。本书突出了应用基础理论解决实际问题的训练，通过对典型设备故障的诊断和维修实例进行分析，使课程学习与生产实际有机地结合起来。如本书的机电设备系统维修内容，不仅体现了机电系统故障诊断与维修的特点和机电结合的故障诊断与维修技术的综合性和先进性，而且还详细介绍了故障分析和排除的方法，对设备维修人员有较大的参考价值。

3．注重教材内容的先进性。本书编入了电机与拖动控制技术领域中的一些新理论、新技术和新工艺，为在生产中应用这些先进技术提供了参考。

4．注重教材内容的可用性，本书力求通俗易懂，详略得当，力图培养学生对电机与拖动控制技术能用、会用、会修的实际动手能力。

本书由王晓敏、卫书满任主编，何朝阳、叶林勇任副主编，第1章由三峡电力职业学院钟雪莉老师编写，第 2 章由三峡电力职业学院何朝阳老师编写，第 3 章由葛洲坝集团机电建设有限公司卫书满总工程师编写，第 4 章由三峡电力职业学院陈经文老师编写，第 5 章由三峡电力职业学院叶林勇老师编写，第 6 章由三峡电力职业学院万江丽老师编写，第 7 章由三峡电力职业学院贾露梅老师编写，绪论和第 8 章由三峡电力职业学院王晓敏老师编写，全书由王晓敏老师统稿。

在本书编写过程中，得到许多同志的支持和帮助；编写中还参考了一些电动机、电器、拖动控制等文献材料，在此一并表示诚挚的谢意。

由于作者的水平有限，时间仓促，书中错误、不妥及疏漏之处在所难免，恳切希望专家学者和读者不吝指教为盼。

编　者

2016 年 6 月

# 目　　录

# 绪　论

## 0.1　电机及电力拖动的作用

任何机械都是能量转换装置，电机是根据电磁感应原理实现机电能量转换的电力机械设备，包括发电机和电动机，在电气控制技术行业，一般将电动机简称为电机，本书作为专业用书，为符合行业惯例以便于理解，沿用此表述方式。

工业中的各种生产机械，在完成生产的过程中，普遍采用各种类型的电动机来拖动生产机械。这种以电动机为动力拖动生产机械的拖动方式称为电力拖动，或电机拖动、电气传动等。

### 0.1.1　电机的主要用途及分类

电机的用途极为广泛。在发电厂，由原动机带动发电机旋转，发电机可以输出交流电功率；在输配电系统中，为了节省材料并减少输电线路损耗，必须采用升压变压器，使交流发电机出口端的电压等级升高，将电能进行远距离传输后，再采用降压变压器降低电压等级，供用户使用；在用户端，电动机将电能转换成机械能，为生产机械提供动力。在电气传动控制系统中，广泛采用各种控制电机实现指示、随动、反馈等控制。

根据电机的用途及结构特点，电机可分成以下几种类型。

1）变压器（静止的电机）。

2）交流电机。包括同步电机、异步电机。

3）直流电机。包括直流发电机、直流电动机。

4）控制电机。包括测速发电机、伺服电机、自整角机、步进电机等。

### 0.1.2　电力拖动的作用及组成

电力拖动的根本任务，在于通过电机将电能转换成生产机械所需的机械能，以求满足工业企业完成加工工艺和生产过程的要求。这主要是由于电能的生产、变换、传输、分配、使用和控制都比较方便、经济。因此，电力拖动已成为现代工业企业中广泛采用的拖动方式，它具有许多其他拖动方式无法比拟的优点，例如：

1）电力拖动比其他形式的拖动（蒸汽、水力等）效率高，而且电动机与被拖动的生产机械连接简便，由电动机拖动的生产机械可以采用集中传动、单独传动、多电动机传动等方式；

2）异步电动机结构简单，规格齐全，价格低，效率高，便于维护；

3）电动机的种类和型号多，不同类型的电动机具有不同的运行特性，可以满足不同类型生产机械的要求；

4）电力拖动具有良好的调速性能，其启动、制动、反向和调速等控制简便，快速性好，易于实现完善的保护；

5）电力拖动装置参数的检测、信号的变换与传送都比较方便，易于组成完善的反馈控制系统，易于实现最优控制；

6）可以实行远距离测量和控制，便于集中管理，便于实现局部生产自动化乃至整个生产过程自动化。

随着自动控制理论的不断进步和半导体器件的大量采用，以及数控技术和电子计算机技术的发展，电力拖动装置的运行特性及品质大大提高了，它能更好地满足生产工艺过程的要求。采用电力拖动对提高劳动生产率和产品质量，提高生产机械运转时的准确性、可靠性和快速性，改善工人的劳动条件，节省人力，都具有十分重大的意义。因此，电力拖动，特别是自动化的电力拖动，成了现代工业生产电气化与自动化的基础与核心。

电力拖动装置一般由电动机、传动机构、生产机械、控制设备和电源等基本环节组成，如图 0-1 所示。其中，

1）电动机。包括异步电动机、直流电动机、同步电动机等。

2）传动机构。包括齿轮传动、皮带传动、联轴器传动、卷筒—钢绳传动等。

3）生产机械。包括泵与风机的叶轮、机床主轴、轧钢机轧辊、卷扬机、电力机车等。

4）控制设备。包括电气控制设备、控制电机等。

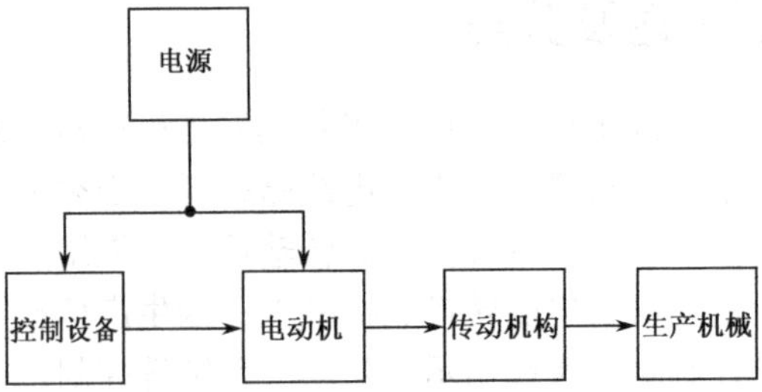


图 0-1　电力拖动装置方框图

电动机是一个机电能量转换元件，它将从电源输入的电能转换为生产机械所需要的机械能。

传动机构则是用以传递动力，实现速度和运动方式的变换。不同的传动方式，其使用场合不同，传动效率不同，工作原理不同。

电力拖动装置中的生产机械作为电动机的负载，靠传动机构将电动机轴上输出的机械功率传递给工作机构，它是实现电力拖动能量传递的主体对象。

控制设备的主要作用是，应用电力电子技术和计算机控制技术，从对电动机的控制入手，实现对生产机械运行特性的控制。控制系统的设计直接关系到电力拖动装置运行的可靠性和生产过程的自动化水平。

## 0.2　电机的基本电磁定律

自然界中存在着许许多多的客观规律，在电机理论中常用的基本电磁定律就是描述客观电磁规律的。

电机是通过电磁感应实现能量转换的机械设备。发电机将机械能转换成电能，电动机将

电能转换成为机械能，变压器则是将一种电压的电能转换成另一种电压的电能。但无论是发电机还是电动机或变压器，其工作原理都是建立在电磁感应定律、电路磁路定律和电磁力定律等基础之上的。为了掌握电机的运行原理和特性，复习一下这些基本电磁定律是很有必要的。下面简要地介绍这些定律的内容。

## 0.2.1 电路定律

1. 基尔霍夫第一定律

在电路的节点上，电流瞬时值的代数和等于零，即

$$\sum i = 0 \tag{0-1}$$

列电流方程时，先确定电流的正方向，对于正弦交流电路，电流用复数$\dot{I}$表示。

2. 基尔霍夫第二定律

在闭合电路中，沿着回路的巡行方向，电压降的代数和等于电动势的代数和，即

$$\sum u = \sum e \tag{0-2}$$

如果将电压看成负的电动势，则回路中的电动势的总和等于零。列回路方程时，先规定电流、电压降、电动势的正方向，再选定回路的巡行方向。凡电动势和电压降与巡行方向一致时取正号；反之取负号。对于正弦交流电路，其电流、电压降、电动势分别用复数$\dot{I}$、$\dot{U}$、$\dot{E}$表示。

## 0.2.2 磁路定律

1. 磁路欧姆定律

磁路中的磁通$\Phi$等于作用在磁路上的磁动势 $F$ 与磁导$\lambda_m$的乘积，磁导$\lambda_m$与磁阻$R_m$互为倒数，所以，磁路中的磁通$\Phi$等于作用在磁路上的磁动势 $F$ 除以磁路的总磁阻$R_m$，这就是磁路的欧姆定律。即

$$\Phi = F\lambda_m = \frac{F}{R_m} \tag{0-3}$$

电机的主磁路为分段磁路，由于各部分的材料、磁路长度不同，因而磁导不同，用$\lambda_{mk}$表示第$k$段磁路的磁导，单位为H，磁导与磁导率成正比，与磁路长度成反比，公式（0-3）还可以写成

$$\Phi = F\sum_1^n \lambda_{mk} \tag{0-4}$$

由于磁阻$R_m = \frac{1}{\mu}\cdot\frac{L}{A}$，所以磁路的磁阻取决于磁路的几何尺寸和所用材料的磁导率$\mu$。磁路的平均长度$L$越长，截面积$A$越小，磁阻就越大。材料的磁导率越大，磁阻就越小。所以电机的磁路大多采用铁磁材料。

2. 磁路基尔霍夫定律

在磁路节点上，磁通的代数和等于零，即

$$\sum \Phi = 0 \tag{0-5}$$

公式（0-5）表明，进入闭合面的磁通等于离开闭合面的磁通。如果磁通均按正弦规律变化，可用复数 $\dot{\Phi}$ 表示。

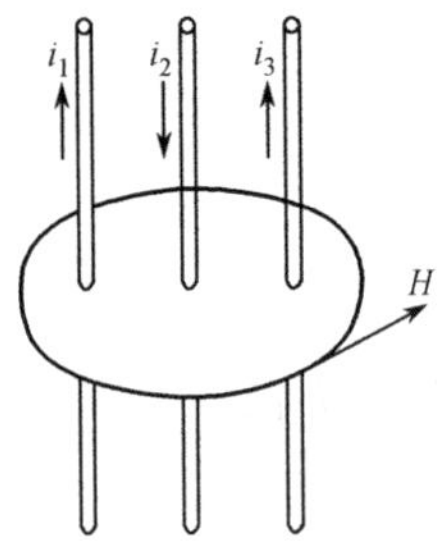


图 0-2　安培环路定律

3. 安培环路定律

闭合磁路中，磁场强度矢量的线积分等于该闭合回路所包围的各电流的代数和，即

$$\oint \vec{H} \cdot \mathrm{d}\vec{l} = \sum i \tag{0-6}$$

公式（0-6）中，电流的方向与磁场强度的方向符合右手螺旋规律，如图 0-2 所示，$i_1$、$i_3$ 取正值，$i_2$ 取负值。安培环路定律表明，载流导体周围必然存在着磁场。

## 0.2.3　电磁感应定律

假设有一线圈位于磁场中，则有磁力线穿过该线圈和它相链。当线圈的磁链发生变化时，会在线圈中感生电动势，单位为 V。线圈磁链的变化又分为两种情况。

① 线圈和磁场相对静止，而线圈中的磁通本身随时间交变，此时，在线圈中感生变压器电动势 $e$，$e$ 的大小正比于磁链的变化率，即

$$e = -\frac{\mathrm{d}\psi}{\mathrm{d}t} = -N\frac{\mathrm{d}\varphi}{\mathrm{d}t} \tag{0-7}$$

式中，$N$ 为线圈的匝数；$\psi$ 为线圈的磁链，$\psi = N\varphi$；负号表明感应电动势的方向总是企图产生一个阻止磁链变化的电流。当磁链增加时，$\mathrm{d}\varphi/\mathrm{d}t > 0$，$e < 0$，与指定正方向相反，产生去磁电流；当磁链减少时，$\mathrm{d}\varphi/\mathrm{d}t < 0$，$e > 0$，与指定正方向相同，产生助磁电流，如图 0-3 所示。

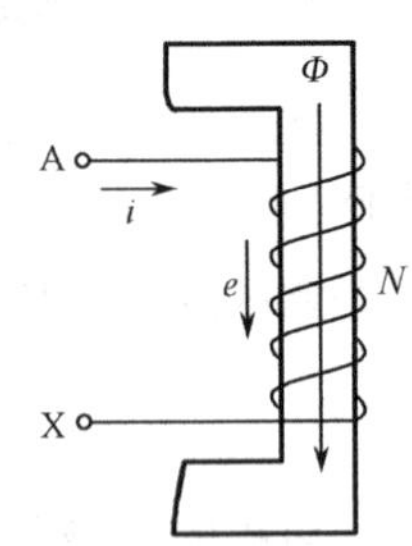


图 0-3　感应电动势的方向

② 恒定的磁场在空间按一定规律分布，导体以匀速运动切割磁力线时，在导体中感生速率电动势 $e$，$e$ 的大小正比于磁通密度和导体的切割速度，即

$$e = Blv \tag{0-8}$$

式中，$B$ 为导体所在处的磁通密度；$l$ 为导体的有效长度；$v$ 为导体相对磁场运动的线速度。

速率电动势的方向符合右手发电定则，如图 0-4 所示。伸开右手掌，拇指与其余四指相互垂直，掌心迎着磁力线，拇指为导体运动方向，四指所指的方向为速率电动势的方向。

## 0.2.4　电磁力定律

电磁力定律说明：载流的导体在磁场中将受到力的作用。由于这种力是磁场和电流相互

作用而产生的，故称为电磁力 $f$ ，单位为N。若磁场与导体相互垂直，则作用在导体上的电磁力为

$$f = Bli \tag{0-9}$$

式中，$B$ 为导体所在处的磁通密度；$l$ 为导体的有效长度；$i$ 为导体中的电流。

电磁力的方向符合左手电动机定则，如图 0-5 所示。伸开左手掌，拇指与其余四指相互垂直，掌心迎着磁力线，四指指向电流方向，拇指所指的方向为电磁力的方向。或者是根据右手螺旋法则画出电流 $i$ 产生的磁力线，把这种磁力线与导体所在处的外磁场磁力线叠加，这样将使导体一边的磁力线增加，另一边减少，电磁力的方向是从磁力线密的一边指向磁力线疏的一边，如图 0-6 所示。

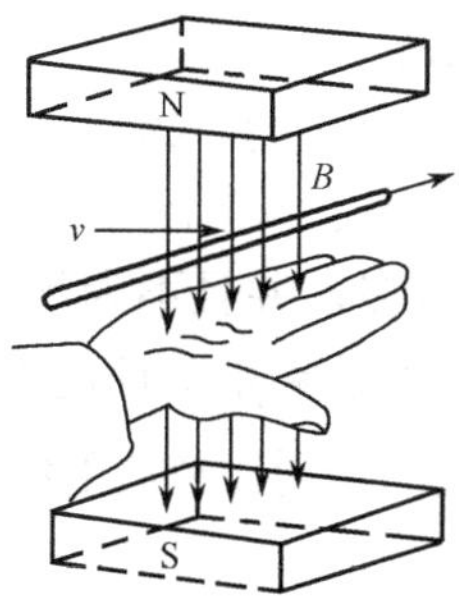


图 0-4　右手发电机定则

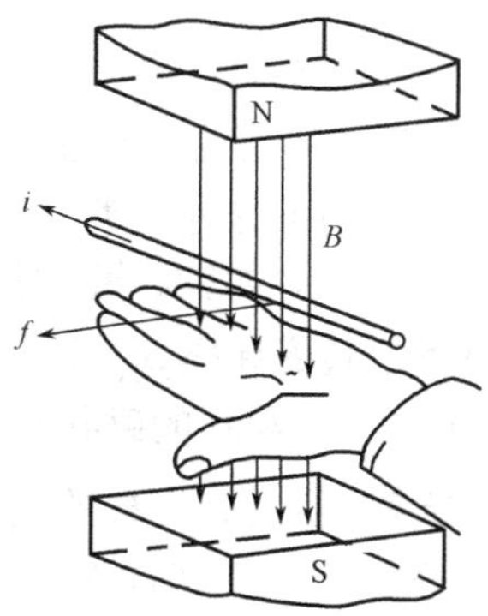


图 0-5　左手电动机定则

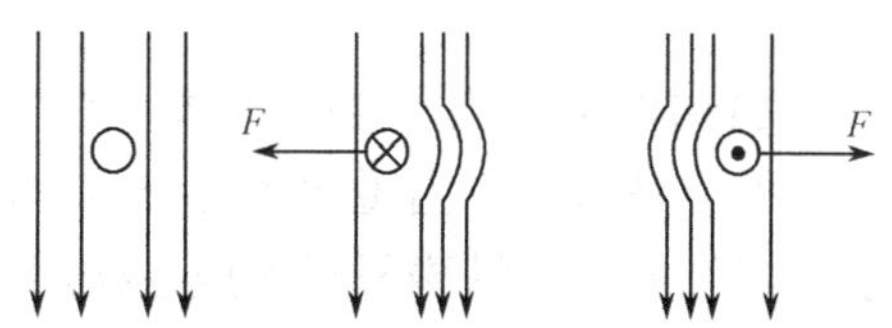


（a）电流$i$=0　（b）电流$i$流入纸面　（c）电流$i$流出纸面

图 0-6　电磁力的方向确定

### 0.2.5　能量转换规律

电磁感应定律和安培力定律合在一起，是电机实现机电能量转换的理论基础。旋转电机中，导体的感应电动势 $e=Blv$ ，其电功率瞬时值 $p=ei=Blvi$ ，机械功率 $p=fv=Blvi$ ，显然，由速率电动势所产生的电功率恰好等于电磁力所产生的机械功率。电功率和机械功率同时存在，电机的运行状态不同，则功率方向不同。发电机中，$e$ 和 $i$ 同方向，输出电功率；$f$ 和 $v$ 反方向，吸取机械功率。电动机中， $f$ 和 $v$ 同方向，输出机械功率；$e$ 和 $i$ 反方向，吸取电功率。

## 0.3　电机铁磁材料的特性

电机是依据电磁感应原理实现能量转换的，其内部要构成完整的磁路，独立的电路，带电导体之间要相互绝缘，还要有构成电机整体的结构部分。因此，制造电机要用到以下四种材料。

① 电阻率低的导电材料；

② 导磁性能高的铁磁材料；

③ 介电强度高、耐热性好的绝缘材料；

④ 机械强度高的结构材料。

本节仅讨论铁磁材料的特性。各种电机在通过电磁感应作用而实现能量转换时，磁场是它的媒介。因此，电机中必须具有引导磁通的磁路。为了在一定的励磁电流下产生较强的磁场，电机和变压器的磁路都采用导磁性能良好的铁磁材料制成。

## 0.3.1 磁导率及磁场强度

将一个通电线圈置于不同的介质中，可以发现其磁感应强度不同，说明不同介质的导磁性能不同。磁导率$\mu$表征物质的导磁性能，其单位是 H/m。

物质按导磁性能强弱可分为三类：顺磁性物质，如空气、铝、铬等，其磁导率略大于真空磁导率 $\mu_0$；逆磁性物质，如铜、氢、铅等，其磁导率略小于真空磁导率 $\mu_0$；铁磁性物质，如铁、钴、镍、钢等，其磁导率 $\mu_{Fe}$ 比真空磁导率 $\mu_0$ 大得多，并且不为常数。

试验表明，所有非铁磁材料的磁导率都接近于真空的磁导率 $\mu_0$，而磁铁材料的磁导率 $\mu_{Fe}$ 远远大于真空的磁导率。因此在同样的电流下，铁芯线圈的磁通比空心的线圈磁通大得多。

磁场强度用符号 $H$ 表示，其定义为

$$H = \frac{B}{\mu} \tag{0-10}$$

其中，磁通密度 $B$ 的单位是 T，$1T=10^4Gs$；磁场强度 $H$ 表示单位长度磁路上作用的磁动势，磁动势的单位是 A，磁场强度的单位是 A/m。当磁通密度一定时，磁导率越大，所需的磁动势越小。为此，电机中采用了导磁性能好的铁磁材料构成主磁路，如硅钢片、钢板、铸钢，其磁导率 $\mu_{Fe} \approx (2000\sim6000)\,\mu_0$。

## 0.3.2 磁化曲线

铁磁物质的磁导率之所以很大，是由于铁磁物质内部存在着许多天然磁畴，未被磁化时，各磁畴杂乱无章地排列着，对外不显磁性，如图 0-7（a）所示。当铁磁物质放入磁场后，在外界磁场的作用下，各磁畴逐渐转向，形成附加磁场，与外磁场方向一致，使外磁场增强，如图 0-7（b）所示。这种现象称为磁化。

在磁化过程中，磁通密度 $B$ 随磁场强度 $H$ 变化的关系曲线称为磁化曲线。铁磁材料的磁化曲线 $B=f(H)$为非线性关系，如图 0-8 所示。曲线大致分为两段：第一段 $Oa$ 为线性段，磁通密度较低，当外磁场由零开始增加时，能引起相应数量的磁畴开始转向与外磁场方向一致，使磁场增强，因此磁通密度随磁场强度几乎成正比上升，即：$B=\mu H$，$\mu$=常数；第二段 $ab$ 为饱和段，磁通密度较高，由于大部分磁畴已与外磁场方向渐趋一致，当外磁场继续增加时，可转向的磁畴越来越少，因此磁通密度已不再随磁场强度成正比增加，这种现象称为磁饱和。此时，磁化曲线的斜率逐渐变得平缓，磁导率$\mu$逐渐减小。$b$ 点称为饱和点。$b$ 点以后，所有的磁畴几乎都已与外磁场方向一致，$B$ 随 $H$ 的增加变得非常缓慢，铁磁材料的磁导率$\mu$进一步减小。

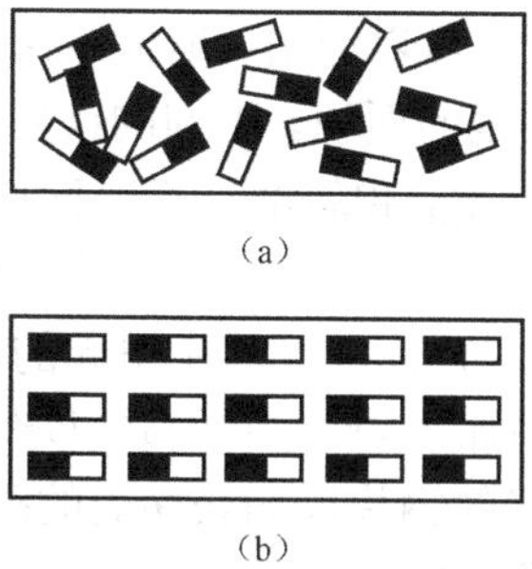


图 0-7　铁磁物质的磁畴

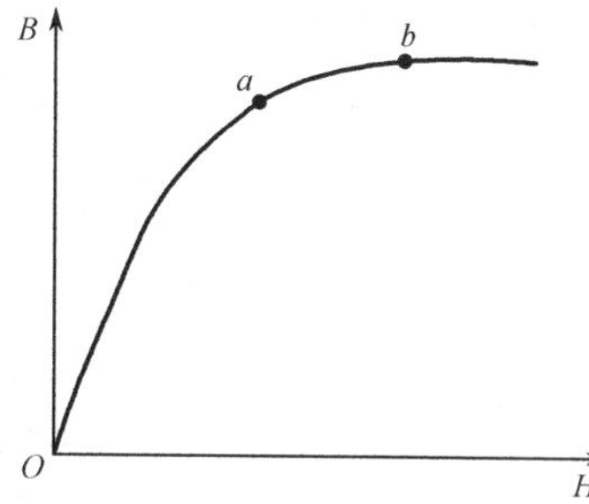


图 0-8　铁磁材料的磁化曲线

在设计电机时，为了充分利用铁磁材料，磁通密度不能选得太低，而为了减小励磁安匝数，应使磁导率较高，磁通密度又不能选得太高，综合考虑，通常将磁通密度 $B$ 值选择在 $a$ 点（称为膝点）附近。

## 0.3.3　磁滞回线

由试验可以证明，对铁磁材料进行交变磁化时，其内部的磁畴在随外磁场转向、排列的过程中，相互之间要产生摩擦，因此，磁通密度 $B$ 的变化总是滞后于磁场强度 $H$ 的变化，称之为磁滞现象，如图 0-9 所示。由图 0-9 可见：

① 当增加励磁电流，使磁场强度 $H$ 由零上升到最大值 $+H_m$ 时，磁通密度 $B$ 沿 $OP_2$ 曲线变化，$P_2$ 点为（$H_m$，$B_m$）。

② 当励磁电流逐渐减小到零并反方向增加时，磁场强度由 $+H_m$ 向 $-H_m$ 变化，磁化曲线的轨迹为 $P_2 \to P_3 \to P_4 \to P_5$。$P_3$ 点为（0，$B_r$），磁场强度已减小到零，但磁通密度 $B_r>0$，$B_r$ 称为剩磁。虽然外磁场消失，但磁畴未能全部恢复原状，顺外磁场排列的部分磁畴被保留下来，但 $B_r$ 不为 0。$P_4$ 点为（$-H_c$，0），磁场强度变化到 $-H_c$ 时，磁通密度才减小到零，显然 $H_c$ 是消除剩磁所需的反向磁场强度，称为矫顽力。

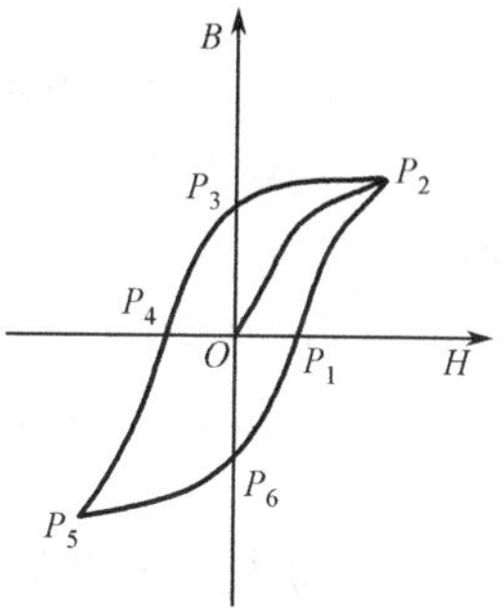


图 0-9　铁磁材料的磁滞曲线

③ 当磁场强度由 $-H_m$ 向 $H_m$ 变化时，磁化曲线的轨迹为 $P_5 \to P_6 \to P_1 \to P_2$。分析方法同②。

由于磁滞现象，磁化曲线的上升曲线和下降曲线不重合，二者围成对称于原点的闭合曲线 $P_1 \sim P_6$，称为磁滞回线。对同一种材料取不同的 $H_m$ 值可测得若干条磁滞回线，过原点将所有磁滞回线的顶点连接起来，就可得到一条工程上常用的基本磁化曲线。

不同的铁磁材料，其磁滞回线形状各不相同，可大致分为两类：

软磁材料，如铸铁、铸钢、硅钢片等，其磁滞回线的面积较窄，$B_r$ 及 $H_c$ 均较小，$\mu_{Fe}$ 较大，用来制造普通电机和变压器的铁芯。

硬磁材料，如铝、镍、钴、铁的合金和稀土合金等，其磁滞回线的面积较宽，$B_r$ 及 $H_c$ 均较大，可用来制造永久磁铁、磁滞电机等。

## 0.3.4　磁滞损耗与涡流损耗

铁磁材料在交变磁化过程中，其内部磁畴在不停地转动、相互摩擦的同时，将消耗一定

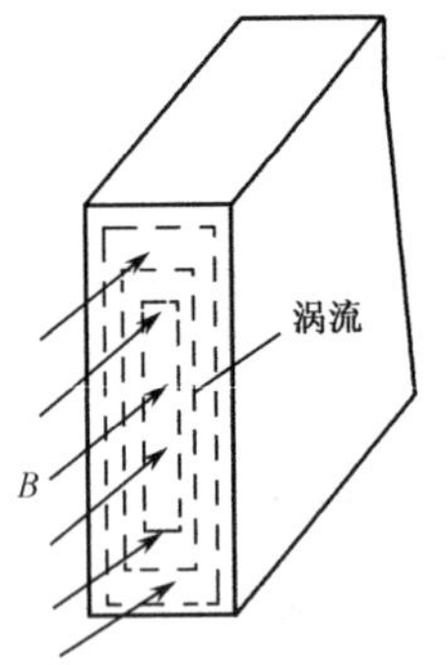

图 0-10　铁芯中的涡流

的能量，这种能量损失称为磁滞损耗。可以证明，单位体积内的磁滞损耗正比于磁场交变的频率 $f$ 和磁滞回线的面积。不同的铁磁材料，磁滞损耗不同。例如，软磁材料的磁滞回线面积较窄，磁滞损耗小。

当通过铁芯的磁通交变时，根据电磁感应定律，铁芯中将产生感应电动势并呈现涡流，如图 0-10 所示。涡流在铁芯中引起的损耗称为涡流损耗。为了减小涡流损耗，在钢中加入 4%左右的硅以增大铁芯的电阻率，并将整块铁芯分割成相互绝缘的钢片以加长涡流的路径，因此，电机和变压器的铁芯都用 0.35mm 或 0.5mm 厚的硅钢片叠制而成。

通常将磁滞损耗和涡流损耗合在一起，统称为铁耗，用 $p_{\mathrm{Fe}}$ 表示。对于某一种材料，铁耗的大小与铁芯中磁通交变频率 $f$ 及磁通密度 $B_{\mathrm{m}}$ 有关，即

$$p_{\mathrm{Fe}} \propto f^{a} B_{\mathrm{m}}{}^{2} \tag{0-11}$$

式中，$1<a<2$，对于硅钢片，$a=1.2\sim1.6$。

## 0.4　本课程的任务和特点

“电机拖动与控制”是机电专业的技术基础课之一。它主要从电机拖动系统的要求出发，分析研究交、直流电机和变压器的基本结构、工作原理、基本电磁关系和运行特性。特别是深入、系统地讨论电机拖动装置的静态和动态特性，它所研究的电机拖动装置的基本理论，在一定程度上体现了本专业的性质和基本任务。

在自动化电机拖动系统中，晶闸管等新型半导体器件的应用，数控和电子计算机等新技术在机电领域的应用，都是立足于改善和提高电机拖动系统的静态和动态品质，使生产机械和生产工艺过程处于最优状态。

“电机拖动与控制”课程在整个专业的学习中，具有承上启下的性质。它是在“电工与电子”等基础课的基础上开出的，运用“电工与电子”等课程中的基本理论来进行研究和分析，又为学习“机电控制技术”等后续课程准备必要的基础知识。

“电机拖动与控制”是一门既有基础性又有专业性的课程，因而与“电工与电子”等基础课程的性质不相同。在“电工与电子”课程中所要解决的问题，大都是理想化了的，因而比较单纯，系统性比较强，能用较严密的数学模型予以描述和分析，从而抓住问题的物理本质，得出一般性的结论。而在“电机拖动与控制”课程中，不仅有理论性的推导与分析，还需要运用基本理论分析和研究某些实际问题。而实际问题的客观情况往往是比较复杂的，综合性的。因此在分析时，有必要运用工程观点和工程方法将问题简化，找出主要矛盾，然后运用理论给予解决。这样所得的结果，已经足够正确地反映客观实际。在工程实践上，这不仅是必要的，而且也是可行的。

在“电机拖动与控制”课程的学习中，还必须注意掌握分析问题的方法。例如就各种电机的结构、工作原理等来讲，还是比较复杂的。但就其电磁物理本质而言，总可以用基本平衡方程、等效电路和相量图（对交流电机和变压器）等予以描述。也就是说，可以用这三种工具来描述其物理本质，以便在不同的场合使用不同的工具进行分析和研究。这三种工具虽不相同，各有各的用处，但三者是有联系的，也是统一的。

# 第1章 直流电机

## 知识目标

本章的知识目标在于了解直流发电机和直流电动机的组成与分类，掌握直流电机的基本结构及各部件的作用，熟悉电枢绕组的特点和连接方式，了解影响电枢反应性质的因素及电枢反应对机电能量转换的作用。分析换向的物理过程和改善换向的主要方法，掌握直流发电机的运行特性和直流电动机的工作特性，熟悉三种典型的生产机械负载特性，熟悉直流电动机的电力拖动过程，了解直流电动机的故障分析和维护方法。了解直流电机的应用现状和发展趋势。

注意本章难点是直流电机电枢反应的性质及电枢反应对机电能量转换的作用。

## 能力目标

| 能力目标 | 知识要点 | 相关知识 | 权重 | 自测分数 |
|---|---|---|---|---|
| 直流电机的结构和分类 | 直流电机的结构、组成、分类、铭牌 | 直流电机基本结构及各部件作用、电枢绕组的特点和连接方式、电枢反应对机电能量转换的作用 | 30% | |
| 直流电动机的工作特性 | 直流发电机的运行特性和直流电动机的工作特性 | 三种典型的生产机械负载特性 | 20% | |
| 直流电动机的电力拖动 | 直流电动机的电力拖动过程 | 直流电动机的启动、制动与调速 | 30% | |
| 直流电动机故障分析和维护 | 直流电动机的故障分析和维护方法 | 直流电动机运行时的换向故障和运行性能 | 20% | |

直流电机是实现直流电能和机械能互相转换的电气设备。其中将直流电能转换为机械能的称为直流电动机，将机械能转换为直流电能的称为直流发电机。

直流电动机的主要优点是启动性能和调速性能好、过载能力大，因此，应用于对启动和调速性能要求较高的生产机械。例如大型机床、电力机车、内燃机车、城市电车、电梯、轧钢机、矿井卷扬机、船舶机械、造纸机和纺织机等都广泛采用直流电动机作为原动机。

直流电机的主要缺点是存在电流换向问题。由于这个问题的存在，使其结构、生产工艺复杂化，且使用有色金属多，价格昂贵，运行可靠性差。随着近年电力电子学和微电子学的迅速发展，将来在很多领域内，直流电动机将逐步为交流调速电动机所取代，直流发电机则正在被电力电子器件整流装置所取代。不过在今后一个相当长的时间内，直流电机仍在许多场合继续发挥作用。

# 1.1　直流电机结构及工作原理

直流电机可以分为直流发电机和直流电动机两大类，其工作原理可以通过直流电机的简化模型进行说明。

## 1.1.1　直流发电机的工作原理

直流发电机的工作原理就是将电枢线圈中感应的交变电势靠换向器的作用，从电刷端引出时成为直流电势的原理。图 1-1 为直流发电机的模型图。在定子主磁极 N、S 之间有一转子铁芯。定子与转子之间的间隙称为气隙。铁芯表面放置线圈 *abcd*，线圈的引线分别连接到两个换向片上，换向片之间相互绝缘并可随线圈一同转动，整个转动部分称为电枢。转子线圈与外电路的连接，是通过压在换向片上固定不动的电刷 A、B 实现的。

当转子在原动机的拖动下按逆时针方向匀速旋转时，根据电磁感应定律可知，线圈的有效边 *ab* 和 *cd* 切割磁力线，线圈中将产生感应电动势。在图 1-1（a）所示时刻，用右手定则可确定电动势方向为 $d\rightarrow c\rightarrow b\rightarrow a$。于是对外电路来说，电刷 A 呈正电位，极性为“+”，电刷 B 呈负电位，极性为“–”。

当线圈旋转 180° 后，在图 1-1（b）所示时刻，电动势方向为 $a\rightarrow b\rightarrow c\rightarrow d$。由于电刷 A 始终与转到 N 极下的有效边相接触，电刷 B 始终与转到 S 极上的有效边相接触，所以，对外电路来说，电刷 A 仍呈正电位，极性为“+”，电刷 B 仍呈负电位，极性为“–”。

由此可见，线圈中的感应电动势虽然改变方向，但电刷引出的电动势方向却始终不变，从而获得直流电动势输出。

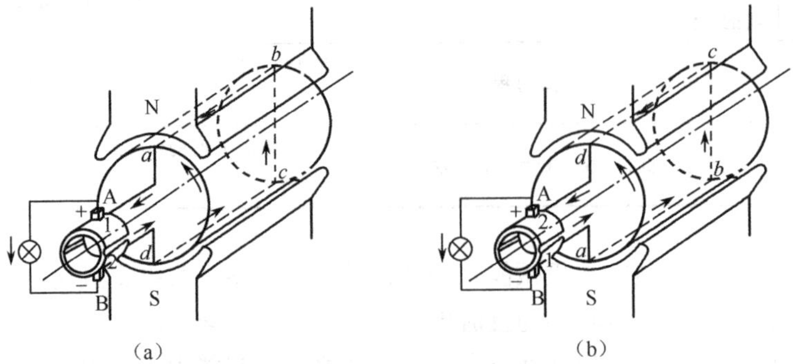


图 1-1　直流发电机的模型

**特别提示**

显然，只有一个线圈的直流发电机，电刷间的电动势是脉动电动势，且波动很大，不适于作为直流电源使用。实际应用的直流发电机，由较多的线圈和换向片组成电枢绕组，这样可以在很大程度上减小其脉动幅值，可以看成是恒定直流电源。由此得出直流发电机的工作原理是：

直流发电机转子在原动机拖动下旋转时，根据电磁感应定律，转子线圈中将产生感应电动势。在换向器作用下，线圈中交变的感应电动势虽然改变方向，但电刷引出的电动势方向不变。由许多线圈构成的电枢绕组使输出的直流电动势脉动很小，对外可看成恒定的直流电源。

## 1.1.2 直流电动机的工作原理

直流电动机的基本结构和直流发电机一样。

如图 1-2 所示为直流电动机的模型图。电刷 A、B 接上直流电源，电流从电刷 A 流入，由电刷 B 流出。在图 1-2（a）所示时刻，线圈中电流方向为 $a \to b \to c \to d$，根据电磁力定律，用左手定则可确定线圈将受到逆时针方向的转矩作用。

当线圈旋转 180° 后，线圈有效边 $dc$ 处于 N 极下，$ab$ 处于 S 极上，但在线圈中流过的电流方向也改变为 $d \to c \to b \to a$，所以线圈仍然受到逆时针方向的转矩作用。线圈始终保持同一旋转方向。

换向器由互相绝缘的换向片构成，装在轴上与电枢一同旋转，换向器又与两个固定不动的电刷 A、B 相接触，这样当直流电压加于电刷时，换向器的作用使外电路的直流电流改为线圈内的交变电流，这种换向作用称为逆变，以保证每极下导体中所流过的电流方向不变，从而使电机连续地旋转。

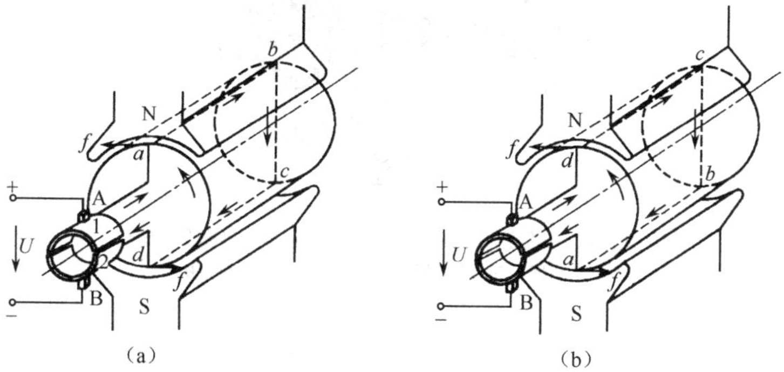


图 1-2　直流电动机的模型

所以，当直流电动机加上直流电源后，转子线圈上有电流流过。根据电磁力定律，带电线圈在磁场中受到电磁力的作用而产生电磁转矩。换向器使外电路的直流电流改为线圈内的交变电流，以保证每极下导体中所流过的电流方向不变，持续产生的电磁转矩使电动机带动负载做功。这就是直流电动机的工作原理。

实际的直流电动机，电枢圆周上均匀地嵌放许多线圈，相应地，换向器由许多换向片组成，使电枢线圈所产生的总的电磁转矩足够大并且比较均匀，电动机的转速也就比较均匀。

从以上分析可以看出，一台直流电机原则上既可以作为电动机运行，也可以作为发电机运行，电机的实际运行方式取决于外界不同的条件。将直流电源加于电刷，输入电能，将电能转换为机械能，作为电动机运行；如用原动机拖动直流电机的电枢旋转，输入机械能，将机械能转换为直流电能，从电刷上引出直流电动势，作为发电机运行。

特别提示

同一台电机，既能作为电动机运行，又能作为发电机运行的原理，称为电机的可逆原理。但是在设计电机时，须考虑两者运行的特点有一些差别。例如，如果作为发电机则应在同一电压等级下，发电机比电动机的额定电压值稍高，以补偿电源至负载沿路的电压损失。

### 1.1.3 直流电机的基本结构

直流电机由定子和转子两大部分构成。定子产生磁场，转子产生感应电动势或电磁转矩。

定子部分包括机座、主磁极、换向磁极、端盖和电刷等装置；转子部分包括电枢铁芯、电枢绕组、换向器、转轴和风扇等部件，如图 1-3 所示。

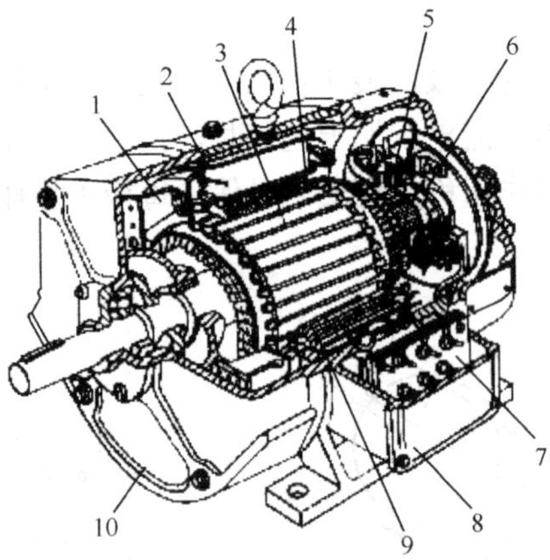


1—风扇；2—机座；3—电枢；4—主磁极；5—电刷及附件；
6—换向器；7—接线板；8—出线盒；9—换向极；
10—端盖带轴承座

图 1-3 直流电机的结构

下面介绍直流电机主要部件的作用与基本结构。

1. 定子部分

（1）机座

机座既可以固定主磁极、换向极和端盖等，又可以是电机磁路的一部分（称为磁轭）。机座用铸钢或厚钢板焊接而成，具有良好的导磁性能和机械强度。目前由薄钢板和硅钢片制成的叠片机座，应用也相当广泛。

（2）主磁极

主磁极的作用是建立主磁场，主磁极由主磁极铁芯和套装在铁芯上的励磁绕组组成，如图 1-4 所示。铁芯一般由 1.0~1.5mm 厚的低碳钢板冲片叠压而成，包括极身和极靴两部分。极靴做成圆弧形，其作用是使主磁在通过气隙时分布得更合理并且固定励磁绕组。绕组中通入直流电流。整个磁极用螺栓固定在机座上。

（3）换向器

换向器用来换向，由铁芯和套在铁芯上的绕组构成。换向器铁芯一般用整块钢制成，如换向要求较高，则用 1.0~1.5mm 厚的钢板叠压而成，其绕组中流过的是电枢电流。换向器装在相邻两主磁极之间，用螺钉固定在机座上。

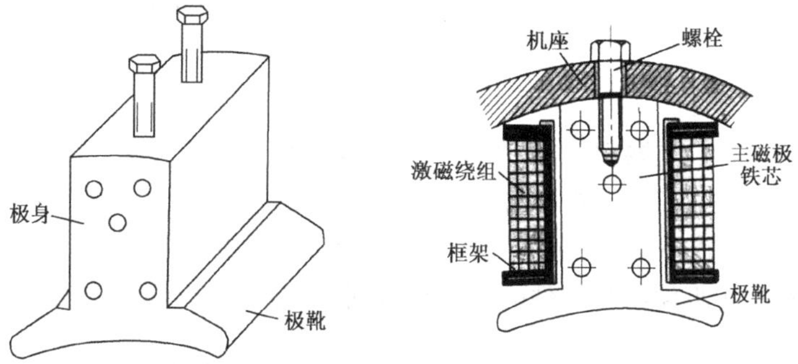


（a）　　（b）

图 1-4　直流电机的主磁极

（4）电刷

电刷与换向器配合可以将转动的电枢绕组电路和外电路连接，将电枢绕组中的交流量转变成外电路中的直流量。电刷装置由电刷、刷握、刷杆、刷杆座和弹簧压板等组成，如图 1-5 所示。电刷组的个数一般等于主磁极的个数。

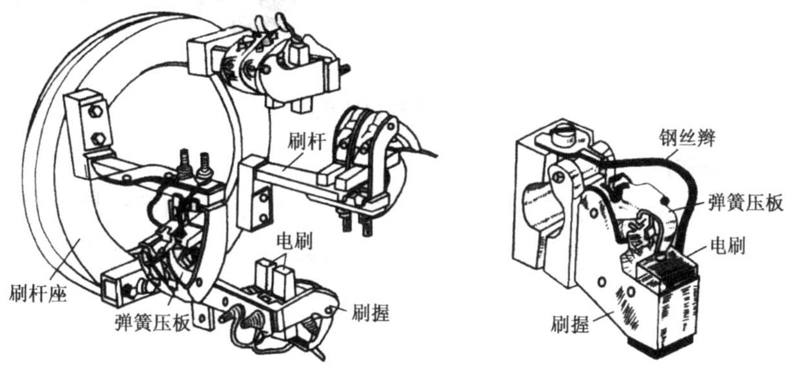


（a）电刷装置　　（b）电刷与刷握的装配

图 1-5　电刷装置

2. 转子部分

（1）电枢铁芯

电枢铁芯是电机磁路的一部分，其外圆周开槽，用来嵌放电枢绕组。电枢铁芯一般用厚 0.5mm、涂有绝缘漆的硅钢片冲片叠压而成，如图 1-6 所示。电枢铁芯固定在转轴或转子支架上。铁芯较长时，为加强冷却，可以将电枢铁芯沿轴向分成数段，段与段之间留有通风孔。

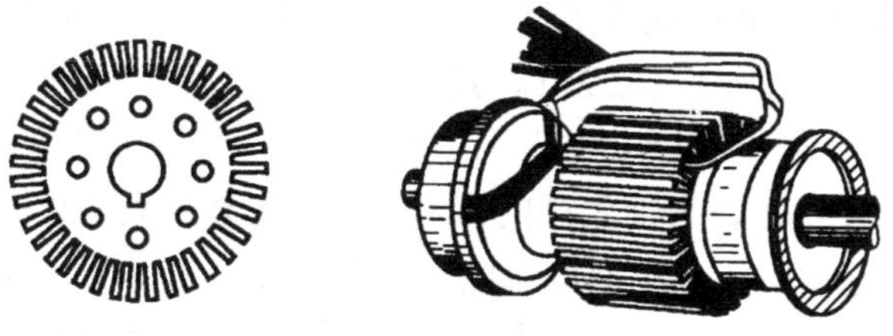

图 1-6　电枢铁芯

（2）电枢绕组

电枢绕组是直流电机的主要组成部分，其作用是产生感应电动势、通过电枢电流，它是电机实现机电能量转换的关键部件。通常用绝缘导线绕成的线圈（或称元件），按一定规律连接而成。

（3）换向器

换向器是直流电机的重要部件，在发电机中可将电枢绕组中交变的电流转换成电刷上的直流，起整流作用，而在直流电动机中将电刷上的直流变为电枢绕组内的交流，即起逆变作用。

换向器与转轴固定在一起，是由多个紧压在一起的梯形铜片构成的一个圆筒，片与片之间用一层薄云母绝缘，电枢绕组各元件的始端和末端与换向片按一定规律连接，如图 1-7 所示。

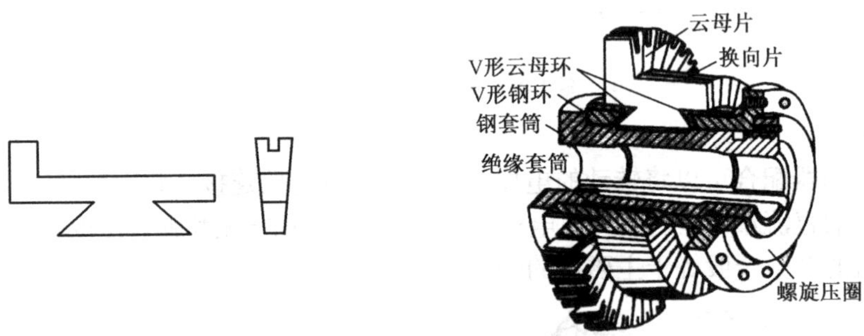


（a）换向片　　（b）换向器

图 1-7　换向器的机构

（4）转轴、支架和风扇

对于小容量直流电机，电枢铁芯就装在转轴上。对于大容量直流电机，为减少硅钢片的消耗和转子重量，轴上装有金属支架，电枢铁芯装在支架上，此外，在轴上还装有风扇，以加强对电机的冷却。

## 1.2　直流电机的铭牌和绕组

为正确地使用直流电机，使电机在既安全又经济的情况下运行，直流电机在外壳上都装有一个铭牌，上面标有直流电机的型号和有关物理量的额定值。

### 1.2.1　型号

电机产品的型号一般用大写印刷的汉语拼音字母和阿拉伯数字组成，表示该直流电机所属的系列和主要的结构尺寸。其中汉语拼音字母是根据电机的全名称选择有代表意义的汉字，再从该字的拼音中得到，例如 $Z_A$-112/2-1。其中，Z 表示直流电动机；A 表示设计系列号；112 表示中心高 112mm；2 表示级数；1 表示 1 号铁芯（1 号为短铁芯，2 号为长铁芯）。

国产的直流电机种类很多，目前生产的直流电机的主要系列有以下几种。

Z 系列：为一般用途的防护式小型直流电机系列，其中 $Z_2$ 系列有电动机、发电机和调压发电机。$Z_3$ 系列是在 $Z_2$ 系列的基础上发展而成的，用途与 $Z_2$ 系列相同，但性能有所改善。

$Z_4$系列直流电动机是20世纪80年代研制的新一代一般用途的小型直流电动机，该机采用八角形全叠片机座，适用于整流电源供电。

ZF和ZD系列：为一般用途的中型直流电机系列。“F”表示发电机，“D”表示电动机。

ZZJ系列：为起重、冶金用直流电动机系列。

此外，还有ZQ直流牵引电动机系列、Z-H和ZF-H船用电动机和发电机系列等，可在使用时查电机目录或有关电机手册。

## 1.2.2 额定值

额定功率 $P_N$：是指直流电机的输出功率，也称额定容量。单位为W或kW。对于直流发电机，是指发电机带额定负载时，电刷端输出的电功率；对于直流电动机，是指电动机带额定负载时，转轴上输出的机械功率。因此，直流发电机的额定容量应为

$$P_N=U_N I_N$$

而直流电动机的额定容量为

$$P_N=U_N I_N \eta_N$$

式中，$\eta_N$是直流电动机的额定效率，它是直流电动机带额定负载运行时，输出的机械功率与输入的电功率之比。额定电压 $U_N$ 是指在额定工作条件下，直流电机出线端的平均电压，对于发电机系指输出额定电压；对于电动机系指输入额定电压，单位为V。额定电流 $I_N$ 是指直流电机在额定电压下，运行于额定功率时的电流值，单位为A。额定转速 $N_N$ 是指对应于额定电压、额定电流和直流电机运行于额定功率时所对应的转速，单位为r/min。额定转矩 $T_N$，其大小应是输出的额定机械功率除以转子额定角速度，即

$$T_N=\frac{P_N}{\Omega_N}=\frac{P_N}{\frac{2\pi n_N}{60}}=9.55\frac{P_N}{n_N}$$

此式在交流电动机中同样适用。

**特别提示**

直流电机运行时，当各物理量均处在额定值时，电机处在额定状态运行；若电流超过额定值，则被称为过载运行；电流小于额定值，被称为欠载运行。实际运行中，电机不可能总是工作在额定运行状态，长期的过载或欠载运行都不好。长期过载有可能因过热而损坏电机，长期欠载则运行效率不高，浪费容量。为此，在选择电机时，应根据负载的要求，尽可能让电机工作在额定状态。

**【例1-1】** 一台直流电动机其额定功率 $P_N$=160kW，额定电压 $U_N$=220V，额定效率 $\eta_N$=90%，额定转速 $n_N$=1500r/min，求该电动机额定运行状态时的输入功率、额定电流及额定转矩各是多少。

**解**：额定输入功率 $$P_1=\frac{P_N}{\eta_N}=\left(\frac{160}{0.9}\right)\text{kW}=177.8\text{kW}$$

额定电流 $$I_N=\frac{P_N}{U_N\eta_N}=\left(\frac{160\times10^3}{220\times0.9}\right)\text{A}=808.1\text{A}$$

额定转矩 $$T_N = 9.55\frac{P_N}{n_N} = \left(9.55 \times \frac{160 \times 10^3}{1500}\right) \text{N} \cdot \text{m} = 1018.7\text{N} \cdot \text{m}$$

## 1.2.3 直流电机的电枢绕组

电枢绕组是直流电机的核心部件，用来感应电势和通过电流，直流电机中能量的变换就是通过电枢绕组来实现的。本节主要介绍直流电机电枢绕组的构成原则和常见的单叠单波绕组。

直流电机的电枢绕组由许多结构和形状相同的绕组元件构成。所谓绕组元件是指两端分别与不同换向片相连接的单匝或多匝线圈。全部元件按一定规律通过换向片串联起来构成一个闭合回路，这是直流电机电枢绕组的一个特点。

不论单匝或多匝线圈，绕组元件都嵌放在电枢铁芯槽内，通常采用双层结构，即每个槽中安放双层元件边，分为上、下层。每个绕组元件的一个有效边放在一个槽的上层，另一个有效边则放在另一个槽的下层。每个绕组元件的两个端头分别焊接在两个换向片上。

由于每个绕组元件有两个元件边，而每个槽里又放着不同元件的两个边，从理论上说，电枢槽数应该等于绕组元件数。但在实际电机中，由于工艺等方面的原因，电枢铁芯有时不便开太多的槽，故在一个槽内，上、下层分别并列放置若干个元件边，如图 1-8 所示。为了确切说明每一元件所处的位置，把实际的槽（称为实槽）中每一对上、下层边所占的位置称为一个“虚槽”。如图 1-8（a）所示为实槽数与虚槽数相等，如图 1-8（b）所示为一个实槽含有三个虚槽。

**特别提示**

按照绕组元件与换向片之间及元件之间的不同连接规律，电枢绕组可以分为单叠、复叠、单波、复波和混合等类型。不同类型绕组的主要区别在于它们的并联支路数不同。单叠和单波绕组是直流电机最基本的类型。

电枢绕组内部的连接规律可以用节距来表示，如图 1-9 所示。所谓节距是指相互连接的两个绕组元件边或换向片之间的距离，用所跨过的虚槽数或换向片数来表示。图 1-9 中实线代表槽中的上层元件边，虚线代表槽中的下层元件边。

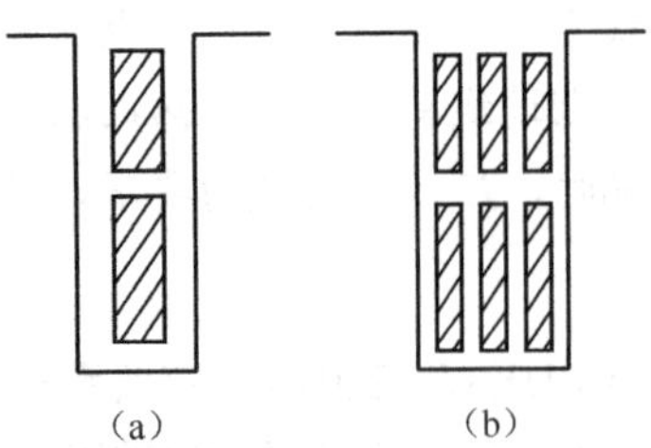

图 1-8 铁芯内的实槽与虚槽

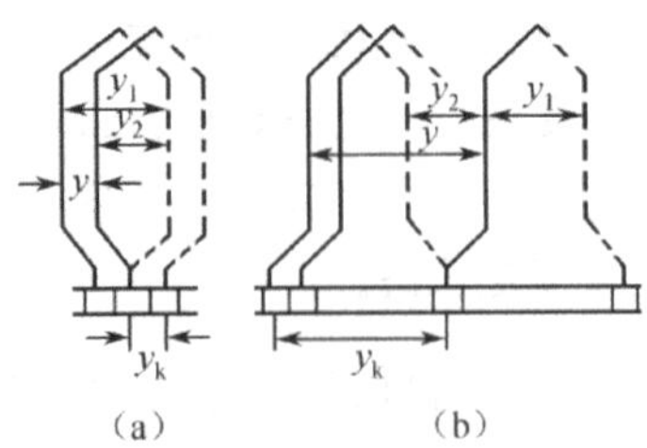


图 1-9 元件与换向片的连接和节距

1. 第一节距 $y_1$

一个绕组元件的两个元件边在电枢表面的跨距，用虚槽数表示。

为了使绕组元件中的感应电动势最大，第一节距 $y_1$ 应等于或接近于一个极距 $\tau$。极距 $\tau$ 用

相邻两个磁极所跨过的虚槽数表示，即

$$\tau = \frac{Z}{2p} \tag{1-1}$$

式中，$Z$ 为直流电机的电枢虚槽数；$p$ 为直流电机的磁极对数。则

$$y_1 = \frac{Z}{2p} \pm \varepsilon = \text{整数} \tag{1-2}$$

式中第一项是一个极距内的虚槽数，但有可能不是整数，因此必须减掉或增加一个小于 1 的分数$\varepsilon$，用来将 $y_1$ 凑成整数。若$\varepsilon=0$，则 $y_1=\tau$，称为整距绕组；若$\varepsilon$取正号，则 $y_1>\tau$，称为长距绕组；若$\varepsilon$取负号，则 $y_1<\tau$，称为短距绕组。在直流电机中，为了改善换向和节省端接用铜，常采用短距绕组。

2. 第二节距 $y_2$

第二节距 $y_2$ 就是接至同一换向片上，相串联的两个相邻元件边在电枢表面的跨距，即第一个元件的下层边与后续元件的上层边在电枢表面的跨距，用虚槽数表示。

3. 合成节距 $y$

合成节距 $y$ 就是相互串联的两个元件的对应边在电枢表面的跨距，用虚槽数表示。绕组类型的区别，主要表现在合成节距上。

4. 换向节距 $y_K$

换向节距 $y_K$ 就是每一绕组元件的首端和末端所连接的两个换向片在换向器表面的跨距，用换向片数表示。

由于每一绕组元件边有两个有效边，而每一换向片上又连接着两个有效边的端头，因此，绕组元件数应等于换向片数。又因每一虚槽里放着不同元件的两个有效边，所以绕组元件数又应等于虚槽数，即

$$S = K = Z \tag{1-3}$$

式中，$S$ 为直流电机的电枢绕组元件数；$K$ 为换向器的换向片数。

由上述各种节距的意义可知，合成节距 $y$ 与 $y_1$ 和 $y_2$ 的关系是

$$y = y_1 - y_2 \tag{1-4}$$

换向节距与合成节距总是相等的，即

$$y = y_K \tag{1-5}$$

## 1.2.4 单叠绕组

单叠绕组每个元件的首端均与前一槽中元件的末端相连，从外形上看，后续元件与前一元件的末端交叠连接，而且对应元件边相隔一个虚槽，故称之“单叠”。下面以一台 $2p=4$、$S=K=Z=16$ 的直流电机为例，说明单叠绕组的连接方法和特征。

1. 计算节距

第一节距

$$y_1=\frac{Z}{2p}\pm\varepsilon=\frac{16}{4}=4$$

换向节距与合成节距

$$y=y_K=1$$

第二节距

$$y_2=y_1-y=4-1=3$$

本例中$\varepsilon$=0，为整距绕组。

2. 绕组展开图

图 1-10 为根据上述节距画出的单叠绕组的展开图。

为了便于说明，电枢槽和换向片都编有号码，并规定元件上层边所在槽的号码作为该元件的号码，以换向片所接元件上层边的元件号码作为该换向片的号码。例如 1 号元件的上层边置于 1 号槽，并与 1 号换向片相接。因为 $y_1$=4，所以应将在 1 号槽的上层边与 5 号槽的下层边连成一个元件，即 1 号元件。考虑到 $y=y_K$=1，1 号元件的下层边应与 2 号换向片相接。2 号元件从 2 号换向片出发，经 2 号槽的上层边连到 6 号槽的下层边，然后回到 3 号换向片，这样就将 2 号元件与 1 号元件串联起来了。按此规律连接下去，直到将全部 16 个元件依次串联起来，构成一个闭合绕组。

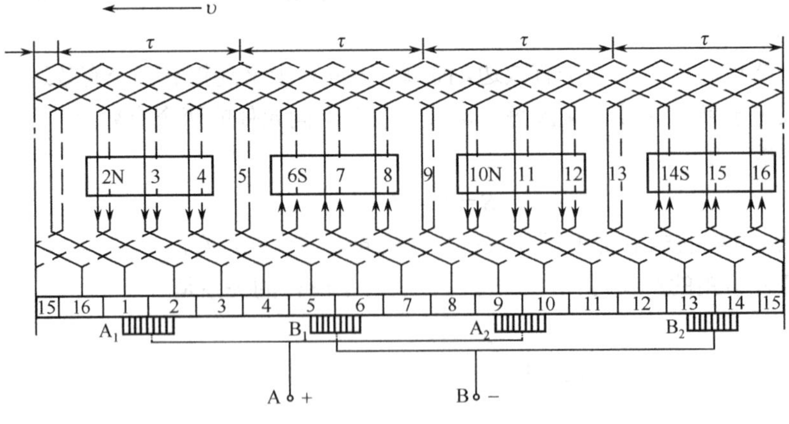


图 1-10 单叠绕组的展开图

绕组展开图中根据极距定出主极轴线位置，用四个方框表示四个主磁极并分别表明极性。假设磁极均覆盖于纸面。按图 1-10 所示磁极极性和电枢旋转方向，利用右手定则可以确定各元件边感应电动势的方向，如图 1-10 中箭头所示。

为了将旋转中电枢绕组的电动势引出，需要装设电刷。在图 1-10 中，四个电刷安放在相应的四个主极轴处，这样，相邻电刷之间所串联的元件的感应电动势都相同，电刷之间可以获得最大的电动势；而且，被电刷短路的四个元件的元件边正好在几何中性线上，元件中的感应电动势为零。这两条符合安放电刷的原则。相同极性的电刷用导线并联起来，然后引出正、负两个线端。

3. 并联支路图

为了清楚起见，将图 1-10 所示瞬间各元件的连接和电刷的关系整理、排列，可以得到如图 1-11 所示的单叠绕组的并联支路图。

从图 1-11 上可以看出，由于电刷和主磁极在空间上是固定的，所以，对于直流发电机，虽然每条支路中的元件连同与电刷接触的换向片在不断地变化，但每条支路中各元件在磁场中所处的位置及各支路的元件总数并没有改变，因此在电刷之间的电动势，其方向和大小不变，是一个直流电动势。由此再次展示了换向器和电刷装置在直流发电机中的作用。对于直流电动机，也是由于换向器和电刷装置的作用，使处于主磁极下的绕组元件受到的电磁力的方向和大小始终不变，从而形成一个恒定的电磁转矩。

4. 单叠绕组的特点

① 电枢绕组的并联支路数等于电机的主磁极数。

② 电刷个数等于主磁极数。电刷位置应使支路感应电动势最大，电刷间的电动势等于支路的电动势。

③ 电枢电流等于各并联支路电流之和。

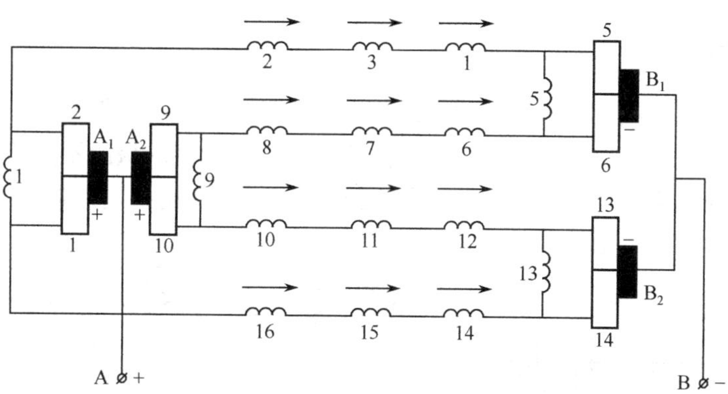


图 1-11 单叠绕组的并联支路图

## 1.2.5 单波绕组

单波绕组的连接规律是从某一换向片出发，将相隔约为两个极距的同极性磁场中对应位置的所有元件串联起来。这种绕组连接的特点是元件两出线端所连换向片相隔较远，相串联的两元件也相隔较远，形状如波浪一样向前延伸，所以称为波绕组。

单波绕组的示意图如图 1-12 所示，首末端之间的距离接近两个极距，$P$ 个元件串联后，其末尾应该落在起始换向片前 1 片的位置，才能继续串联其余元件。为此，换向器节距必须满足以下关系：

$$y = y_{\mathrm{K}} = \frac{K \pm 1}{P}$$

“−”表示左行，“+”表示右行，如图 1-12 所示。上式的含义是，绕组绕电枢一周后，经

过 $P$ 对极，就由 $P$ 个元件串联起来，每个元件在换向器上跨过 $y_K$ 换向片，绕一周后需接到起始换向片的左边（$K-1$），或右边（$K+1$）一个换向片上。

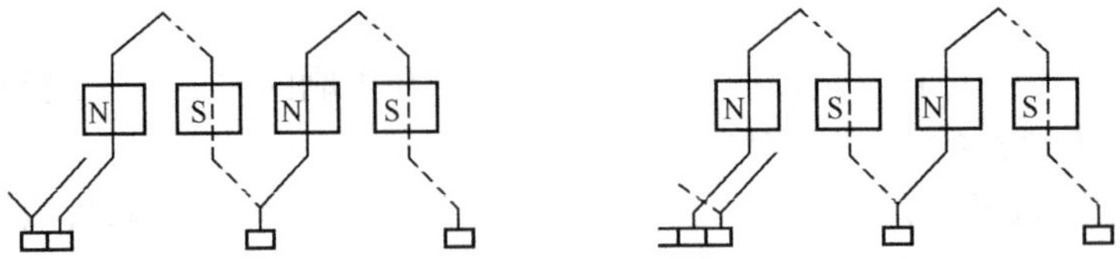


（a）左行绕组　　（b）右行绕组

图 1-12　单波绕组的示意图

例如：一台直流电机，$2P=4$，$S=K=Z=15$，接成单波绕组步骤如下。

1. 计算节距

$$y = y_K = \frac{15-1}{2} = 7$$

$$y_1 = \frac{Z}{2P} \pm \varepsilon = \frac{15}{4} - \frac{3}{4} = 3$$

$$y_2 = y - y_1 = 7 - 3 = 4$$

由已确定的各节距，可绘出绕组展开图。

2. 绘制展开图

绘制单波绕组展开图的步骤与单叠绕组相同，本例的展开图如图 1-13 所示。电刷在换向器表面上的位置也是在主磁极中心线上。要注意的是因为本例的极距不是整数，所以相邻主磁极中心线之间的距离不是整数，相邻电刷中心线之间的距离用换向片数表示时也不是整数。

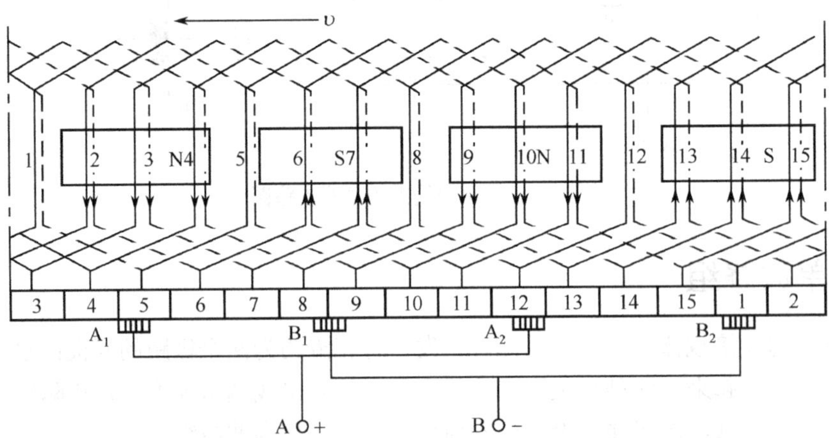


图 1-13　单波绕组的展开图

3. 单波绕组的连接顺序

按图 1-13 所示的连接规律可得相应的单波绕组的连接顺序图，如图 1-14 所示。

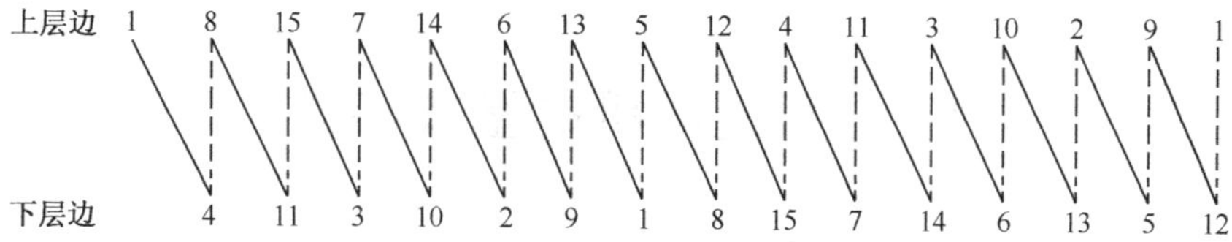


图 1-14 单波绕组的连接顺序图

4. 绕组的并联支路图

按图 1-14 中各元件的连接顺序，将此刻不与电刷接触的换向片省去不画，可得单波绕组的并联支路图，如图 1-15 所示。将并联支路与展开图对照分析可知，单波绕组是将同一极性磁极下所有的元件串联起来组成的一条支路，由于磁极极性只有 N 和 S 两种，所以单波绕组的并联支路数总是恒定的，并联支路对数恒等于 1。

5. 单波绕组的特点

① 上层边位于同一极性磁极下的所有元件串联起来组成一条支路，并联支路对数恒等于 1，与极对数无关。

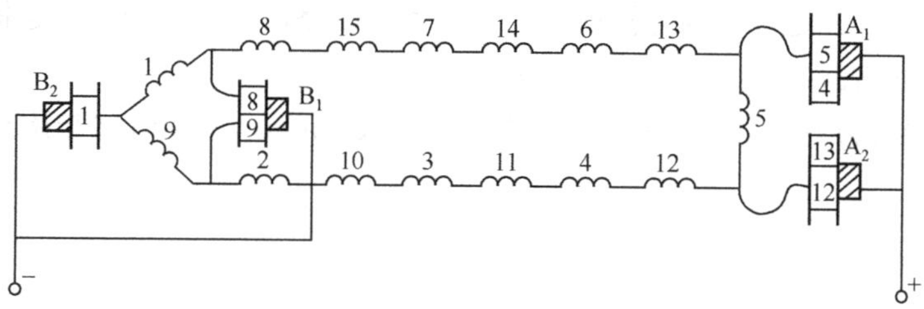


图 1-15 单波绕组的并联支路图

② 当元件形状左右对称、电刷在换向器表面上的位置对准主磁极中心线时，支路电动势最大。

③ 单从支路数来看，单波绕组可以只要两组电刷，但为了减少换向器的轴向长度，降低成本，仍按主极数来装置电刷，称为全额电刷。在单波绕组中，电枢电动势仍等于支路电动势，电枢电流也等于支路电流之和，即

$$I_a = 2\alpha i_a$$

式中，$I_a$为电枢总电流；$\alpha$为并联支路对数；$i_a$为支路电流。

## 1.2.6 各种绕组的应用范围

单叠绕组与单波绕组的主要区别在于并联支路对数的多少。单叠绕组可以通过增加极对数来增加并联支路对数。适用于低电压大电流的电机；单波绕组的并联支路对数$\alpha$=1，但每条支路串联的元件数较多，故适用于小电流较高电压的电机。

# 1.3 直流电机的基本特性

## 1.3.1 直流电机的磁场和电枢反应

直流电机的磁场是由主磁场（励磁磁场）和电枢磁场合成的一个合成磁场，它对直流电机产生的电动势或电磁转矩都有直接的影响，而且直流电机的运行特性在很大程度上也取决于磁场特性。因此，了解直流电机的磁场是十分必要的。

### 1. 主磁场

直流电机的空载，是指发电机与外电路断开，没有电流输出；电动机轴上不带机械负载。直流电机空载时，气隙中仅有励磁磁势产生的磁场，称为主磁场。

由于直流电机的磁路结构对称，因此以一对磁极来分析主磁场就可以了。直流电机空载时的主磁场如图 1-16（a）所示。由图 1-16（a）可知，空载时的磁通根据路径可以分为两部分，其中大部分磁通经过主磁极、气隙、电枢铁芯、气隙、主磁极和磁扼形成闭合回路，称为主磁通；有小部分磁通不经过电枢铁芯而形成闭合回路，称为漏磁通。起机电能量转换作用的是主磁通，通常漏磁通约占主磁通的 15%左右。

在电枢表面磁感应强度为零的地方是物理中性线 $m$–$m$，空载时它与磁极的几何中性线 $n$–$n$ 重合。

### 2. 电枢磁场

直流电机负载运行时，电枢绕组电流产生的磁场，称为电枢磁场。

图 1-16（b）是以电动机为例的电枢磁场，它的方向由电枢电流确定。由图 1-16（b）可以看出，不论电枢如何转动，电枢电流的方向总是以电刷为界限来划分的。在电刷两边，N 极面下的导体和 S 极面上的导体电流方向始终相反，只要电刷固定不动，电枢两边的电流方向就不变，电枢磁场的方向也不变，即电枢磁场是静止不动的。根据图上的电流方向，用左手定则可以判断该台电动机的旋转方向为逆时针。

### 3. 电枢反应

负载时电枢磁场对主磁场的影响称为电枢反应，电枢反应对直流电机的运行性能有很大的影响。

如图 1-16（c）所示为主磁极磁场和电枢磁场合在一起而产生的合成磁场。与图 1-16（a）比较可以看出，带负载后出现的电枢磁场，对主磁场的分布有明显的影响。

① 电枢反应使磁极下磁力线扭斜，磁通密度分布不均匀，合成磁场发生畸变。磁场畸变的结果，使原来的几何中性线 $n$–$n$ 处的磁场不再等于零，磁场为零的位置，即物理中性线 $m$–$m$ 按逆时针旋转方向移动角度$\alpha$，物理中性线与几何中性线不再重合。

② 电枢反应使主磁场削弱，电枢磁场使每一个磁极下的磁通势发生变化，如 N 极下的左半部分的主磁极磁通势被削弱，右半部分的主磁极磁通势被增强。每一个磁极下的合成磁通量仍应

与空载时的主磁通相同。但在实际工作时，直流电机的磁路总是处在比较饱和的非线性区域，因此增强的磁通量小于减少的磁通量，故负载时每极的合成磁通比空载时每极的主磁通小，称此为电枢反应的去磁作用。因此，负载运行时的感应电动势略小于空载时的感应电动势。

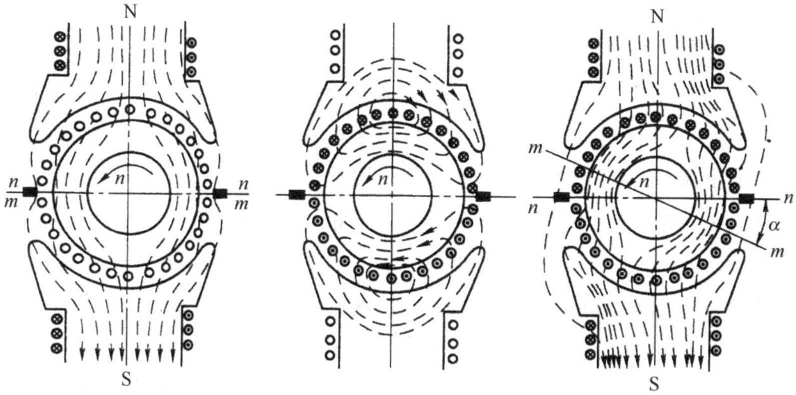

（a）主极磁场　（b）电枢磁场　（c）合成磁场

图 1-16　直流电机的主磁场

4. 发电机的电枢反应

发电机负载运行时，气隙中磁场将由主磁场和电枢磁场共同建立。交轴电枢磁场对主磁场的影响称为交轴电枢反应；直轴电枢磁场对主磁场的影响称为直轴电枢反应。电枢反应对电机的工作特性产生影响。

（1）交轴电枢反应

电刷位于几何中性线上时，只存在交轴电枢反应。若磁路不饱和，气隙中磁通密度曲线 $B_{\delta x}$ 可由主磁场 $B_{0x}$ 和电枢磁场 $B_{ax}$ 叠加后绘制而成，如图 1-17 所示。

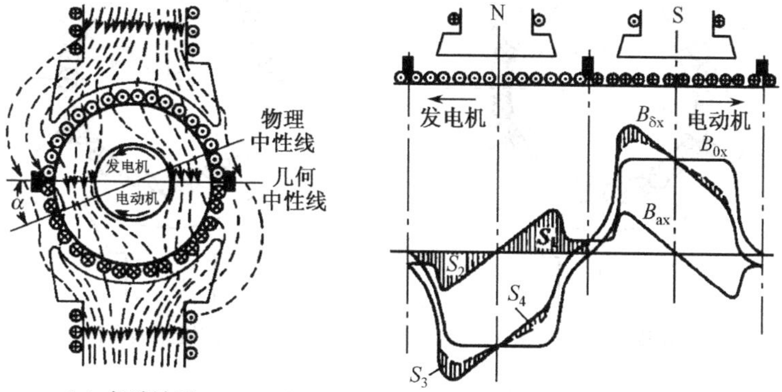

（a）气隙波形　（b）磁场波形

图 1-17　交轴电枢反应

由图 1-17 中可以看出，发电机交轴电枢反应对气隙磁场有如下影响：

① 使气隙磁场发生畸变。前极端（电枢转动时进入端）磁场被削弱，后极端磁场被加强。

② 使磁场强度为零的地方——物理中性线，顺着电枢转向移动了一个 $\alpha$ 角。

③ 去磁作用。在磁路未饱和时，主磁场被削弱的数量（面积 $S_1$）和增强的数量（面积 $S_2$）

相等，每极磁通不变。实际上电机在空载运行时磁路已处于饱和状态，磁路的磁阻已不是常数，不能采用简单的叠加方法来确定负载时的气隙磁密度。因此，实际增强的数量应为 $S_2-S_3$，减弱的数量应为 $S_1-S_4$，而面积 $S_3>S_4$，故发电机交轴电枢反应使每极磁通比空载时有所减少，有轻微的去磁作用，电枢绕组的感应电势将有所降低。

（2）直轴电枢反应

电刷不在几何中性线上时，将同时产生交轴及直轴电枢反应，其中交轴电枢反应与前面的分析一样，至于直轴电枢反应的性质，又取决于电刷移动的方向，如图 1-18 所示。

当电刷顺着电枢旋转方向移动一个 $\beta$ 角时，电枢磁势的直轴分量与主磁场的方向恰好相反，起去磁作用。当电刷逆着电枢转向移动时，电枢磁势的直轴分量与磁场的方向相同，起助磁作用。

现已知道发电机交轴电枢反应已使物理中性线顺着电枢转向移动一个 $\alpha$ 角，若是再将电刷逆着电枢转向移动，将使被电刷短接的元件产生较高的感应电势，从而形成较大的环流，对换向器十分有害。因此，对发电机而言，不允许逆着电枢转向移动电刷。

发电机的直轴去磁电枢反应，使主磁通减少，要维持感应电动势不变，必须增加励磁电流。

### 5. 电动机的电枢反应

当直流电动机的主磁场和电枢元件的电流均与发电机相同时，则电枢的旋转方向与之相反。参阅图 1-17 和图 1-18，即可知道直流电动机的电枢反应及性质。

（1）交轴电枢反应

电刷位于几何中性线上产生交轴电枢反应，其性质如下。

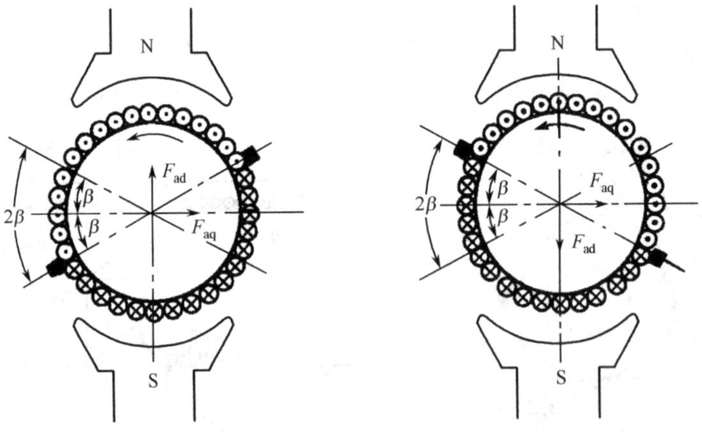


（a）电刷顺着转向移动　（b）电刷逆着转向移动

图 1-18　发电机的直轴电枢反应

① 使气隙磁场发生畸变。前极端磁场被加强，后极端磁场被削弱。

② 使物理中性线逆着电枢旋转方向移动一个 $\alpha$ 角。

③ 去磁作用。

（2）直轴电枢反应

电枢偏离几何中性线时，将同时产生交轴和直轴电枢反应。当电刷顺着电枢旋转方向移动时，产生直轴助磁电枢反应；当电刷逆着电枢旋转方向移动时，产生直轴去磁电枢反应。

同理，对电动机不允许顺着电枢旋转方向移动电刷。

## 1.3.2 直流电机的电枢电动势和电磁转矩

### 1. 直流电机的电枢电动势

直流电机运行时，无论是作为发电机还是作为电动机，电枢绕组处在磁场中转动时将会产生感应电动势，称为电枢电动势。电枢电动势是指直流电机正、负电刷之间的感应电动势，也即是每条支路里的感应电动势。

每条支路所含的绕组元件数是相等的，而且每个支路里的元件都是分布在同极性磁极下的不同位置上。这样，先求出一根导体在一个极距范围内，切割气隙磁通密度的平均感应电动势，再乘以一条支路里总的导体数，就是电枢电动势。

一根导体中的感应电动势可以通过电磁感应定律求得，其表达式为

$$e = BLv \tag{1-6}$$

式中 $e$ ——一根导体中的感应电动势，单位为 V；

$B$ ——一个主磁极下的平均气隙磁通密度，单位为 $Wb/m^2$；

$L$ ——电枢长度，即导体有效长度，单位为 m；

$v$ ——电枢圆周线速度，单位为 m/s。

$B$ 与每极主磁通 $\Phi$ 的关系为

$$B = \frac{\Phi}{L\tau} \tag{1-7}$$

式中 $\Phi$ ——每极主磁通，单位为 Wb；

$\tau$ ——极距。

线速度 $v$ 可以表示为

$$v=2p\tau\frac{n}{60} \tag{1-8}$$

式中 $p$ ——磁极对数；

$n$ ——电枢转速，单位为 r/min。

将公式（1-7）和公式（1-8）代入公式（1-6）中可以得到每根导体中的感应电动势为

$$e=2P\Phi\frac{n}{60} \tag{1-9}$$

当电刷放置在主磁极轴线上，电枢导体总数为 $N$，电枢支路数为 $2a$ 时，每条支路中的感应电动势，即直流电机的电枢电动势为

$$E = \frac{N}{2a}e = \frac{pN}{60a}\Phi n = C_e\Phi n \tag{1-10}$$

式中 $E$ ——直流电机的电枢电动势，单位 V；

$C_e$ ——由电机结构决定的电动势常数，$C_e=\frac{pN}{60a}$。

公式（1-10）表明直流电机的感应电动势与电机结构、气隙磁通和电机转速有关。当直流电机制造好以后，电机结构不再变化，因此，电枢电动势仅与气隙磁通和电机转速有关，改变转速和磁通均可以改变电枢电动势的大小。

2. 直流电机的电磁转矩

当直流电机的电枢绕组中有电枢电流流过时，通电的电枢绕组在磁场中将受到电磁力，该力与电枢铁芯的半径之积称为电磁转矩。一根导体在磁场中所受电磁力的大小可以用下式计算

$$f=BLi \tag{1-11}$$

式中 $i$ ——一根电枢导体中流过的电流，单位为A。

$$i=\frac{I}{2a} \tag{1-12}$$

式中 $I$ ——电枢总电流，单位为A；

$a$ ——电枢并联支路对数。

一根电枢导体产生的电磁转矩为

$$T_a=f\frac{D}{2}=BLi\frac{D}{2} \tag{1-13}$$

式中 $D$ ——电枢铁芯直径，单位为m。

将平均气隙磁通密度 $B=\frac{\Phi}{\tau L}=\frac{\Phi}{\frac{\pi D}{2p}\cdot L}=\frac{2p\Phi}{\pi DL}$，支路电流 $i=\frac{I}{2a}$ 代入式（1-13）中，得

$$T_a=\frac{p}{2\pi a}\Phi I \tag{1-14}$$

式中 $p$ ——磁极对数；$a$ ——电枢并联支路数。

设电枢为整距绕组，电刷位于几何中心线上，则电枢总的电磁转矩为

$$T_{em}=NT_a=N\frac{p}{2\pi a}\Phi I=\frac{pN}{2\pi a}\Phi I=C_T\Phi I \tag{1-15}$$

式中 $C_T=\frac{pN}{2\pi a}$ 为由电机结构决定的转矩常数。

当电枢电流的单位为A、磁通单位为Wb时，电磁转矩的单位为N·m。

$C_T$ 和 $C_e$ 都是直流电机的结构常数，两者之间的数量关系为

$$C_T=9.55C_e \tag{1-16}$$

制造好的直流电机其电磁转矩仅与电枢电流和气隙磁通成正比。

**特别提示**

电枢电动势和电磁转矩同时存在于发电机和电动机中，但所起的作用却并不相同。由直流发电机原理图中可以看出，发电机电枢电动势与电枢电流方向相同。而电磁转矩与转向相反，即与原动机的输入转矩方向相反，起制动作用。在直流电动机工作原理图中，电枢电动势方向正好与电枢电流方向相反。由以上分析可以得出这样一个结论，电枢电动势在直流发电机中对外电路来说相当于电源电动势，与电流同方向；在直流电动机中则相当于反电动势，与电流方向相反，电磁转矩在直流发电机中是制动转矩，与转向相反；在直流电动机中则是驱动转矩，与转向同方向。

电枢电动势的方向由电机的转向和主磁场方向决定，其中只要有一个方向改变，电动势方向也就随之改变了。电磁转矩的方向由电枢电流和主极磁场的方向决定，同样，只要改变其中的一个方向，电磁转矩方向将随之改变，而当两个方向同时改变时，则电磁转矩方向不变。

## 1.3.3 直流电机的换向

直流电机运行时，每个支路中电流的方向是一定的，但同一个电刷两侧支路中电流的方向是相反的。电枢旋转时，电枢元件将经过电刷由一条支路进入另一条支路，元件中电流的方向要发生一次改变，这一现象称为换向。换向是否理想，影响着直流电机运行的可靠性。

### 1. 换向过程

从换向开始到换向结束的过程就称为换向过程。电枢绕组中每个元件都要经过换向过程，所有元件在换向过程中的情况一样，只需要讨论一个元件的换向过程就可以了。图 1-19 表示元件 1 的换向过程。

当直流电机处于图 1-19（a）的时刻，电刷仅与换向片 1 接触，元件 1 属于电刷右侧的支路，其电流方向为逆时针，并规定为 $+i$，此刻元件 1 处在即将换向的位置。

当直流电机处于图 1-19（b）的时刻，电刷同时与换向片 1 和换向片 2 接触，元件 1 既不属于右侧支路，也不属于左侧支路，而是处于换向过程中。

当直流电机处于图 1-19（c）的时刻，电刷仅与换向片 2 接触，元件 1 已属于电刷左侧的支路，其电流方向变为顺时针，并规定为 $-i$，此刻元件 1 换向结束，元件 2 处于即将换向的位置。

换向过程所需的时间称为换向周期 $T$，通常只有千分之几秒。

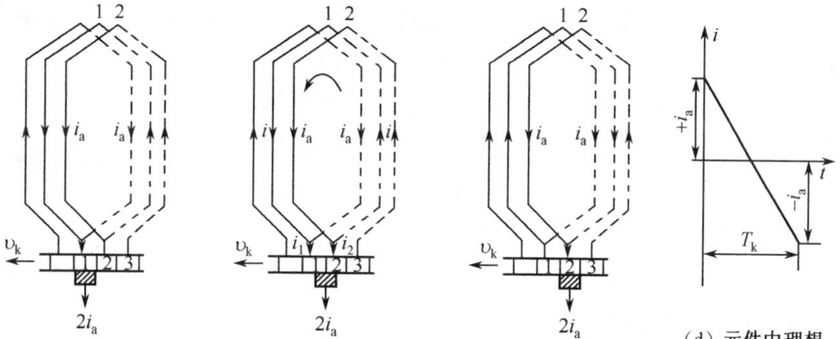


（a）开始换向　（b）正在换向　（c）换向结束　（d）元件中理想的电流变化

图 1-19　元件 1 的换向过程

### 2. 换向元件中的感应电动势和电流变化的特点

（1）换向元件中的感应电动势

① 电抗电动势 $e_x$。在换向过程中，由于换向元件中电流从 $+i$ 到 $-i$ 的变化，在换向元件中产生自感电动势，其方向由楞次定律可知，它总是阻碍原电流的变化，即方向应与换向前电流 $+i$ 的方向相同。

② 旋转电动势 $e_r$。由于电枢反应使几何中性线上电刷处的磁场并不为零，换向元件旋转移动到此处时，切割磁场所产生的感应电动势，其方向可以用右手定则判断，也是与绕组元件中原来的电流方向相同。

总的感应电动势为

$$\sum e = e_x + e_r \tag{1-17}$$

（2）换向元件中电流变化的特点

如果没有感应电动势产生，图 1-19 中换向片 1 逐渐离开电刷时，元件 1 中的电流从 $+i$ 逐渐减小到零，电刷上的电流密度是均匀的，称为直线换向。

实际上由于有 $\sum e$ 的存在，使得电流变化受到阻碍而延迟，电刷后刷边电流密度大，更易损坏，称为延迟换向。

### 3. 改善换向的方法

如果换向不理想，在电刷处会产生火花。产生火花的原因主要有电磁性的、机械性的、化学性的和电位差的等。改善换向是为了尽可能地消除火花。消除火花首先应从限制附加电流入手，其途径有两个：一是减少换向回路的合成电动势 $\sum e$；二是增大换向回路的接触电阻。常用以下几种方法。

（1）装设换向磁极

装设换向磁极是改善换向常用的方法，除少数小容量直流电机外，一般均装设换向磁极。

换向磁极准确地装在主磁极间的几何中性线上，产生一个与电枢磁场反方向的换向磁场，使换向元件切割换向磁场产生的旋转电动势，正好可以抵消换向元件切割电枢磁场产生的旋转电动势 $e_r$ 和换向元件的电抗电动势 $e_x$，则 $\sum e = 0$。就可以消除电刷的火花，从而改善了换向。容量为 1kW 以上的直流电机都装有换向极。

如图 1-20 所示，换向极极性确定的原则是换向极绕组产生的磁动势方向与电枢反应磁动势方向相反，图 1-20 中电枢绕组中的电流方向为：N 极下方的导体是流出纸面，S 极上方的导体为流入纸面，故电枢磁动势的方向是从左指向右。为了抵消电枢反应磁动势，则换向极的磁动势方向必须与电枢磁动势方向相反，即从右指向左，因此换向极绕组中的电流方向必须是如图 1-20 中所示方向。为了在负载变化时始终有效地改善换向，换向极绕组中应流过电枢电流，即换向极绕组与电枢绕组串联。

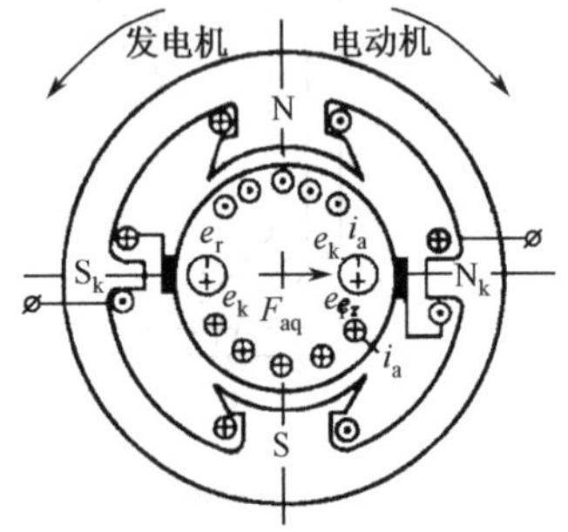

图 1-20　换向磁极的位置与极性

**特别提示**

运用上述结论，直流发电机顺着电枢旋转方向看，换向极极性和下面主磁极极性一致。对直流电动机而言，和下面主磁极极性相反。但是一台直流电机按照发电机确定了换向极绕组串联于电枢绕组的方向后，运行于电动机状态时不必改换接法，因为已同时改变了电枢电流和换向极绕组电流的方向。

（2）正确选用电刷

增加电刷接触电阻可以减少附加电流。电刷的接触电阻主要与电刷材料有关，目前常用的电刷有石墨电刷、电化石墨电刷和金属石墨电刷等。石墨电刷的接触电阻较大，而金属石墨电刷的接触电阻最小。从改善换向的角度来看，似乎应该采用接触电阻大的电刷，但接触电阻大，则接触电压降也大，使能量损耗和换向器发热加剧，对换向也不利，所以合理选用电刷是一个重要的问题。

根据长期运行经验，对于负载均匀，电压在 80~120V 的中小型电机采用石墨电刷；一般正常使用的中小型电机和电压在 220V 以上，或换向比较困难的电机采用电化石墨电刷；而对于低压大电流的电机则采用金属石墨电刷。

（3）调整电刷的位置

在小容量无换向极的直流电机中，常用适当移动电刷位置的方法来改善换向。将电刷从电枢几何中性线移开一个适当角度，用主磁场来代替换向极磁场，也可改善换向。移动电刷的方向规定为：当电机运行于电动机状态时，电刷应逆着电枢旋转方向移动；而运行于发电机状态时，电刷则应顺着电枢旋转方向移动。如果电刷移动方向不正确，不但起不到改善换向的作用，反而会使电机换向更恶化。

（4）装设补偿绕组

补偿绕组嵌放在主磁极极靴上专门冲出的槽内或励磁绕组外面，该绕组与电枢绕组串联，产生的磁场方向与电枢反应的磁通方向相反，用以抵消电枢反应的磁通。装设补偿绕组使电机结构复杂，成本增加。因此，只有在负载变化很大的大中型直流电机中使用。

## 1.3.4 直流发电机的基本特性

### 1. 直流电机的励磁方式

直流电机的主磁场是由主磁极产生的。一般小容量电机可以采用永久磁铁作为主磁极，但绝大多数的直流电机是用电磁铁来建立主磁场的。主磁极上励磁绕组获得电源的方式称为励磁方式。直流电机的励磁方式分为他励和自励两种，其中自励又可以分为并励、串励和复励三种形式。直流电机各种励磁方式的接线如图 1-21 所示。

（1）他励

他励直流电机的励磁绕组由单独的直流电源供电，与电枢绕组没有电的联系，励磁电流的大小不受电枢电流的影响，如图 1-21（a）所示。

（2）并励

并励直流电机的励磁绕组与电枢绕组并联，如图 1-21（b）所示。

（3）串励

串励直流电机的励磁绕组与电枢绕组串联，如图 1-21（c）所示。

（4）复励

复励直流电机在主磁极铁芯上缠有两个励磁绕组，其中一个与电枢绕组并联，另一个与电枢绕组串联，如图 1-21（d）所示。

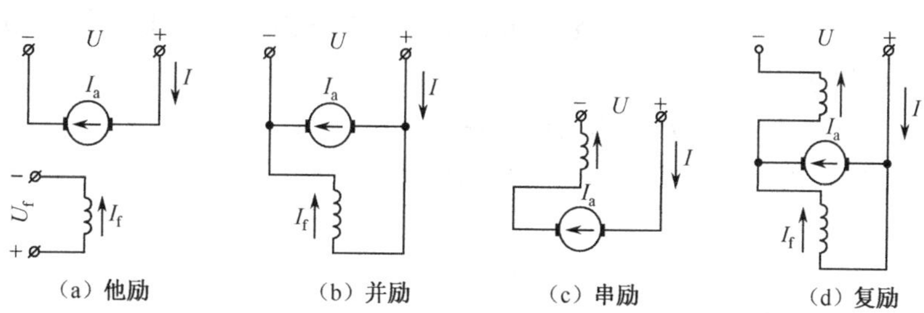


图 1-21 直流电机各种励磁方式的接线

不同的励磁方式对直流电机的运行性能有很大的影响。直流电机的励磁方式主要采用他励、并励和复励，很少采用串励方式。

2. 直流发电机的基本方程式

直流发电机稳态运行的基本方程式，包括电动势平衡方程式、功率平衡方程式和转矩平衡方程式。这些方程式综合了电机内部的电磁过程，又表达了电机外部的运行特性。下面以他励直流发电机为例加以讨论。

（1）电动势平衡方程式

如图 1-22 所示为一台他励直流发电机的原理接线图，图 1-22 中标出的有关物理量为选定的正方向，根据电路定律可以列出电枢回路的电动势平衡方程式为

$$E_a = U+I_aR_a \quad (1\text{-}18)$$

式中 $E_a$ ——电枢电动势，单位为 V；

$U$ ——发电机端电压，单位为 V；

$I_a$ ——电枢电流，单位为 A；

$R_a$ ——电枢回路总电阻，单位为Ω。

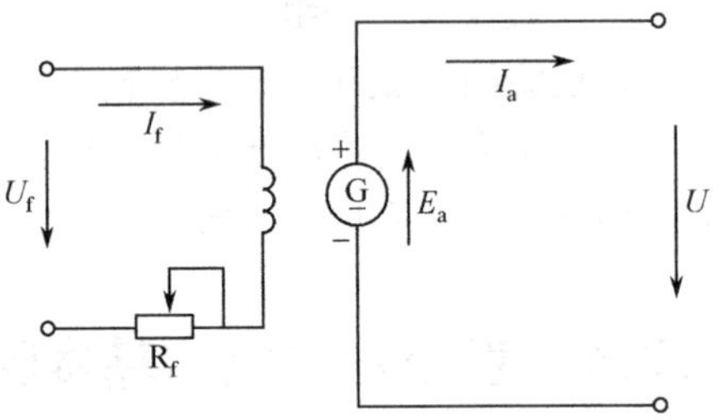

图 1-22 他励直流发电机原理接线图

由公式（1-18）可知，负载时电枢电流通过电枢总电阻产生电压降，故发电机负载时电压低于电枢电动势。

（2）功率平衡方程式

将公式（1-18）两边同时乘以电枢电流，则得到电枢回路的功率平衡方程式为

$$E_aI_a= UI_a+I_a^2R_a$$

或

$$P_M = P_2+p_{Cu} \quad (1\text{-}19)$$

式中 $P_M$ ——电磁功率；

$P_2$ ——发电机的输出功率，$P_2= UI_a$；

$p_{Cu}$——电枢回路的铜损耗，$p_{Cua} = I_a^2R_a$ 。

由公式（1-19）可知，发电机的输出功率等于电磁功率减去电枢回路的铜损耗。

电磁功率等于原动机输入的机械功率 $P_1$ 减去空载损耗功率 $p_0$。$p_0$ 包括轴承、电刷及空气摩擦所产生的机械损耗，电枢铁芯中磁滞和涡流产生的铁损耗 $p_{Fe}$，以及附加损耗 $p_{ad}$。则输入功率的平衡方程为

$$P_1 = P_M+p_\Omega+p_{Fe}+p_{ad} = P_M + p_0 \quad (1\text{-}20)$$

将公式（1-19）代入公式（1-20），可以得到功率平衡方程式

$$P_1 = P_2+\sum p \quad (1\text{-}21)$$

$$\sum p = p_{Cua}+p_\Omega+p_{Fe}+p_{ad} \quad (1\text{-}22)$$

式中 $\sum p$ ——直流电机总损耗。

功率平衡方程式说明了能量守恒的原则。

（3）转矩平衡方程式

直流发电机在稳定运行时存在三个转矩：对应原动机输入功率 $P_1$ 的转矩 $T_1$；对应电磁功率 $P_M$ 的电磁转矩 $T$；对应空载损耗功率 $p_0$ 的转矩 $T_0$。其中 $T_1$ 是驱动性质的，$T$ 和 $T_0$ 是制动性质的。当发电机处于稳态运行时，根据转矩平衡原则，可以得出发电机的转矩平衡方程式为

$$T_1 = T + T_0 \tag{1-23}$$

3. 直流发电机的运行特性

直流发电机的运行特性常用下述四个可测物理量来表示，即电枢转速 $n$、电枢端电压 $U$、励磁电流 $I_f$ 和负载电流 $I_L$。电机在额定状态下运行时，电枢转速 $n$ 通常保持不变，所以，发电机的运行特性是指另外三个物理量中任意两个量之间的关系曲线，它们是空载特性、外特性和调节特性。因励磁方式不同，特性曲线也有所不同，下面以他励发电机为例简单介绍。

（1）空载特性

空载特性是指 $n=n_N$，电枢空载（$I_a=0$）时，发电机端电压（空载电压）$U_0$ 与励磁电流 $I_f$ 的关系曲线，即 $U_0=f(I_f)$。

空载特性曲线可以用如图 1-23（a）所示的试验测得。空载特性曲线通常取上升曲线和

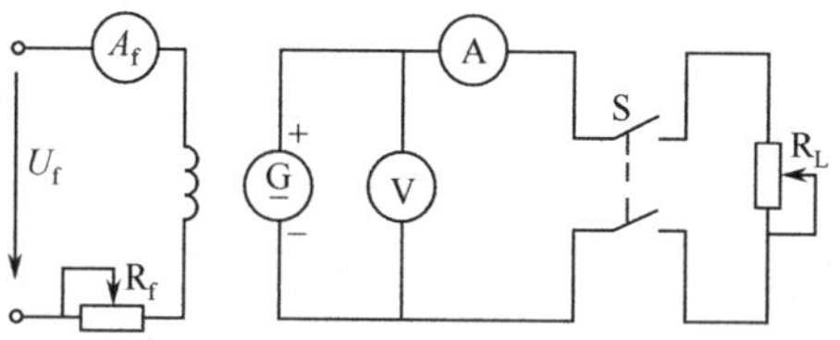


（a）空载试验

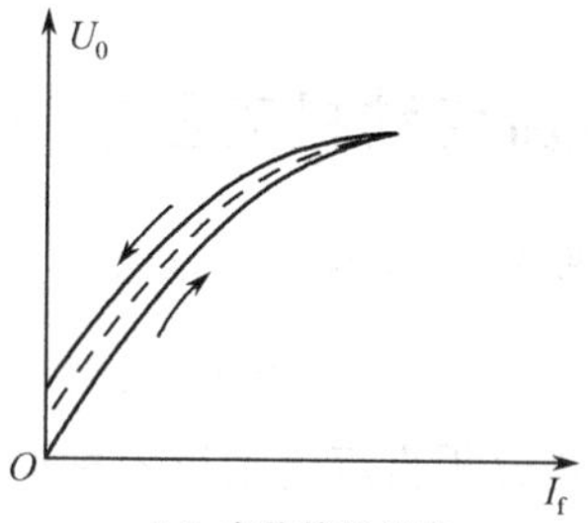


（b）空载特性曲线

图 1-23　直流发电机的空载特性

下降曲线的平均值，如图 1-23（b）中的虚线所示。

空载时，$U_0=E_a$，由于 $E_a \propto I_f$，所以空载特性曲线与铁芯磁化曲线形状相似。由于主磁极铁芯存在剩磁，所以当励磁电流为零时，仍有一个不大的剩磁电动势，其大小一般为额定电压的 2%~4%。

（2）外特性

当 $n=n_N$、$I_f$=常数时，端电压 $U$ 与负载电流 $I$ 的关系曲线，即 $U=f(I)$ 称为发电机的外特性。

外特性曲线也可以用图 1-24 表示。

由如图 1-24 所示的外特性曲线可知，发电机的端电压随负载的增加而有所下降。发电机端电压下降的原因有两点：一是负载电流在电枢电阻上产生电压降；二是电枢反应呈现的去磁作用。

发电机的端电压随负载的变化程度可以用电压变化率来表示。他励发电机的额定电压变化率是指发电机从额定负载过渡到空载时，端电压变化的数值对额定电压的百分比，即

$$\Delta U = \frac{U_0 - U_N}{U_N} \times 100\% \tag{1-24}$$

电压变化率$\Delta U$是表示发电机运行性能的一个重要数据，他励发电机的$\Delta U \approx 5\%\sim10\%$，可以认为是恒压源。

（3）调节特性

当$U=U_N$、$n=n_N$时，励磁电流$I_f$随负载电流$I$的变化曲线，即$I_f=f(I)$称为发电机的调节特性曲线。他励发电机的调节特性曲线如图 1-25 所示。曲线表明，欲保持端电压不变，负载电流增加时，励磁电流也应随着增加，故调节特性曲线是一条上翘的曲线。曲线上翘的原因有两点：一是补偿电枢电阻压降；二是补偿电枢反应的去磁作用。

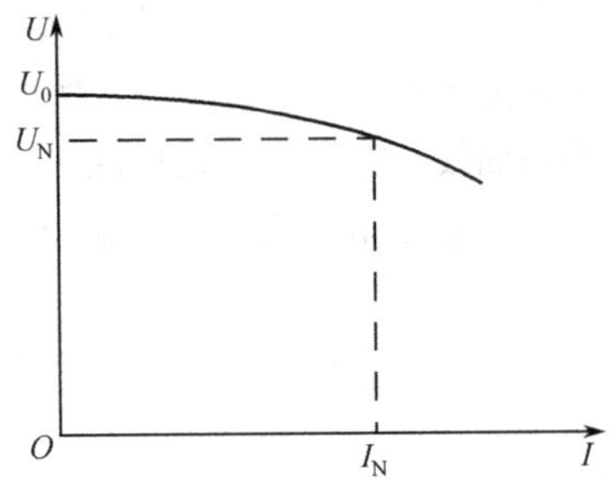

图 1-24　他励发电机的外特性曲线

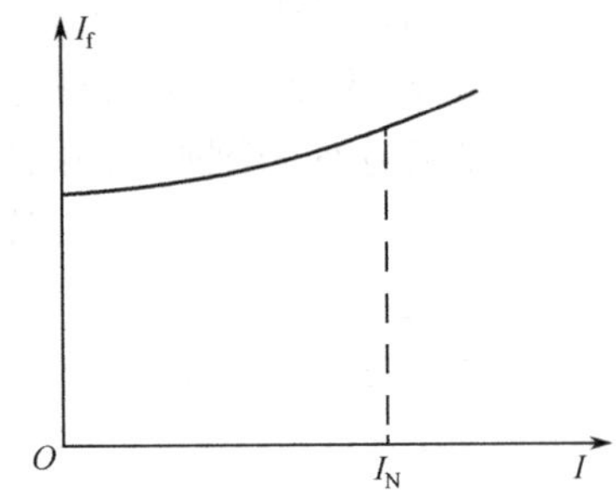

图 1-25　他励发电机的调节特性曲线

## 1.3.5　直流电动机的基本特性

### 1. 直流电动机的基本方程式

同直流发电机一样，直流电动机也有电动势平衡方程式、功率平衡方程式和转矩平衡方程式等，它们是分析直流电动机各种运行特性的基础。下面以并励直流电动机为例进行讨论，并励直流电动机的电动势和电磁转矩如图 1-26 所示。

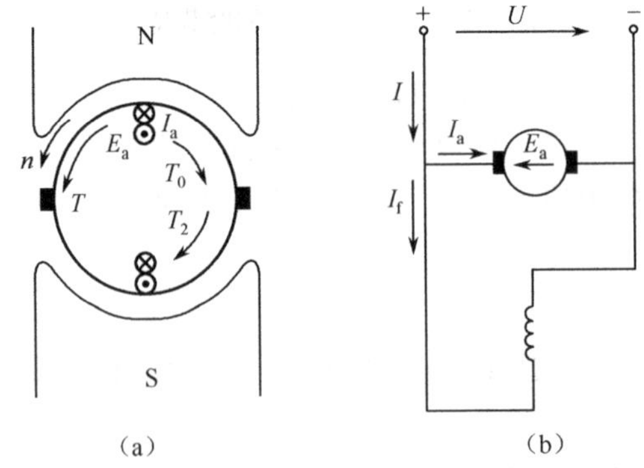

图 1-26　并励直流电动机的电动势和电磁转矩

（1）电动势平衡方程式

直流电动机在稳定运行时，电枢两端接入电源电压$U$，电枢电流为$I_a$，电枢电动势为$E_a$，由电动机工作原理可以知道$E_a$是反电动势，若以三者的实际方向为正方向，则可以列出直流电动机的电动势平衡方程式

$$U = E_a + I_aR_a \tag{1-25}$$

式中　$R_a$ ——电枢电阻，单位为Ω。

该平衡方程式表示了电源电压除一小部分被电枢电阻损耗外，其余被电动机吸收转换为反电动势去带动电动机转动。

（2）功率平衡方程式

直流电动机工作时，从电源输入电功率 $P_1$，除去电枢回路的铜损耗 $P_{Cua}$ 和励磁回路的铜损耗 $P_{Cuf}$，其余部分转变为电枢上的电磁功率 $P_M$。电磁功率 $P_M$ 并不能全部用来输出，它的一部分是运行时的机械损耗 $P_\omega$、铁损 $P_{Fe}$ 和附加损耗 $P_{ad}$，剩下的部分才是轴上对外输出的机械功率 $P_2$。

$$\begin{aligned} P_1 &= P_{Cua}+P_{Cuf}+P_M \\ &= P_{Cua}+P_{Cuf}+P_\omega+P_{Fe}+P_{ad}+P_2 \end{aligned} \tag{1-26}$$

$$P_1 = \sum P+P_2 \tag{1-27}$$

（3）转矩平衡方程式

直流电动机的电磁转矩 $T$ 为驱动转矩，转轴上机械负载转矩 $T_2$ 和空载转矩 $T_0$ 是制动转矩。转矩平衡方程式为

$$T = T_2+T_0 \tag{1-28}$$

电动机在转速恒定时，驱动性质的电磁转矩 $T$ 与负载制动性质的转矩 $T_2$ 和空载转矩 $T_0$ 相平衡。

2. 直流电动机的工作特性

直流电动机的工作特性有：①转速特性；②转矩特性；③效率特性；④机械特性。前三种特性是指供给电动机额定电压 $U_N$、额定励磁电流 $I_{fN}$ 时，电枢回路不串联外电阻的条件下，电动机的转速、转矩和效率随输出功率 $P_2$ 变化的关系曲线。在实际应用中，由于电枢电流 $I_a$ 容易测量，且与 $P_2$ 基本成正比例变化，因此这三种特性常以 $n=f(I_a)$，$T=f(I_a)$和 $\eta=f(I_a)$表示。机械特性是指 $U$=常数、$I_f$=常数和电枢回路电阻为恒定值的条件下，电动机的转速与电磁转矩之间的关系曲线，即 $n=f(T)$。从使用直流电动机的角度看，机械特性是最重要的一种特性。

## 1.4 直流电动机的电力拖动

电力拖动的根本任务是将电能转换成各种生产机械设备所需要的机械能，来完成一定的生产任务。在电力拖动系统中，电动机是原动机，起主导作用；生产机械是负载，起从动作用。电动机的工作特性与负载的转矩特性是研究电力拖动的基础。电动机的启动和制动特性是衡量电动机运行性能的一项重要指标。本章以应用最为广泛的他（并）励直流电动机拖动系统为例，重点分析直流电动机的负载特性和工作特性、启动、制动和调速过程中电流和转矩的变化规律，然后正确选择启动、制动和调速的方法。

### 1.4.1 生产机械的负载特性

生产机械为电动机的负载，生产机械的机械特性简称为负载特性，它是指负载转矩与转速的关系，大多数生产机械的负载特性可归纳为以下几种类型。

1. 恒转矩负载特性

这类负载比较多，常见的有起重机、卷扬机、皮带运输机及金属切削车床等。它们的特点是：负载转矩 $T_L$ 与转速无关，即当转速 $n$ 变化时，负载转矩 $T_L$=常数。恒转矩负载特性又可分为反抗性恒转矩负载和位能性恒转矩负载两种。

（1）反抗性恒转矩负载

它是由摩擦力产生的转矩，无论运动方向如何，始终是阻碍运动，如图1-27（a）所示。桥式起重机行走机构的行走车轮在轨道上的摩擦力总是和运动方向相反，负载转矩 $T_L$ 的正负值规定与电磁转矩不同，当它的作用力与旋转正方向相反时为正，相同时为负，所以行车走轮逆时针旋转时规定为正方向。这时的反抗转矩为正，随着旋转方向的改变（$n$ 为负值），反抗转矩也同时改变符号而为负值，它的机械特性曲线如图1-27（b）所示。

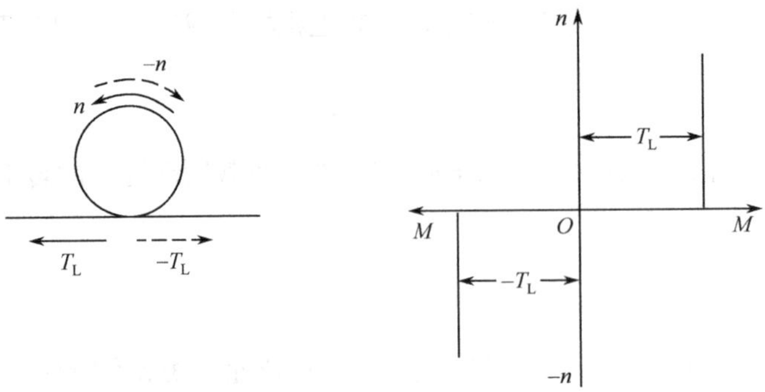


（a）示意图　（b）机械特性

图1-27　反抗转矩与旋转方向的关系

（2）位能性恒转矩负载

它是由物体的重力、弹性物体的压缩力、张力和扭力所产生的转矩，它们的作用力并不随运动的方向改变而改变。如图1-28（a）所示的起重机提升机构，无论是提升或下放重物，重力作用方向不变。在提升时，载荷的重力作用与运动方向相反，它是阻碍运动的。在下放时，载荷的重力方向与运动方向相同，变为促进运动的驱动转矩，在图1-28（b）中绘出了位能转矩的机械特性。以提升方向旋转为正方向，这时 $T_L$ 为正，当下放重物时，$n$ 为负值，$T_L$ 方向不变仍为正值。

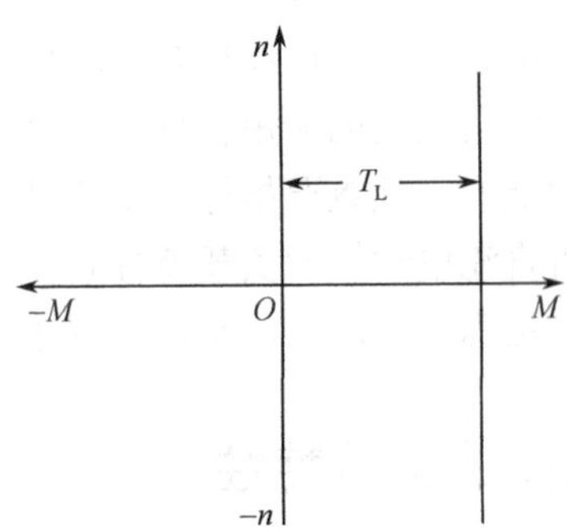


（a）示意图　（b）机械特性

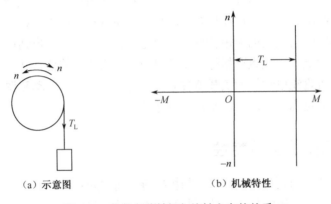

图1-28　位能负载转矩与旋转方向的关系

2. 通风机负载

通风机负载的转矩与速度大小有关，转矩与转速的平方成正比。
即

$$T_L=Kn^2 \quad (1\text{-}29)$$

考虑轴承摩擦转矩，应为

$$T_L= T_{L0}+Kn^2 \quad (1\text{-}30)$$

式中 K ——常数。

通风机负载的机械特性曲线如图 1-29 中的曲线 1 所示。通风机负载性质属于反抗性负载。但通常工作在一个方向，所以只绘出第一个象限的图型，这类生产机械有离心式通风机和水泵等。

3. 恒功率负载

一些机床，如车床，在粗加工时，切削阻力大，此时开低速挡。在精加工时，切削量小，切削力小，往往开高速挡。因此在不同的转速下，负载转矩基本上与转速成反比，即

$$T_L= K/n \quad (1\text{-}31)$$

切削功率

$$P_L=(T_L\ n)/9.55=K_1 \quad (1\text{-}32)$$

可见，切削功率基本不变。恒功率负载特性曲线如图 1-30 所示。

另外，试验室作为模拟负载的他励发电机，当它的励磁电流和电枢串联的电阻一定时，它的电磁转矩和它的转速成正比，如图 1-29 曲线 2 所示。

**特别提示**

必须指出，实际生产机械的负载转矩特性可能是以上几种典型特性的综合。如图 1-29 所示的曲线 1 就是通风机负载与转矩负载的混合。又如吊车提升机械，重物重力所产生的转矩是位能性负载转矩，而传动装置的摩擦产生的转矩则是反抗性的。

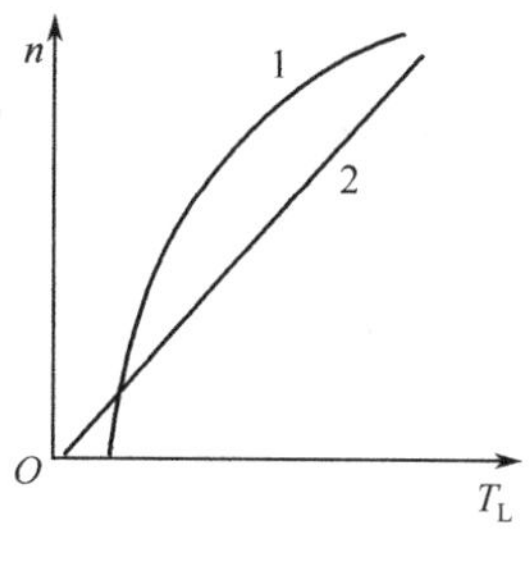


图 1-29 通风机和他励发电机机械特性

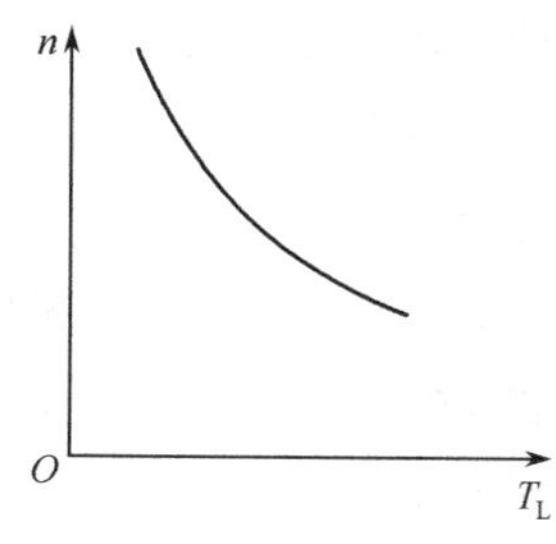


图 1-30 恒功率负载特性

## 1.4.2 直流电动机的工作特性

直流电动机的工作特性是指端电压 $U=U_N$，电枢电路无外串电阻，励磁电流 $I_f=I_{fN}$ 时，电动机的转速 $n$、$T_M$、$\eta=f(I_n)$关系曲线。

以下分别讨论他（并）励、串励和复励电动机的工作特性。

1. 他（并）励电动机的工作特性

在 $U=U_N$=常数的条件下，他励电动机和并励电动机的工作特性没有本质的区别，可将两者合并讨论。

如图 1-31 所示为并励电动机的接线图。并励电动机线路电流 $I$ 等于电枢电流 $I_a$ 与励磁电流 $I_f$ 之和。

$$I = I_a + I_f$$

（1）转速特性

转速特性是指 $U$ 及 $I_f$ 不变，$n = f(I_a)$的关系曲线。

并励电动机电枢电路的电压方程为

$$E_a = U - I_a R_a$$

将 $E_a = C_e \Phi n$ 代入上式，得转速表达式为

$$n = \frac{U - I_a R_a}{C_e \Phi} = \frac{U}{C_e \Phi} - \frac{R_a}{C_e \Phi} I_a \qquad (1\text{-}33)$$

$$= n_0 - \Delta n$$

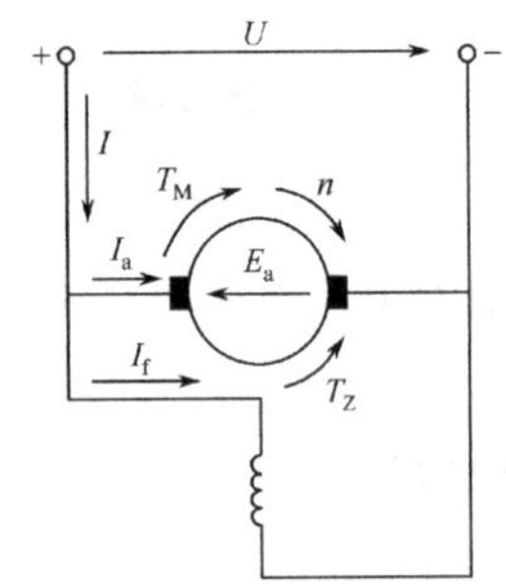

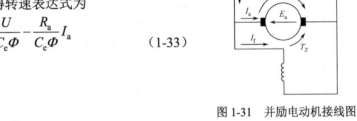

图 1-31　并励电动机接线图

式中 $n_0 = \dfrac{U}{C_e \Phi}$

$$\Delta n = \frac{R_a}{C_e \Phi} I_a$$

$n_0$ 称为电动机的理想空载转速；$\Delta n$ 是由负载引起的转速降。

在 $U=U_N$、$I_f=I_{fN}$ 和电枢无外加电阻的条件下，电动机的转速特性称为固有转速特性。

若不计电枢反应的去磁作用，可以认为$\Phi$是一个与 $I_a$ 无关的常数。则转速特性曲线是一条下垂的直线，如图 1-32 所示。实际上，若考虑直流电动机电枢反应去磁作用，当电动机负载增加时（指 $T_L$ 和 $T_M$ 增大），电枢电流 $I_a$ 将相应增加，电枢反应的去磁作用会使磁通减小，从而使电动机转速趋向上升。如果这种影响超过电枢电阻压降使转速下降的作用，电动机的转速特性将变成上翘特性，这将使电动机不能稳定运行。所以，在电机结构上要采取一些措施补偿电枢反应去磁作用，使他（并）励电动机具有直线的下垂特性。通常，用负载变化引起转速变化的大小来说明电动机的静态稳定性和特性曲线的硬度。技术数据表明，实际电动产品当负载变化时引起的转速变化很小，它们的自然特性属硬特性，静态稳定性好。

（2）转矩特性

当 $U=U_N$、$I_f=I_{fN}$ 时，$T_M = f(I_a)$关系曲线称为转矩特性。

由转矩公式 $T_M = C_M \Phi I_a$，如果不计电枢反应去磁作用，负载变化时$\Phi$不变，则 $T_M = C_M \Phi I_a$ $C_T I_a$，转矩特性是一根通过原点的直线。考虑电枢反应时，由于负载增大时磁通$\Phi$有所减小，使转矩减小，转矩特性偏离直线，如图 1-33 中虚线所示。一般情况下，他（并）励电动机转矩特性仍接近直线。

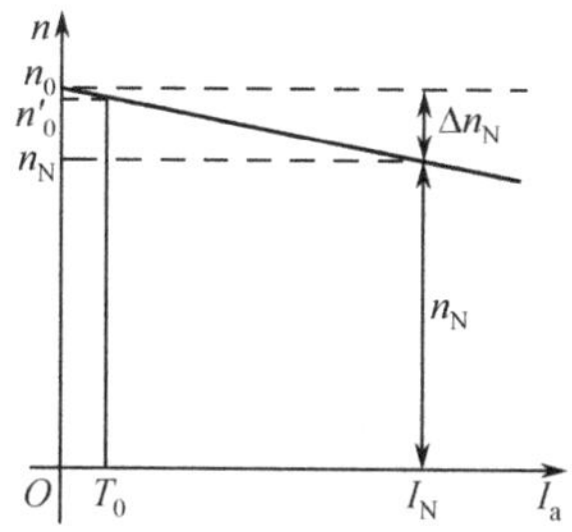


图 1-32　他（并）励电动机转速特性

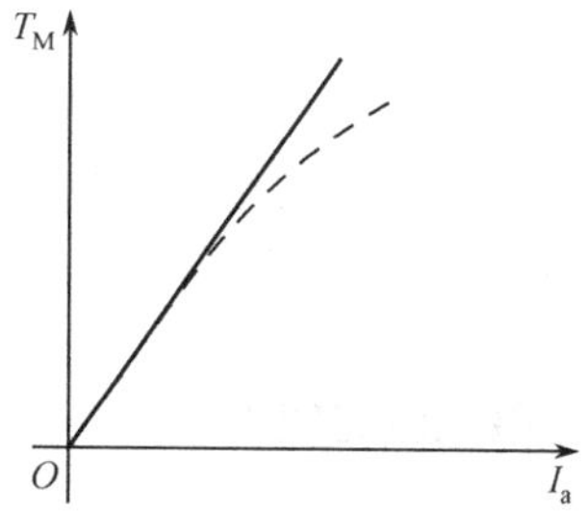


图 1-33　他（并）励电动机转矩特性

（3）效率特性

当 $U=U_N$、$I_f=I_{fN}$ 时，$\eta=f(P_2)$的关系称为电机的效率特性。

由于电机在运行中有各种损耗，所以它的输出功率一定比输入功率小。按规定，输出功率与输入功率的百分比，称为电机的效率$\eta$。

$$\eta=\frac{P_2}{P_1}\times100\% \tag{1-34}$$

测定电动机效率时，通常采用间接的方法。先测出电动机的损耗，输出功率 $P_2$ 是从输入功率减去总损耗$\Sigma P$ 而得到的。所以电动机的效率也可写成

$$\eta=\left(\frac{P_1-\Sigma P}{P_1}\right)\times100\%=\left(1-\frac{\Sigma P}{P_1}\right)\times100\% \tag{1-35}$$

$$\eta=\left(1-\frac{I^2{}_aR_a+P_0}{UI_a}\right)\times100\% \tag{1-36}$$

现以他励电动机为例说明效率特性曲线形状。

电动机在空载或轻载（即 $P_2=0$）时，输入功率很小，即 $I_a$ 很小。负载损耗 $I^2{}_aR_a$ 与 $P_0$ 比较可略去不记。总损耗中主要是不变的空载损耗。由公式(1-36)可知，$\eta$随 $I_a$ 和 $P_2$ 的增加而增加；随着负载的继续增加，$I_a$ 增加，$I^2{}_aR_a$ 增加很快，因此公式（1-36）里的分式中，分子的增长速度超过分母的增长，效率便经过最大值而下降。效率特性曲线形状如图 1-34 所示。各种类型电机的效率特性曲线的形状大致是相同的。一般来说，负载从空载增加到 25%额定负载时，效率低但上升很快；从 50%额定负载到满载时，效率几乎不变，且数值接近最大值；超过额定负载以后，效率反而下降。

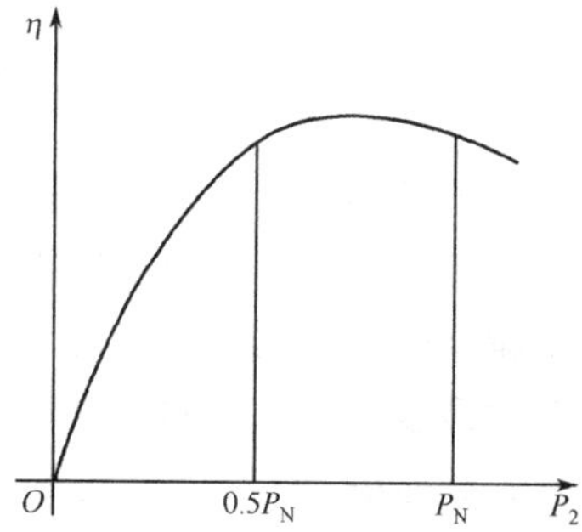


图 1-34　他励电动机的效率特性曲线

为了求出效率曲线中产生最大效率的条件，可将公式（1-36）对 $I_a$ 求导，并令$\frac{d\eta}{dI_a}=0$，则可得

$$I^2{}_aR_a=P_0 \tag{1-37}$$

上式说明，当电机不变损耗等于可变损耗时，电机的效率最高。

2. 串励电动机工作特性

串励电动机的接线图如图 1-35 所示。和并励电动机不同的是，串励绕组和电枢绕组串联，因此它的线路电流、电枢电流和励磁电流都是相等的，即

$$I = I_a = I_f \tag{1-38}$$

由于励磁电流比较大，所以串磁电动机励磁绕组匝数比并励电动机励磁绕组的匝数少，导线比较粗。

（1）转速特性

串励电动机的转速表达式为

$$n = \frac{U - I_a R_a}{C_e \varPhi}$$

式中，$R_a$ 是电动机内电阻，它包括电枢及串励绕组的电阻和电刷接触电阻。

**特别提示**

*串励电动机与并励电动机本质上的区别，在于励磁绕组接法不同，因而磁通与电枢电流关系不同。并励电动机的磁通决定于外加电压，不考虑电枢反应，它与电枢电流的变化是无关的，可以看成是常数；串励电动机的磁通是随电枢电流变化的，因而电枢电流也就是它的励磁电流，因此它们的关系也就是电机的磁化曲线。*

串励电动机的固有转速特性是指在 $U=U_N$、电枢电路不串联外加电阻条件下，$n = f(I_a)$的关系曲线。

串励电动机固有转速特性方程是

$$n = \frac{U_N - I_a R_a}{C_e \varPhi} = \frac{U_N}{C_e \varPhi} - \frac{R_a}{C_e \varPhi} I_a \tag{1-39}$$

当负载增加时，电磁转矩和电枢电流 $I_a$ 增大，磁通$\varPhi$也同时增加。从公式（1-39）可以看出，转速公式中分子减小的同时，分母 $C_e\varPhi$在增大，所以串励电动机的转速随负载增加而下降的幅度比并励电动机要大。也就是说，转速特性比并励电动机要软些。

当负载较小，即电枢电流较小时，电机的磁路未饱和，磁通与电枢电流（即励磁电流）成正比，因而$\varPhi = kI_a$，将此关系代入公式（1-39），可得

$$n = \frac{U_N}{C_e k I_a} - \frac{R_a}{C_e k}$$

上式表明串励电动机的转速特性为一双曲线。

当负载增大时，电枢电流随之增大，铁芯趋于饱和，磁通$\varPhi$已接近不变。这时和并励电动机一样，转速特性曲线趋近于一下垂直线。因此，串励电动机转速特性曲线是一条软特性直线，如图 1-36 所示。随着负载的增大，由双曲线的形状逐渐趋向近似的下垂直线。

串励电动机的理想空载转速 $n = \dfrac{U_N}{C_e \varPhi}$。当 $I_a = 0$ 时，因电机剩磁磁通很小，要产生与电源电压平衡的反电势，所需电动机的转速很高，一般可达到$(5\sim6)n_N$。这样的高速将造成电机及传动机构的损坏，所以串励电动机不允许空载启动和空载运行。通常，负载转矩不得小于

额定转矩的四分之一。为了安全起见，串励电动机和生产机械之间不用皮带转动，以防止皮带断裂或打滑使电动机空载，出现“飞车”情况。

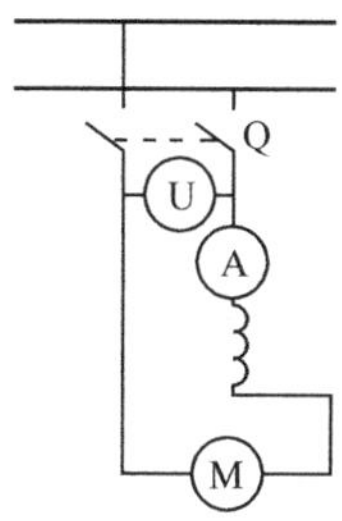


图 1-35 串励电动机接线图

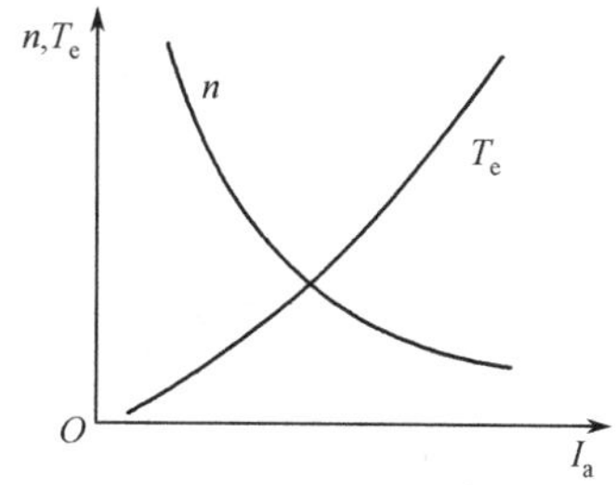


图 1-36 串励电动机工作特性曲线

（2）转矩特性

串励电动机的转矩特性 $T_M = f(I_a)$曲线，也要分成两个区间讨论。

当电枢电流较小时，磁路未饱和，电磁转矩为

$$T_M = C_M \Phi I_a = C_m \Phi I_a^2 \tag{1-40}$$

当电枢电流较大，磁路饱和，磁通$\Phi$=常数，所以，串励电动机的转矩特性如图 1-36 所示，在轻负载时是一条抛物线，当负载增大时趋近于直线。

3. 复励电动机工作特性

复励电动机的接线如图 1-37 所示，主磁极有两个励磁绕组：一个是并励绕组，另一个是串励绕组，它和电枢绕组串联。两个绕组的磁势方向相同的叫积复励；方向相反的叫差复励。复励电动机一般都接成积复励。

积复励电动机的主磁势等于并励绕组及串励绕组磁势之和。如设电机铁芯尚未饱和，电机的主磁通是由两个励磁绕组磁势分别产生磁通的叠加，即

$$\Phi = \Phi_{bl} + \Phi_{cl}$$

式中 $\Phi_{bl}$ ——并励绕组所产生的磁通，可以认为它是一常数；

$\Phi_{cl}$ ——串励绕组所产生的磁通，它随负载而变。

积复励电动机的转速为

$$n = \frac{U - I_a R_a}{C_e(\Phi_{bl} + \Phi_{cl})} \tag{1-41}$$

复励电动机的空载转速，由于$\Phi_{bl}$的存在，$n_0$不是非常大的，不像串励电动机在空载运行时会发生“飞车”危险。在理想空载情况下，$I_a = 0$，$\Phi_{cl} = 0$。复励电动机理想空载转速为

$$n_0 = \frac{U}{C_e \Phi_{bl}} \tag{1-42}$$

它比同样额定转速的并励电动机的空载转速高。

当负载增加时，由于串励绕组磁通增大，积复励电动机的转速比并励电动机有显著下降，它的转速特性不像并励电动机那么硬；又因为不是全部磁通随负载而增加，它的特性又不像串励电动机特性那么软。所以积复励电动机的特性介于并励和串励电动机特性之间，如图 1-38 所示。

如果串励绕组和并励磁势方向相反，即电动机接成差复励，这样当负载增加时，串励绕

组磁势对并励绕组磁势起去磁作用，使主磁通减小。因而转速随负载增大而升高。这种上翘特性将使电动机不能稳定运行。

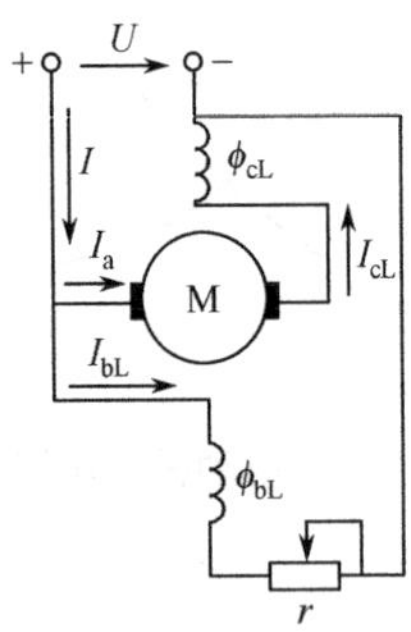


图 1-37　复励电动机接线图

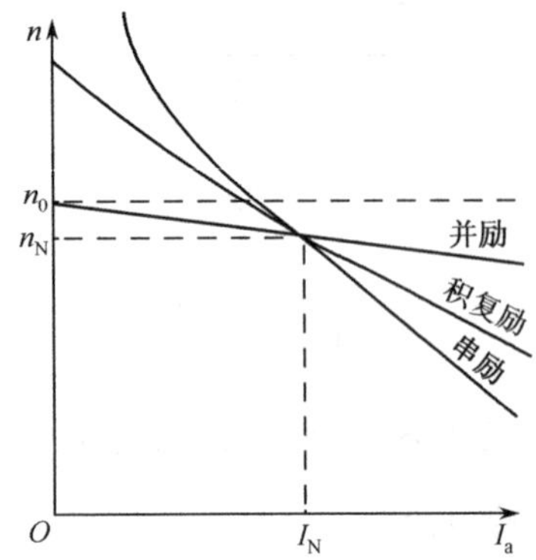


图 1-38　复励电动机的转速特性

**特别提示**

如果并励电动机电枢反应过强，就可能得到差复励的上翘特性。为使并励电动机可靠地得到直线性下垂特性，在国产 Z 和 $Z_2$ 系列并励电动机中常接入少量串励绕组（称为稳定绕组），其磁势方向与并励绕组磁势方向相同，以补偿电枢反应去磁作用。

4. 各种直流电动机的比较及其应用

在正常运行中，并励和他励电动机的磁通基本上是恒定的，因此它的固有转速特性是一条稍微下垂的直线，特性比较硬，运行的稳定性好。当生产机械要求电动机稳定性高、调速范围广、平滑性好的特性时，可用他（并）励电动机。例如拖动某些精密车床、刨床、铣床和磨床等。

串励电动机的特点是磁通随负载改变而变化，因此具有软的转速特性。在同样的电枢电流下，串励电动机的转矩较并励电动机大，所以串励电动机有较好的启动能力和过载能力。

串励电动机的软特性适合于电力牵引机车。当电力机车上坡时，所需负载转矩较大，这时电动机转速自动下降，因此输出功率增加不多，输入电流也就增加不多，不致使电动机过电流或引起电网电压的波动。也就是说，它的过载能力较大。所以串励电动机的这种恒功率特性适合于带负载频繁启动及有冲击性负载的生产机械上。

复励电动机特性介于并励电动机与串励电动机之间，具备两种电动机的优点。当负载增加时，由于串励绕组作用，转速较并励电动机下降多些；当负载减轻时，由于并励绕组作用，不至于达到危险的高速；同时，它有较大的启动转矩，启动时加速较快。所以，复励电动机获得广泛的应用，例如起重装置、电力牵引机车、轧钢机及冶金辅助机械等。

## 1.4.3　直流电动机的启动

直流电动机接通电源后，转速从零达到稳定转速的过程称为启动过程。它是一动态过程，情况较为复杂，这里仅介绍启动要求和启动方法。

直流电动机启动的基本要求是：

① 启动转矩要大。

② 启动电流要小，限制在安全范围之内。

③ 启动设备简单、经济、可靠。

直流电动机在启动时，$n=0$，所以$E_a=0$，$I_a=U/R_a$，$I_a$可突增至额定电流的十多倍，因此必须加以限制，在保证产生足够的启动转矩的条件下（因为$T_e=C_T\phi I_a$），尽量减小启动电流。正常情况下，一般直流电动机瞬时过载电流不得超过（1.5~2）$I_N$。

常用的启动方法有三种，分别介绍如下：

### 1. 直接启动

加全压启动，启动电流$I_a=U/R_a$，达十倍以上额定电流，仅用于小型电动机。

优点：操作简单，不需启动设备。

缺点：冲击电流太大，对电网电压有影响；对电机本身影响较大。只适用于小型电动机的启动。

### 2. 电枢回路串变阻器启动

为限制启动电流，在启动时将启动电阻串入电枢回路，待转速上升后，再逐级将启动电阻切除。

串入变阻器时的启动电流为

$$I_{St}=\frac{U}{R_a+R_{st}}$$

只要$R_{St}$选择适当，能将启动电流限制在允许范围内，随 $n$ 的上升可切除一段电阻。采用分段切除电阻，可使电动机在启动过程中获得较大加速，且加速均匀，缓和有害冲击。如图 1-39 所示为分二级启动的机械特性曲线。

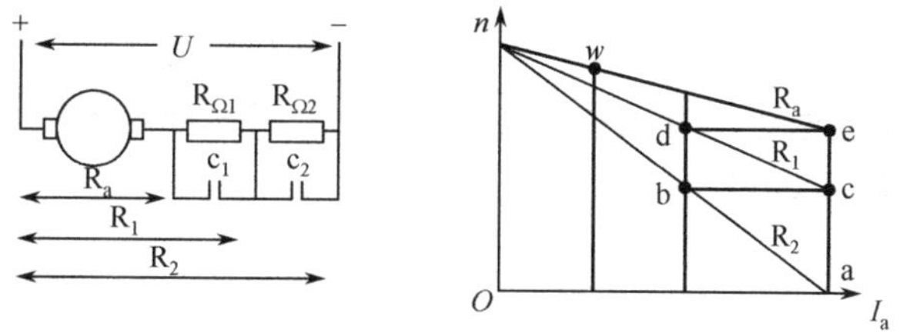


图 1-39 直流电动机二级启动电路及机械特性

$$R_{St}=R_a+R_{\Omega1}+R_{\Omega2}$$

由$I_{St}$ 产生$T_e$，电动机加速（因为$T_{St}>T_Z$）。由 a→b，$n\uparrow$，$T_e\downarrow$，加速逐渐减小。

为获得较大加速，到 b 点时切除$R_{\Omega2}$，特性由 b 到 c，由 c 到 d 后再切除$R_{\Omega1}$，运行到固有特性 e 点，最终稳定在 e 点。（因为$T_e=T_Z$）。切除可手动完成，也可自动完成。

优点：启动设备简单，操作方便。

缺点：电能损耗大，设备笨重。

3. 降压启动

开始启动时降低电压，则 $I_a = U'/R_a$，并使 $I_a$ 限制在一定范围内。采用降压启动时，需专用调压电源——直流发电机或可控硅整流电源。用发电机，调节励磁达到调压；用可控硅整流电源，采用触发信号控制输出电压。

优点：启动电流小，能量损耗小，

缺点：设备投资大。

## 1.4.4 直流电动机的制动

一台生产机械工作完毕就需要停车，因此需要对电动机进行制动。最简单的停车方法是断开电源，靠摩擦损耗转矩消耗掉电能，使之逐渐停下来，称为自由停车法。

自由停车一般较慢，特别是空载自由停车，更需较长的时间，如希望快速停车，可使用电磁制动器，俗称“抱闸”。也可使用电气制动方法，如能耗制动、反接制动或回馈制动。

1. 能耗制动

并励电动机能耗制动接线图如图 1-40 所示。停车时，不仅是断电，而且将电枢立即接到 $R_L$ 上（为限制电流过大）。因为磁场保持不变（图 1-40 中为并励），由于惯性，转速 $n$ 存在且与电动势相同，所以 $E_a$ 与电动势方向相同。

$$U = 0 = E_a + I_a(R_a + R_L)$$

所以

$$I_a = -\frac{E_a}{R_a + R_L}$$

电流方向相反，所以 $T_e$ 反向。

**特别提示**

由于转矩与电动势状态相反，产生一制动性质的转矩，使其快速停车。制动过程是电机靠惯性发电，将动能变成电能，消耗在电枢总电阻上，因此称之为能耗制动。能耗制动操作简单，但低速时制动转矩很小。

2. 反接制动

采用以上能耗制动方法，在低速时效果差，如采用反接制动，可得到更强烈的制动效果。利用反向开关将电枢反接，反接同时串入电阻 $R_L$（为限制电流过大），如图 1-41 所示（注意：电压为负）。$I_a = \dfrac{-U - E_a}{R_a + R_L}$ 为负，所以 $T_e$ 为负。

$$n = -\frac{U}{C_e\Phi} - \frac{R_a + R_L}{C_e C_T \Phi^2} T_e$$

反接制动时最大电流不得超过 $2I_N$，则应使

$$R_a + R_L \geqslant \frac{U_N + E_a}{2I_N} \approx \frac{2U_N}{2I_N} = \frac{U_N}{I_N}$$

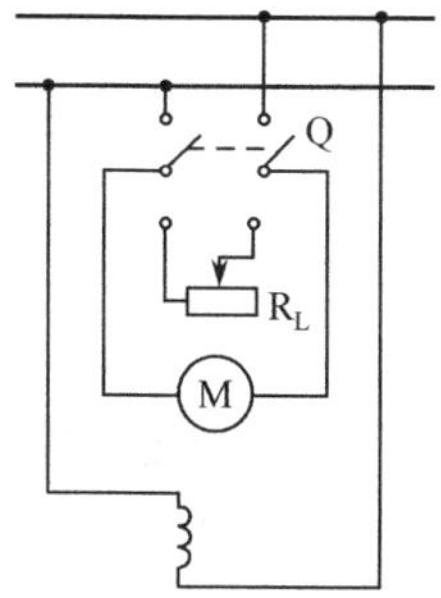


图 1-40 并励电动机能耗制动接线图

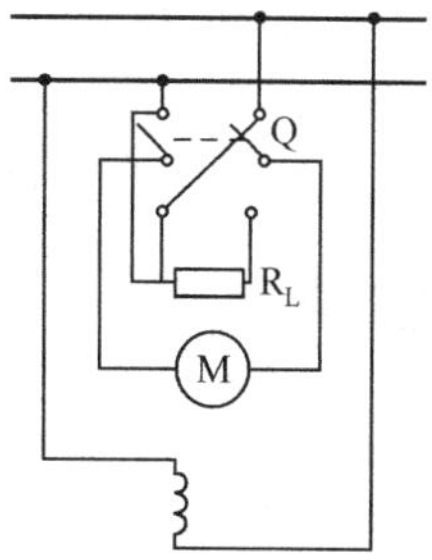


图 1-41 并励电动机反接制动接线图

$$R_L \geqslant \frac{U_N}{I_N} - R_a$$

对于能耗制动
$$R_L \geqslant \frac{U_N}{2I_N} - R_a$$

缺点：能量损耗大，转速下降到零时，必须及时断开电源，否则将有可能反转。

3. 回馈制动

当 $n>n_0$，则 $E_a>U$，$I_a=(U-E_a)/R_a$ 为负，$T_e$ 为负，例如电车下坡时的运行状态。

电车在平路上行驶时，摩擦转矩 $T_L$ 是制动性质的，这时 $U>E_a$，$n_0>n$。当电车下坡时，$T_L$ 仍存在（暂不考虑数值变化），车重产生的转矩是帮助运动的，例如，合成转矩与 $n$ 方向相同，因而 $n$ 上升，当 $n>n_0$，$E_a>U$，使 $I_a$ 变负，$T_e$ 为负，此时电机进入发电状态，发出电能，回馈到电网，称为回馈制动。

总之，电气制动是电动机本身产生一制动性质的转矩，使电动机快速停转。

## 1.4.5 直流电动机的调速

许多生产机械需要调节转速，直流电动机具有在宽广的范围内平滑而经济的调速性能。因此在调速要求较高的生产机械上得到广泛应用。

调速是人为地改变电气参数，从而改变机械特性，使得在某一负载下得到不同的转速。

从直流电动机的转速公式 $n=\dfrac{U-I_aR_a}{C_e\Phi}$ 可知，在某一负载下（$I_a$ 不变），如果分别改变 $U$、$R_a$、$\Phi$的参数，均可调节直流电动机的转速，所以直流电动机可有三种调速方法。下面讨论这几种调速方法的原理及优缺点。

1. 电枢串电阻调速

电枢电路串接电阻后，转速的降低与电阻的大小成正比。由直流电动机串电阻的机械特性可知，电动机所串电阻越大，斜率越大，转速越低。未串电阻时，电动机工作在 e 点，突然串入 $R_a$ 时，$n$ 来不及突变，由 e 点到 d 点，因为此时 $T_e>T_z$，使 $n$ 下降，直至 c 点（$T_e=T_z$），调速过程结束时，系统稳定运行在 c 点，可参考图 1-39。

优点：设备简单，操作方便。

缺点：属有级调速，轻载几乎没有调节作用，低速时电能损耗大，接入电阻后特性变软，负载变化时转速变化大（即动态精度差），只能下调。此种调速方法一般用于调速性能要求不高的设备上，如电车、吊车、起重机等。

2. 调节电枢电压调速

应用此方法，电枢回路应用直流电源单独供电，励磁绕组用另一电源他励。

目前用得最多的可调直流电源是晶闸管整流装置（SCR），对容量数千千瓦以上的采用交流电动机—直流发电机机组。

$$n=\frac{U}{C_e\Phi}-\frac{R_a}{C_eC_T\Phi^2}T_e$$

缺点：调压电源设备复杂，一般下调转速。

优点：硬度一样，可平滑调速，且电能损耗不大。

以上两种方法属电枢控制。

3. 弱磁调速

改变$\Phi$的调速，增大$\Phi$可能性不大，因电动机磁路设计在饱和段。所以只有减弱磁通，可在励磁回路中串接电阻实现。

$$n=\frac{U}{C_e\Phi}-\frac{R_a}{C_eC_T\Phi^2}T_e=n_0-\beta T_e$$

$\phi\downarrow$ 导致 $n_0=\dfrac{U}{C_e\Phi}\uparrow$，$\beta=\dfrac{R_a}{C_eC_T\Phi^2}\uparrow$，但 $n_0$ 比 $\beta T_e$ 增加快，一般情况下 $\phi\downarrow\rightarrow n\uparrow$，设负载转矩不变，则 $T_e=C_T\phi_1I_{a1}=C_T\phi_2I_{a2}$，所以 $\dfrac{I_{a2}}{I_{a1}}=\dfrac{\Phi_1}{\Phi_2}$。又因为 $U=E_a+I_aR_a\approx E_a$，因 $U$ 不变，所以 $E_a=C_e\phi_1n_1=C_e\phi_2n_2$，则 $\dfrac{n_2}{n_1}=\dfrac{\Phi_1}{\Phi_2}$ 减少磁通可使转速上升，而且导致 $n$ 个（即 $P_2=T_Z\Omega\uparrow$），以及 $I_a\uparrow$（即 $P_1\uparrow$），由此推导出。调速后效率基本不变。

缺点：调速范围小，转速只能上调，磁通越弱，$I_a$ 越大，使换向性能变坏。

## 1.5 直流电动机的故障分析及维护

直流电动机和其他电动机一样，在使用前应按产品维护说明书认真检查，以避免发生故障、损坏电动机和有关设备。

要使电动机有良好的绝缘性并延长它的使用寿命，保持电动机的内外清洁是非常重要的。电动机必须安装在清洁的地点，防止腐蚀气体对电动机的损害。防护式电动机不应装在多灰尘的地方，过多的灰尘不断降低绝缘性，也使换向器急剧磨损。电动机必须牢固安装在稳固的基础上，应将电动机的振动减至最小限度。电动机上所有坚固零件（螺栓、螺母等）、端盖盖板和出线盒盖等均需拧紧。

在使用直流电动机时，应经常观察电动机的换向情况，包括在运转中和启动过程中的换向情况，还应注意电动机各部分是否有过热情况。

在运行中，直流电动机的故障是多种多样的，产生故障的原因较为复杂，并且互相影响。在直流电动机发生故障时，首先要对电动机的电源、线路、辅助设备（如磁场变阻器、开关等）和电动机所带负载进行仔细地检查，看它们是否正常，然后再从电动机的机械方面加以检查，如检查电刷架是否有松动、电刷接触是否良好、轴承转动是否灵活等。就直流电动机的内部故障来说，多数故障会从换向火花增大和运行性能异常反映出来，所以要分析故障产生的原因，就必须仔细观察换向火花的显现情况和运行时出现的其他异常情况，通过认真分析，根据直流电动机内部的基本规律和积累的经验做出判断，找出原因。

## 1.5.1 直流电动机运行时的换向故障

直流电动机的换向情况可以反映出电动机运行是否正常，良好的换向，可使电动机安全可靠地运行，并延长它的寿命。一般直流电动机的内部故障，多数会引起换向时出现有害的火花或火花增大，严重时灼伤换向器表面，甚至妨碍直流电动机的正常运行。以下就机械方面或由机械方面引起的电枢绕组和定子绕组和电源等影响换向恶化的主要原因做一概要的分析，并介绍一些基本维护方法。

1. 机械原因

直流电动机的电刷和换向器的连接属于滑动接触。因此，保持良好的滑动接触，才可能有良好的换向，但腐蚀性气体、大气压力、相对温度、电动机振动、电刷和换向器装配质量等因素都对电刷和换向器的滑动接触情况有影响。当因电动机振动、电刷和换向器的机械原因使电刷和换向器的滑动接触不良时，就会在电刷和换向器之间产生有害的火花或火花增大。

（1）电动机振动

电动机振动对换向的影响是由电枢振动的振幅和频率高低所决定的。当电枢向某一方向振动时，就将电刷向径向推出，由于具有惯性及与刷盒边缘的摩擦，不能随电枢振动保持和换向器的正常接触，于是电刷就在换向器表面跳动。随着电动机转速的增加，振动越大，电刷在换向器表面跳动越大。电动机的振动大多数是由于电枢两端的平衡块脱落或位置移动造成电枢的不平衡，或是在电动机绕组修理后未进行平衡校正引起的。一般来说，对低速运行的电动机，电枢应进行静平衡；对高速运行的电动机，电枢必须进行动平衡；所加平衡块必须牢靠地固定在电枢上。

（2）换向器

换向器是直流电动机的关键部件，要求表面光滑圆整，没有局部变形。在换向良好的情况下，长期运转的换向器表面与电刷接触的部分将形成一层坚硬的褐色薄膜。这层薄膜有利于换向并能减少换向器的磨损。当换向器装配质量不良造成变形，或片间云母突出，以及受到碰撞，使个别片凸出或凹下、表面有撞击疤痕或毛刺时，电刷就不能在换向器上平稳滑动，使火花增大。换向器表面沾有油腻污物也会使电刷接触不良，产生火花。

换向器表面如有污物，应用沾有酒精的抹布擦净。换向器表面出现不规则情况时，可在电动机旋转的情况下，用与换向器表面吻合的曲面木块垫上细玻璃砂纸来磨换向器。若仍不能满足换向要求（仍有较大火花），则必须车削换向器外圆。当换向器片间云母突出，应将云母片下刻，下刻深度约为 1.5mm 左右，过深的下刻，易在片间堆积炭粉，造成片间短路。下刻云母片后，应研磨换向器外圆，方能使换向器表面光滑。

（3）电刷

保证换向器和电刷良好的滑动接触，每个电刷表面至少有 3/4 与换向器接触，电刷的压力应保持均匀，电刷间弹簧压力相差不超过 10%，以避免各电刷通过的电流相差太大，造成个别电刷过热和磨损太快。当电刷弹簧压力不合适、电刷材料不符合要求、电刷型号不一致、电刷与盒间配合太紧或太松、刷盒边离换向器表面距离太大时，就易使电刷和换向器滑动接触不良，造成有害的火花。

**特别提示**

电刷的弹簧压力应根据不同的电刷确定。一般电动机用的 D104 或 D172 电刷，压力可取 14.7~19.6Pa。同一台电动机必须使用同一型号的电刷，因不同型号的电刷性能不同，通过的电流相差较大，这对换向是不利的。新更换的电刷需要用较细的玻璃砂纸研磨。经过研磨的电刷空转半小时后，在负载下工作一段时间，使电刷和换向器进一步磨合。在换向器表面初步形成了氧化膜后，才能投入正常运行。

2. 由机械引起的电气原因

直流电动机的电刷通过换向器与几何中线上的导体接触，使电枢元件在被电刷短路的瞬间不切割主磁场的磁通。由于修理时不注意，磁极、刷盒的装配有偏差，造成各磁极间距离相差太大、各磁极下的气隙不均匀、电刷不对齐中心（径向式）、电刷沿换向器圆周不等分（一般电动机电刷换向器圆周等分误差不超过 2mm）。也易引起换向时产生有害的火花或火花增大。因此修配时，应使各磁极、电刷安装合适、分布均匀，以改善换向情况。电刷架应保持在出厂时规定的位置上，固定牢靠，不要随便移动。电刷架位置变动对直流电动机的性能和换向也均有影响。

3. 电枢绕组故障

电枢绕组的故障与电动机换向情况有密切的联系，以下就一般中小型电动机常见的几种主要故障做一概述。

（1）电枢元件断线或焊接不良

直流电动机的电枢绕组是一种闭合绕组，如电枢绕组的个别元件产生断线或与换向器焊接不良，则当该元件转动到电刷下，电流就通过电刷接通，而离开电刷时电流也通过电刷断开，因而在电刷接触和离开的瞬时呈现较大的点状火花，这会使断路元件两侧的换向片灼黑，根据灼黑的换向片可找出断线元件的位置，如图 1-42（a）所示。若用电压表检查换向器片间电压，断线元件或与换向器焊接不良的元件两侧的换向片片间电压特别高。

由于电枢绕组的形式不同，表现在换向片灼黑的位置上也有差别。如绕组是连续叠绕的电枢绕组，被灼黑的两换向器片间的元件在换向器上的跨距接近于一对极距，并串联了与电动机极对数相同数量的元件后，再回到相邻的换向片上。所以当有一个元件断线或焊接不良时，灼黑的换向片数等于电动机的极对数，如图 1-42（b）为一台四极电动机，有两处灼黑点；若电动机有 $P$ 对极，用电压表检查片间电压时，则有 $P$ 处相邻换向片间电压猛增。

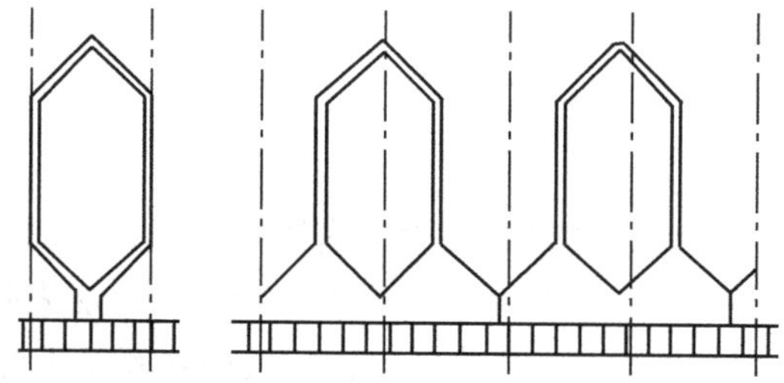
(a) 单叠绕组　　(b) 单波绕组

图 1-42　电枢绕组元件断线的观察

(2) 电枢绕组短路

电枢绕组有短路现象时，电动机的空载和负载电流增大。短路元件中产生较大的交变电流，使电枢局部发热，甚至烧坏绕组。当电枢绕组个别地方有短路时，一方面破坏了电枢绕组并联支路间的电路平衡，同时短路元件中的交变电流产生的影响使换向器产生有害的火花或火花增大。电枢绕组有一点以上接“地”，就通过“地”形成短路，用电压表检查时，连接短路元件的两换向片片间电压为“0”或很小。电枢绕组短路可能由下列情况引起：换向器片间短路、换向器之间短路、电枢元件匝间短路或上下层间短路等。短路元件的位置可用短路侦察器寻找。

4. 定子绕组故障

定子绕组中的换向极和补偿绕组是用来改善电动机换向的，所以和电动机换向的情况有密切的关系，这些故障有以下三种。

(1) 换向极或补偿绕组极性接反

换向极或补偿绕组能克服或补偿电枢反应造成的主磁场小型畸变，保持电动机的物理中心线不因负载变化而产生移动。同时在换向元件中产生足够的换向电动势去抵消电抗电动势。当换向极或补偿绕组极性接反时，则加剧了电枢反应造成的主磁场小型畸变，使换向元件中阻碍换向的电动势加大，使换向火花急剧增大，换向片明显灼黑。

(2) 换向极或补偿绕组短路

个别换向极或补偿绕组由于匝间或引线之间相碰而短路时，根据上节所述原因同样会使火花增大。一般可检查各极的绕组电阻，正常情况下各极绕组电阻间的差别一般不超过5%。

(3) 换向极绕组不合适

换向极除抵消电枢反应外，能使电枢元件在换向过程中产生一个换向电动势，大小和电抗电动势相等，方向相反；两者间若能互相抵消，电枢绕组元件在换向过程中不产生附加电流。当电动机修理后，若换向情况再三调整还不能满足要求，从电动机内部也找不出故障原因，这就可能是由换向极磁场不合适引起的。

5. 电源的影响

近年来，晶闸管整流装置发展非常迅速，逐步取代了直流发电动机，它具有维护简单、效率高、重量轻等优点。使用中改进了直流电动机的调节性能，但这种电源带来了谐波电流和快速暂态变化，对直流电动机有一定的危害，这种危害随晶闸管整流装置的形式及使用方法的不同而变化很大。

特别提示

电源中的交流分量不仅对直流电动机的换向有影响，而且增加了电动机的噪声、振动和损耗、发热。为改善这种情况，一般采用串接平波电抗器的方法来减少交流分量。若用单相整流电源供电而不外加平波电抗器时，直流电动机的使用功率仅可达到额定功率的 50%左右。一般外加平波电抗器的电感值约为直流电动机电枢回路电感的 2 倍左右。

### 1.5.2 直流电动机运行时的性能异常及维护

直流电动机运行中的故障除反映出换向恶化外，一般还会表现为转速异常、电流异常和局部过热等几种现象。

1. 转速异常

一般小型直流电动机在额定电压和额定负载时，即使励磁回路中不串联电阻，转速也可保持在额定转速的容差范围内。中型直流电动机必须接入磁场变阻器，才能保持额定励磁电流，而达到额定转速。当转速发生异常情况时，可用转速公式中所表示的有关因素来找原因。

（1）转速偏高

在电源电压正常的情况下，转速与主磁场成反比。当励磁绕组中发生短路现象，或个别磁极极性装反时，主磁通量减少，转速就会上升。励磁电路中有断线，便没有电流通过，磁极只有剩磁。这时，对串励电动机来说，励磁线圈断线即电枢开路，与电源脱开，电动机就停止运行；对并励或他励电动机，则转速剧升，有飞车的危险，如所带负载很重，那么电动机速度也不至升高，这时电流剧增，使开关的保护装置动作后跳闸。

（2）转速偏低

电枢电路中连接点接触不良，使电枢电路和电阻压降增大（这在低压、大电流的电动机中尤其要引起注意），在电源电压不变情况下，这时电动机转速就偏低。所以转速偏低时，要检查电枢电路各连接点（包括电刷）的接头焊接是否良好，接触是否可靠。

（3）转速不稳

直流电动机在运行过程中，当负载逐步增大时，电枢反应的去磁作用也随之逐步增大。尤其直流电动机在弱磁提高转速运行时，电枢反应的去磁作用所占的比例就较大，当电刷偏离中性线或串励绕组接反时，则去磁作用更强，使主磁通更为减少，电动机的转速上升，同时电流随转速上升而增大，而电流增大又使电枢反应去磁作用增大，这样恶性循环使电动机的转速和电流发生急剧变化，电动机不能正常稳定运行。如不及时制止，电动机和所接仪表均有损坏的危险。在这种情况下，首先应检查串励绕组极性是否准确，减小励磁电阻并增大励磁回路电流。若电刷没有放在中性线上则应加以调整。

2. 电流异常

直流电动机运行时，应注意电动机所带负载不要超过铭牌规定的额定负载。但在故障的情况下（如机械上有摩擦、轴承太紧、电枢回路中引线相碰或有短路现象、电枢电压太低等），会使电枢电流增大。电动机在过负载电流下长时间运行，就易烧毁电动机绕组。

3. 局部过热

凡电枢绕组中有短路现象时，均会产生局部过热。在小型电动机中，有时电枢绕组匝间短路所产生的有害火花并不显著，但局部发热较严重。导体各连接点接触不良也会引起局部过热；换向器上的火花太大，会使换向器过热；电刷接触不良会使换向器过热。当绕组部分长时间局部过热时，会烧毁绕组。在运行中，若发现有绝缘烤糊味或局部过热情况，应及时检查修理。

# 1.6 直流电动机的拖动试验

## 1.6.1 直流电动机的启动和调速

1. 试验目的

① 学习并掌握直流电动机的启动方法，掌握启动器的使用方法及注意事项；

② 掌握直流电动机的调速方法，测出调磁调速及电枢回路串电阻调速的曲线 $n=f(I_t)$和 $n=f(R_{a1})$。

2. 试验内容及说明

① 直流电动机的电枢电流为$I_a=(U-E_a)/R_a$，启动电动机时，因 $n$=0，故 $E_a=C_e\Phi n=0$，故启动电流为 $I_{st}=U/R_a$。一般电枢电阻 $R_a$ 很小，故直流电动机启动时启动电流可达(10~20)$I_N$，因此直流电动机采用各种启动方法的主要目的，就是限制启动电流 $I_{st}$，同时保证有足够大的启动转矩。

本试验将学习用启动器和在电枢回路中串电阻的方法启动直流电动机。

② 根据直流电动机的转速公式 $n=(U-I_aR_a)/C_e\Phi$，可知直流电动机有以下三种调速方法：

（a）弱磁调速。通过改变磁通 $\Phi$ 调节转速，一般是使 $\Phi$ ↓而转速 $n$↑，适用于在额定转速以上的范围内调速。

（b）调压调速。通过改变电枢电压调节转速，一般使 $U$↓而 $n$↑，适用于在额定转速以下的范围调速。此法应在他励方式下进行。

（c）电枢回路串电阻调速。用增加电枢回路电阻的方法，改变转速降 $\Delta n=[I_a(R_a+R_{a1})]/C_c\Phi$ 的大小，使电动机的转速 $n=[U-I_a(R_a+R_{a1})]/C_c\Phi=n_0-\Delta n$ 改变，从而达到调速的目的。

3. 试验线路

直流电动机用启动器启动试验线路图如图 1-43 所示。

4. 试验步骤

（1）利用启动器进行直流并励电动机的启动试验

按图 1-43（a）接线，经老师检查允许后，进行如下操作。

① 当 QS 断开时，检查启动器 QT 手柄是否放在起始位置（空挡），如是，则可以合上 QS。（这时因启动器处于空挡，电动机不会启动）。

② 将启动器顺时针方向匀速转动，使电动机通电启动，直至启动器处于运行位置（此时启动器手柄被自动锁住）。启动器手柄顺时针转动的位置，相当于图 1-43（a）中虚线箭头由右至左移动。箭头处于启动位置时，电枢回路中串入最大电阻，励磁回路外串电阻为零，故满足启动要求。随着箭头的左移，电枢回路外串电阻逐渐减小，励磁回路外串电阻增大，电动机转速逐渐上升。当箭头左移至运行位置时，电枢外串电阻为零，而励磁回路外串电阻最大，电动机稳定在较高转速下运行。

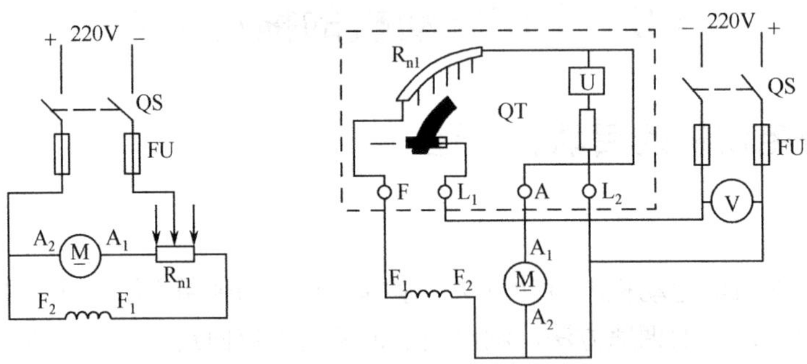


（a）启动器原理图　　（b）启动器实际接线图

图 1-43　直流电动机用启动器启动试验线路图

③ 断开 QS 开关，则电动机停转。观察此时启动器失电后自动复位的过程。

④ 启动复位后，再次合上 QS，重复一次启动操作。

**注意**：启动器失电后的自动复位，有一延时过程。即拉下 QS 后，启动器复位后才能进行；否则，电动机相当于直接启动，将产生很大的启动电流。

（2）利用可变电阻器进行电枢串电阻启动及调速试验

按图 1-44 接好线路，经老师检查允许后，进行如下操作。

① 电枢回路串电阻启动。

(a)将 QS 置于断开位置，电枢电阻 $R_{a1}$ 置最大位置，励磁电阻 $R_f$ 置最小位置。

（b）合上 QS，则电动机电枢串电阻启动，观察启动效果。

② 改变励磁电流调速。

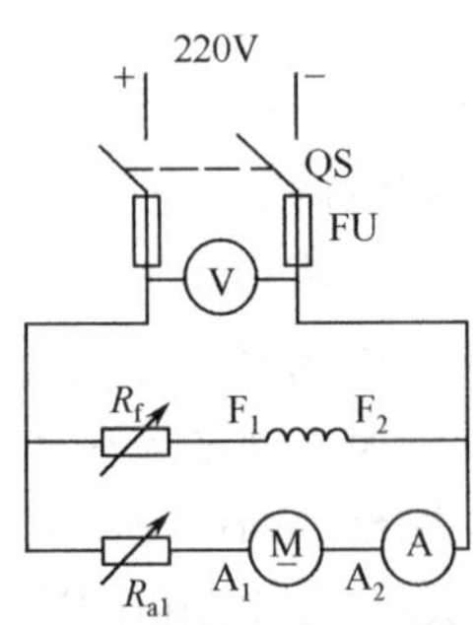


图 1-44　直流电动机调速启动线路图

（a）电动机启动完毕后，立即将 $R_{a1}$ 调至零，并测量此时的电动机转速 $n$ 及励磁电流 $I_f$ 记于表 1-1 中。随后逐渐增大 $R_f$，使 $I_f$ ↑，$n$↑，直至转速升到 $n=1.2n_N$ 为止。此过程中记录 $n$、$I_f$ 数据 4~5 组于表 1-1 中，随后将 $R_f$ 调回到零。

（b）当 $R_f$=0 时，逐步增大 $R_{a1}$，使转速 $n$ 下降，直至 $R_{a1}$ 为最大值为止。此过程中记录 $n$、$R_{a1}$ 数据 5~6 组于表 1-2 中。（$R_{a1}$ 值应断电后进行测量，或根据设备情况进行估算）。

（c）拉下 QS，切断电源停机。经老师检查允许后即可拆除试验线路，并清理现场。

表 1-1 电极转速与励磁电流

| | | | | | | | |
|---|---|---|---|---|---|---|---|
| $n$（转/分） | | | | | | | |
| $I_f$（安） | | | | | | | |

表 1-2 电流转速与电枢串电阻

| | | | | | | | |
|---|---|---|---|---|---|---|---|
| $n$（转/分） | | | | | | | |
| $R_{a1}$（欧） | | | | | | | |

5. 试验报告要求

① 根据实际操作，简要写出试验步骤。
② 在坐标纸上画出 $n=f(I_f)$及 $n=f(R_{a1})$曲线。
③ 根据试验数据分析调磁调速和电枢串电阻调速的原理。
④ 写出心得体会。

6. 试验注意事项

① 应用启动器启动直流电动机时，启动手柄连续转动直至被锁住，手柄不可停留于中间任何位置。转动时速度要适当，既不要太快，也不要太慢。

② 利用可变电阻器启动直流电动机前，一定要注意电阻位置（$R_{a1}$应置最大位；$R$f 置最小位），并检查励磁回路，不允许其开路。

③ 试验过程中，如遇异常情况，应立即拉下电源开关。

## 1.6.2 直流电动机的反转与制动

1. 试验目的

① 学习并掌握实现直流电动机反转的方法。
② 掌握直流电动机实现能耗制动的方法。
③ 比较自然停车和能耗制动停车的快慢。

2. 试验内容说明

① 要使直流电动机改变旋转方向，只要改变电枢绕组或励磁绕组中的电流方向即可。实际操作中，实现直流电动机的反转有两种方法。

（a）将电枢绕组反接，即将电枢绕组两端连线对调。

（b）将励磁绕组两端连线对调。但要注意，励磁绕组和电枢绕组两端的连线不可同时对调，只能改变其中的一个，否则电动机不会反转。

② 直流电动机的能耗制动应用很广泛，其基本原理是将电动机电枢绕组从电源切除后，立即换接到制动电阻上，利用电动机的惯性，在电枢绕组中产生一个与原方向相反的电枢电流，从而产生制动转矩，使电动机迅速而准确地停车。

③ 自然停车是指电动机断电后，不对其施加任何制动转矩，仅仅利用电动机本身的阻

力摩擦，对电动机形成制动作用而自动停车。由于电动机的摩擦形成的制动转矩较小，故自然停车的时间比能耗制动时的停车时间要长。

3. 试验线路

直流电动机控制线路图如图 1-45 所示。

4. 试验步骤

按图 1-45 接好试验线路，经老师检查允许后，进行如下操作。

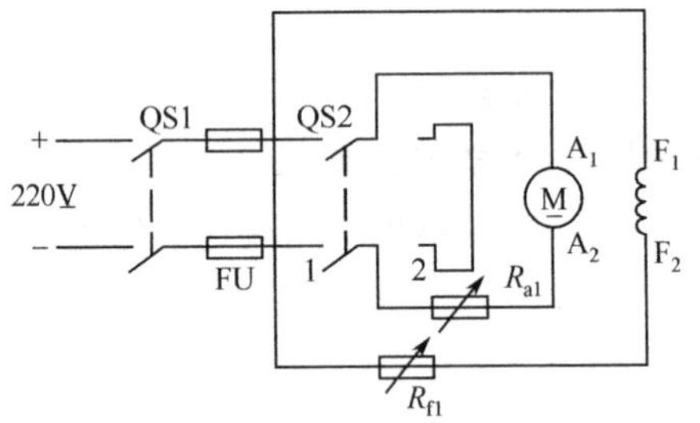


图 1-45　直流电动机控制线路图

（1）直流电动机的反转

① 将 $R_{f1}$ 放置最小位置，$R_{a1}$ 调至最大位置，开关 $QS_2$ 合至 1 位。然后合上 $QS_1$ 启动直流电动机并观察电动机旋转方向。记下转向后，拉下开关 $QS_1$ 使电动机停转。

② 将电动机电枢绕组两端（$A_1$、$A_2$）连线对调，然后合上开关 $QS_1$ 启动电动机。观察此时电动机旋转方向，记下转向后，再次拉下开关 $QS_1$。

③ 在步骤（2）接线的基础上，将电动机励磁绕组两端（$F_1$ 和 $F_2$）连线对调，然后再次上开关 $QS_1$ 启动电动机，并观察电动机的旋转方向，记录下转向后，拉下开关 $QS_1$ 及 $QS_2$。

**说明：**上述试验中，步骤②的电动机转向应与步骤①时相反（因为改变了电枢绕组两端接线）。步骤③的电动机转向应与步骤①相同（相当于同时改变电枢绕组和励磁绕组的接线）。试验中应注意观察电动机转向的变化，并用理论分析与之验证。

（2）直流电动机的能耗制动

上述试验后，继续以下操作。

① 将 $R_{f1}$ 调至最小值，$R_{a1}$ 调至最大值，合开关 $QS_2$ 至 1 位，然后合上开关 $QS_1$ 启动直流电动机，待电动机转速稳定后，用转速表测出电动机转速。

② 将开关 $QS_2$ 迅速由 1 位合至 2 位，电动机即进行能耗制动，记下此时的制动时间 $t_1$。$t_1$=____________s。

③ 将 $QS_2$ 由 2 位打回 1 位，重新启动电动机，然后将电枢调节电阻 $R_{a1}$ 适当减小，待转速稳定后，用转速表测出电动机此时的转速并记录之。然后又将开关 $QS_2$ 由 1 位合向 2 位，电动机又能进行能耗制动，记下此制动时间 $t_2$（此时，由于 $R_{a1}$ 与步骤①比较已有所减小，能耗制动时的电枢电流增大，制动转矩增加，因此制动时间应比 $t_1$ 短）。$n$ =__________r/min；$t_2$=__________s。

④ 将 $R_{a1}$ 调回最大值，然后将 $QS_2$ 由 2 位合至 1 位，则电动机再次启动。减小 $R_{a1}$，使电动机转速与步骤②时的转速相同。然后拉下开关 $QS_2$，则电动机将自然停车。并记下此时

停车时间 $t_3$，并与步骤②的能耗制动时间比较。$t_3$=___________s。

⑤ 将试验数据交老师检查，允许后，拆除试验线路，并整理现场。

**注意**：试验过程中，制动电阻 $R_{a1}$ 不可调得太大，以免使制动电流超过电动机额定电流。$R_{a1}$ 的值可由下式估算

$$R_{a1}=\frac{E_0}{I_N}-R_a\approx\frac{U_N}{I_N}-R_a$$

式中 $U_N$ ——电动机额定电压，单位为V；

$I_N$ ——电动机额定电流，单位为A；

$R_a$ ——电动机电枢回路电阻，单位为Ω。

5．试验报告要求

① 根据实际操作，简要写出试验步骤。

② 根据反转试验的实际操作和现象，分析直流电动机反转的原理。

③ 根据能耗制动的操作和现象，分析直流电动机的能耗制动原理，并说明调节制动力强弱的方法。

④ 写心得体会。

6．注意事项

① 本试验中电动机启动的次数较多，切记每次启动前都应将 $R_{f1}$ 调至最小，$R_{a1}$ 调至最大。

② 能耗制动时间、制动电流不可过大。

③ 遇异常情况，立即拉下电源开关 $QS_1$。

# 本 章 小 结

直流发电机是根据电磁感应定律工作的，电枢导体的感应电动势是交变的，经过换向器和电刷的作用才得到直流电压。直流电动机是根据电磁力定律工作的，通电导体在磁场中受电磁力的作用而旋转。

直流电机由定子和转子两大部分组成，定子部分包括机座、主磁极、换向磁极和电刷装置等，其主要作用是建立工作磁场。转子部分包括电枢铁芯、电枢绕组、换向器、转轴和风扇等，其主要作用是传递电磁功率。

直流电动机的铭牌是正确合理地使用直流电动机的依据。铭牌中额定值有额定功率、额定电压、额定电流和额定转速等。

电枢绕组产生感应电动势或电磁转矩，它是直流电机中实现机电能量转换的关键元件。电枢绕组构成一个闭合回路，由电刷将这个回路分成几个并联支路，绕组中的电动势和电流是交流的，通过换向器和电刷输入（输出）的是直流电动势和直流电流。电枢绕组常见的连接方式有叠绕组和波绕组，不同的连接方式其允许的电压电流大小是不同的。

直流电机的磁场是由主磁场和电枢磁场合成的一个合成磁场。电枢磁场对主磁场的影响称为电枢反应。电枢反应将使主磁场削弱并产生畸变，其结果是使功率下降并造成换向的困难。

直流电机工作时在电枢绕组上将产生感应电动势，其对发电机而言是输出电动势，对电动机而言是反电动势。同时还将产生电磁转矩，大小为 $T_{em} = C_T \Phi I$，对发电机而言是制动转矩，对电动机而言则是拖动转矩。

换向是直流电机运行的关键问题之一，影响直流电机换向的根本原因是换向元件中存在电抗电动势 $e_x$ 和旋转电动势 $e_r$。改善换向的方法是：①装设换向磁极；②装设补偿绕组；③选择合适的电刷。

电枢电动势和电磁转矩的计算公式，是直流电机的基本公式，应当掌握它们的意义和本质。

直流电动机的励磁方式分为他励和自励两大类，其中自励又可以分为并励、串励和复励三种形式。

直流发电机的基本方程式有电动势平衡方程式 $E_a=U+I_aR_a$、功率平衡方程式 $P_1= P_2+\sum p$ 和转矩平衡方程式为 $T_1=T+T_0$。直流发电机的基本特性有空载特性、外特性和调节特性。

直流电动机的基本方程式有电动势平衡方程式 $U=E_a+I_aR_a$、功率平衡方程式 $P_1=\sum p+P_2$ 和转矩平衡方程式 $T= T_2+T_0$。直流电动机的基本特性有转速特性、转矩特性、效率特性和机械特性。

生产机械的机械特性是转速与负载转矩 $T_L$ 之间的关系 $n=f(T_L)$。他励直流电动机的机械特性是指 $U$＝常数，$\Phi$＝常数，电枢回路总电阻 $R_a+R$ 不变时转速 $n$ 与电磁转矩 $T$ 之间的关系曲线 $n=f(T)$。在 $U=U_N$，$\Phi=\Phi_N$、$R=0$ 条件下的机械特性称为固有机械特性曲线。

直流电动机启动时因电动势 $E_a=0$，故引起电流很大，易损坏电动机，所以一般不采用直接启动，而应采用电枢回路串电阻启动或降压启动的方法。

直流电动机电磁制动的特征是电磁转矩 $T$ 与转速 $n$ 的方向相反。直流电动机的制动方法有能耗制动、反接制动和回馈制动三类。

他励直流电动机调速方法有三种：电枢回路电阻调速和降低电源电压调速和弱磁调速。

直流电机经常性维护和监视工作，是保证电机正常运行的重要条件。除经常保持电机清洁、不积尘土和油垢外，必须注意监视电机运行中的换向火花、转速和电流温升等的变化是否正常。因为直流电动机的故障都会反映在换向恶化和运行性能的异常变化上。

## 思考与练习

1-1 试说明直流发电机和直流电动机的工作原理。

1-2 直流电机有哪些主要部件？各部件的主要作用是什么？

1-3 为什么直流电机的电枢铁芯要由硅钢片叠成，而作为定子磁轭的机座却可以用整块钢板焊接而成？

1-4 铭牌数据对直流电动机的使用有何重要意义？超过或低于铭牌数据运行对电动机有什么影响？

1-5 直流电机的电枢绕组由哪些部件构成？

1-6 电枢绕组在直流电机里有何重要意义？有哪两种常见的绕组形式？各自的特点是什么？

1-7 直流电机的电枢绕组中的电动势和电流是直流的吗？励磁绕组中的电流是直流还

是交流？为什么将这种电机叫直流电机？

1-8 一台直流电机的电枢系单叠绕组，$2p=4$，$S=K=18$，试求电枢绕组各节距并画出右行的绕组展开图。

1-9 一台直流电机的极对数 $p=2$，虚槽数、元件数及换向片数均为 19，连成单波绕组，试求电枢绕组各节距并画出右行的绕组展开图。

1-10 什么是电枢反应？电枢反应对直流电机气隙磁场有什么影响？

1-11 直流电机的感应电动势的大小与哪些因素有关？其方向如何判断？

1-12 直流电机的电磁转矩的大小与哪些因素有关？其方向如何判断？

1-13 什么是直流电机的换向？研究换向有何实际意义？根据换向时电流变化的特点，有哪几种形式的换向？哪种换向形式比较理想？

1-14 有哪些方法可以改善换向以达到理想的效果？

1-15 换向元件在换向过程中能产生哪些电动势？各由什么原因引起的？它们对换向起什么作用？

1-16 直流电机有哪几种励磁方式？

1-17 直流发电机的运行特性有哪几种？

1-18 一台直流发电机数据为：额定功率 $P_N$=10kW，额定电压 $U_N$=230V，额定转速 $n_N$=2850r/min，额定效率 $\eta_N$=0.85。求它的额定电流及额定负载时的输出功率。

1-19 一台直流电动机的额定数据为：额定功率 $P_N$=17kW，额定电压 $U_N$=220V，额定转速 $n_N$=2850 r/min，额定效率 $\eta_N$=0.83，求它的额定电流及额定负载时的输入功率。

1-20 直流电动机负载的机械特性有哪些主要类型？什么叫反抗性负载和位能性负载？有何特点？

1-21 什么是电力拖动系统？试举出几个实例。

1-22 电车前进方向为转速正方向，定性画出电车走平路与下坡时的负载转矩特性。

1-23 什么是他励直流电动机固有机械特性？有何特点？

1-24 他励直流电动机电枢回路串入电阻后，对理想转速大小有何影响？为什么？对机械特性硬度有无影响？为什么？

1-25 直流电动机为什么不能直接启动？有哪几种启动方法？采用什么启动方法比较好？

1-26 他励直流电动机启动时，为什么一定要先加励磁电压？如果未加励磁电压（或因励磁绕组断线），而将电枢接通电源，在下面两种情况下会有什么后果：空载启动；负载启动，$T_L=T_N$。

1-27 他励直流电动机有哪几种调速方法？各有什么优缺点？

1-28 一台他励直流电动机铭牌数据为 $P_N$=2.2kW，$U_N$=220V，$I_N$=12.6A，$n_N$=1500r/min，$R$a=0.2402Ω，求：

① 当 $I_a$=12.6A 时，电动机的转速 $n$。

② 当 $n_N$=1500r/min 时，电枢电流 $I_a$。

1-29 他励直流电动机常用哪几种方法进行调速？它们的主要特点是什么？

1-30 怎样实现直流电动机的正、反转，简要说明原理。

1-31 能耗制动时，可用什么方法调节制动能力的强弱。

# 第2章 变 压 器

## 知识目标

本章的知识目标在于了解变压器的结构和工作原理，掌握单相变压器的电磁关系，熟悉三相变压器的绕组连接，分析常用的其他类型的变压器原理、结构和特点，了解变压器的维护常识及故障分析。注意本章难点是变压器的电磁关系。

## 能力目标

| 能力目标 | 知识要点 | 相关知识 | 权重 | 自测分数 |
|---|---|---|---|---|
| 变压器结构和工作原理 | 变压器的结构、组成、分类、工作原理 | 变压器基本结构及各部件作用、变压器绕组的特点和连接方式、变压器利用电磁感应实现能量转换的原理 | 30% | |
| 变压器的运行特性 | 变压器空载运行时的磁通和感应电动势 | 磁通和感应电动势平衡方程、变比、相量图、等效电路 | 20% | |
| 三相变压器 | 三相变压器的绕组连接 | 三相变压器的磁路、绕组连接 | 20% | |
| 特殊变压器 | 自耦变压器、互感器结构及工作原理 | 自耦变压器、互感器等特殊变压器的特点及注意事项 | 30% | |

## 2.1 变压器结构及工作原理

### 2.1.1 变压器的基本工作原理

变压器是一种静止电机，它是依据电磁感应定律工作的。下面以单相双绕组变压器为例来分析其工作原理。如图2-1所示为变压器工作原理示意图，它的结构主要是由两个（或两个以上）互相绝缘的绕组套在一个共同的铁芯上。绕组之间有磁的耦合，但没有电的直接联系。通常两个绕组中一个接到交流电源，称为一次绕组（一次侧或原绕组）。与一次绕组相关的物理量均以右下标“1”来表示，如$I_1$、$E_1$等。另一个绕组接到负载，称为二次绕组（二次侧或副绕组）。与二次绕组相关的物理量均以右下标“2”来表示，如$I_2$、$E_2$等。

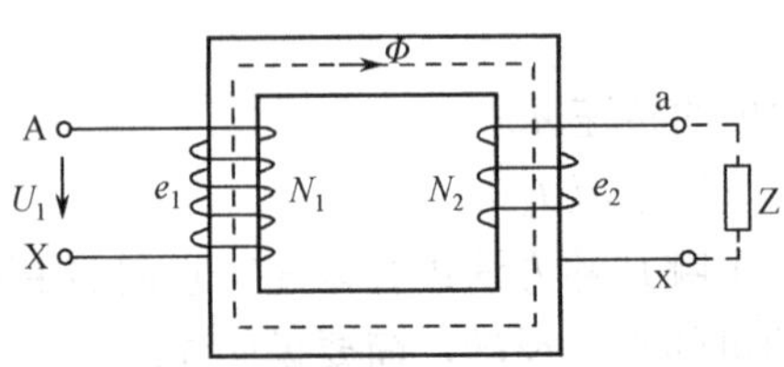


图2-1 变压器工作原理示意图

当一次绕组接到交流电源时，在外施电压作用下，一次绕组中就有交流电流通过，并在铁芯中产生交变磁通，其频率和外施电压的频率一样。这个交变磁通同时交链一次、二次绕组，根据电磁感应定律，便在一次、二次绕组内感应出电动势。二次绕组有了电动势，当接上负载后，形成回路，便向负载供电，实现了能量传递。在这一过程中，一次侧和二次侧电动势的频率都等于磁通的交变频率，即一次侧外施电压的频率。

设一、二次绕组的匝数分别为$N_1$、$N_2$，则根据电磁感应定律，在电动势与磁通规定正方向符合右手螺旋定则的前提下，一次侧电动势为

$$e_1 = -N_1 \frac{\mathrm{d}\Phi}{\mathrm{d}t} \tag{2-1}$$

二次侧电动势为

$$e_2 = -N_2 \frac{\mathrm{d}\Phi}{\mathrm{d}t} \tag{2-2}$$

可见，当$N_1 \neq N_2$时，则$e_1 \neq e_2$，这时变压器就起到了变压的作用。同时，还可得到一次、二次侧电动势之比：$k = e_1 / e_2 = N_1 / N_2$，即一次、二次侧感应电动势之比等于一次、二次绕组匝数之比。因此，若磁通、电动势均按正弦规律变化，将$k$称为变压器的变比，也称为匝数比，通常用有效值之间的比值来表示：$k = E_1 / E_2$。但是，要注意对于三相变压器，变比是指其一次绕组与二次绕组的相电动势之比。

当二次侧开路（即空载）时，如忽略一次绕组压降，则有：

$$u_1 = e_1 \tag{2-3}$$

$$u_2 = e_2 \tag{2-4}$$

不计铁芯中由于磁通$\Phi$交变所引起的损耗，根据能量守恒原理可得

$$U_1 I_1 = U_2 I_2 \tag{2-5}$$

由此可以得到：

$$k = \frac{E_1}{E_2} = \frac{U_1}{U_2} = \frac{I_2}{I_1} = \frac{N_1}{N_2} \tag{2-6}$$

**特别提示**

对于常用电力变压器，一次侧感应电动势的大小接近于一次侧外施电压，而二次侧感应电动势则接近于二次侧端电压，从而使得一次、二次绕组匝数之比与一次、二次侧电压之比成正比；而一次、二次绕组匝数之比与一次、二次侧电流之比成反比。所以，变压器一次、二次侧电压之比决定于一次、二次绕组匝数之比，只要改变一次、二次绕组的匝数，便可达到改变电压的目的，这就是变压器利用电磁感应原理，将一种电压等级的交流电能转变成频率相同的另一种电压等级的交流电能的基本工作原理。

## 2.1.2 变压器的分类

变压器可以按用途、绕组数目、相数和冷却方式分别进行分类。

① 按用途分为：电力变压器、互感器和特殊用途变压器。

② 按绕组数目分为：双绕组变压器、三绕组变压器和自耦变压器。

③ 按相数分为：单相变压器和三相变压器。

④ 按冷却方式分为：以空气为冷却介质的干式变压器和以油为冷却介质的油浸变压器。

## 2.1.3 变压器的结构

如图 2-2 所示为三相油浸式电力变压器的外形图。图 2-2 中剖有一个小缺口，可以窥视其内部结构。变压器的主要结构部件由铁芯和绕组两个基本部分组成的器身，如图 2-3 所示；以及放置器身且盛满变压器油的油箱；此外，还有绝缘套管及其他附件等部分组成。

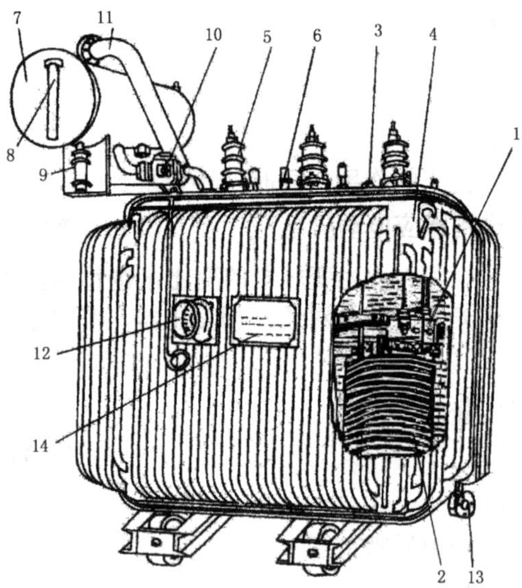


1—铁芯；2—绕组及绝缘；3—分接开关；4—油箱；5—高压套管；6—低压套管；7—储油柜；8—油位计；9—呼吸器；10—气体继电器；11—安全气道；12—信号式温度计；13—放油阀门；14—铭牌

图 2-2 三相油浸式电力变压器的外形图

1. 铁芯

如图 2-4 所示是三相双绕组变压器铁芯的外形图。铁芯既是构成变压器磁路的主要部分，又是变压器的机械骨架，其作用是使两个绕组的磁耦合达到最佳状态。

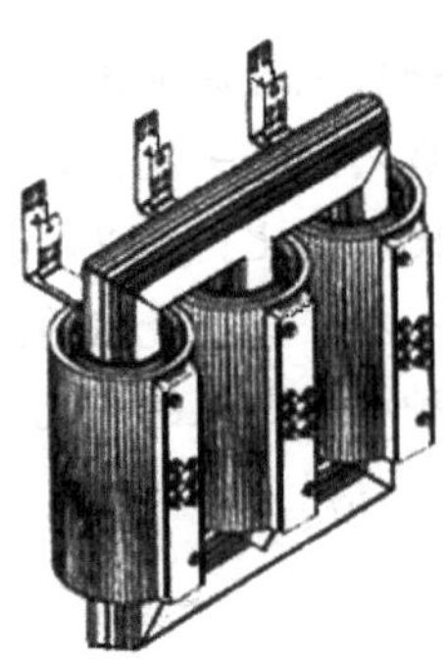

图 2-3 三相变压器器身

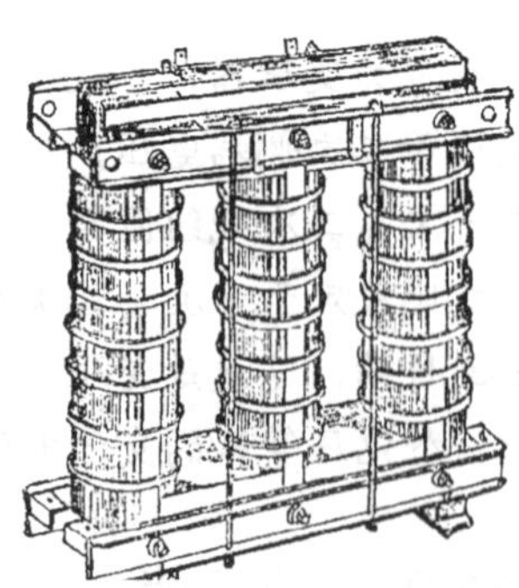

图 2-4 三相三柱式铁芯外形

铁芯作为变压器的主要磁路，要求它的磁阻和损耗尽可能小，因此为了减小交变磁通在铁芯中引起的磁滞损耗和涡流损耗，铁芯通常用厚度为 0.35~0.55mm、表面具有绝缘膜的硅钢片叠装而成。而有些变压器的铁芯则采用更薄的，厚度为 0.27mm、0.3mm、0.35mm 的冷轧高硅钢片叠装而成，如图 2-5 所示。国产硅钢片典型规格有 DQ120~DQ151。为了进一步降低空载电流、空载损耗，铁芯叠片常采用全斜接缝，上层（每层 2~3 片叠片）与下层叠片接缝错开，即上层和下层分别按图 2-6 所示的两种排列顺序放置。直接缝用于热轧硅钢片，如图 2-6（a）所示；而冷轧硅钢片的连接处必须用斜接缝，如图 2-6（b）所示。

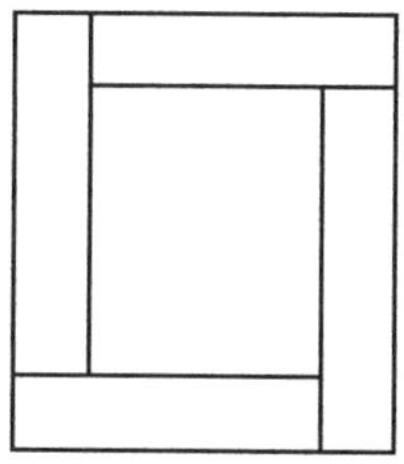

（a）单相铁芯叠片

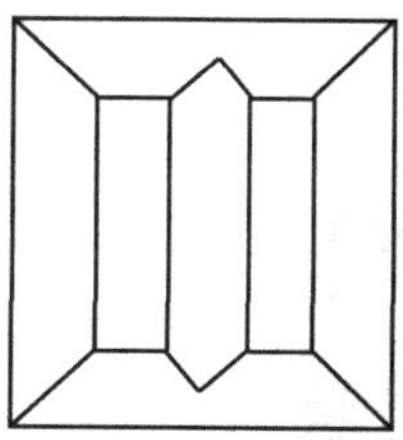

（b）三相铁芯叠片

图 2-5　铁芯叠片

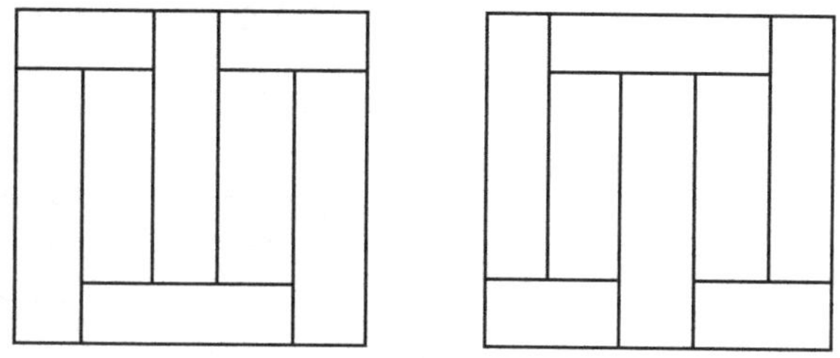

（a）热轧硅钢片

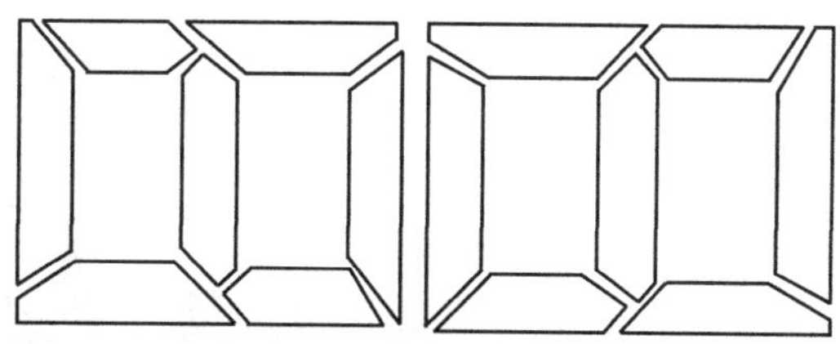

（b）冷轧硅钢片

图 2-6　铁芯叠片顺序

铁芯是由铁芯柱和铁轭两部分组成的，因绕组的位置不同，其结构形式有芯式和壳式两种。目前，国产电力变压器均采用芯式铁芯。将铁芯上套装绕组的部分称为铁芯柱，不套装绕组的部分称为铁轭。通常铁芯柱与地面垂直，而铁轭与地面平行。如图 2-7 所示为铁轭与铁芯柱的截面形状，铁芯柱的截面通常是多级阶梯形，铁轭的截面则通常是矩形。

为了消除铁芯及金属附件在电场作用下所产生的电位差以免造成放电，铁芯及其金属附件应可靠接地。

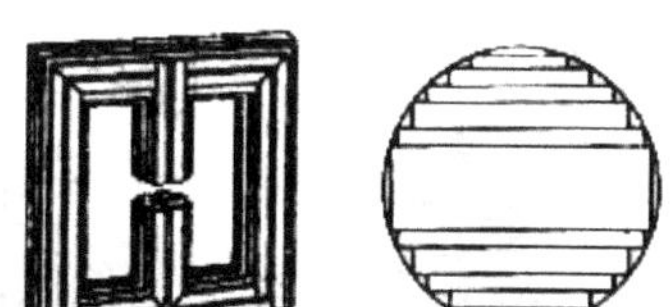

图 2-7　铁轭与铁芯柱截面

2. 绕组

绕组是变压器的电路部分，它由包有绝缘材料的铜（或铝）的、圆或扁的导线绕制而成。为了便于绝缘，装配时，一般让低压绕组靠近铁芯，高压绕组套装在低压绕组外面，高、低压绕组间设置有油道（或气道），以加强绝缘和散热。高、低压绕组两端到铁轭之间都要衬垫端部绝缘板。将绕组装配到铁芯上时成为器身，如图 2-3 所示。

从高、低压绕组之间的相对位置来看，变压器的绕组可分为同心式和交叠式两类。同心式绕组的高、低压绕组都做成圆筒状，同心地套装在铁芯柱上。交叠式绕组都做成饼式，高、低压绕组互相交叠放置，如图 2-8 所示。同心式绕组的结构简单、制造方便，国产电力变压器均采用这种结构。而交叠式绕组的漏抗较小，易于构成多条并联支路，主要用于低电压、大电流的电焊、电炉变压器和干式、壳式变压器中。

另外，根据变压器的电压等级和不同容量的要求，其中常用同心式绕组的结构按其绕制方法不同又可分为圆筒式、纠结式、连续式和螺旋式等基本形式，如图 2-9 所示。

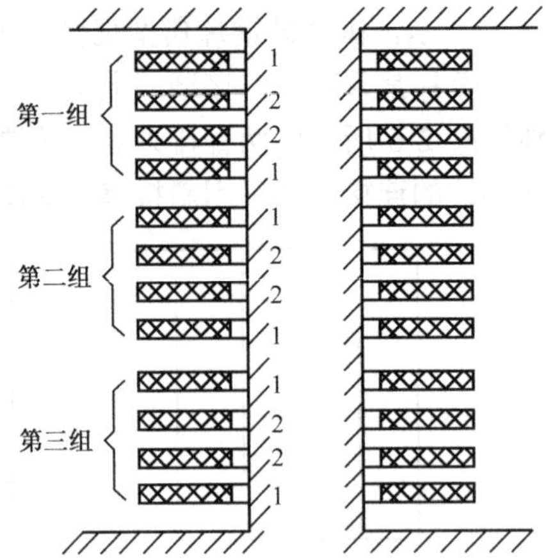


1—低压绕组　2—高压绕组

图 2-8　交叠式绕组

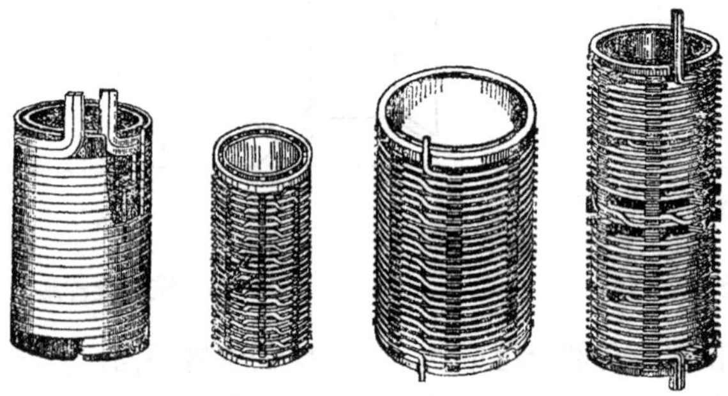

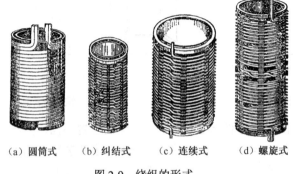

（a）圆筒式　（b）纠结式　（c）连续式　（d）螺旋式

图 2-9　绕组的形式

### 3. 绝缘套管

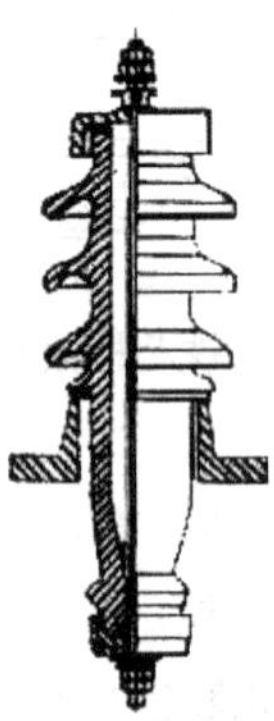

图 2-10　35kV 套管

变压器的绝缘可分为外部绝缘和内部绝缘。外部绝缘是指油箱盖外的绝缘，主要是指变压器的高、低压绕组引线从油箱内穿过油箱盖时，必须经过绝缘套管，以使高压引线和接地的油箱绝缘。绝缘套管一般是瓷质的，为了增加爬电距离，套管外形做成多级伞形，10~35kV 套管采用充油结构，如图 2-10 所示。内部绝缘是指油箱盖内部的绝缘，主要是绕组绝缘、内部引线绝缘等。

### 4. 油箱及其他附件

（1）油箱及变压器油

除了干式变压器以外，电力变压器的器身都放在油箱中，箱内充满变压器油，如图 2-2 所示，油箱是用钢板焊接而成的，它是整个变压器的框架，它将变压器所有的零部件组合成一个整体。油箱的另一个很重要的作用是使变压器油得到冷却。铁芯和绕组中的热量通过油箱壁依靠油的对流作用散发到空气中去。

变压器油是一种绝缘介质，它一方面可以滋润绝缘物，防止绝缘物与空气接触，保证绕组绝缘的可靠性；另一方面可以起到散热和灭弧的作用。

（2）储油柜

油箱顶部装有储油柜，又称油枕，其体积一般为油箱体积的 8%~10%，如图 2-11 所示。在油箱和储油柜之间有管道相通。设置储油柜，不仅可以减少油面与空气的接触面积，减缓变压器油受潮变质速度，同时可使油箱中的油在热胀冷缩时，有一个缓冲的余地。

储油柜上装有吸湿器，如图 2-12 所示。使储油柜上部的空气通过吸湿器与外部的空气相通。吸湿器内装有吸湿剂，用来过滤吸入柜内空气中的杂质和水分。储油柜侧面装有玻璃油表，用来观察油面的高低。新型全密封变压器就省去了储油柜装置，可以 15 年免维护，目前多应用于城市供电。

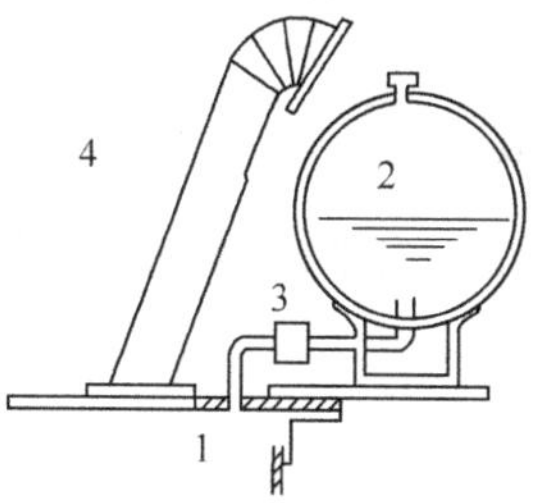

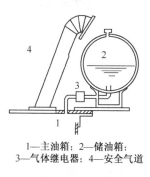

1—主油箱；2—储油箱；
3—气体继电器；4—安全气道

图 2-11　储油柜

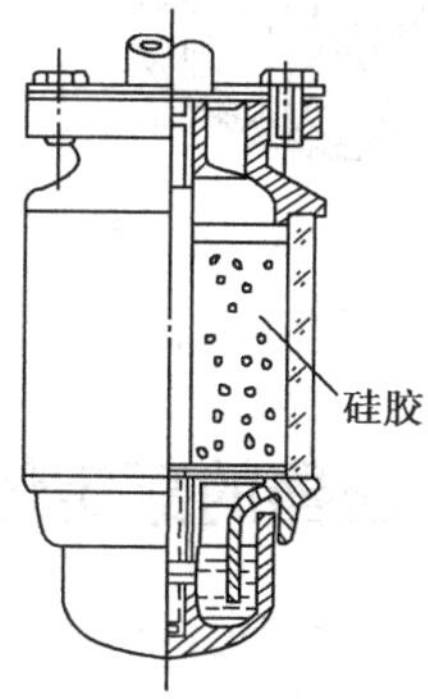


图 2-12　吸湿器

（3）散热器

由于变压器在运行的过程中，内部会有铁损耗和铜损耗产生，并且各种损耗都以热的形式散发出来，从而变压器的温度就会随之升高。为了不让变压器内部的温度升得很高，变压器上都装有散热器，如图 2-13 所示。容量在 10000kVA 以上的变压器，一般采用油箱外装设风扇冷却的散热器；对于容量更大的变压器则采用强迫油循环冷却油箱。

（4）气体继电器

气体继电器又称瓦斯继电器，它是变压器内部故障的保护装置。当变压器内部发生故障时，故障点会局部产生高温，使得其油温升高，当油内含有的空气被排出时，或当故障点产生电弧，使得绝缘物和油分解从而产生大量的气体时，为了保护油箱不致爆炸，在变压器上装置了气体继电器的安全气道。

如图 2-14 所示为气体继电器的内部结构。气体继电器安装在储油柜和油箱连接的管道上。当有气体进入气体继电器并使得开口杯降到某一限定位置时，磁铁使干簧触点闭合，接通信号回路，发出信号。若故障严重，连接管中的油流就将冲动挡板，当挡板运动到某一限定位置时，磁铁使干簧触点闭合，接通跳闸回路，切断变压器的电源，从而起到保护变压器的作用。

（5）安全气道

安全气道又称防爆管，由圆形钢管制成，顶部出口处有玻璃片或酚醛薄膜片封口，下端与油箱相通，其结构如图 2-11 所示。当变压器内部发生故障时会使油箱内压力升高，油和气体会冲破玻璃片或薄膜片向外喷出，以防止油箱爆炸引起更大危害。目前电力变压器的防爆管已被压力释放阀替代，并广泛应用于全密封变压器。

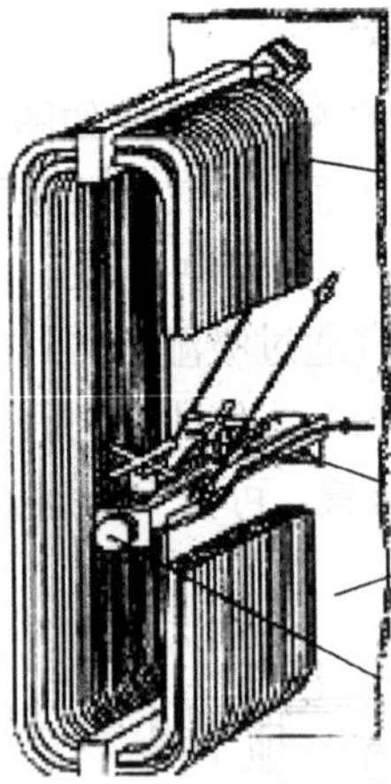


1—散热器；2—风扇；3—油箱壁；4—进线盒

图 2-13　散热器

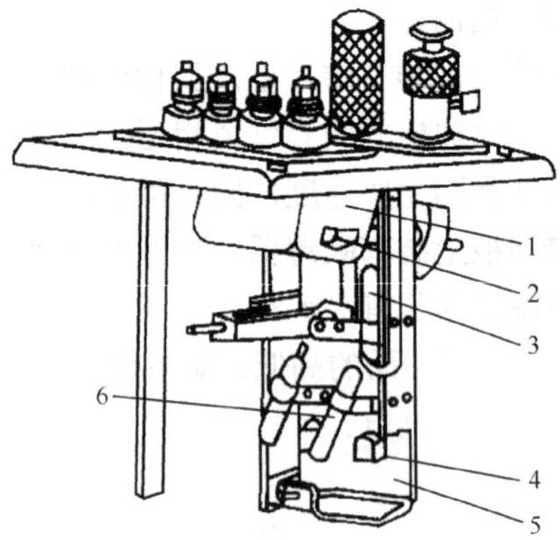


1—开口杯；2—磁铁；3—干簧触点（信号用）；4—磁铁；5—挡板；6—干簧触点（信号用）

图 2-14　气体继电器的内部结构

## 2.1.4　变压器的额定值

按照国家标准规定，标注在铭牌上的、代表变压器在规定使用环境和运行条件下的主要技术数据，称为变压器的额定值（或称为铭牌数据），它是选用变压器的依据，主要有以下四种。

1. 额定容量 $S_N$（V · A、kV · A、MV · A）

变压器的额定容量是变压器在额定工况下输出的视在功率，由于变压器的效率高，通常将变压器一次侧、二次侧的额定容量设计为相等。国产电力变压器的容量系列是有一定规律的，从 50 kV · A 开始，按 50 kV · A、65 kV · A、80 kV · A 递增，称为 R10 容量系列。

2. 额定电压 $U_{1N}$、$U_{2N}$（V，kV）

变压器的额定电压是指变压器在空载状态下一次侧允许的电压 $U_{1N}$ 和二次侧测得的电压 $U_{2N}$，并规定二次侧额定电压 $U_{2N}$ 是当变压器一次侧外加额定电压 $U_{1N}$ 时二次侧的空载电压。以伏（V）或千伏（kV）为单位，对于三相变压器，额定电压指线电压。

3. 额定电流 $I_{2N}$、$I_{1N}$（A，kA）

变压器在额定工况下的一次侧和二次侧按绕组容量允许的电流，以安（A）或千安（kA）为单位，对于三相变压器，额定电流指线电流。

根据电路理论，额定容量、额定电压和额定电流之间的关系为

对于单相变压器

$$I_{1N}=\frac{S_N}{U_{1N}} \tag{2-7}$$

$$I_{2N}=\frac{S_N}{U_{2N}} \tag{2-8}$$

对于三相变压器

$$I_{1N}=\frac{S_N}{\sqrt{3}U_{1N}} \tag{2-9}$$

$$I_{2N}=\frac{S_N}{\sqrt{3}U_{2N}} \tag{2-10}$$

4. 额定频率 $f_N$(Hz)

我国及大多数国家都规定额定频率为50Hz。

此外，额定值还有效率、温升等。除额定值外，变压器铭牌上还标有相数、运行方式、连接组别、短路阻抗、接线图等说明。

**【例 2-1】** 一台三相电力变压器，额定容量 $S_N$=3150kV·A，额定电压 $U_{1N}/U_{2N}$=35 kV/6.3kV，YN，d 接线（表示一次为星形，二次为三角形）方式。试求其一次侧及二次侧额定电流。

**解：**一次侧额定电流 $I_{1N}=\frac{S_N}{\sqrt{3}U_{1N}}=\frac{3150\times10^3}{\sqrt{3}\times35\times10^3}$=51.96（A）

二次侧额定电流 $I_{2N}=\frac{S_N}{\sqrt{3}U_{2N}}=\frac{3150\times10^3}{\sqrt{3}\times6.3\times10^3}$=288.68（A）

一次侧额定相电压 $U_{1\phi N}=\frac{U_{1N}}{\sqrt{3}}=\frac{35\times10^3}{\sqrt{3}}$=20207（V）

二次侧额定相电流 $I_{2\phi N}=\frac{I_{2N}}{\sqrt{3}}=\frac{288.68}{\sqrt{3}}$=166.67（A）

# 2.2 单相变压器

## 2.2.1 变压器的空载运行

如图2-15所示为单相变压器的空载运行，变压器的一次绕组AX接在电源上、二次绕组ax开路，即二次侧电流等于零的运行状态称为空载运行。

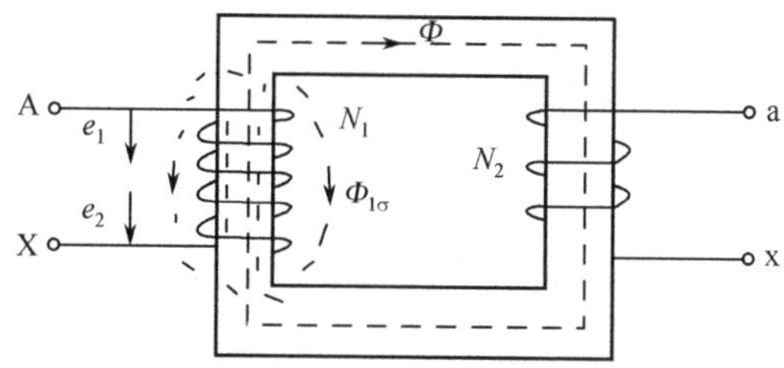


图2-15 单相变压器的空载运行

1. 空载运行时的磁通、感应电动势

变压器中各电磁量都是随时间而变化的交变量，要建立它们之间的相互关系，必须先规定各量的正方向，按习惯方式规定正方向如下：

① $\dot{I}$ 与 $\dot{U}$ 的正方向一致；

② 磁通的正方向与产生它的电流的正方向符合右手螺旋定则；

③ 感应电动势的正方向与产生它的磁通的正方向符合右手螺旋定则。

当变压器二次侧开路、一次侧接入交流电压$u_1$时，一次绕组中有空载电流$i_0$流过，建立空载磁动势$F_0 = N_1 i_0$。在$F_0$作用下，两种性质的磁路中产生两种磁通。

主磁通$\Phi$：其磁力线沿铁芯闭合，同时与一次绕组、二次绕组相交链的磁通，也称为互感磁通。由于铁磁材料的饱和现象，主磁通$\Phi$与$i_0$为非线性关系。

一次绕组的漏磁通$\Phi_{1\sigma}$：其磁力线主要沿非铁磁材料（油、空气）闭合，仅为一次绕组相交链的磁通。$\Phi_{1\sigma}$与$i_0$成线性关系。

由于铁芯的导磁率远大于空气，故主磁通远大于漏磁通。主磁通同时交链着一次绕组、二次绕组，如果二次侧接上负载，则在电动势$e_2$的作用下向负载输出电功率。因此在变压器中，从一次侧到二次侧的能量传递过程就是依靠主磁通作为媒介来实现的；而漏磁通仅在一次侧感应电动势，只起电压降的作用，不能传递能量。

2. 电压平衡方程式、变比

在图 2-15 所示各物理量的假定正向下，根据基尔霍夫第二定律可得一次侧电压平衡方程式：

$$u_1 = -e_1 - e_{1\sigma} + i_0 R_1$$

式中　$R_1$ ——绕组的电阻。

在正弦稳态下

$$\begin{aligned}\dot{U}_1 &= -\dot{E}_1 - \dot{E}_{1\sigma} + \dot{I}_0 R_1 \\ &= -\dot{E}_1 + \dot{I}_0 \mathrm{j} X_{1\sigma} + \dot{I}_0 R_1 \\ &= -\dot{E}_1 + \dot{I}_0 Z_1\end{aligned} \tag{2-11}$$

式中　$Z_1$ ——一次绕组的漏阻抗，亦为常数。

在变压器中，一次绕组的电动势$E_1$与二次绕组的电动势$E_2$之比称为变比，用$k$表示，即

$$k = \frac{E_1}{E_2} = \frac{N_1}{N_2} \tag{2-12}$$

当变压器空载运行时，由于电压$U_1 \approx E_1$，二次侧空载电压$U_{20} = E_2$，故有

$$k = \frac{E_1}{E_2} \approx \frac{U_1}{U_{20}} \tag{2-13}$$

对于三相变压器，变比指一次绕组与二次绕组的相电势之比。

3. 空载电流

变压器空载运行时，一次绕组中的电流称为空载电流，用$i_0$表示。空载电流在变压器运行中的作用是产生交变主磁通，所以空载电流就是励磁电流。

**特别提示**

变压器在空载时，$u_1 \approx -e_1 = N_1 \dfrac{\mathrm{d}\Phi}{\mathrm{d}t}$，电网电压为正弦波，铁芯中主磁通也为正弦波。若铁芯不饱和（$B_\mathrm{m} \leqslant 1.3T$），空载电流$i_0$也是正弦波。而对于电力变压器，$B_\mathrm{m}$=1.4~1.73$T$，铁芯都是饱和的。由图 2-16 可知，励磁电流呈尖顶波，除了基波外，还有较强的三次谐波和其他高次谐波。在变压器负载运行时，$I_0 \leqslant 2.5\% I_\mathrm{N}$，这些谐波的影响完全可以忽略，一般测量得到的$I_0$就是有效值，在下面的讨论中，空载电流均指有效值。

## 2.2.2 变压器的负载运行

电力变压器主要是用于改变电压并传递电能的。将它的一次侧接入电源后再将二次侧接通负载，这种运行状态称为负载运行。

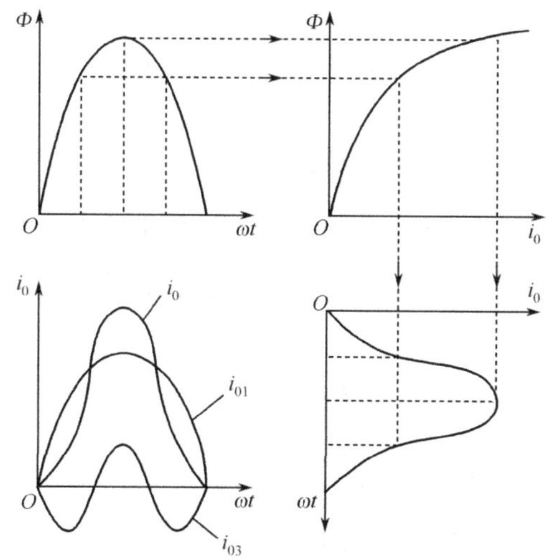


图 2-16 空载电流波形

在图 2-17 中，二次侧绕组接有负载阻抗 $Z_L$（$Z_L = R_L + jX_L$），负载端电压为 $\dot{U}_2$，电流为 $\dot{I}_2$，一次侧绕组电流是 $\dot{I}_1$。下面分析变压器在负载运行状态下的电磁关系。

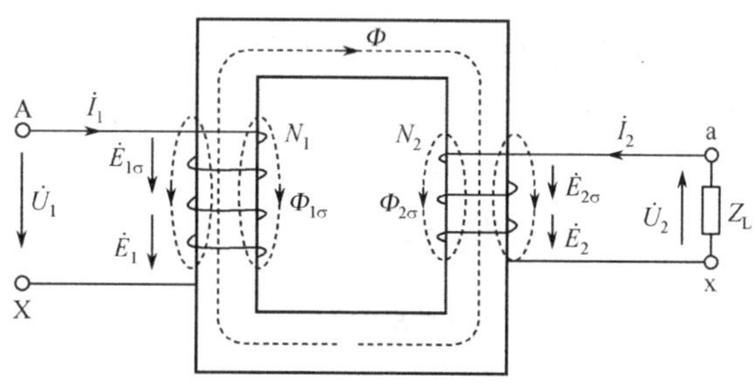


图 2-17 变压器的负载运行

1. 负载运行时的基本方程式

（1）磁动势平衡方程式

对于电力变压器，由于其一次侧绕组漏阻抗压降 $I_1Z_1$ 很小，负载时仍有 $U_1 \approx E_1 = 4.44fN_1\Phi_m$，故铁芯中与 $E_1$ 相对应的主磁通 $\Phi_m$ 近似等于空载时的主磁通，从而产生 $\Phi_m$ 的合成磁动势 $\dot{F}_0$ 与空载磁动势近似相等，负载时的励磁电流与空载电流 $I_0$ 也近似相等，有

$$\dot{F}_1 + \dot{F}_2 = \dot{F}_0 \quad (2\text{-}14)$$

$$N_1\dot{I}_1 + N_2\dot{I}_2 = N_1\dot{I}_0 \quad (2\text{-}15)$$

式中 $\dot{F}_1$ ——一次绕组磁动势；

$\dot{F}_2$ ——二次绕组磁动势；

$\dot{F}_0$ ——产生主磁通的合成磁动势，由于负载时励磁电流由一次侧供给，故$\dot{F}_0 = N_1\dot{I}_0$。

将公式（2-15）两边同除以$N_1$，得

$$\dot{I}_1 + \dot{I}_2\left(\frac{N_2}{N_1}\right) = \dot{I}_0$$

即

$$\dot{I}_1 = I_0 + \left(-\frac{\dot{I}_2}{k}\right) = \dot{I}_0 + \dot{I}_{1L} \tag{2-16}$$

式中　$\dot{I}_{1L} = -\dfrac{\dot{I}_2}{k}$，$\dot{I}_{1L}$是一次侧电流的负载分量。

公式（2-16）表示，在负载运行时，变压器一次侧电流$\dot{I}_1$有两个分量：$\dot{I}_0$、$\dot{I}_{1L}$。$\dot{I}_0$是励磁电流用于建立变压器铁芯中的主磁通$\Phi_m$，$\dot{I}_{1L}$是负载分量用于建立磁势$N_1\dot{I}_{1L}$去抵消二次侧磁动势$N_2\dot{I}_2$，即

$$N_1\dot{I}_{1L} + N_2\dot{I}_2 = 0$$

（2）电压平衡方程式

变压器负载运行时，二次绕组中电流$\dot{I}_2$产生仅与二次绕组相交链的漏磁通$\Phi_{2\sigma}$，$\Phi_{2\sigma}$在二次绕组中的感应电动势$\dot{E}_{2\sigma}$，类似于$\dot{E}_{1\sigma}$，它也可以看成一个漏抗压降，即

$$\dot{E}_{2\sigma} = -\mathrm{j}\dot{I}_2\omega L_{2\sigma} = -\mathrm{j}\dot{I}_2 X_{2\sigma} \tag{2-17}$$

式中　$L_{2\sigma}$ ——二次侧绕组的漏电感。

$X_{2\sigma} = \omega L_{2\sigma}$，它是对应二次侧绕组漏磁通的漏电抗。绕组电阻为$R_2$，则二次绕组的漏阻抗$Z_2 = R_2 + \mathrm{j}X_{2\sigma}$。

根据基尔霍夫第二定律，在图2-15所示各物理量的假定正向下，可以列出二次侧回路电压方程式。联合一次侧各电压、电流方程式列出下面方程式组，即

$$\begin{aligned}
&\dot{U}_1 = -\dot{E}_1 + \dot{I}_1 Z_1\\
&\dot{U}_2 = \dot{E}_2 - \dot{I}_2 Z_2\\
&\frac{\dot{E}_1}{\dot{E}_2} = k\\
&\dot{I}_1 + \frac{\dot{I}_2}{k} = \dot{I}_0\\
&-\dot{E}_1 = \dot{I}_0 Z_m\\
&\dot{U}_2 = \dot{I}_2 Z_L
\end{aligned} \tag{2-18}$$

**特别提示**

利用上述方程式，可以对变压器进行计算。例如已知电源电压$\dot{U}_1$、变比$k$及参数$Z_1$、$Z_2$、$Z_m$和负载阻抗$Z_L$，利用上述方程式组可求解出六个未知量：$I_1$、$I_2$、$I_0$、$E_1$、$E_2$、$U_2$。

2. 负载运行时的等效电路

为了得到变压器负载运行时的等效电路，先要进行绕组折算。通常是将二次绕组折算到

一次绕组，当然也可以相反。所谓将二次绕组折算到一次侧，就是用一个匝数为$N_1$的等效绕组，去替代原变压器匝数为$N_2$的二次绕组，折算后的变压器变比$N_1/N_2=1$。

折算的目的在于简化变压器的计算，折算前后变压器内部的电磁过程、能量传递完全等效，也就是说从一次侧看进去，各物理量不变，因为变压器二次绕组是通过$\dot{F}_2$来影响一次侧的，只要保证二次绕组磁动势$\dot{F}_2$不变，则铁芯中合成磁动势$\dot{F}_0$不变，主磁通$\dot{\Phi}_m$不变，$\dot{\Phi}_m$在一次绕组中感应的电动势$\dot{E}_1$不变，一次侧从电网吸收的电流、有功功率、无功功率不变，对电网等效。显然折算的条件就是折算前后磁动势$\dot{F}_2$不变。

同时，也可以推出变压器输出功率也不变，即

$$U_2'I_2'\cos\varphi_2'=(kU_2)\left(\frac{1}{k}I_2\right)\cos\varphi_2=U_2I_2\cos\varphi_2 \tag{2-19}$$

**特别提示**

将二次绕组各物理量、阻抗参数折算到一次侧时，电势、电压的折算值是原来的数值乘以$k$，电流的折算值是原来的数值乘以$1/k$，阻抗的折算值是原来的数值乘以$k^2$。

## 2.2.3 变压器参数的测定

用基本方程式、等效电路、相量图求解变压器的运行性能时，必须知道变压器的励磁参数$R_m$、$X_m$和短路参数$R_k$、$X_k$。这些参数在设计变压器时可用计算方法求得，对于已制成的变压器，可以通过空载试验、短路试验求取。

1. 空载试验

根据变压器的空载试验可以求得变比$k$、空载损耗$P_0$、空载电流$I_0$及励磁阻抗$Z_m$。如图2-18（a）所示为一台单相变压器的空载试验线路图。考虑到在高压侧做空载试验时所加电压较高，电流较小。为了试验的安全和方便地选择仪表，一般在低压侧加电压，高压侧开路。

**特别提示**

进行试验时，变压器二次侧开路，在一次侧施加额定电压，测量$U_1$、$U_{20}$、$I_0$、$P_0$。空载试验的等效电路如图 2-18（b）所示。在试验时，调整外施电压以达到额定值，忽略相对较小的压降$I_0Z_1$；感应电动势$E_1$、铁芯中的磁通密度均达到正常运行时的数值。忽略相对较小的一次绕组的铜耗$I_0^2R_1$，空载时输入功率$P_0$等于变压器的铁耗。

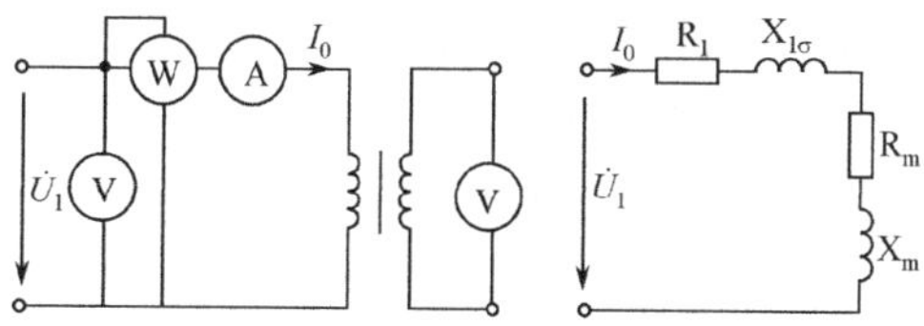


（a）接线图　（b）等效电路

图2-18　单相变压器空载试验

依据等效电路图2-18（b）和测量结果，得到下列参数：

变压器的变比 $$k=\frac{U_1}{U_{20}} \tag{2-20}$$

由于 $Z_m \gg Z_1$，可忽略 $Z_1$

励磁阻抗 $$Z_m=\frac{U_1}{I_0} \tag{2-21}$$

励磁电阻 $$R_m=\frac{P_0}{I_0^2} \tag{2-22}$$

励磁电抗 $$X_m=\sqrt{Z_m^2-R_m^2} \tag{2-23}$$

**特别提示**

应注意，上面的计算是针对单相变压器进行的，如果要计算三相变压器的参数，公式中的各量都要采用相值来计算，即一相的空载损耗、相电压和相电流。

在额定电压附近，由于磁路饱和的原因，$R_m$、$X_m$ 都随电压大小而变化，因此在空载试验中应求出对应于额定电压的 $R_m$、$X_m$ 值。空载试验可以在任何一侧做，两侧求得的 $Z_m$ 值相差 $k^2$ 倍，为了方便和安全，一般空载试验在低压侧进行。

2. 短路试验

根据变压器的短路试验可以求得变压器的负载损耗 $P_k$、短路阻抗 $Z_k$。短路试验时，副边绕组处于短路状态。理论上短路试验既可以在高压侧进行，也可以在低压侧进行，但为了安全起见，一般是在高压侧进行。

如图 2-19（a）所示为一台单相变压器的短路试验线路图，将二次侧短路，一次侧通过调压器接到电源上，施加的电压比额定电压低得多，以使一次侧电流接近额定值。测得一次侧电压 $U_k$、电流 $I_k$、输入功率 $P_k$，短路试验的等效电路如图 2-19（b）所示。在试验时，二次侧短路。当一次侧绕组中电流达到额定值时，根据磁动势平衡方程式，二次侧绕组中电流也达到额定值，此时一次侧电压 $U_k=I_{1N}Z_k$ 称为短路电压。短路试验时，$U_k$ 很低（4%~10% $U_{1N}$），所以，铁芯中主磁通很小，励磁电流完全可以忽略，铁芯中的损耗也可以忽略。从电源输入的功率 $P_k$ 等于铜耗，亦称为负载损耗。

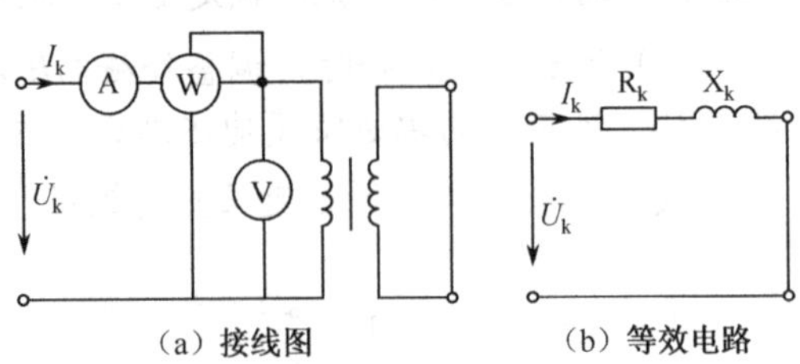


图 2-19 单相变压器短路试验

根据测量结果，由等效电路可算得下列参数：

短路阻抗 $$Z_k=\frac{U_k}{I_k} \tag{2-24}$$

短路电阻 $$R_k = \frac{P_k}{I_k^2} \tag{2-25}$$

短路电抗 $$X_k = \sqrt{Z_k^2 - P_k^2} \tag{2-26}$$

**特别提示**

如同空载试验一样，上面的计算是针对单相变压器进行的，如果要计算三相变压器的参数时，公式中的各量都要采用相值来计算，即相的空载损耗、相电压、相电流。所求得的 $Z_k$ 是折算到测量方的量。

# 2.3 三相变压器

## 2.3.1 三相变压器的磁路系统

目前的电力系统，输配电都是采用三相制，三相变压器应用最广泛。三相变压器可以是由三台单相变压器组成的三相变压器组，也可以是制成一体的三相芯式变压器。三相变压器的磁路系统是指主磁通的磁路系统，两类三相变压器的主磁通各具有不同的特点。

1. 三相变压器组的磁路系统

将三台完全相同的单相变压器的一次、二次侧绕组，按一定方式做三相连接，可组成三相变压器组（或组式三相变压器），如图 2-20 所示。这种变压器组的各相磁路是相互独立的，彼此无关。当一次侧施加三相对称交流正弦电压时，三相绕组的主磁通 $\Phi_A$、$\Phi_B$、$\Phi_C$ 也是对称的，如图 2-21 所示。由于各相的磁路完全相同，因此三相空载电流也是对称的。

当特大容量变压器的运输条件受到限制的地方，采用这种变压器组时可方便运输，减少备用容量。

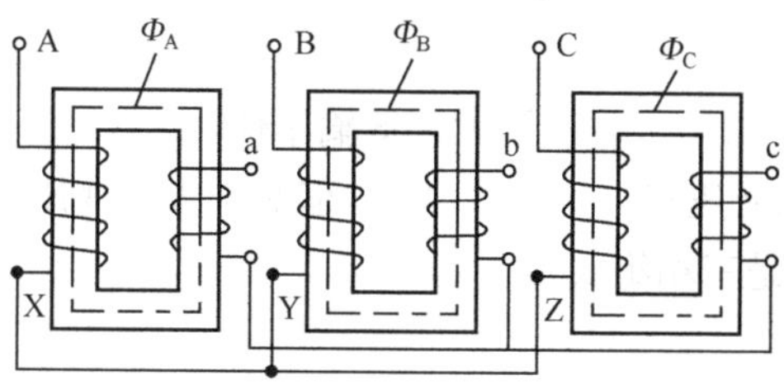


图 2-20 三相组式变压器

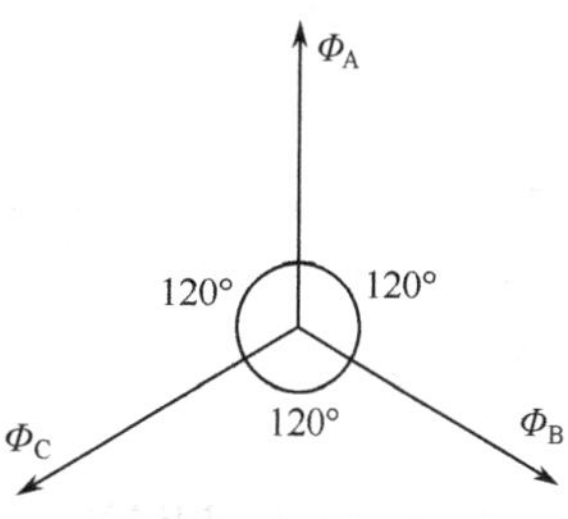


图 2-21 三相变压器的磁通

2. 三相芯式变压器的磁路

三相芯式变压器的铁芯，是将三台单相变压器的铁芯合在一起经演变而成的，如图 2-22 所示。当绕组流过三相交流电时，通过中间铁芯柱的磁通便是 A、B、C 三个铁芯柱磁通的相量和。

特别提示

如果三相电压对称，则三相磁通的总和$\Phi_A+\Phi_B+\Phi_C=0$，因此，中间铁芯柱可以省去。为了使结构简单，制造方便，减小体积，节省材料，通常将三相铁芯柱的中心线布置在同一平面内，演变成常用的三相芯式变压器铁芯。

这种铁芯结构，两边两相磁路的磁阻比中间一相磁阻大一些。当外加三相电压对称时，各相磁通相等，但三相空载电流不等，中间那相空载电流小一些。在小容量变压器中表现较明显，一般$I_{0A}=I_{0C}=(1.2\sim1.5)I_{0B}$，在大型变压器中，其不平衡度较小。在计算空载电流时，可取三者算术平均值。因为空载电流较小，对变压器负载影响不大，与三相变压器组比较起来，还是非常经济的。

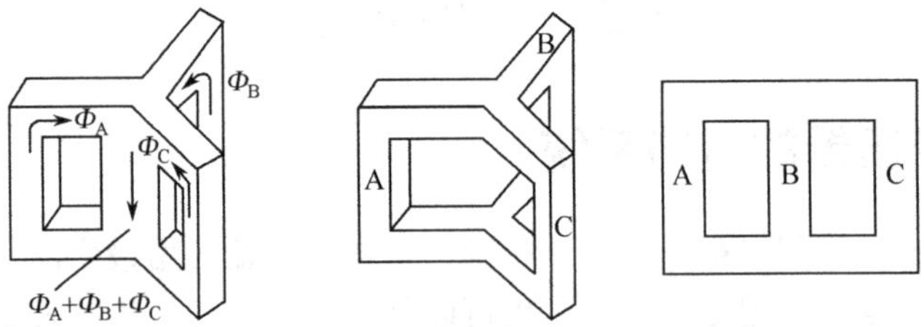


图 2-22　三相芯式变压器的磁路系统

3. 比较

组式变压器三相铁芯相互独立，三相磁路没有关联，三相磁路对称，三相电流平衡，便于拆开运输，并可以减少备用容量。芯式变压器铁芯互不独立，三相磁路互相关联；中间相的磁路短，磁阻小，励磁电流不平衡，但对实际运行的变压器，其影响极小。

和同容量的三相组式变压器相比，三相芯式变压器所用的材料较少，质量小。但它的缺点有以下两点。

① 采用三相芯式变压器供电时，任何一相发生故障，整个变压器都要进行更换，如果采用三相组式变压器，只要更换出现故障的一相即可。所以三相芯式变压器的备用容量为组式变压器的 3 倍。

② 对于大型变压器来说，如果采用芯式结构，体积较大，运输不便。

基于以上考虑，为了节省材料，多数三相变压器采用芯式结构。但对于大型变压器而言，为了减少备用容量及确保运输方便，一般都是三相组式变压器。

## 2.3.2　三相变压器绕组的连接

1. 三相变压器绕组连接

（1）三相绕组的标志

按照国家标准规定，绕组的首、末端标志符号为：

$U_1$、$V_1$、$W_1$（A、B、C）表示三相一次绕组的首端；

$U_2$、$V_2$、$W_2$（X、Y、Z）表示三相一次绕组的末端；

$u_1$、$v_1$、$w_1$（a、b、c）表示三相二次绕组的首端；

$u_2$、$v_2$、$w_2$（x、y、z）表示三相二次绕组的末端；

N、n（O、o）分别表示星形连接的一次和二次绕组的中性点。

（2）三相绕组的连接方法

三相变压器的一次、二次侧均有 A、B、C 三相绕组，它们之间的连接方式对变压器的运行性能有较大影响。一般来说三相绕组可以根据需要连接成星形(Y)或者三角形(△或 d)。

① 星形连接（Y）。以一次绕组为例，将三个绕组的末端 $U_2$、$V_2$、$W_2$（X、Y、Z）连接在一起，构成中性点；将首端 $U_1$、$V_1$、$W_1$（A、B、C）作为三相引出端，如图 2-23（a）所示，称为星形连接。当中性点引出时，其出线端标以 N，如图 2-23（b）所示。高压绕组的星形连接用符号“Y”表示，低压绕组的星形连接用符号“y”表示。若有中线引出，分别用 YN 或 yn 表示。

② 三角形（△或 d)。以一次绕组为例，将一相绕组的末端和另一相绕组的首端连在一起，顺次连成一个闭合回路，便是三角形连接。它有两种不同的连接顺序。

(a) 三角形“顺序”连接：$U_1U_2$–$V_1V_2$–$W_1W_2$–$U_1U_2$（或 AX–BY–CZ–AX)，如图 2-24（a）所示；

(b) 三角形“逆序”连接：$U_1U_2$–$W_1W_2$–$V_1V_2$–$U_1U_2$（或 AX–CZ–BY–AX)，如图 2-24（b）所示。一旦按规定的接法连接完成，其表示方法便随之确定。为方便起见，用 Y/y 表示一、二次侧的星形接法；用 D/d 来表示一、二次侧的三角形接法。在对称三相系统中，当变压器采用星形连接时，线电流等于相电流，线电动势为相电动势的 $\sqrt{3}$ 倍，当变压器采用三角形连接时，线电流为相电流的 $\sqrt{3}$ 倍，线电动势等于相电动势。

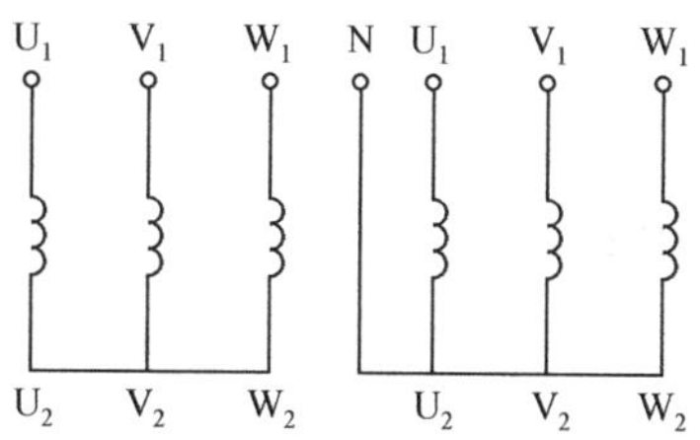


（a）无中线　（b）有中线

图 2-23　星形连接

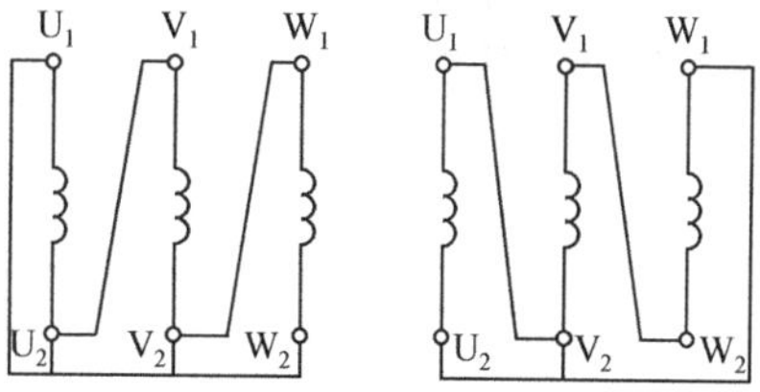

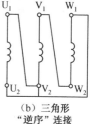

（a）三角形“顺序”连接　（b）三角形“逆序”连接

图 2-24　三角形连接

2. 变压器的连接组

变压器一、二次绕组的绕向、连接方式不同，对应的电压相位关系也不同，这种关系是以连接组来表示的。连接组的问题包括变压器两侧对应相之间的相对极性、同一侧各相之间的标号等问题。

（1）单相变压器的连接组

单相变压器绕在同一铁芯柱上的高、低压绕组，绕向可以相同，也可以相反。铁芯中磁通交变时，在两个绕组中要感应出电动势。在某一瞬时，一次绕组某一点电位为正，则二次绕组也必然有一个电位为正的对应点，这两个对应同极性点称为同名端。同名端在图上用符号“*”或“·”表示。

（2）三相变压器的连接组

三相变压器一、二次侧常用的连接方式有 Y、y，Y、d，D、d，D、y 四种，顿号前面的符号表示高压侧的接线方式，顿号后面的符号表示低压侧的接线方式，绕组的接线方式就称为变压器的连接组。

特别提示

仅用连接组还不能准确表达三相变压器的实际连接情况。相同的连接组，变压器的高压侧与低压侧之间的线电动势可能有不同的相位关系，因此，还必须标出连接组标号。加了标号的连接组统称为连接组标号或连接组别。与单相变压器一样，三相变压器的连接组别也是采用时钟表示法来表示的。即三相变压器的连接组别是用一、二次侧对应相线电势之间的相位关系来描述的。实际变压器一、二次侧对应相之间的相位差一般为 0°，30°，60°，90°，120°，150°，180°，210°，240°，270°，300°，330°。正好对应钟表盘上的 12 个位置。

（3）变压器的标准连接组标号

由上述分析可知，单相和三相变压器都有很多连接组别，为了避免制造与使用时造成混乱，国家标准规定：单相双绕组变压器有一个标准连接组 I，I0。

三相双绕组变压器有 5 种标准连接组：Y、yn0，Y、d11，YN、d11，Y、z11，D、z0。z 表示曲折形连接。

特别提示

Y、yn0 作为配电变压器，其二次侧可以引出中线作为三相四线制，可以提供动力电能和照明电能，高压侧<35kV，低压侧<400V（单相 230V）。

YN、d11 用于 110kV 以上的高压输电线路，高压侧可以接地。有 z 形的连接适用于防雷性能较高的变压器。

## 2.4 特殊变压器

在工业企业中，有许多应用于不同场合的特殊结构变压器，此处仅介绍自耦变压器、三绕组变压器、互感器这几种常用的特殊变压器的工作原理及特点。

### 2.4.1 自耦变压器

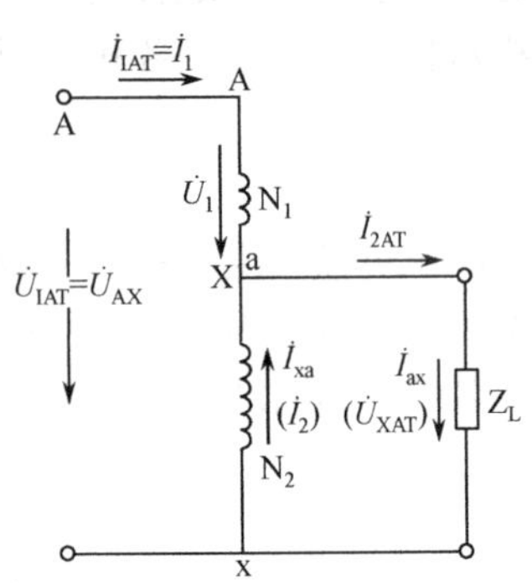


图 2-25　自耦变压器接线图

自耦变压器的特点是一、二次绕组间不仅有磁的耦合，而且两侧绕组直接有电的连接，其接线图如图 2-25 所示。图 2-25 中 AX 段绕组有 $N_1$ 匝称为串联绕组，下部 ax 段有 $N_2$ 匝，它既是自耦变压器一次绕组的一部分，又是二次绕组，故称它为公共绕组。一般情况下两段绕组的导线截面积不同，匝数也不等，通常是 $N_1 \ll N_2$。设 $k_{AT}$ 为自耦变压器的电压比，则按定义有

$$k_{AT}=\frac{U_{1AT}}{U_{2AT}}=\frac{U_{AX}}{U_{ax}}=\frac{N_1+N_2}{N_2} \tag{2-27}$$

式中，下标“AT”表示该量属自耦变压器；下标“AX”为双下标表示法，$U_{AX}$ 指 A 到 X 的电压降。

为了分析方便，可以应用前述变压器的理论，将图 2-25 的自耦变压器看成一台一次绕组为 AX、二次绕组为 ax 的普通变压器，两个绕组由端点 x 与 a 连接在一起。其电压比 $k$ 为

$$k=\frac{U_1}{U_2}=\frac{U_{AX}}{U_{ax}}=\frac{U_{AX}-U_{ax}}{U_{ax}}=k_{AT}-1 \tag{2-28}$$

不难证明它们的电流变比分别为

$$\left.\begin{aligned}\frac{I_{1AT}}{I_{2AT}}&=\frac{1}{k_{AT}}=\frac{1}{1+k}\\ \frac{I_1}{I_2}&=\frac{1}{k}=\frac{1}{k_{AT}-1}\end{aligned}\right\} \tag{2-29}$$

式中，下标“1”、“2”分别为所设普通变压器一、二次侧的物理量。

普通变压器中一、二次侧的能量全由电磁感应作用传递，而从图 2-25 可见，由于 X 与 a 的连接，自耦变压器的输出电流 $I_{2AT}$ 中有一部分 $I_{AX}$ 是从一次侧直接传导过来的。综上所述，一台电压比为 $k_{AT}$ 的自耦变压器所传递的功率相当于一台电压比为 $k_{AT}-1$ 的普通变压器所传递的功率外加一部分直接传导的功率。因此，自耦变压器也就可以利用普通变压器的理论来分析了。

根据上述结论，即可直接画出自耦变压器的简化等效电路，如图 2-26 所示。图 2-26 中自耦变压器的短路阻抗 $Z_{kAT}$ 应是

$$Z_{kAT}=Z_{AX}+(k_{AT}-1)^2Z_{ax} \tag{2-30}$$

而两侧端电压间的电压比为 $k_{AT}$，即

$$U'_{2AT}=U_{2AT}k_{AT}$$

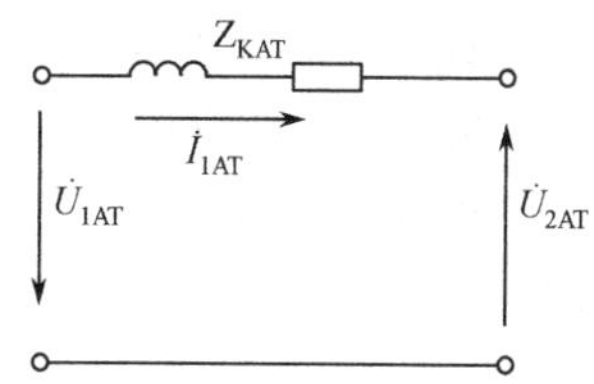

图 2-26 自耦变压器的简化等效电路

由于自耦变压器有传导功率，因此它的容量表示有些特殊。自耦变压器的额定容量决定着它总的输出功率，又称为通过容量。自耦变压器的绕组容量或称为电磁容量决定着由电磁感应作用传递的那一部分功率。电磁容量是需要用有效材料（铁芯和铜线）来实现的。对普通变压器而言，两者是相等的，所以不用区分。自耦变压器中因有传导功率，额定容量和绕组容量不再相等，且一般情况下额定容量要较绕组容量大很多，故须加以区分。

自耦变压器总的输出容量 $S=U_{2AT}I_{2AT}$ 中，感应传递和传导传递的容量所占比例分别为

$$\left.\begin{aligned}&\text{感应部分}\quad \frac{I_{xa}}{I_{2AT}}=\frac{k_{AT}-1}{k_{AT}}\\ &\text{传导部分}\quad \frac{I_{AX}}{I_{2AT}}=\frac{1}{k_{AT}}\end{aligned}\right\} \tag{2-31}$$

由公式（2-31）可见，当 $k_{AT}$ 接近 1 时，传导容量远大于感应容量，自耦变压器所用有效材料就大大节省，由此决定了自耦变压器的应用范围，在电力系统中用以连接电压级别相差不大的两个系统。在后文将讨论的异步电动机启动时也常用自耦变压器。试验室中应用极广的调压变压器就是一台端点 a 可在绕组 Ax 上滑动的自耦变压器。

**特别提示**

在变压器中传导容量产生的损耗远较感应容量产生的损耗小，故自耦变压器有较高的效率。自耦变压器的缺点是 $Z_{kAT}$ 较小，发生短路故障时有较大的短路电流。其次是因两侧有电

的连接，低压侧所接设备有可能经受高压侧的电压，必须有相应的绝缘配合。特别在是 $k_{AT}$ 较大时，增加绝缘水平花费甚大，这时使用自耦变压器看来反而不经济了。

### 2.4.2 互感器

在测量高压线路的电压电流时，为安全起见，要求测量仪表与高压线路间有电气隔离；同样，在对交流大电流进行测量时，为了安全，要求不是实测而是采样。互感器就是用来实现这一要求的。互感器是一种特殊结构和特殊运行方式的变压器，它的一次绕组与高压线路相连，二次绕组接测量仪表，因变压器一、二次绕组间无电的连接，这就实现了高压线路与测量仪表间的电气隔离。

按功能分类，互感器有电压互感器和电流互感器之分，现分别介绍。

1. 电压互感器

电压互感器原理图如图 2-27 所示。实际上它的结构是一台 $U_1/U_2 = U_1/100$ 的变压器。一次匝数很多接至高压线路，二次匝数很少，额定电压为 100V。二次负载为电压表，它的阻抗很大。因此，电压互感器工作时犹如一台空载变压器，在略去励磁电流及漏阻抗压降时有 $U_1/U_2 = N_1/N_2$，所以由 $U_2$ 直接就得到了高压线路的电压 $U_1$。

为了保证测量的精度，电压互感器在结构上应具有下列特点：铁芯不饱和，采用铁耗小的高档电工钢片，绕组导线较粗以减小电阻，绕组绕制时应尽量减小漏磁通。

**特别提示**

使用电压互感器时要特别注意以下两点：其一，二次侧绝对不允许发生短路，因为短路电流很大，可能发热烧坏互感器一、二次间的绝缘，导致高压电侵入低压回路，危及人身和设备安全；其二，为保障人身安全，电压互感器的铁芯和次级绕组的一端必须可靠接地。

2. 电流互感器

电流互感器原理接线图如图 2-28 所示，其一次绕组串联在需测量电流的高压或大电流线路中。因为匝数极少，一般只有一匝或几匝，且导线截面很粗，保证一次侧串联到高压线路中，不影响高压线路的工作状态。二次绕组匝数很多，其额定电流设计成 5A 或 1A。电流互感器工作时二次侧接阻抗极小的电流表，相当于工作在短路状态的变压器。如略去励磁电流，则按磁动势平衡有 $I_1N_1 = I_2N_2$，或 $I_1 = \dfrac{N_2}{N_1}I_2$，由二次侧电流就直接反映了高压线路或大电流电路中的电流 $I_1$。

实际上，由于存在铁耗和励磁电流，两侧电流并不是简单地与匝数成正比，因此带来数值上的误差，而且两侧电流也不是简单地反相 180°，存在有相位误差。所以，为提高精度，电流互感器要选用优质电工钢片，而且铁芯磁通密度要尽量选取低值，铁芯制作时要尽量保证小气隙，绕组要求电阻、漏抗尽量小。

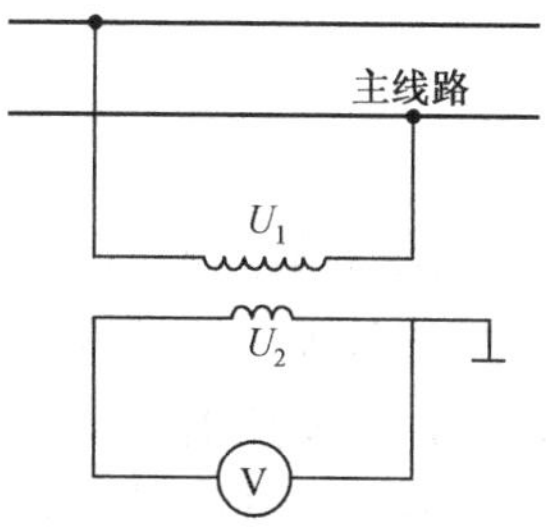


图 2-27 电压互感器原理图

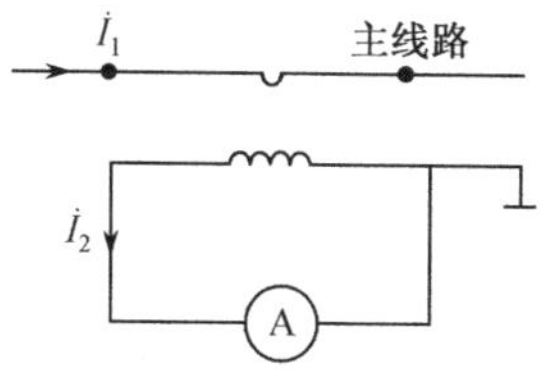


图 2-28 电流互感器原理图

**特别提示**

在使用电流互感器时也有两点要特别注意，一是二次侧绝对不允许开路，否则一次侧的巨大线路电流全部变成励磁电流，铁芯磁通密度剧增会引起严重发热，二次侧将出现危险的过电压；其次是防止高压因绝缘损坏而侵入二次侧，铁芯和二次绕组的一端必须可靠接地。

## 2.5 变压器的维护及故障分析

为了保证变压器能安全可靠地运行，在变压器发生异常情况时，应能及时发现事故隐患，做出相应处理，将故障消除在萌芽状态，达到防止出现严重故障的目的。因此，对变压器应该做定期巡回检查，严格监察其运行状态，并做好数据记录。

### 2.5.1 变压器的维护

① 检查变压器的音响是否正常。变压器的正常音响应是均匀的嗡嗡声。如果音响较正常时重，说明变压器过负荷。如果音响尖锐，说明电源电压过高。

② 检查油温是否超过允许值。油浸变压器上层油温一般不应超过 85℃，最高不应超过 95℃。油温过高可能是变压器过负荷引起，也可能是变压器内部故障。

③ 检查油枕及瓦斯继电器的油位和油色，检查各密封处有无渗油或漏油现象。油面过高，可能是冷却装置运行不正常或变压器内部故障等原因引起的；油面过低，可能有渗油、漏油现象。变压器油正常时应为透明略带浅黄色。如油色变深变暗，则说明油质变坏。

④ 检查瓷套管是否清洁，有无破损裂纹和放电痕迹；检查高低压接头的螺栓是否紧固，有无接触不良和发热现象。

⑤ 检查防爆膜是否完整无损：检查吸湿器是否畅通，硅胶是否吸湿饱和。

⑥ 检查接地装置是否正常。

⑦ 检查冷却、通风装置是否正常。

⑧ 检查变压器及其周围有无其他影响其安全运行的异物(如易燃易爆物等)和异常现象。

在巡视中发现的异常情况，应记入专用记录本内，重要情况应及时向上级汇报，请示处理。

## 2.5.2 变压器常见故障分析

在运行过程中，变压器可能发生各种不同的故障。造成变压器故障的原因是多方面的，要根据具体情况进行细致分析，并加以适当处理。变压器常见的故障主要有线圈故障、铁芯故障及分接开关、瓷套管故障等。其中，变压器绕组故障最多，占变压器故障的 60%~70%。绕组故障主要有匝间（或层间）短路、对地击穿和线圈相间短路等。其次是铁芯故障，约占 15%，铁芯故障主要有铁芯片间绝缘损坏、铁芯片局部短路或局部熔毁、钢片有不正常的响声或噪声等。

1. 绕组故障

（1）匝间短路

故障现象如下：

① 变压器异常发热。

② 气体继电器内气体呈灰白色或蓝色，有跳闸回路动作。

③ 油温增高，油有时发出“咕嘟”声。

④ 一次侧电流增高。

⑤ 各相直流电阻不平衡。

⑥ 故障严重时，差动保护动作，供电侧的过电流保护装置也要动作。

故障产生的可能原因如下：

① 变压器进水，水浸入绕组。

② 由于自然损坏、散热不良或长期过负荷造成绝缘老化，在过电流引起的电磁力作用下，造成匝间绝缘损坏。

③ 绕组绕制时导线有毛刺，导线焊接不良、导线绝缘不良或线匝排列与换位、绕组压装等不正确，使绝缘受到损坏。

④ 由于变压器短路或其他故障，线圈受到振动与变形而损坏匝间绝缘。

检查与处理方法如下：

① 吊出器身、进行外观检查。

② 测量直流电阻。

③ 将器身置于空气中，在绕组上加 10%~20%额定电压，如有损坏点则会冒烟。

④ 一般须重绕绕组。

（2）线圈断线

故障现象：

① 断线处发生电弧使变压器内有放电声。

② 断线的相没有电流。

产生的原因：

① 由于连接不良或安装套管时使引线扭曲断开。

② 线内部焊接不良或短路应力造成断线。

检查与处理方法为：

吊出器身进行检查，若因短路而造成故障，则应查明原因，消除故障，重新绕制线圈；若引线断线则重新接线。

（3）地击穿和相间短路。

故障现象为：

① 过电流保护装置动作。

② 安全气道爆破、喷油。

③ 气体继电器动作。

④ 无安全气道与气体继电器的小型变压器，油箱变形受损。

产生的原因：

① 主绝缘因老化而有破裂、折断等严重缺陷。

② 绝缘油受潮，使绝缘能力严重下降。

③ 短路时造成绕组变形损坏。

④ 绕组内有杂物落入。

⑤ 由过电压引起。

⑥ 引线随导电杆转动造成接地。

检查与处理方法：

① 吊出器身检查。

② 用绝缘电阻表（兆欧表）测量绕组对油箱的绝缘电阻。

③ 将油进行简化试验（试验油的击穿电压）。

④ 应立即停止运行，重绕绕组。

### 2. 分接开关故障

（1）触头表面熔化与灼伤

故障现象：

① 油温升高。

② 气体继电器动作。

③ 过电流保护装置动作。

产生原因：

① 分接开关结构与装配上存在缺陷，造成接触不良。

② 触点压力不够，短路时触点过热。

检查及处理方法：

测量各分接头的直流电阻，保证良好接触。

（2）相间触点放电或各分接头放电

故障现象：

① 高压熔丝熔断。

② 气体继电器动作，安全气道爆破。

③ 变压器油发出“咕嘟”声。

产生原因：

① 过电压引起。

② 变压器有灰尘或受潮。
③ 螺钉松动，触点接触不良，产生爬电烧伤绝缘。
检查及处理方法：
吊出器身，用绝缘电阻表进行检查，保证触头间良好接触。

3. 套管故障

（1）对地击穿
故障现象：
高压熔丝熔断。
产生原因：
① 套管有裂纹或有碰伤。
② 套管表面较脏。
检查与处理方法：
平时应注意套管的清洁，故障后必须更换套管。
（2）套管间放电
故障现象：
高压熔丝熔断。
产生原因：套管间有杂物存在。
检查与处理方法：
更换套管。

4. 变压器油故障

油质变坏。
故障现象：油色变暗。
产生原因：
① 变压器故障引起放电，造成油分解。
② 变压器油长期受热，氧化严重，使油质恶化。
检查与处理方法：
分析油质，进行过滤或换油。

## 2.6 变压器的测试与试验

变压器是输变电能的电器。随着电力工业的发展，变压器的数量日益增多，单台容量日益增大，用途日益广泛。因此，保证变压器运行可靠，性能良好是十分重要的。

变压器试验的目的，是验证变压器性能是否符合有关标准和技术条件的规定，制造上是否存在影响运行的各种缺陷（如短路、断路、放电、局部过热等）。另外，通过对试验数据的分析，从中找出改进设计、提高工艺的途径。

变压器试验一般可分为以下几种。

① 半成品试验。根据工厂制定的试验指导性技术文件所规定的试验项目和试验允许偏差，对每台产品都要进行半成品试验，如铁芯、插板和器身等几道工序的半成品试验。试验的目的在于及时发现问题，并在转入下道工序前予以排除，同时获得必要的半成品试验数据。

② 出厂试验。根据标准和产品技术条件规定的试验项目，对每台产品都要进行的检查试验。试验目的在于检查设计、操作、工艺的质量。

③ 形式试验。根据标准或产品技术条件规定的试验项目，对指定产品结构进行的鉴定试验。试验目的在于检查结构性能是否符合标准和产品技术条件。形式试验项目见表2-1。

**表2-1 形式试验项目**

| 项 目 | 试 验 内 容 | 应 用 范 围 |
|---|---|---|
| 1 | 冲击电压试验 | 所有户外式变压器（标准系列产品，可选具代表性产品试验） |
| 2 | 升温试验 | 所有变压器 |
| 3 | 突发短路时，动热稳定试验 | 典型结构产品 |
| 4 | 油箱的真空机械强度试验 | 油浸式和冲气式变压器 |

④ 特殊试验。根据产品使用或结构特点必须在标准项目之外另行增加的试验项目。

⑤ 验收试验。根据标准或《变压器运行规程》规定的试验项目，如用户对交货产品进行的试验。试验的目的在于判定产品在交接运输过程中是否遭受损伤或发生变化。

⑥ 修理后试验。根据标准或产品修理特点所指定的试验项目。试验的目的在于检查修理部位的质量。除更换线圈和全部绝缘材料外，一般经修理后的产品，在做外施高压试验和感应试验时，试验电压值为出厂试验电压的85%。

电力变压器按电压等级和容量等级一般可分为以下五类。

Ⅰ类——电压10kV及以下，容量100kV·A及以下的电力变压器。

Ⅱ类——电压10kV及以下，容量125~630kV·A的电力变压器。

Ⅲ类——电压35kV及以下，容量800~6300kV·A的电力变压器。

Ⅳ类——电压35kV及以下，容量8000kV·A及以上的电力变压器和电压60kV和110kV，但容量不大于63000kV·A的电力变压器。

Ⅴ类——电压110kV，容量大于63000kV·A和电压为154kV及以上的电力变压器。

## 2.6.1 试验说明

变压器是一种静止的电气设备。在交流电路中，它既能用来改变电压，又能用来改变电流、变换阻抗、改变相位，所以在生产部门和日常生活中应用非常广泛。变压器的种类很多，根据不同的情况，按相数多少可分为单相、三相和多相变压器。变压器的类型虽多，但结构相似，原理相同。不论哪一种变压器，主要都是由铁芯（多为硅钢片）和绕组（又称线圈）构成。大型变压器还有附件（主要是冷却系统、电压调节装置、箱体和出线套管等）。基本原理是通过电磁感应，在原、副绕组两个电路之间实现能量传递。本试验以小型单相变压器为例进行成品测试。三相变压器实际上就是三个同容量的单相变压器的组合。

## 2.6.2 试验目的

① 学习并掌握单相变压器参数的试验测定方法。

② 根据单相变压器的空载和短路的试验数据，计算变压器的等值参数。

## 2.6.3 试验内容及说明

1. 试验内容

① 测量变压器变比 $K=U_{10}/U_{20}$。

② 测极性：用直流感应法测量。

③ 空载试验。

（a）测量当一次侧（低压边）加电压 $U_{10}=U_{1N}$，二次侧开路时的空载电流 $I_{10}$、功率 $P_0$ 及二次侧开路电压 $U_{20}$。

（b）测空载特性 $U_{10}=f(I_{10})$

④ 短路试验

将二次侧短路，测量当一次侧（高压边）通入电流 $I_k=I_{1N}$ 时的短路电压 $U_K$、功率 $P_K$ 及室温。

2. 内容说明

① 空载试验通常是将高压侧开路，由低压测通电进行测量；因为变压器空载时功率因数很低，故测量功率时应采用低功率因数瓦特表；因变压器空载时阻抗很大，故电压表应接在电流表外侧，如图 2-29 所示，以减小测量误差。

② 短路试验应将低压侧短路，由高压侧通电进行测量。因变压器短路时阻抗很小，故测量时电流表应接在电压表外侧，如图 2-30 所示。

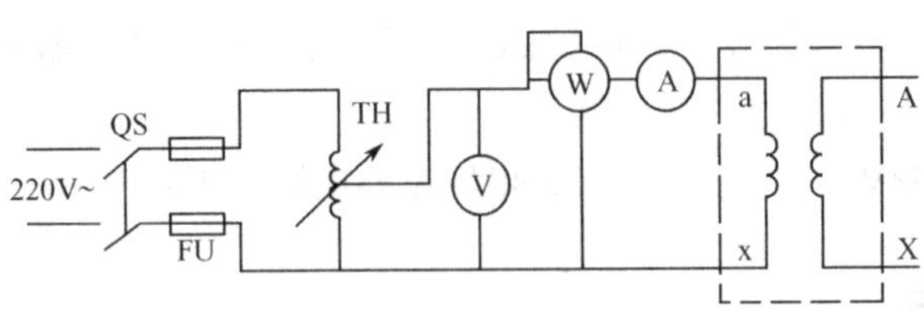


图 2-29 变压器空载试验线路图

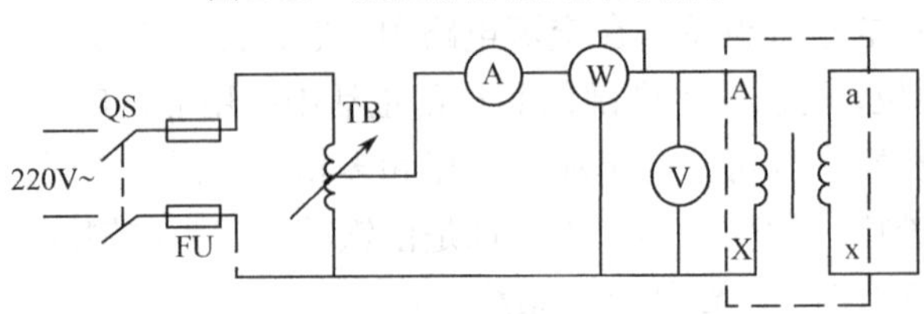


图 2-30 变压器短路试验线路图

## 2.6.4 试验线路及操作步骤

1. 测变比

如图 2-31 所示，电源经调压器 TB 接至低压线圈，高压线圈开路，合上开关 QS，将低压线圈外施电压调至额定电压的 50%左右，测量低压线圈电压 $U_{ax}$ 及高压线圈电压 $U_{AX}$。对应不同的输入电压，共取三组读数记于表 2-2 中。

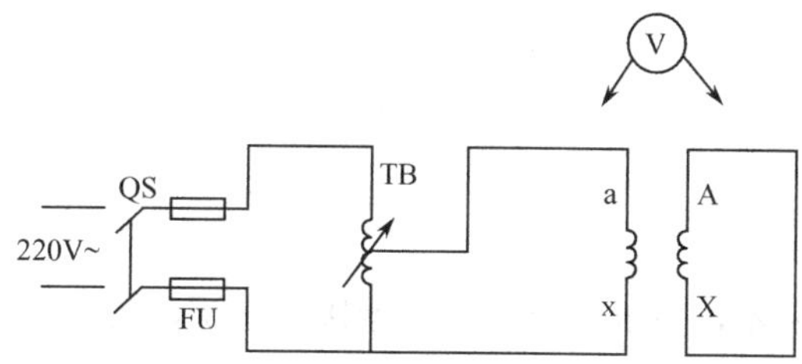


图 2-31 测变比试验线路图

**表 2-2 测变比试验记录**

| 序 号 | $U_{ax}$（V） | $U_{AX}$（V） | $K$ |
|---|---|---|---|
| 1 | | | |
| 2 | | | |
| 3 | | | |

2. 测极性

线路如图 2-32 所示。先任意假定原、副绕组的极性，并用 A、X 表示原绕组首、末端；a、x 表示副绕组首、末端，A、a 或 X、x 为同极性端。

3. 空载试验

试验线路如图 2-29 所示。低压线圈通过调压器接于电源，高压线圈开路。

按图 2-29 接好试验线路，并经老师检查认可后，按下面步骤操作。

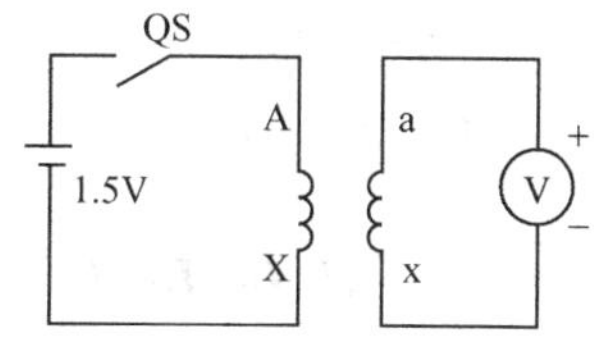


图 2-32 极性测试线路图

① 将调压器手柄置于输出电压为零的位置，然后合上开关 **QS**，并调节调压器，使其输出电压等于变压器额定电压，即 $\boldsymbol{U}_{10}=\boldsymbol{U}_{1N}$，记下此时的空载电流 $\boldsymbol{I}_{10}$、空载损耗 $\boldsymbol{P}_0$ 和二次侧电压 $\boldsymbol{U}_{20}$ 的值。

② 画空载曲线

调节调压器，使变压器一次侧电压为 $\boldsymbol{U}_{10}$=（1.1~1.2）$\boldsymbol{U}_{1N}$，然后逐步降低电压 $\boldsymbol{U}_{10}$ 直至

$U_{10}$=0 为止。此过程中，共测取 7~8 组数据，记录于表 2-3 中，每次测量 $U_{10}$、$I_{10}$ 的值（注意在 $U_{10}=U_{1N}$ 附近多测几点）。随后断开电源开关 **QS**。

表 2-3　空载曲线数据

| | | | | | | | | |
|---|---|---|---|---|---|---|---|---|
| $U_{10}$（V） | | | | | | | | |
| $I_{10}$（A） | | | | | | | | |

试验数据：当 $U_{10}=U_{1N}$=____V 时；$I_{10}$=____A；

$P_0$=____W；

$U_{20}$=____V。

4. 短路试验

试验线路如图 2-30 所示，高压边通过调压器接于电源，低压边短路，且电流表接于电压表外侧。

按图 2-30 接好试验线路，经老师检查认可后，按下面步骤操作。

① 先将调压器置于输出电压为零的位置，然后合上电源开关 **QS**，监视电流表，缓慢加大调压器输出电压，直至电流达到变压器高压侧的额定电流 $I_{1N}$ 为止。

② 记录 $I_K=I_N$ 时的短路功率 $P_K$、短路电压 $U_K$ 及室温如下：

$I_K=I_{1N}$=_____A ；　$U_K$=____V；

$P_K$=____W；

室温_____℃

③ 将调压器输出电压降至零，然后拉下电源开关 **QS**。

**注意**：短路试验进行时间不宜过长，以免引起温升对电阻有影响，并注意记下室温，且认为测得的 $T_K$ 值是室温时的值。

## 2.6.5 试验报告要求

1. 画出试验线路，并根据试验操作，简单写出试验步骤。
2. 由空载试验数据求出以下参数。

① 变压比：　$K=U_{10}/U_{20}$

② 空载特性曲线　$U_{10}=f(I_{10})$

③ 额定电压的空载参数

阻抗：　$Z'_m=U_{10}I_{10}=U_{1N}/I_{10}$

电阻：　$T'_m=P_0/I_{10}^2$

感抗：　$X'_m=\sqrt{Z'^2_m-r'^2_m}$

因空载试验是在低压边通电做出的，故所算出的 $Z'_m$、$r'_m$、$X'_m$ 为低压侧的数值，应折合到高压侧，即：

$$Z_m=K^2Z'_m$$
$$r_m=K^2r'_m$$
$$X_m=K^2X'_m$$

3．由短路试验数据求出下面参数。

① 短路参数：

$$Z_K=U_K/I_K=U_K/I_{IN}$$

$$T_k=P_k/I^2{}_K/I^2{}_{IN}$$

② 折合到75℃时的值

$$T_k（75℃）=r_k\theta\frac{234.5+75}{234.5+\theta}$$ （$\theta$为室温）

$$Z_k（75℃）=\sqrt{r_K^2(75+x_K^2)}$$

4．写出心得体会。

## 2.6.6 试验注意事项

① 合开关通电前，一定要注意将调压器手柄调至零位。

② 注意高阻抗和低阻抗测量时仪表的布置，以免引起误差。

③ 短路试验时，操作、读数尽量快，以免温升对电阻产生影响。

④ 遇异常情况，应立即断开电源，待处理完故障后，再继续试验。

## 2.6.7 思考

1．为什么一般做变压器空载试验时，在低压侧通电进行试验？而短路试验时又要在高压侧通电进行测量？

2．空载和短路试验时，仪表布置有何不同？不当的布置为什么会引起测量误差？

3．为什么变压器的励磁参数一定在试验加额定电压的情况下求出？

# 本 章 小 结

变压器的工作原理是建立在电磁感应和磁动势平衡这两个关系的基础之上的。电力变压器是传递交流电能的静止电机，它利用一、二次侧匝数不等来实现变压。

在变压器中，既有电路问题，又有磁路问题，它通过磁耦合将一、二次绕组联系起来。因此在变压器中存在着电动势平衡和磁动势平衡两种基本电磁关系。

变压器磁场的分布和作用不同，可将它等效为两部分磁通，即主磁通和漏磁通。主磁通与外施电压近似成正比关系，所以是由电压决定磁通的。

等值电路、相量图和基本方程式是分析变压器空载和负载运行时内部电磁关系的三种重要方法。三种方法虽然形式不同，但是它们所描述的物理本质却是一致的。在分析实际问题时，可根据实际情况具体灵活应用之。

电力系统采用三相正弦交流供电方式，因此三相变压器的应用十分广泛。从三相变压器的磁路来说，分为各相磁路彼此无关的三相变压器和各相磁路彼此相关的芯式变压器两种类型。根据变压器高压侧与低压侧同名线电压相位不同，可以得到不同的连接组别。

自耦变压器的一、二次绕组具有共同使用的绕组，两边既有磁的关系，又有电的关系。自耦变压器的容量由两部分组成，其中传导容量是提高通过电路上的联系直接传递，电磁容量是通过绕组间的电磁感应关系传递。因此与同容量双绕组变压器比较，自耦变压器的计算容量小，短路电流相对较大。

互感器分为两种：一种为电流互感器，另一种为电压互感器，主要作为测量和保护。电流互感器是将大电流变为小电流；电压互感器是将高电压变为低电压。

## 思考与练习

2-1 简要说明变压器是如何工作的？

2-2 变压器一次绕组若接在直流电源上，变压器能工作吗？为什么？

2-3 变压器有哪几个主要部件？各部件的功能是什么？

2-4 变压器铁芯的作用是什么？为什么要用厚 0.35mm、表面涂绝缘漆的硅钢片制造铁芯？

2-5 为什么电力变压器的高压绕组常在低压绕组的外面？

2-6 变压器空载电流的性质和作用如何？

2-7 变压器空载运行时，是否要从电网取得功率？这些功率属于什么性质？起什么作用？

2-8 为什么变压器的铁芯和绕组通常浸在变压器油中？

2-9 变压器外施电压不变，当减少原绕组匝数时，试分析铁芯饱和程度、空载电流、铁耗和副边电势有何变化？

2-10 变压器有哪些主要额定值？一次、二次侧额定电压的含义是什么？

2-11 一台 220/110V 的单相变压器，如不慎将 220V 电压加在副边侧，会产生什么现象？

2-12 一台单相变压器，额定容量 $S_N$=500kVA，额定电压 $U_{1N}/U_{2N}$=10/0.4kV，求额定电流 $I_{1N}$、$I_{2N}$。[答案：50A；1250A]

2-13 一台三相变压器，额定容量为 5000kV·A，$U_{1N}/U_{2N}$=10.5/3.15kV，Y/y 接法，试求：副边的额定电流及变压器的变比。[答案：916A；3.3]

2-14 分析有哪几种变压器？它们之间有无联系？为什么？

2-15 自耦变压器与普通变压器在结构上有何区别？在能量传递方面又有何不同？

2-16 弄清自耦变压器的额定容量、传导容量和电磁容量的定义及三者之间的关系。由公式可知，$k_{AT}$ 越近 1 时越经济，那么取 $k_{AT}=1$ 不是更好吗？为什么不行？

2-17 电流互感器运行时，为什么二次侧禁止开路？

2-18 电压互感器运行时，为什么二次侧禁止短路？

2-19 有电压互感器，其电压比为 6000V/100V，电流互感器，其电流比为 100A/5A，扩大量程，其电压表读数为 96V，电流表读数为 3.5A，求被测电路的电压、电流各为多少？

# 第3章　异步电机

## 知识目标

本章的知识目标要求掌握异步电动机的工作原理；明确单相交流绕组和三相交流绕组磁动势产生的条件及特点；能绘制交流绕组的展开图；掌握三相异步电动机运行时的电磁关系；了解异步电动机的电磁转矩；掌握三相异步电动机的机械特性；掌握单相异步电动机的启动原理。

注意本章的难点在于三相交流绕组磁动势产生的特点、三相异步电动机运行时的电磁关系、三相异步电动机的机械特性。

## 能力目标

| 能力目标 | 知识要点 | 相关知识 | 权重 | 自测分数 |
|---|---|---|---|---|
| 三相异步电动机绕组、结构及工作原理 | 三相异步电动机的工作绕组结构、组成及工作原理 | 三相异步电动机基本结构、工作绕组的特点和连接方式、旋转磁场的产生及作用 | 20% | |
| 三相异步电动机的运行 | 三相异步电动机的空载运行和负载运行 | 空载运行和负载运行过程、电动机功率和转矩 | 20% | |
| 三相异步电动机的工作特性 | 三相异步电动机的机械特性和工作特性 | 机械特性和工作特性曲线及参数 | 20% | |
| 单相异步电动机 | 单相异步电动机的结构及工作原理 | 单相异步电动机的转矩特性、脉动磁场、单相异步电动机的启动方法 | 20% | |
| 三相异步电动机的安装与运行 | 三相异步电动机的安装与运行知识 | 基础安装、电动机安装、线路安装、启动、运行维护 | 20% | |

异步电机主要作为电动机，是目前生产、生活中应用最广泛的一种电机。据统计，在供电系统的动力负载中，约有 85%的负载是由异步电动机驱动。与其他电动机相比较，异步电动机具有结构简单、制造方便、坚固耐用、运行可靠、价格低廉、检修维护方便等一系列优点；还具有较高的运行效率和令人满意的工作特性，能满足各行各业大多数生产机械的传动要求。但异步电机也存在一些不足：如启动和调速性能较差；且需要从电网吸收无功功率以建立磁场，从而使电网功率因数下降等缺点。

## 3.1　三相交流绕组

### 3.1.1　三相交流绕组的基本知识

1. 对三相交流绕组的基本要求

① 要求必须形成三相对称绕组（即各相绕组结构相同、匝数相等，且在空间上互差 120°

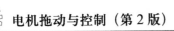

电角度），以获得对称的三相感应电动势和磁动势。

② 在一定数目的导体下，能获得较大的电动势和磁动势。

③ 绕组合成电动势和磁动势力求接近正弦波。

④ 用铜量少。绝缘性能好，机械强度高，散热条件好，制造工艺简单，便于安装检修。

2. 交流绕组的分类

三相交流绕组按照槽内线圈边的层数可分为单层绕组和双层绕组。单层绕组按连接方式不同可分为等元件式、交叉式、同心式绕组等；双层绕组则分为叠绕组和波绕组。

3. 交流绕组的基本概念

为了便于分析三相绕组的排列和连接规律，必须先了解一些有关交流绕组的基本概念。

（1）电角度与机械角度

电机圆周在几何上分成 360º。这个角度称为机械角度。以电磁观点来看，当导体切割磁场的过程中，导体每经过一对磁极，导体中所产生感应电动势恰好变化一个周期，即经过 360º 电角度，也就是说一对磁极所占有的空间为 360º 电角度。若电机圆周上有 $p$ 对磁极，则电机一个圆周的电角度为 $p\times 360^\circ$，所以空间电角度与空间机械角度之间的关系为

$$\text{电角度}=p\times\text{机械角度} \tag{3-1}$$

（2）极距 $\tau$

相邻两个磁极轴线之间沿定子铁芯内圆（即电枢）表面的距离称为极距 $\tau$，它也是每一个磁极所占有的空间距离。它常用对应的槽数来表示，当定子铁芯的槽数为 $Z$，磁极对数为 $p$ 时，则极距为

$$\tau=\frac{Z}{2p} \tag{3-2}$$

因为 $Z$ 个槽占有的空间电角度为 $p\times 360^\circ$，所以一个极距所对应的空间电角度恒为 180°。

（3）线圈及其节距

线圈是构成交流绕组的基本单元，而线圈形状只有两种，一种是叠绕组线圈，另一种是波绕组线圈。两者的区别在于线圈的两个出线是接近还是远离线圈的对称轴线。

一个线圈内的两个有效边沿铁芯内圆（即电枢）表面的距离，称为节距 $y$，常用槽数来表示。为使每一个线圈能获得尽可能大的感应电动势，节距 $y$ 应接近或等于极距 $\tau$，当 $y=\tau$ 时为整距绕组，$y>\tau$ 时为长距绕组，$y<\tau$ 时为短距绕组。由于长距绕组用铜量较多，所以一般不采用。

（4）槽距角 $\alpha$

相邻两个槽之间的电角度称为槽距角 $\alpha$。电机的槽是均匀分布在圆周上的，若圆周总槽数为 $Z$，电机极对数为 $p$，则

$$\alpha=\frac{p\times 360^\circ}{Z} \tag{3-3}$$

（5）每极每相槽数 $q$

每一个极下每相占有的槽数称为每极每相槽数，以 $q$ 表示

$$q=\frac{Z}{2pm} \tag{3-4}$$

式中　$m$ ——交流绕组的相数。

（6）相带

每相绕组在一个磁极下所连续占有的宽度（用电角度表示）称为相带。在异步电动机中，一般将每相所占的槽数均匀地分布在每个磁极下，因为每个磁极占有的电角度是 180º，对三相绕组而言，每相占有 60º 的电角度，称为 60º 相带。由于三相绕组在空间彼此要相距 120º 电角度。所以相带的划分沿定子内圆应依次为 $U_1$、$W_2$、$V_1$、$U_2$、$W_1$、$V_2$，如图 3-1 所示。这样只要掌握了相带的划分和线圈的节距，就可以掌握绕组的排列规律。

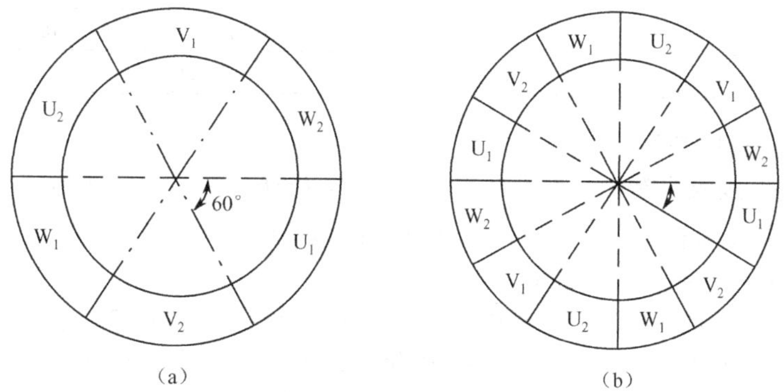


图 3-1　60° 相带三相绕组

（7）极相组

将每个磁极下属于同一相的连续 $q$ 个槽数中的线圈按一定方式串联而成的线圈组，称为极相组。

## 3.1.2　三相交流绕组的平面展开图

1. 三相单层绕组

现以 $Z=24$，要求绕成 $2p=4$，$m=3$ 的单层绕组为例，说明三相单层绕组的排列和连接的规律。

（1）三相单层等元件绕组

① 计算绕组数据。

$$\tau=\frac{Z_1}{2p}=\frac{24}{4}=6$$

$$q=\frac{Z_1}{2m_1 p}=\frac{24}{2\times3\times2}=2$$

$$\alpha=\frac{p\times360°}{Z}=\frac{2\times360°}{24}=30°$$

② 画槽、编号、分相带。

单层绕组的每一个槽中只有一个有效边，所以常用一根垂直实线来代替一个槽及槽中的线圈边，画槽时要求线间间距应均匀，各线长度应相等。而编号的目的只是为了绘图方便，一般从左向右按 1、2、3、…的顺序对槽进行编号。相带划分的依据是：根据 $q$ 的大小，即相邻 $q$ 个槽组成一个相带，各相相邻的首端（或末端）相带在空间上应互差 120° 电角度，相邻磁极下同一相的相带应互差 180° 电角度，以保证产生的感应电动势最大。

根据上面的实例，槽号与相带对照表见表 3-1。

**表 3-1　槽号与相带对照表**

| 相带 / 槽号 / 极对数 | $U_1$ | $W_2$ | $V_1$ | $U_2$ | $W_1$ | $V_2$ |
|---|---|---|---|---|---|---|
| 第一对极 | 1，2 | 3，4 | 5，6 | 7，8 | 9，10 | 11，12 |
| 第二对极 | 13，14 | 15，16 | 17，18 | 19，20 | 21，22 | 23，24 |

③ 画 *U* 相绕组展开图。

先将线圈边连接成线圈。在等元件式绕组中 $y = \tau = 6$，如图 3-2 所示，从同属于 U 相槽的 1 号槽开始，将 1 号槽的线圈边和 7 号槽的线圈边组成一个线圈，2 号和 8 号，13 号和 19 号，14 号和 20 号，共组成 4 个线圈。

接下来，将 U 相的线圈连接成极相组，即将每一个相带内连续 2 个槽中的线圈按电流方向一致连接起来。这里应将 1 号和 2 号槽中的线圈相连，13 号和 14 号槽中的线圈相连，最后形成 U 相的两个极相组。

最后根据电机对支路对数的要求，将属于各相的极相组连接成相绕组。在连接时要求按电流方向一致的原则，即一条支路内极相组之间按“尾连首”的方式进行连接。

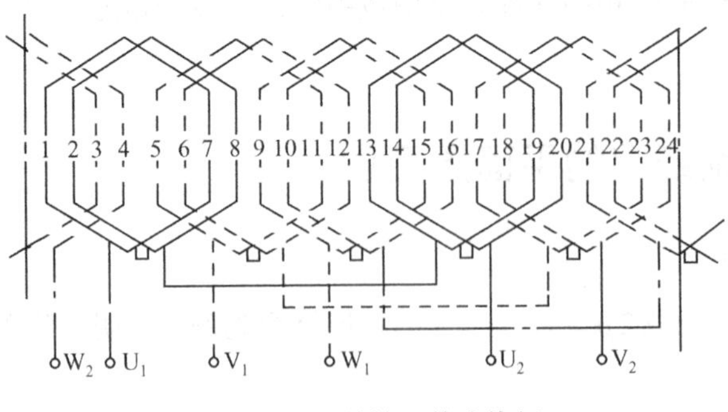


图 3-2　三相单等元件式绕组

④ 画 V、W 相绕组展开图。

采用类似 U 相绕组展开图的绘制方法可得到 V、W 相绕组展开图，只是在绘制时应注意，U、V、W 在空间上应依次互差 120° 电角度、即从 6 号槽开始画出 V 相的绕组展开图，从 10 号槽开始画出 W 相的绕组展开图，然后根据铭牌要求，再将三相绕组连接成 Y 或 D。

采用等元件绕组时，由于节距较大，电机用铜量增加，同时嵌线不方便，所以一般采用其他类型的绕组结构。

（2）链式绕组

链式绕组中 $y = \tau - 1 = 5$，在绘制时，仍先画 U 相绕组。如图 3-3 所示，从同属于 U 相槽的2号槽开始，将2号槽的线圈边和7号槽的线圈边组成一个线圈，8号和13号，14号和19号，20号和1号，共组成4个线圈。然后根据各相支路对数的要求，按电流方向一致的原则，即线圈按“尾连尾，头连头”进行连接，将这4个线圈联组成U相绕组。对于这种外形像链子一样一环套一环的结构称之为链式绕组。

类似地，可以得到另外两相绕组而组成三相对称绕组。

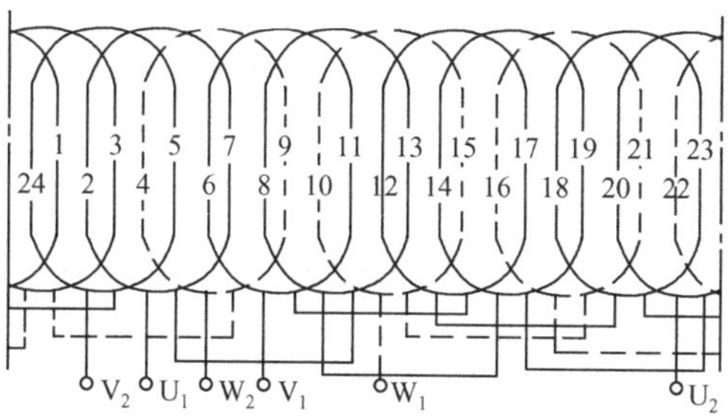


图3-3　三相单层链式（$2p$=2　$q$=2）U相绕组展开图

链式绕组中，由于节距较短，能节省用铜，所以对于$q$为偶数的四、六极电机，常采用链式绕组以节省用铜量。

（3）同心式绕组

同心式绕组的绕组展开图如图3-4所示。其连接方法是将第一对磁极下属于U相的两个相带最外面的线圈边相连，下一个元件依次向内推，让线圈同心地进行嵌放，故名同心式绕组。

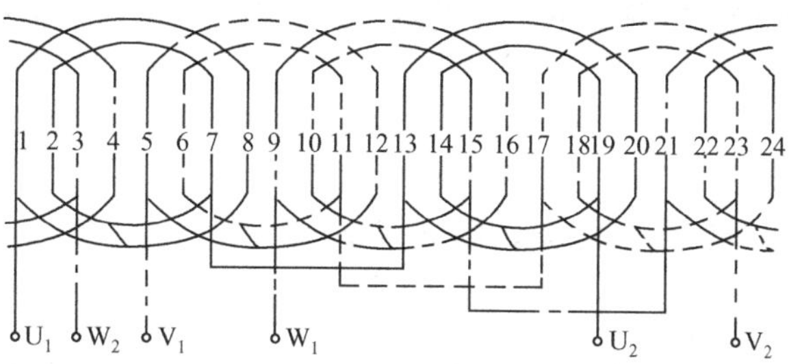


图3-4　三相单层同心式绕组U相绕组展开图

**特别提示**

同心式绕组嵌线较为方便，但其端部连线较长，一般用于功率较小的两极异步电动机。

（4）交叉式绕组

设$q$=3（如$Z=36$、$2p=4$、$m=3$），其连接规律是将$q$=3的三个线圈分成$y=\tau-1$的两个大线圈和$y=\tau-2$的一个小线圈各朝两边翻，由于绕组线圈节距较小，能节省用铜量，因此，$p\geqslant 2$、$q$=3的单层绕组常用交叉式绕组，如图3-5所示。

**特别提示**

单层绕组的优点是每槽只有一个线圈边，嵌线方便，槽利用率高，而且链式或交叉式绕组的线圈端部也较短，可以省铜。但是从电磁观点来看，其等效节距仍然是整距的，不可能用绕组的短距来改善感应电动势及磁场的波形。因而其电磁性能较差，电机的铁损耗和噪声较大，一般只能适用于小型异步电动机。

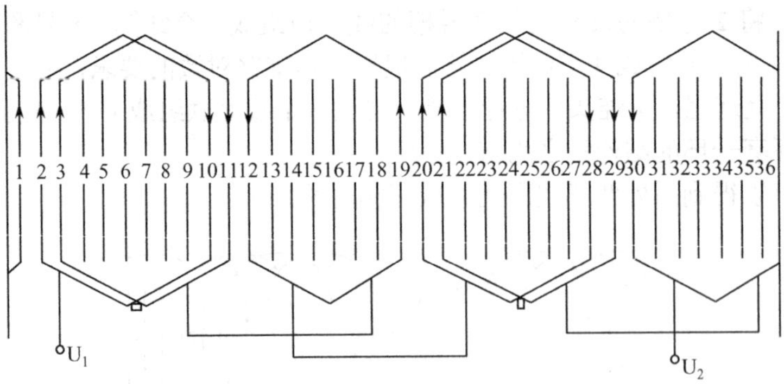


图 3-5　三相单层交叉式绕组 U 相绕组展开图

2. 双层绕组

双层绕组是铁芯的每个线槽中分上、下两层嵌放两条线圈边的绕组。为了使各线圈分布对称，嵌线时一般某个线圈的一条边如在上层，另一条则一定在下层。以叠绕组为例，这种绕组的线圈用同一绕线模绕制，线圈端部逐个相叠，均匀分布，故称叠绕组。为使绕组产生的磁场分布尽量接近正弦分布，一般取线圈节距等于极距的 5/6 左右，即 $y=\frac{5}{6}\tau$，这种绕组可使电动机工作性能得到改善，线圈绕制也方便，目前 10kW 以上的电动机，几乎都采用双层短距叠绕组。现以 4 极、24 槽、$y=\frac{5}{6}\tau$ 的双层绕组为例，讨论三相双层叠绕组的排列和连接的规律。

（1）计算绕组数据

类似地，$\tau=6$、$q=2$、$\alpha=30°$，则 $y=\frac{5}{6}\tau=5$。

（2）画槽、编号、分相带

双层绕组的每一个槽中有上、下两层有效边，所以常用一对垂直虚实线来代替一个槽及槽中的线圈边（实线代表上层边，下层边用虚线表示）。如图 3-6 所示，画 24 对虚实线代表 24 对有效边并按顺序编号；根据每个相带有 $q=2$ 个槽来划分，两对极共得到 12 个相带，见表 3-2。

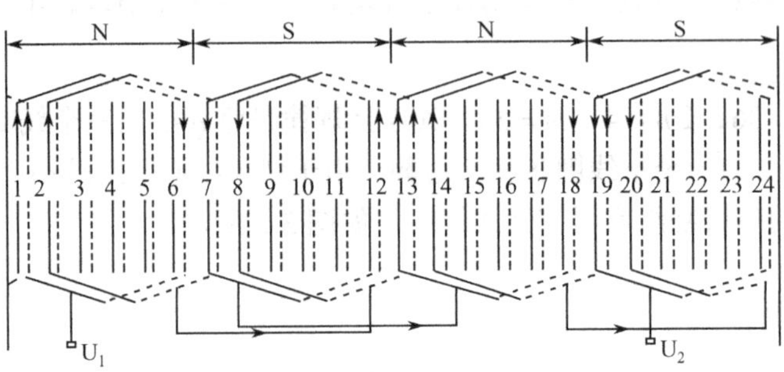


图 3-6　三相双层叠绕组展开图

表 3-2 双层绕组相带划分

| 极对数 \ 槽号 \ 相带 | | $U_1$ | $W_2$ | $V_1$ | $U_2$ | $W_1$ | $V_2$ |
|---|---|---|---|---|---|---|---|
| 第一对极 | 上层边 | 1，2 | 3，4 | 5，6 | 7，8 | 9，10 | 11，12 |
| | 下层边 | 6′，7′ | 8′，9′ | 10′，11′ | 12′，13′ | 14′，15′ | 16′，17′ |
| 第二对极 | 上层边 | 13，14 | 15，16 | 17，18 | 19，20 | 21，22 | 23，24 |
| | 下层边 | 18′，19′ | 20′，21′ | 22′，23′ | 24′，1′ | 2′，3′ | 4′，5′ |

需要指出的是，对于双层绕组，表 3-2 所给出的相带划分并非表示每个槽的相属，而是每个槽的上层边相属关系，即划分的相带是对上层边而言。例如，13 号槽是属于 $U_1$ 相带的，仅表示 13 号槽的上层边，对应的下层边放在哪一个槽的下层，则由节距 $y$ 来决定，与表 3-2 的相带划分无关。由表 3-2 可知，属于 U 相绕组的上层边槽号是 1，2，7，8，13，14，19，20。

（3）画 U 相绕组展开图

先根据节距将线圈边连接成线圈。如图 3-11 所示，从 1、2 号槽的上层边开始，根据 5 槽，可知组成对应线圈的另一边在 6、7 号槽的下层，在连接时，实线边用实线连接，虚线边用虚线连接，同样可连接出 U 相的其他线圈。

连接完所有线圈后，开始将 U 相的线圈连接成极相组，即将每一个相带内连续 2 个槽中的线圈按电流方向一致连接起来。这样 1、2 号线圈（1、2 号槽中上层边所代表的线圈），7、8 号线圈，13、14 号线圈，19、20 号线圈一共组成四个 U 相的极相组。

最后根据电机对支路对数的要求，将属于各相的极相组按“首连首、尾连尾”的方式连接成相绕组。

（4）画 V、W 相绕组展开图

采用类似U相绕组展开图的绘制方法可得到V、W相绕组展开图，只是在绘制时应注意，U、V、W 在空间上应依次互差 120° 电角度。

## 3.1.3 交流绕组的电动势

### 1. 交流绕组电动势的频率

交流绕组感应电动势的频率与电机的磁极对数及该磁场与导条的切割速度有关，经推导，可得到如下关系

$$f = \frac{p\Delta n}{60} \tag{3-5}$$

式中 $p$ ——电机的磁极对数；

$\Delta n$ ——磁场与导条的切割速度（r/min）。

### 2. 交流绕组的电动势

在推导交流绕组的电动势时，我们是从推导一根导条的感应电动势开始的，再按单匝线圈、多匝线圈、线圈组、相绕组的顺序依次分析，最后得到一相绕组的感应电动势 $E_{\phi 1}$

$$E_{\phi1} = 4.44 f_1 N k_{w1} \phi_1 \tag{3-6}$$

式中 $f_1$——基波感应电动势的频率；

$N$——每相绕组串联线圈匝数；

$\phi_1$——每极基波磁通；

$k_{w1}$——交流绕组的绕组系数，与交流绕组的结构有关，总是或等于小于 1。

## 3.1.4 三相交流绕组的旋转磁场

1. 单相交流绕组的基波磁动势

（1）单相基波脉振磁动势

在单相交流绕组上加上交流电源后，对于交流绕组圆周上的任意一点的基波磁动势幅值会随时间呈周期性变化，称为脉振磁动势。其表达式为

$$f_{\phi1}(x,t) = F_{\phi1} \cos \omega t \cos \frac{\pi}{\tau} x \tag{3-7}$$

式中 $F_{\phi1}$——单相绕组基波磁动势幅值。

（2）单相脉振磁动势的分解

由三角函数的积化和差公式，有

$$\begin{aligned} f_{\phi1}(x,t) &= F_{\phi1} \cos \omega t \cos \frac{\pi}{\tau} x \\ &= \frac{1}{2} F_{\phi1} \cos\left(\frac{\pi}{\tau} x - \omega t\right) + \frac{1}{2} F_{\phi1} \cos\left(\frac{\pi}{\tau} x + \omega t\right) = f_{\phi1}^{+}(x,t) + f_{\phi1}^{-}(x,t) \end{aligned} \tag{3-8}$$

分解后，每一个磁动势的幅值是原有单相基波磁动势幅值的一半，其中

$$f_{\phi1}^{+}(x,t) = \frac{1}{2} F_{\phi1} \cos\left(\frac{\pi}{\tau} x - \omega t\right) \tag{3-9}$$

当 $t = 0$，即 $\omega t = 0$ 时

$$f_{\phi1}^{+}(x,0) = \frac{1}{2} F_{\phi1} \cos \frac{\pi}{\tau} x \tag{3-10}$$

当 $t = t_1$，即 $\omega t = \theta$ 时

$$f_{\phi1}^{+}(x,\theta) = \frac{1}{2} F_{\phi1} \cos\left(\frac{\pi}{\tau} x - \theta\right) \tag{3-11}$$

这两个瞬间磁动势分布曲线如图 3-7 所示，当时间从 $t$ 增加到 $t_1$ 时，磁动势分布曲线沿 $x$ 轴的正方向前进 $\theta$ 电角度。如果将每一个瞬间的磁动势波形都画出来，便可以观察到随时间的推移，磁动势沿 $x$ 轴的正方向移动，称为正向旋转磁动势。

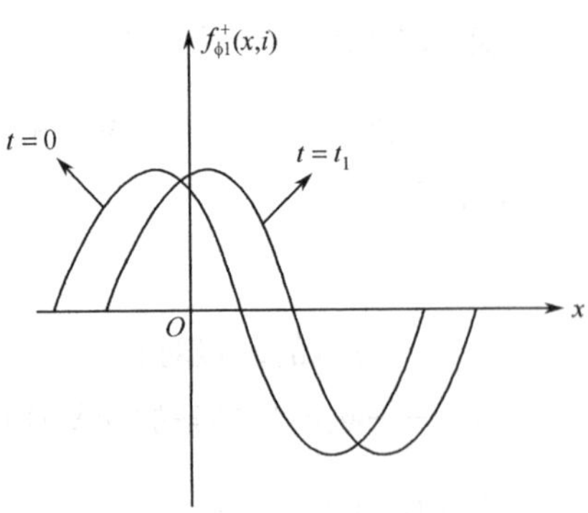

图 3-7 磁动势波形的移动

同样，$f_{\phi1}^{-}(x,t) = \frac{1}{2} F_{\phi1} \cos\left(\frac{\pi}{\tau} x + \omega t\right)$ 是一个反方向旋转的磁动势。

下面来分析每个磁动势移动（旋转）的速度。

若取 $\omega t-\frac{\pi}{\tau}x=0$ 进行研究，则其移动速度为

$$v=\frac{dx}{dt}=\frac{\tau}{\pi}\omega=2f_1\tau \tag{3-12}$$

$x$ 是沿电枢圆周的空间距离，因周长 $\pi D=2p\tau$，若设磁动势的旋转速度为 $n_1$，则

$$n_1=\frac{2f_1\tau}{2p\tau}\times 60=\frac{60f_1}{p} \quad \text{(r/min)} \tag{3-13}$$

式中 $n_1$ ——同步转速（r/min）；

$f_1$ ——交流电源的频率（Hz）。

通过上面分析可知，单相基波脉振磁动势可以分解为幅值相等、转速相同而转向相反的两个旋转磁动势。

2. 三相交流绕组的旋转磁场

对于三相异步电动机，若定子三相交流绕组与三相对称电压接通时，情况又将如何呢？

（1）分析法

三相交流绕组通入三相交流电流，将产生三个脉振磁动势，经分解并叠加后形成的合成磁动势为（假设电流为正相序）：

$$f_1(x,t)=\frac{3}{2}F_{\phi 1}\cos\left(\frac{\pi}{\tau}x-\omega t\right) \tag{3-14}$$

可见，当三相对称绕组上加上三相对称电源后，将产生一个单方向的旋转磁场，若改变所加电源电流的相序，该磁场的旋转方向会相应改变。其转速仍为 $n_1$ 同步转速，其幅值为单相基波脉振磁动势幅值的 1.5 倍。

（2）图解法

若 $U_1U_2$、$V_1V_2$、$W_1W_2$ 为三相定子绕组，在空间彼此相隔 120° 接成星形。三相绕组的首端 $U_1$、$V_1$、$W_1$ 接在三相对称电源上，有三相对称电流通过三相绕组。设电源为 U、V、W，$i_U$ 的初相角为零，如图 3-8 波形所示。

为了分析方便，假设电流为正值时，在绕组中从始端流向末端，电流为负值时；在绕组中从末端流向首端。

当 $\omega t=0^\circ$ 的瞬间，$i_U=0$，$i_V$ 为负值，$i_W$ 为正值，根据右手定则，三相电流所产生的磁场叠加的结果，便形成一个合成磁场，如图 3-8（a）所示，可见此时的合成磁场是一对磁极（即二极），左边是 N 极，右边是 S 极。

当 $\omega t=90^\circ$ 时，即经过 1/4 的周期后，$i_U$ 由零变成正的最大值，$i_V$ 仍为负值，$i_W$ 已变成负值，如图 3-8（b）所示，这时合成磁场的方位与 $\omega t=0^\circ$ 相比，已按逆时针方向转过了 90°。

应用同样的方法，可以得出如下结论：当 $\omega t=180^\circ$ 时，合成磁场就转过了 $\omega t=180^\circ$，如图 3-8（c）所示；当 $\omega t=300^\circ$ 时合成磁场方向旋转了 300°，如图 3-8（d）所示；当 $\omega t=360^\circ$ 时，合成磁场旋转了 360°，即旋转了一周，如图 3-8（a）所示。

**特别提示**

以上分析的是电动机产生一对磁极时的情况，当定子绕组形成多对磁极时，会得到类似的结论，即在三相对称绕组上加上三相对称电源后，将产生一个单方向的旋转磁场，且旋转磁场幅值所在位置在电流最大相所在的轴线位置。

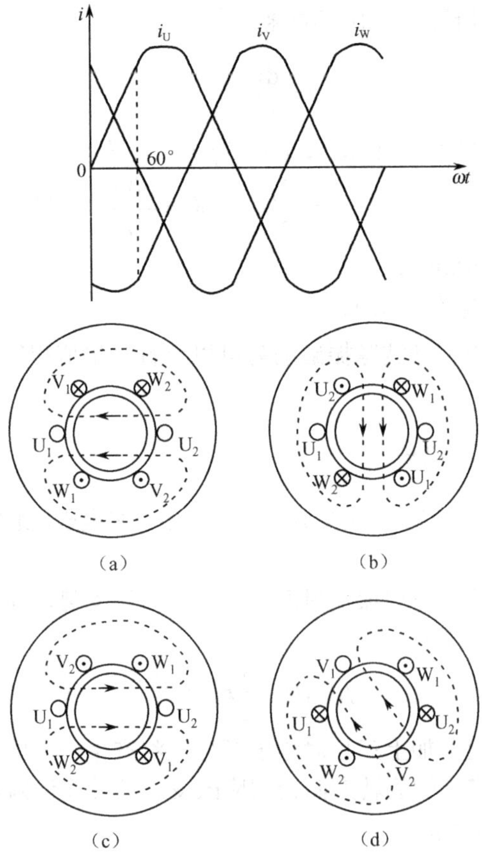


图 3-8　三相交流电流波形图及两极旋转磁场示意图

# 3.2　三相异步电动机

## 3.2.1　工作原理

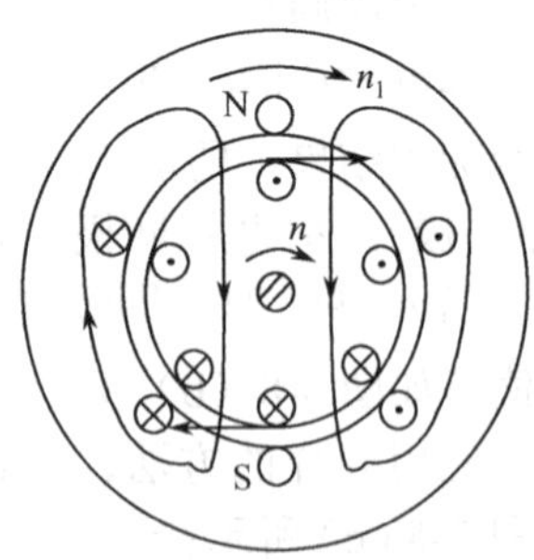


图 3-9　三相异步电动机的转动原理

如同所有的旋转电机一样，三相异步电动机在结构上仍分成固定不动的定子和旋转的转子两大部件，两者之间还存在气隙，三相异步电动机的定子上嵌有三相对称绕组，而转子绕组则是一个自成回路的三相或多相绕组，如图 3-9 所示。

当绕组与三相对称电源接通后，三相对称电流所形成的合成磁场将是一个单方向的旋转磁场。现假设该磁场以同步转速 $n_1 = 60 f_1 / p$ 沿顺时针方向旋转，由于转子导条与定子旋转磁场之间存在相对切割速度时，转子导体就会切割磁力线而产生感应电动势 $e_2$，其方向可由右手定则判定。因为转子绕组自成封闭回路，所以转子导条中会有电流 $i_2$ 出现，该载流导体在定子磁场中将受到电磁力的作用，其方向可由左手定则判定。该电磁力会形成与定子磁场旋转方向相同的电磁转矩，推动转子旋转，将输入的电功率转变为机械能输出，这就是异步电动机的基本工作原理。

**特别提示**

由于异步电动机的定子和转子之间没有电的联系，能量的传递靠电磁感应作用，故也称为感应电动机。

在三相异步电动机中，转子转动的方向与磁场的旋转方向始终是一致的，要改变异步电动机的转向，只需要改变旋转磁场的方向。若设转子转速为$n$，如果$n=n_1$，则定子磁场与转子之间就没有相对运动，即不存在电磁感应关系，不能在转子导体中感应电动势并形成电流，也就无法在转子上产生电磁转矩，从而难以维持原转子转速继续旋转，所以，正常运行的异步电动机的转子速度不可能等于磁场旋转的速度，而是略小于同步转速，异步电动机异步的名称由此而来。

为了表征转子转速与定子旋转磁场同步转速之间的差异，转子转速$n$与同步转速$n_1$之差称为转差$\Delta n$，转差与同步转速$n_1$之比，称为转差率$s$。

$$s=\frac{n_1-n}{n_1}\times 100\% \tag{3-15}$$

**特别提示**

转差率$s$是决定异步电动机运行情况的一个基本数据，也是异步电动机一个很重要的参数。对分析和计算异步电动机的运行状态及其机械特性有着重要的意义。当异步电动机在额定条件下运行时，其转差率很小，一般在0.01~0.06之间。

## 3.2.2 基本结构

由于电力系统采用的是三相制，因此现代动力用的异步电动机绝大多数都是三相异步电动机。在没有三相电源和所需功率很小时，才采用单相异步电动机。

异步电动机的种类很多，按转子结构类型可分为绕线式异步电动机和鼠笼形异步电动机，笼形异步电动机的结构如图3-10所示，绕线式异步电动机的结构如图3-11所示。异步电动机的气隙比其他类型电动机要小，一般为0.2~2mm，气隙的大小对其性能的影响很大。下面将介绍主要零部件的构造、作用和材料。

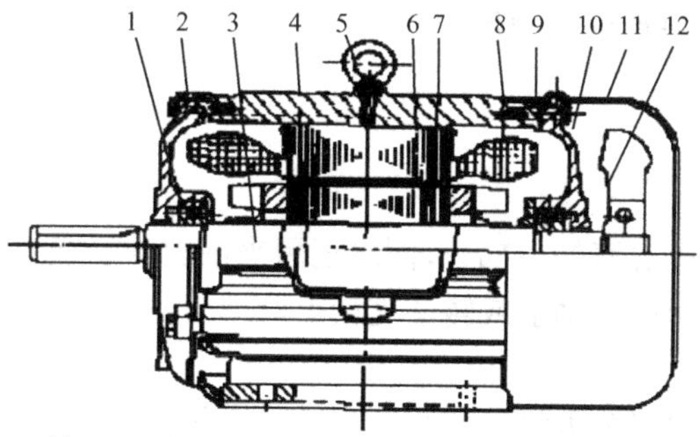


1—轴承 2—端盖 3—转轴 4—接线盒 5—吊环 6—定子铁芯
7—转子 8—定子绕组 9—机座 10—后端盖 11—风罩 12—风扇

图3-10 封闭式三相笼形异步电动机结构图

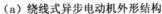

（a）绕线式异步电动机外形结构

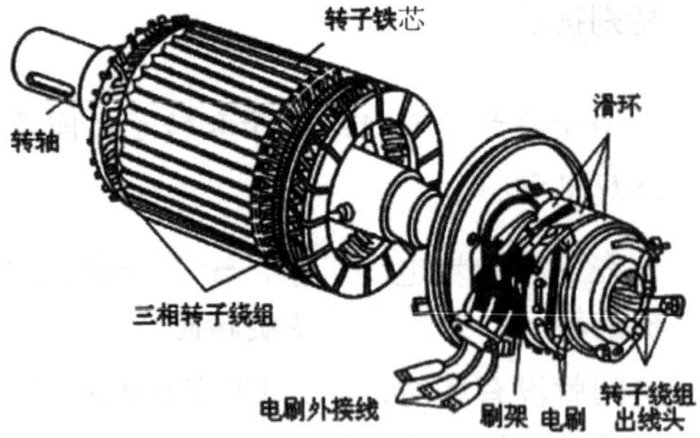


（b）绕线式异步电动机转子结构

图 3-11　绕线式异步电动机结构图

1. 定子部分

（1）机座

机座是异步电动机的外壳，用来固定和支撑电动机各个部件，承受和传递扭矩，还能形成电动机冷却风路一部分或作为电动机的散热面。

按安装结构形式可分为卧式和立式两种。中、小型异步电动机多采用铸铁机座，而大型异步电动机则采用钢板焊接成机座。为加强散热，小型封闭式异步电动机还在机座外面铸有筋片。

（2）定子铁芯

定子铁芯是用来形成磁路的一部分，并起固定定子绕组的作用。

为增强导磁能力和减小铁芯涡流损耗，定子铁芯常用厚 0.5mm 的硅钢片冲片叠压而成，铁芯内圆有均匀分布的槽，用以嵌放定子绕组，冲片上涂有绝缘漆或经氧化处理使硅钢片表面形成氧化膜（小型电动机也有不涂漆的）。

（3）定子绕组

定子绕组是三相异步电动机的电路部分，由多个线圈按一定规律连接而成的一个三相对称结构。为保证其机械强度和导电性能，其材料一般采用紫铜，有时也采用铝导线绕制。定子三相绕组的六个出线端都引至接线盒，首端分别标为 $U_1$、$V_1$、$W_1$，末端分别标为 $U_2$、$V_2$、$W_2$，可以根据需要接成星形或三角形。

2. 转子部分

（1）转子铁芯

转子铁芯仍是电动机磁路的一部分，同时还用来嵌放转子绕组。转子铁芯也是用厚 0.5mm 的硅钢片叠压而成，并套在转轴上或转子支架上。

（2）转子绕组

异步电动机的转子绕组分为绕线式与笼形两种，相应的电动机分别称为绕线式异步电动机与笼形异步电动机。

① 绕线式转子绕组。它也是一个三相对称绕组，一般接成星形，三根引出线分别接到转轴上的三个彼此绝缘的集电环上，通过电刷装置与外电路相连。这样就可以在转子电路中

串接电阻以改善电动机的运行性能，如图 3-12 所示。

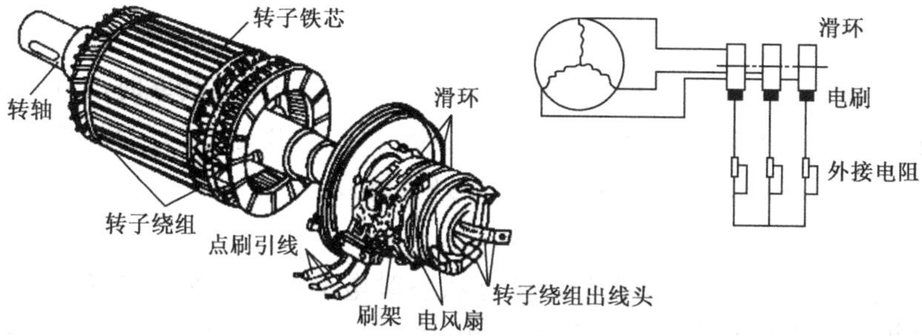


图 3-12　绕线式异步电动机转子

② 笼形绕组。在转子铁芯的每一个槽中插入一铜条，在铜条两端各用一铜环（称为端环），将导条连接起来，这称为铜排转子，如图 3-13（a）所示。也可用铸造的方法，将转子导条和端环、风扇叶片用铝液一次浇铸而成，称为铸铝转子，如图 3-13（b）所示。笼形绕组因结构简单、制造方便、运行可靠，所以得到广泛应用。

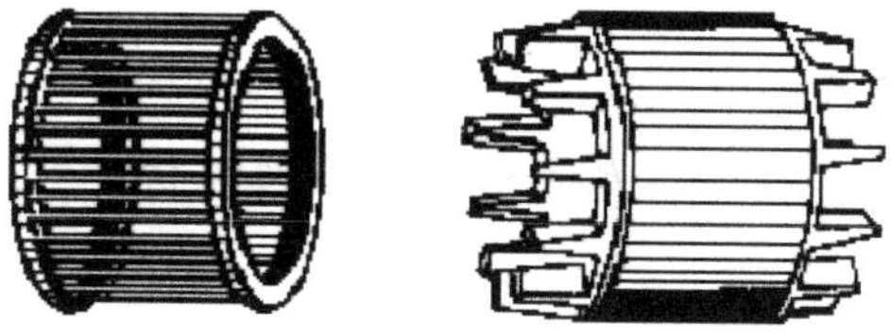


图 3-13　笼形异步电动机转子

3. 其他部分

异步电动机除了定子和转子外，还包括轴承装置、端盖、风扇、接线盒、吊环和防护装置等。端盖起防护作用，轴承用以支撑转轴，风扇用来通风冷却电动机。

### 3.2.3 铭牌数据

在三相异步电动机的外壳上显眼的位置有一块牌子，叫铭牌。铭牌上注明这台电动机的型号及主要技术数据（额定值），这些数据是正确选择、安装、使用和维修三相异步电动机的重要依据。

1. 三相异步电动机的额定值

（1）额定功率 $P_N$

额定功率是指在满载运行时三相异步电动机轴上所输出的机械功率，同时也是电动机长期运行所不允许超过的最大值，额定功率的单位为千瓦（kW）或瓦（W）。

（2）额定电压 $U_N$

额定电压是指电动机额定运行时定子绕组上所加的线电压。三相异步电动机要求所接的电源电压值的变动一般不应超过额定电压的±5%。电压过高，电动机容易烧毁；电压过低，电动机难以启动，即使启动后电动机也可能带不动负载，同样容易烧坏电动机。额定电压的单位为 V 或 kV。

（3）额定电流 $I_N$

额定电流是指三相异步电动机在额定电源电压下，输出额定功率时，流入定子绕组的线电流，同时也是电动机长期运行所不允许超过的最大值，以安（A）为单位。若超过额定电流，长期过载运行，三相异步电动机就会过热乃至烧毁。

（4）额定转速 $n_N$

额定转速是指三相异步电动机额定运行状态时电动机每分钟的转速，单位为 r/min 或转/分。在电动机运行状态下，转子转速略小于同步转速。如 $n_N = 1440\text{r/min}$，则 $n_1 = 1500\text{r/min}$。

（5）额定功率因数 $\cos\varphi_N$

电动机在额定状态运行时，定子侧的功率因数。

（6）额定频率 $f_N$

额定频率是指三相异步电动机额定运行时所接的交流电源每秒钟内周期变化的次数。我国规定标准电源频率为 50Hz。所以除出口产品外，国内使用的交流异步电动机的额定频率均为 50Hz。

在三相异步电动机内存在如下关系

$$P_N = \sqrt{3}U_N I_N (\cos\varphi_N)\eta_N \tag{3-16}$$

式中　$\eta_N$ ——额定效率。

2. 型号

异步电动机的型号是由汉语拼音的大写字母与阿拉伯数字组成，其中汉语拼音字母是根据电动机全名称选择有代表意义的汉字，用该汉字的第一字母组成。下面以一具体型号说明其意义：

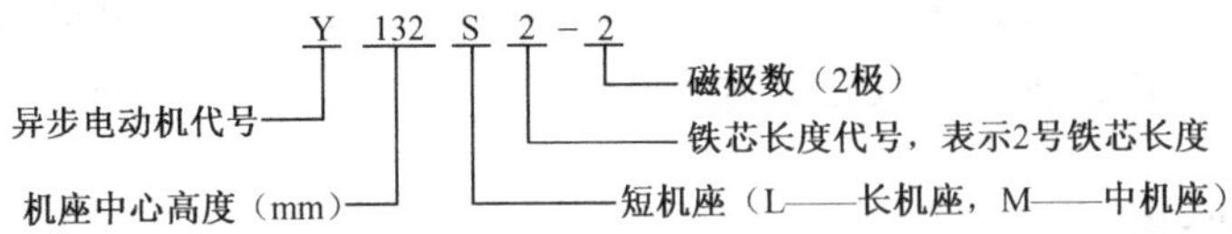


3. 绝缘等级

绝缘等级是指三相异步电动机所采用的绝缘材料的耐热能力，它表明三相异步电动机允许的最高工作温度。三相异步电动机的绝缘等级和最高允许温度见表 3-3。

表 3-3　电动机材料等级

| 等级 | 绝 缘 材 料 | 允许最高温度（℃） |
|---|---|---|
| A | 用普通绝缘漆浸渍处理的棉纱、丝、纸及普通漆包线的绝缘漆 | 105 |
| E | 环氧树脂、聚酯薄膜、青壳纸、三醋酸纤维薄膜、高强度漆包线的绝缘漆 | 120 |
| B | 云母、玻璃纤维、石板（用有机胶粘合或浸渍） | 130 |
| F | 云母、玻璃纤维、石板（用合成胶粘合或浸渍） | 155 |
| H | 云母、玻璃纤维、石板（用硅有机树脂粘合或浸渍） | 180 |

#### 4. 工作方式

电动机的工作方式也叫定额，是指三相异步电动机承受负载情况的说明，即允许连续使用的时间，分为连续、短时、周期断续工作方式三种。

（1）连续工作方式

连续工作方式是指电动机带额定负载运行时，运行时间很长，电动机的温升可以达到的稳态温升的工作方式。电动机本身的温度与标准环境温度（40℃）的差值称为温升。

（2）短时工作方式

短时工作方式是指电动机带额定负载运行时，运行时间很短，使电动机的温升达不到稳态温升；停机时间很长，使电动机的温升可以降到零的工作方式。

（3）周期断续工作方式

周期断续工作方式是指电动机带额定负载运行时，运行时间很短，使电动机的温升达不到稳态温升；停止时间也很短，使电动机的温升降不到零，工作周期小于 10 分钟的工作方式。

#### 5. 接法

三相异步电动机定子绕组的连接方法有星形（Y）和三角形（Δ）两种。定子绕组的连接只能按规定方法连接，不能任意改变接法，否则会损坏三相电动机。

#### 6. 防护等级

防护等级表示三相异步电动机外壳防止异物和水进入电机内部的等级。其中 IP 是防护等级标志符号，其后面的两位数字分别表示电机防固体和防水能力，数字越大，防护能力越强。如 IP44 中第一位数字“4”表示电机能防止直径或厚度大于 1 毫米的固体进入电机内壳，第二位数字“4”表示能承受任何方向的溅水。

### 3.2.4 三相异步电动机的主要系列简介

#### 1. Y 系列

该系列是一般用途的小型笼形电动机系列，取代了原先的 $JO_2$ 系列。额定电压为 380V，额定频率为 50Hz，功率范围为（0.55~90）kW，同步转速为（750~3000）r/min，外壳防护形式为 IP44 和 IP23 两种，B 级绝缘。Y 系列的技术条件已符合国际电工委员会（IEC）的有关标准。

#### 2. $JDO_2$ 系列

该系列是小型三相多速异步电动机系列。它主要用于各种机床及起重传动设备等需要多种速度的传动装置。

#### 3. JR 系列

该系列是中型防护式三相绕线式转子异步电动机系列，容量为（45~410）kW。

4. YR 系列

该系列是一种大型三相绕线转子异步电动机系列，容量为（250~2500）kW，主要用于冶金工业和矿山中。

## 3.3 三相异步电动机的运行

三相异步电动机的定、转子电路之间没有电的直接联系，它们之间的联系是通过电磁感应关系而实现的，这一点和变压器十分相似，因此对三相异步电动机的运行进行分析时，可以仿照分析变压器的方式进行，并且可以直接沿用变压器的某些相应结论。在分析时，异步电动机的定子绕组相当于变压器的一次绕组，转子绕组相当于变压器的二次绕组。

### 3.3.1 三相异步电动机的空载运行

异步电动机的三相定子绕组与三相对称电源接通，轴上不带任何机械负载，转子空转时的运行状态，称为空载运行。

空载运行的电磁关系：三相异步电动机空载运行时，轴上没有任何机械负载，电机所受阻转矩很小，其转速接近同步转速，即 $n \approx n_1$，转子与气隙磁场的相对运动转速就接近零，即 $\Delta n = n_1 - n \approx 0$。则 $E_{20} \approx 0$，$I_{20} \approx 0$。这时异步电动机内只有定子绕组上的电流形成气隙磁场，该电流称为空载励磁电流，用 $\dot{I}_0$ 表示。

与变压器类似可得到三相异步电动机每一相的电动势平衡方程式

$$\dot{U}_1 = -\dot{E}_1 + \dot{I}_0 \dot{Z}_1 \tag{3-17}$$

式中，$Z_1$ 为定子每相漏阻抗，由于 $E_1 \gg I_0 Z_1$，所以可近似地认为

$$U_1 \approx E_1 = 4.44 f_1 N_1 k_{w1} \varPhi_m \tag{3-18}$$

式中，$k_{w1}$ 为基波绕组系数。

**特别提示**

显然，对于结构固定的异步电动机，当频率 $f_1$ 一定时，$\varPhi_m \propto U_1$。若外加电压一定，主磁通 $\varPhi_m$ 大体上也为一定值，这和变压器的情况一样，只是变压器磁路无气隙，空载电流很小，仅为额定电流的 2%~10%，而异步电动机有气隙，空载电流则较大，一般为额定电流的 30%~50%，在小型异步电动机中，甚至可以达到额定电流的 60%，同样作为异步电动机的励磁电流仍基本为无功性质。

### 3.3.2 三相异步电动机的负载运行

1. 负载时的转子磁动势 $\dot{F}_2$

负载运行时，由于 $n < n_1$，则转子三相对称绕组将切割气隙旋转磁场而感应三相对称电动势，在转子上产生三相对称电流，进而在转子上产生单方向的旋转磁动势。

若定子磁场为顺时针方向，由于$n<n_1$，转子三相电动势的相序则取决于气隙旋转磁场依次切割转子绕组的顺序，即取决于相对切割速度$\Delta n=n_1-n$的方向。而$\Delta n$的方向与$n_1$的方向一致，因此感应而形成的转子电动势或电流的相序也必然为顺时针方向。由于合成磁动势的转向决定于转子绕组中电流的相序，所以转子合成磁动势$\dot{F}_2$的转向与定子磁动势$\dot{F}_1$的转向相同，也为顺时针方向，即在异步电动机中转子磁动势的旋转方向与定子磁动势的旋转方向始终相同。

若转子绕组感应电动势及电流的频率为$f_2$，则

$$f_2=\frac{p\Delta n}{60}=\frac{spn_1}{60}=sf_1 \tag{3-19}$$

设转子磁动势相对转子的旋转速度为$n_2$，则

$$n_2=\frac{60f_2}{p_2}=\frac{s60f_1}{p}=sn_1 \tag{3-20}$$

于是转子磁动势$\dot{F}_2$在空间的（相对于定子）的旋转速度为

$$n_2+n=sn_1+n=n_1 \tag{3-21}$$

即等于定子磁动势$\dot{F}_1$在空间的旋转速度，也就是说，无论异步电动机的转速如何变化，定、转子磁动势总是相对静止的。

### 2. 磁动势平衡方程式

由于异步电动机中，每极磁通量的大小$\Phi_m$取决于电源电压的大小，所以当电源电压不变时，相应的磁通量不变，即磁动势不变。即

$$\dot{F}_0=\dot{F}_1+\dot{F}_2 \text{ 或 } \dot{F}_1=\dot{F}_0+(-\dot{F}_2) \tag{3-22}$$

公式3-22说明定子电流建立的磁动势有两个分量：一个是励磁分量$\dot{F}_0$用来产生主磁通；另一个是负载分量（$-\dot{F}_2$），用来抵消转子磁动势的去磁作用，以保证主磁通基本不变。这就是异步电动机的磁动势平衡关系，使本来电路上无直接联系的定、转子电流有了关联——定子电流随转子负载转矩的变化而变化。

### 3. 电动势平衡方程式

（1）定子电动势平衡方程式

负载运行时，定子绕组电动势方程式与空载相同，只是电流从$I_0$变为$I_1$，即

$$\dot{U}_1=-\dot{E}_1+\dot{I}_1 Z_1 \tag{3-23}$$

（2）转子电动势平衡方程式

当负载转矩改变时，转子转速$n$或转差率$s$随之变化，而$s$的变化引起了电动机内部相应物理量的变化。

① 转子绕组感应电动势及电流的频率。

由公式（3-19）可知转子电动势的频率$f_2$与转差率$s$成正比，这与变压器的不一样，所以转子电路和变压器的二次绕组电路具有不同的特点。

② 转子旋转时转子绕组的电动势$E_{2s}$。

$$E_{2s}=4.44f_2N_2k_{w2}\Phi_m=4.44sf_1N_2k_{w2}\Phi_m=sE_2 \tag{3-24}$$

公式3-24中$E_2$为转子电动势的最大值（也称堵转电动势）。该式表明，转子电动势大小

与转差率成正比。当转子不动时，$s=1$，$E_{2s}=E_2$。转子电动势达到最大，即转子静止时的电动势；转子转动时，$E_{2s}$ 随 $s$ 的减小而减小。

③ 转子电抗 $x_{2s}$。

$$x_{2s}=2\pi f_2L_2=2\pi f_1L_2=sx_2 \tag{3-25}$$

式中 $L_2$ ——转子绕组的每相漏电感；

$x_2$ ——转子静止（堵转）时的每相漏电抗，$x_2=2\pi f_1L_2$。

公式 3-25 表明转子电抗的大小与转差率成正比，当转子不动时，$s=1$，$x_{2s}=x_2$，转子电抗达到最大即转子静止时的电抗 $x_2$，当转子转动时 $x_{2s}$ 随 $s$ 的减小而减小。

异步电动机的转子类似于变压器的副边绕组，所不同的是转子电路的频率为 $f_2$ 且转子电路自成回路，对外输出电压为零。故其电动势平衡方程式为

$$E_{2s}=I_{2s}(r_2+\mathrm{j}x_{2s})=I_{2s}Z_{2s} \tag{3-26}$$

式中 $Z_{2s}$ 为转子绕组在转差率为 $s$ 时的漏阻抗，$Z_{2s}=r_2+\mathrm{j}x_{2s}$。

由公式（3-24）可得到转子电流的表达式

$$I_{2s}=\frac{E_{2s}}{\sqrt{{r_2}^2+{x_{2s}}^2}}=\frac{sE_2}{\sqrt{{r_2}^2+(sx_2)^2}} \tag{3-27}$$

公式 3-27 说明转子电流随 $s$ 的增大而增大，当电动机堵转（包括启动瞬间），$s=1$ 为最大，转子电流也为最大；随着转速的增加，$s$ 减小，转子电流也随之减小。

④ 转子电路的功率因数 $\cos\varphi_2$。

由于转子每相绕组都有电阻和电抗，是一感性电路，若转子电流滞后于转子电动势的角度为 $\varphi_2$，则其功率因数为

$$\cos\varphi_2=\frac{r_2}{\sqrt{{r_2}^2+(sx_2)^2}} \tag{3-28}$$

**特别提示**

公式 3-28 说明转子功率因数随 $s$ 的增大而减小。必须注意 $\cos\varphi_2$ 只是转子的功率因数，若把整个电动机作为电网的负载来看，其功率因数指的是定子功率因数，二者是不同的。

### 4. 异步电动机的等效电路

根据电动势平衡方程式，可得到此时异步电动机的定、转子电路，如图 3-14 所示。

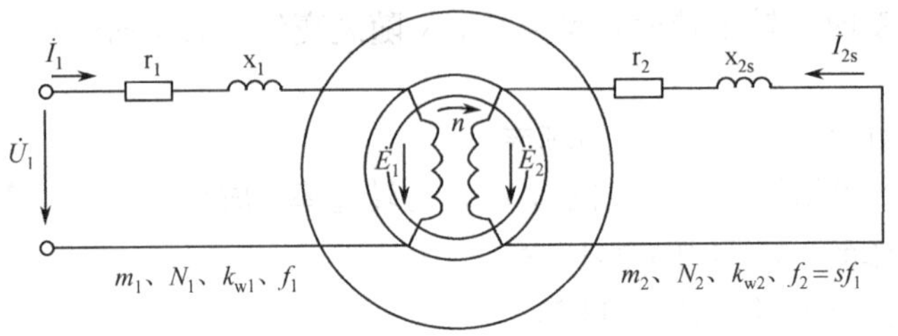


图 3-14 异步电动机的定、转子电路

## 3.3.3 三相异步电动机的功率和转矩

1. 功率关系

三相异步电动机运行时的功率关系如下：

从电源输入电功率 $P_1 = 3U_1I_1\cos\varphi_1$，去除定子铜耗和铁耗，便是定子传递给转子回路的电磁功率，即

$$P_M = P_1 - p_{Cu1} - p_{Fe} \tag{3-29}$$

电磁功率也可表示为

$$P_M = m_2E_2I_2\cos\varphi_2 \tag{3-30}$$

电磁功率去除转子绕组上的损耗，就是等效负载电阻上的损耗，这部分等效损耗实际上是传输给电机转轴上的机械功率，用 $P_\Omega$ 表示。它是转子绕组中电流与气隙旋转磁场共同作用产生的电磁转矩，带动转子以转速 $n$ 旋转所对应的功率。

$$P_\Omega = P_M - p_{Cu2} = (1-s)P_M \tag{3-31}$$

电动机运行时，还存在由于轴承等摩擦产生的机械损耗 $p_\Omega$ 及附加损耗 $p_{ad}$。大型电机中，$p_{ad}$ 约为 0.5% $P_N$，小型电机的 $p_{ad} = (1\sim3)\%P_N$。

转子的机械功率 $P_\Omega$ 减去机械损耗 $p_\Omega$ 和附加损耗 $p_{ad}$，才是转轴上真正输出的功率，用 $P_2$ 表示。

$$P_2 = P_\Omega - p_\Omega - p_{ad} = P_\Omega - p_0 \tag{3-32}$$

可见异步电动机运行时，从电源输入电功率 $P_1$ 到转轴上输出机械功率的全过程为

$$P_2 = P_1 - p_{Cu1} - p_{Fe} - p_{Cu2} - p_\Omega - p_{ad} \tag{3-33}$$

用功率流程图表示如图 3-15 所示。

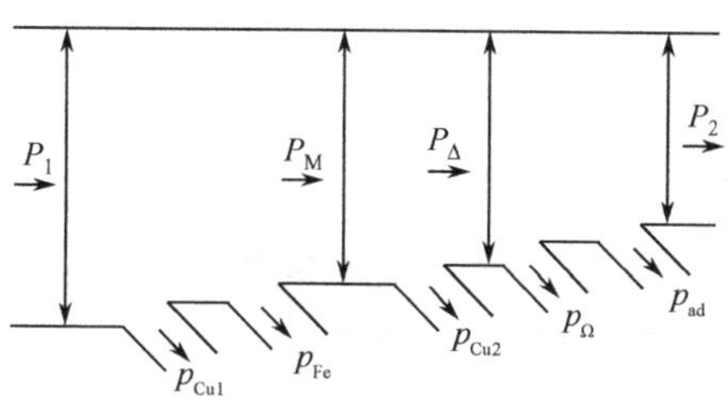


图 3-15 异步电动机功率流程图

从以上功率关系定量分析可以看出，异步电动机运行时电磁功率 $P_M$、转子铜耗 $p_{Cu2}$ 和机械功率 $P_\Omega$。三者之间的定量关系是

$$P_M:p_{Cu2}:P_\Omega = 1:s(1-s) \tag{3-34}$$

也可写成下列关系式：

$$p_{Cu2} = sP_M \tag{3-35}$$

$$P_\Omega = (1-s)P_M \tag{3-36}$$

**特别提示**

公式 3-36 表明，当电磁功率一定，转差率 $s$ 越小，转子铜耗越小，轴上机械功率越大，

效率越高。电动机运行时，若$s$增大，转子铜耗也增大，电机发热量增大，效率降低。

2. 转矩关系

机械功率$P_\Omega$除以轴的角速度$\Omega$就是电磁转矩$T$，即

$$T=\frac{P_\Omega}{\Omega} \tag{3-37}$$

还可以找出电磁转矩与电磁功率关系，即

$$T=\frac{P_\Omega}{\Omega}=\frac{P_\Omega}{\frac{2\pi n}{60}}=\frac{(1-s)P_M}{(1-s)\frac{2\pi n_1}{60}}=\frac{P_M}{\Omega_1} \tag{3-38}$$

式中　$\Omega_1$——同步角速度（用机械角速度表示）。

式（3-32）两边同时除以角速度，可得出

$$T_2=T-T_0 \tag{3-39}$$

式中　$T_0$——空载转矩，$T_0=\frac{p_\Omega+p_{ad}}{\Omega}=\frac{p_0}{\Omega}$；

$T_2$——异步电动机输出转矩。

在电力拖动系统中，常可忽略$T_0$，则有

$$T\approx T_2=T_L \tag{3-40}$$

式中　$T_L$——负载转矩。

# 3.4　三相异步电动机的工作特性

## 3.4.1　机械特性

1. 电磁转矩的常用表达形式

电磁转矩对三相异步电动机的拖动性能起着极其重要的作用，直接影响着电动机的启动、调速、制动等性能。其常用表达式有以下三种形式。

（1）电磁转矩的物理表达式

由公式（3-30）和公式（3-38）可得

$$T=\frac{P_M}{\Omega_1}=\frac{m_1E_2'I_2'\cos\varphi_2}{\frac{2\pi n_1}{60}}=\frac{m_1\times 4.44f_1N_1k_{w1}\Phi_m I_2'\cos\varphi_2}{\frac{2\pi f_1}{p}}$$

$$=\frac{m_1\times 4.44pN_1k_{w1}}{2\pi}\Phi_m I_2'\cos\varphi_2=C_T\Phi_m I_2'\cos\varphi_2 \tag{3-41}$$

式中　$\Phi_m$——每极磁通（Wb）；

$C_T=\frac{m_1\times 4.44pN_1k_{w1}}{2\pi}$，与电机结构有关。

可见，异步电动机的电磁转矩是由转子电流的有功分量与主磁通相互作用产生的。它的大小和电磁场传递的电磁功率成正比，即与主磁通及转子电流的有功分量的乘积成正比。

**特别提示**

上述电磁转矩表达式很简洁，物理概念清晰，常用于定性分析。

(2) 电磁转矩的参数表达式

公式（3-41）在具体应用时，由于$I_2'$和$\cos\varphi_2$都随转差率$s$而变化，因而不便于分析异步电动机的各种运行状态，很难进行定量计算。为此要用到电磁转矩的参数表达式。

根据简化等效电路，得

$$I_2' = \frac{U_1}{\sqrt{\left(r_1 + \frac{r_2'}{s}\right)^2 + (x_1 + x_2')^2}} \tag{3-42}$$

将式（3-29）、（3-42）代入式（3-38），得电磁转矩的参数表达式

$$T = \frac{P_M}{\Omega_1} = \frac{m_1 I_2'^2 \frac{r_2'}{s}}{\frac{2\pi f_1}{p}} = \frac{3pU_1^2 \frac{r_2'}{s}}{2\pi f_1\left[\left(r_1 + \frac{r_2'}{s}\right)^2 + (x_1 + x_2')^2\right]} \tag{3-43}$$

式中 $U_1$ ——加在定子绕组上的相电压（V）；

$r_1$、$r_2'$ ——定子、转子绕组电阻（Ω）；

$x_1$、$x_2'$ ——定子、转子绕组漏电抗（Ω）。

由式（3-43）可见，当外施电压$U_1$不变，频率$f_1$不变，电动机参数$r_1$、$r_2'$、$x_1$、$x_2'$为常值时，电磁转矩$T$是转差率$s$的函数。

因式(3-43)为一个二次方程，当$s$为某一个值时，电磁转矩有一最大值$T_{max}$。令$dT/ds = 0$；即可求得产生最大电磁转矩$T_{max}$时的临界转差率$s_m$，即

$$s_m = \frac{r_2'}{\sqrt{r_1^2 + (x_1 + x_2')^2}} \tag{3-44}$$

将式（3-44）代入式（3-43），求得对应$s_m$的最大电磁转矩$T_{max}$，即

$$T_{max} = \frac{3pU_1^2}{4\pi f_1\left[r_1 + \sqrt{r_1^2 + (x_1 + x_2')^2}\right]} \tag{3-45}$$

由式（3-44）和式（3-45）可见：

① 电源的频率及参数不变时，最大转矩与电压的平方成正比。

② 最大转矩和临界转差率都与定子电阻$r_1$及定、转子漏抗$x_1$、$x_2'$有关。

③ 最大转矩与转子回路中的电阻$r_2'$无关；而临界转差率则与$r_2'$成正比，调节转子回路的电阻，可使最大转矩在任意$s$时出现。

**特别提示**

转矩的参数表达式便于分析参数变化对电动机运行性能的影响，可用于定量计算。

(3) 电磁转矩的实用表达式

在工程计算上，利用转矩的参数表达式比较烦琐，为了使用方便，希望通过电动机产品目录或手册中所给的一些技术数据来求得机械特性，须使用电磁转矩的实用表达式。

通常 $r_1 \ll (x_1+x_2')$，故可忽略 $r_1$ 不计，则式（3-43）、式（3-44）和式（3-45）可简化为

$$T=\frac{3pU_1^2\frac{r_2'}{s}}{2\pi f_1[\left(\frac{r_2'}{s}\right)^2+(x_1+x_2')^2]} \tag{3-46}$$

$$s_{\mathrm{m}}=\frac{r_2'}{x_1+x_2'} \tag{3-47}$$

$$T_{\max}=\frac{3pU_1^2}{4\pi f_1(x_1+x_2')} \tag{3-48}$$

将式（3-46）与式（3-48）两端相除，经整理得

$$\frac{T}{T_{\max}}=\frac{2}{\frac{s_{\mathrm{m}}}{s}+\frac{s}{s_{\mathrm{m}}}} \tag{3-49}$$

**特别提示**

公式（3-49）即为电磁转矩实用表达式，如已知 $T_{\max}$ 和 $s_{\mathrm{m}}$，应用公式（3-49）可方便地做出异步电动机的转矩—转差率曲线。

2. 三相异步电动机的机械特性

机械特性是指在一定条件下，电动机的转速与转矩之间的关系，即 $n=f(T)$。因为异步电动机的转速 $n$ 与转差率 $s$ 之间存在一定的关系，异步电动机的机械特性往往多用 $T=f(s)$ 的形式表示，称 $T-s$ 曲线。当电压与频率不变时，公式（3-43）就是机械特性方程。机械特性分固有机械特性和人为机械特性两种。

（1）固有机械特性

异步电动机的固有机械特性是指在额定电压和额定频率下，按规定方式接线，定、转子外接电阻为零时，$T$ 与 $s$ 的关系，即 $T=f(s)$ 曲线。

当 $U=U_{\mathrm{N}}$、$f=f_{\mathrm{N}}$ 时，固有机械特性曲线如图 3-16 所示。

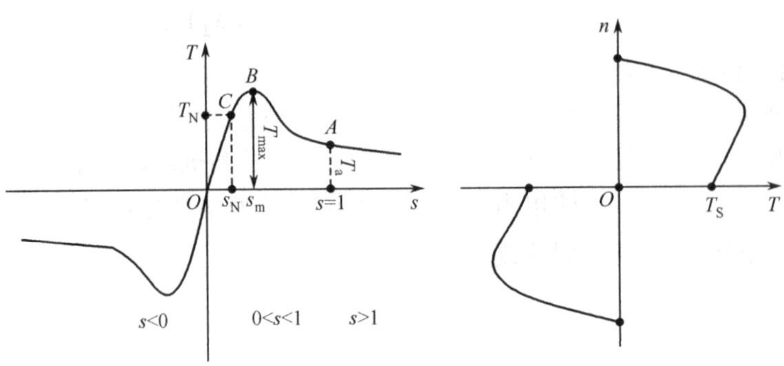


图 3-16　异步电动机的固有机械特性曲线

曲线形状分析如下：

① $AB$ 段。因 $s$ 较大，且异步电动机中 $r_1+r_2' \ll x_1+x_2'$，$T=\frac{3pU_1^2}{2\pi f_1(x_1+x_2')^2}\frac{r_2'}{s}$ 近似为双曲

线，随着$s$的减小，$T$反而增大。

② $BO$段。因$s$很小，$T=\dfrac{3pU_1^{\ 2}}{2\pi f_1 r_2'/s}=\dfrac{3pU_1^{\ 2}s}{2\pi f_1 r_2'}$近似为直线，随$s$的减小，$T$也减小。

曲线几个特殊点分析如下：

（a）同步点$O$。在理想电动机中，$n=n_1$，$s=0$，$T=0$，又称理想空载运行点。

（b）额定点$C$。异步电动机额定电磁转矩等于空载转矩加上额定负载转矩，因空载转矩比较小，有时认为额定电磁转矩等于额定负载转矩。额定负载转矩可从铭牌数据中求得，即

$$T_N=9550\frac{P_N}{n_N} \tag{3-50}$$

式中 $T_N$ ——额定负载转矩（N·m）；

$P_N$ ——额定功率（kW）；

$n_N$ ——额定转速（r/min）。

（c）临界点$B$。一般电动机的临界转差率约为0.1~0.2，在$s_m$下，电动机产生最大电磁转矩$T_m$。

根据电力拖动稳定运行的条件，$T-s$曲线中的$AB$段为不稳定区，$BO$段是稳定运行区，即异步电动机稳定运行区域为$0<s<s_m$。为了使电动机能够适应在短时间过载而不停转，电动机必须留有一定的过载能力。所谓过载能力，是指最大转矩$T_{max}$与额定转矩$T_N$之比，即

$$\lambda_k=\frac{T_{max}}{T_N} \tag{3-51}$$

**特别提示**

过载能力$\lambda_k$的大小反映了电动机短时过负荷的能力和运行的稳定性，是异步电动机运行性能的一个重要指标，普通电动机$\lambda_k=1.6$~$2.2$。起重、冶金用异步电动机$\lambda_k=2.2\sim2.8$，冲击性负载要求$\lambda_k=2.7\sim3.7$。

（d）启动点$A$。电动机刚接入电网，但尚未开始转动的瞬间轴上产生的转矩叫电动机启动转矩（又称堵转转矩）。此时$n=0$，$s=1$，于是

$$T=T_{st}=\frac{3pU_1^{\ 2}r_2'}{2\pi f_1[(r_1+r_2')^2+(x_1+x_2')^2]} \tag{3-52}$$

由式（3-52）可以看出：

① 当频率$f_1$与电动机参数一定时，启动转矩与电源电压的平方成正比，即$T_{st}\propto U_1^2$。

② 当电源电压$U_1$与电动机参数一定时，随$f_1$的增大，$T_{st}$减小。

③ 若电源电压$U_1$和频率$f_1$均不变时，漏电抗（$x_1+x_2'$）越大，$T_{st}$越小。

④ 当电源电压$U_1$、频率$f_1$和漏电抗一定时，增大转子电阻，在一定范围内可增大启动转矩。当$s_m=1$时，即：

$$s_m=\frac{r_2'+r_{st}'}{x_1+x_2'}=1 \tag{3-53}$$

或

$$r_2' + r_{st}' = x_1 + x_2' \tag{3-54}$$

此时，启动转矩将达到最大，$T_{st} = T_{max}$。

**特别提示**

只有当$T_{st} > T_2 + T_0$时，电动机才能启动。通常启动转矩与额定电磁转矩的比值称为电动机的启动转矩倍数，用$k_{st}$表示，$k_{st} = T_{st}/T_N$。它表示启动转矩的大小，它也是异步电动机运行时的一项重要指标，对于一般的笼形电动机，启动转矩倍数$k_{st}$约为 0.8~1.8。

**【例 3-1】** 有一台笼形三相异步电动机，额定功率$P_N$=40kW，额定转速$n_N$=1450r/min，过载系数$\lambda_k$=2.2，求额定转矩$T_N$和最大转矩$T_{max}$。

**解：** $T_N = 9550 \cdot \dfrac{P_N}{n_N} = 9550 \times \dfrac{40}{1450} = 263.45\text{N} \cdot \text{m}$

$T_{max} = \lambda_k T_N = 2.2 \times 263.45 = 579.59\ \text{N·m}$

（2）人为机械特性

人为机械特性就是人为地改变电源参数或电动机参数而得到的机械特性。

① 降低定子电压的人为机械特性。由式（3-47）及（3-48）可知，当定子电压$U_1$降低时，电磁转矩与$U_1^2$成正比地降低。同步点不变，$s_m$不变，最大转矩$T_{max}$与启动转矩$T_{st}$都随电压平方降低，其特性曲线如图 3-17 所示。

② 转子串电阻时的人为机械特性。此法适用于绕线转子异步电动机。在转子回路内串入三相对称电阻时，同步点不变，$s_m$与转子电阻成正比变化，最大转矩$T_{max}$与转子电阻无关而不变，其机械特性如图 3-18 所示。

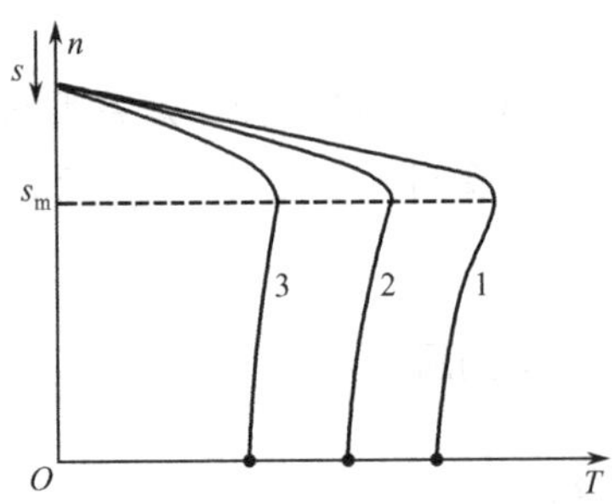


图 3-17 降低电源电压的人为机械特性曲线

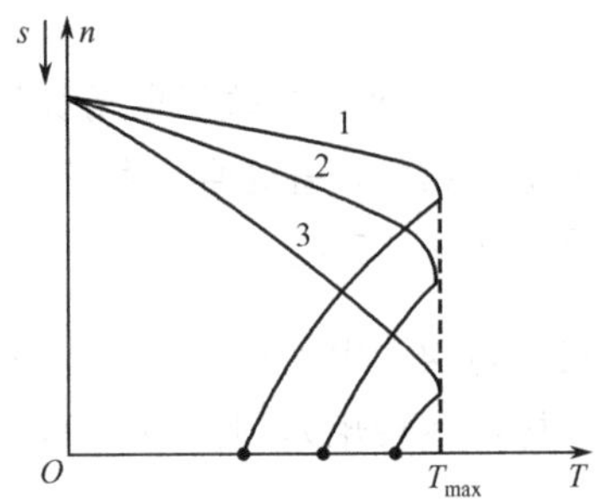


图 3-18 转子回路串电阻的人为机械特性曲线

**【例 3-2】** 已知 JO2—42—4 型电动机的额定功率$P_N = 5.5$ kW，额定转速$n_N = 1440\text{r/min}$启动转矩倍数$k_T = T_{st}/T_N = 1.8$，求：

（1）在额定电压下的启动转矩；

（2）当电网电压降为额定电压的 80%时，该电动机的启动转矩。

**解：**（1）$T_N = 9550 \cdot \dfrac{P_N}{n_N} = 9550 \times \dfrac{5.5}{1440} = 36.48\text{N} \cdot \text{m}$

$T_{st} = 1.8T_N = 1.8 \times 36.48 = 65.66\ \text{N·m}$

（2）$\dfrac{T_{st}'}{T_{st}} = \left(\dfrac{U_1'}{U_1}\right)^2 = 0.8^2 = 0.64$

$$T_{st}=k_T T_N=0.64\times 65.66=42.02\,\text{N·m}$$

## 3.4.2 工作特性和参数

1. 工作特性

异步电动机的工作特性是指定子的电压及频率为额定值时，电动机的转速$n$、定子电流$I_1$、功率因数$\cos\varphi_1$、电磁转矩$T$、效率$\eta$等与输出功率$P_2$的关系曲线。

上述关系曲线可以通过直接给异步电动机带负载测得，也可以利用等效电路参数计算得出。图3-19为三相异步电动机的工作特性曲线。

（1）转速特性$n=f(P_2)$

当三相异步电动机空载时，转子的转速$n$接近于同步转速$n_1$。随着负载的增加，$T<T_2+T_0$，电动机减速，转速$n$下降，这时电机转差率$s$增大，转子电动势$E_{2s}=sE_2$增大，从而使转子电流$I_{2s}$增大，以产生较大的电磁转矩来平衡负载转矩。因此，随着$P_2$的增加，转子转速$n$下降，但转速下降较为缓慢，即转速特性是一条"硬"特性，如图3-19所示。

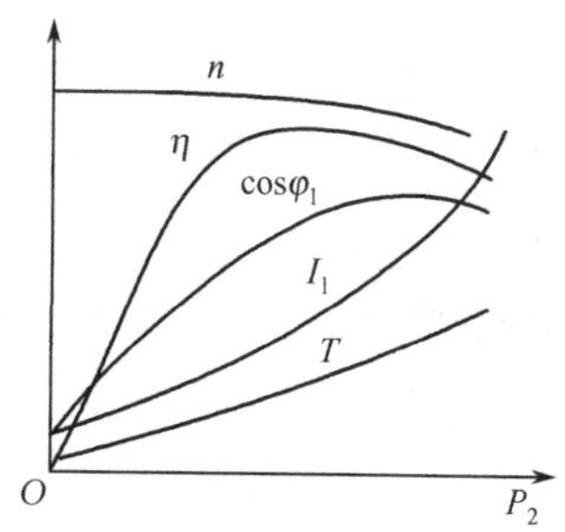

图3-19 三相异步电动机的工作特性曲线

（2）转矩特性$T=f(P_2)$

空载时$P_2=0$，电磁转矩等于空载制动转矩$T_0$。随着$P_2$的增加，已知$T_2=(9.55P_2)/n$，如$n$基本不变，则$T_2$为过原点的直线。考虑到$P_2$增加时，$n$稍有降低，故$T=f(P_2)$随着$P_2$增加略向上偏离直线。在$T=T_2+T_0$式中。$T_0$的值很小，而且认为它是与$P_2$无关的常数。所以$T=f(P_2)$将比$T_2=f(P_2)$平行上移$T_0$数值，如图3-19所示。

（3）定子电流特性$I_1=f(P_2)$

当电动机空载时，转子电流$I_2'$近似为零，定子电流等于励磁电流$I_0$。随着负载的增加，转速下降（$s$增大），转子电流增大，由磁动势平衡，定子电流也相应增大。当$P_2>P_N$时，由于此时$\cos\varphi_2$降低，$I_1$增长更快些。如图3-19所示。

（4）功率因数特性$\cos\varphi_1=f(P_2)$

三相异步电动机运行时，必须从电网中吸取感性无功功率，它的功率因数总是滞后的，且永远小于1。电动机空载时，定子电流基本上只有励磁电流，功率因数很低，一般不超过0.2。当负载增加时，定子电流中的有功电流增加，使功率因数提高。接近额定负载时，功率因数也达到最高。超过额定负载时，由于转速降低较多，转差率增大，使转子电流与电动势之间的相位$\varphi_2$增大，转子的功率因数下降较多，引起定子电流中的无功电流分量也增大，因而电动机的功率因数$\cos\varphi_1$也趋于下降，如图3-19所示。

（5）效率特性$\eta=f(P_2)$

$$\eta=\frac{P_2}{P_1}\times 100\%=\left(1-\frac{\Sigma p}{P_2+\Sigma p}\right)\times 100\% \tag{3-55}$$

根据上式知道，电动机空载时$P_2=0$、$\eta=0$，随着输出功率$P_2$的增加，效率$\eta$也增加。在正常运行范围内，因主磁通变化很小，所以铁损耗变化不大，机械损耗变化也很小，合起来称不变损耗。定、转子铜损耗与电流平方成正比，随负载变化，称可变损耗。当不变损耗等于可变损耗时，电动机的效率达到最大。对于中、小型异步电动机大约 $P_2=(0.75\sim1)P_N$ 时，效率最高。如果负载继续增大，由于铜损耗的增加速度加快，效率反而降低，如图 3-19 所示。

**特别提示**

由此可见，效率曲线和功率因数曲线都是在额定负载附近达到最高，因此选用电动机容量时，应注意使其与负载相匹配。如果选得过小，电动机长期过载运行影响寿命；如果选得过大，则功率因数和效率都很低，浪费能源。

2. 异步电动机的参数测定

与变压器一样，对于制造好的异步电动机，可以通过空载、短路试验来求取参数 $r_1$、$r_2'$、$x_1$、$x_2'$、$r_m$ 和 $x_m$，以进一步通过等效电路对电动机的运行进行分析和计算。

（1）空载试验

空载试验的目的就是测定励磁回路参数 $r_m$、$x_m$ 及铁耗 $p_{Fe}$ 和机械损耗 $p_\Omega$。试验时，电动机轴上不带任何机械负载，定子三相绕组接到额定频率的三相对称电源，通过改变定子绕组外加电压，使所加电压从（1.1~1.3）$U_N$ 开始，逐渐降低电压，直到电动机转速明显下降，定子电流开始回升为止。在这个过程中，测量几组对应的端电压 $U_1$、空载电流 $I_0$ 和空载输入功率 $P_0$，绘出 $I_0=f(U_1)$ 和 $P_0=f(U_1)$ 两条曲线，如图 3-20 所示。

① 铁损耗和机械损耗的确定。空载时，因为转子电流很小，转子铜耗可以忽略不计，所以输入功率 $P_0$ 完全消耗在定子铜耗 $p_{Cu1}$、铁耗 $p_{Fe}$ 和机械损耗 $p_\Omega$ 上，即

$$P_0=p_\Omega+p_{Fe}+p_{Cu1} \tag{3-56}$$

从 $P_0$ 中减去定子铜耗，得

$$P_0'=P_0-p_{Cu1}=p_\Omega+p_{Fe} \tag{3-57}$$

其中 $p_{Fe}$ 近似与电压的平方成正比，。而 $p_\Omega$ 则与电压 $U_1$ 无关，仅仅取决于电动机转速，在整个空载试验中可以认为转速无显著变化，可以认为 $p_\Omega$ 等于常数。因此若以 $U_1^2$ 为横坐标，则 $p_{Fe}+p_\Omega=f(U_1^2)$ 近似为一直线，当 $U=0$ 时，$p_{Fe}=0$，此直线与纵坐标的交点，即为 $p_\Omega$ 的值，如图 3-21 所示。求得 $p_\Omega$ 后，即可求出 $U_1=U_N$ 时的 $p_{Fe}$ 值。

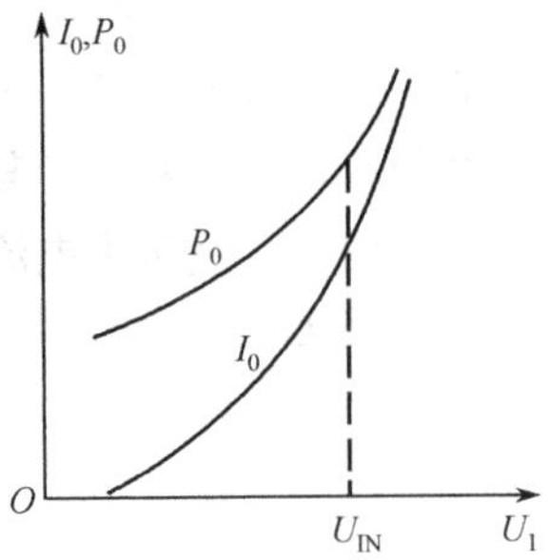


图 3-20　异步电动机的空载特性

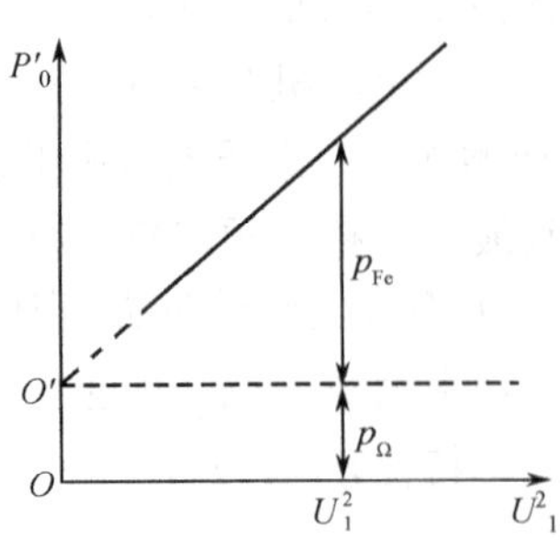


图 3-21　机械损耗的求取

② 励磁参数的确定。根据空载试验，求得额定电压时的$I_0$、$P_0$与$p_{Fe}$，即可算出

$$Z_0 = \frac{U_0}{I_0} \tag{3-58}$$

$$r_0 = \frac{P_0 - p_\Omega}{3I_0^2} \tag{3-59}$$

$$x_0 = \sqrt{Z_0^2 - r_0^2} \tag{3-60}$$

式中 $U_1$ ——试验时定子绕组相电压（V）；

$I_0$ ——试验时定子绕组相电流（A）。

空载时，$I_2 = 0$，从T形等效电路来看，相当于转子开路，所以

$$x_m = x_0 - x_1 \tag{3-61}$$

通过堵转试验求得$x_1$后，即可求得励磁电抗$x_m$。

$$r_m = \frac{p_{Fe}}{m_1 I_0^2} \text{ 或 } r_m = r_0 - r_1 \tag{3-62}$$

（2）短路（堵转）试验

短路试验的目的是确定异步电动机短路电阻$r_k$和短路电抗$x_k$，转子电阻$r_2'$及定、转子漏电抗$x_1$、$x_2'$。

试验时，将转子堵住不动，这时$s$=1，则在等效电路中的附加电阻$\frac{1-s}{s}r_2' = 0$，相当于转子电路本身短接，此时定、转子电流将很大，为保证设备的安全，试验时，应适当降低电源电压，约从$0.4U_N$逐渐降低，在此过程中，记录多组相应的定子相电压$U_1$、定子相电流$I_k$和输入功率$P_k$，即可画出短路特性$I_k = f(U_1)$和$P_k = f(U_1)$，如图3-22所示（注意：为避免绕组过热烧坏，试验应尽快完成）。从等效电路可知，因为$Z_m \gg Z_2'$，短路试验时，试验所加电压较小，可以认为励磁支路开路，$I_0 = 0$，铁耗忽略不计。因此，输入功率全部消耗在定、转子的铜耗上，即

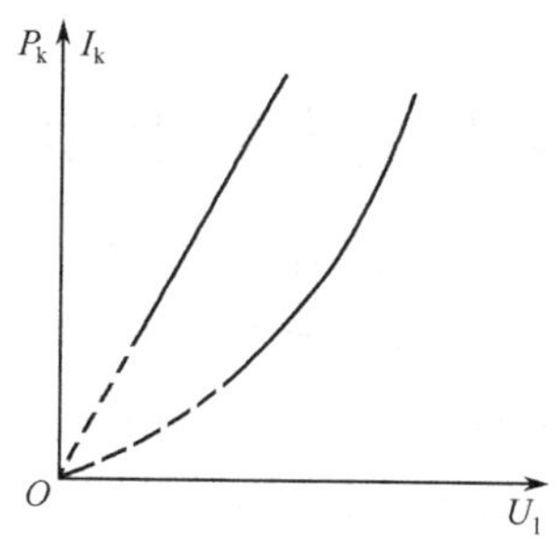


图3-22 异步电动机的短路特性

$$P_k = m_1 I_1^2 r_1 + m_1 I_2'^2 r_2' = m_1 I_1^2 (r_1 + r_2') = m_1 I_1^2 r_k \tag{3-63}$$

根据等效电路，有

$$Z_k = \frac{U_k}{I_k} \tag{3-64}$$

$$r_k = r_1 + r_2' = \frac{P_k}{m_1 I_k^2} \tag{3-65}$$

$$x_k = x_1 + x_2' = \sqrt{Z_k^2 - r_k^2} \tag{3-66}$$

定子电阻可直接测得，于是

$$r_2' = r_k - r_1 \tag{3-67}$$

对于大、中型电动机，可以认为

$$x_1 = x_2' = \frac{x_k}{2} \tag{3-68}$$

而对 $P_N$<100kW 的小型电动机

当 $2p \leqslant 6$ $x_2' = 0.67x_k$ （3-69）

$2p \geqslant 8$ $x_2' = 0.57x_k$ （3-70）

**特别提示**

必须指出，因短路参数受磁路的影响，它的数据是随电流数值的不同而不同的，因此，根据计算目的的不同，应该选取不同的短路电流进行计算。例如求工作特性时，应取 $I_k = I_N$ 时的短路参数；计算最大转矩时，应取 $I_k = (2 \sim 3)I_N$ 时的短路参数；而在进行启动计算时则应取对应于 $U_1 = U_N$ 时的短路电流的参数。

# 3.5 单相异步电动机

单相异步电动机是由单相电源供电的电动机，它具有结构简单、成本低廉、运行可靠及维修方便等优点，广泛用于家用电器、医疗器械及轻工业设备中，如电风扇、洗衣机、吹风机和吸尘器等。在工、农业生产中常用单相异步电动机拖动一些小型的生产机械，如鼓风机、自吸泵和小型机床等。单相异步电动机的容量较小，功率一般在 1kW 以下，多做成几瓦到几百瓦之间的微型系列产品。

## 3.5.1 单相异步电动机的结构

单相异步电动机的结构和三相鼠笼形异步电动机相似，都由定子和转子两部分组成。定子部分由定子铁芯、定子绕组、机座、端盖等组成。只有罩极式单相异步电动机的定子具有凸出的磁极，其他单相异步电动机定子与普通三相异步电动机相似。转子部分主要由转子铁芯和转子绕组组成。如图 3-23 所示为电容启动单相异步电动机的外形图。对各组成部分简要介绍如下。

图 3-23 电容启动单相异步电动机的外形图

1. 铁芯

定子铁芯和转子铁芯与三相异步电动机一样，为了减少涡流损耗和磁滞损耗，用相互绝缘的电工钢片冲制后叠成，其作用是构成电动机磁路，定子铁芯有隐极和凸极两种，转子铁芯与三相异步电动机转子铁芯相同。

2. 绕组

单相异步电动机定子上有两套绕组，一套是工作绕组；一套是启动绕组。工作绕组和启动绕组的轴线在空间相差一定的角度。转子绕组通常采用鼠笼形的。

3. 机座

根据电动机防护形式、冷却方式、安装方式和用途的不同，单相异步电动机的机座采用不同的结构，其材料可采用铸铝、铸铁和钢板等。

4. 端盖及轴承

端盖起保护内部结构和支撑轴承的作用，其材料和机座相同，也有铸铁件、铸铝件及钢板冲压件三种。单相异步电动机的轴承，有滚珠轴承和含油轴承两种。滚珠轴承价格高、噪声大，但寿命长；含油轴承价格低、噪声小，但寿命短。

## 3.5.2 转矩特性及工作原理

1. 转矩特性

假设单相异步电动机只有工作绕组，接通单相正弦交流电源后，只能产生一个空间位置固定、幅值随时间变化的脉动磁场，可以分解为两个幅度相同、转速相等、旋转方向相反的旋转磁场合成。我们将与转子旋转方向相同的称为正向旋转磁场，用 $\dot{\Phi}^+$ 表示。与转子旋转方向相反的称为反向旋转磁场，用 $\dot{\Phi}^-$ 表示。转子导体切割正向与反向旋转磁场，产生感应电动势和感应电流，形成电磁转矩，由正向旋转磁场产生的正向转矩 $T^+$ 有使转子沿正向旋转磁场方向旋转的趋势，而负向旋转磁场所产生的负向转矩 $T^-$ 有使转子沿反向旋转磁场方向旋转的趋势。如图 3-24 所示，$T^+$ 与 $T^-$ 方向相反，两者合成电磁转矩为电动机的总转矩。

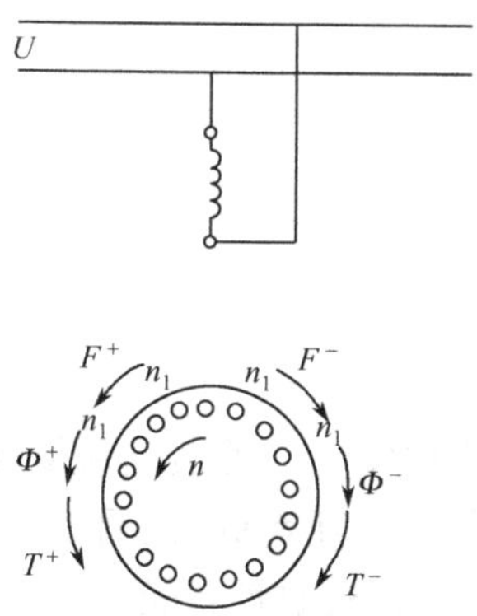


图 3-24 单相异步电动机的磁场和转矩

无论是正向转矩 $T^+$ 还是反向转矩 $T^-$，它们的大小与转差率的关系和三相异步电动机相同。若电动机的转速为 $n$，则对正向旋转磁场而言，转差率

$$s^+ = \frac{n_1 - n}{n_1} \tag{3-71}$$

而对反向旋转磁场而言，转差率

$$s^{-}=\frac{n_1-(-n)}{n_1}=\frac{2n_1-(n_1-n)}{n_1}=2-s^{+} \tag{3-72}$$

即当$s^{+}=0$时，相当于$s^{-}=2$；当$s^{-}=0$时，相当于$s^{+}=2$。

由此绘出单相异步电动机的转矩特性曲线，如图 3-25 所示，从曲线上可以看出单相异步电动机的几个主要特点：

① 单相异步电动机只有工作绕组启动时的合成转矩为零，不能自行启动。电动机静止时，由于正、反转两个旋转磁场的幅值大小相等、转向相反，故它们在转子绕组中感应的电动势、电流及产生的电磁转矩也是大小相等、方向相反。即$n=0$，$s^{+}=s^{-}=1$，$T^{+}=T^{-}$，这时合成转矩$T=T^{+}+T^{-}=0$。这时电动机由于没有相应的驱动转矩而不能自行启动。

② 在$s=1$的两边，合成转矩曲线是对称的，因此，单相异步电动机没有固定的转向，它运行时的转向取决于启动时的转动方向。例如，因外力使电动机正向转动起来，$s^{+}<1$，由图 3-25 中可见合成转矩为正，该转矩能维持电动机继续正向旋转，即使去掉外力，转子将顺初始推动方向在旋转磁场的作用下继续转动下去。即电动机的旋转方向取决于启动瞬间外力矩作用于转子的方向。

③ 由于反向转矩的存在，使电动机合成转矩减小，最大转矩随之减少，致使电动机过载能力较低。

④ 电动机输出功率也减小，同时反向磁场在转子绕组中感应电流，增加了转子铜耗，所以单相异步电动机的效率、过载能力等各种性能指标都较三相异步电动机低。效率约为同容量三相异步电动机效率的 75%~90%左右。

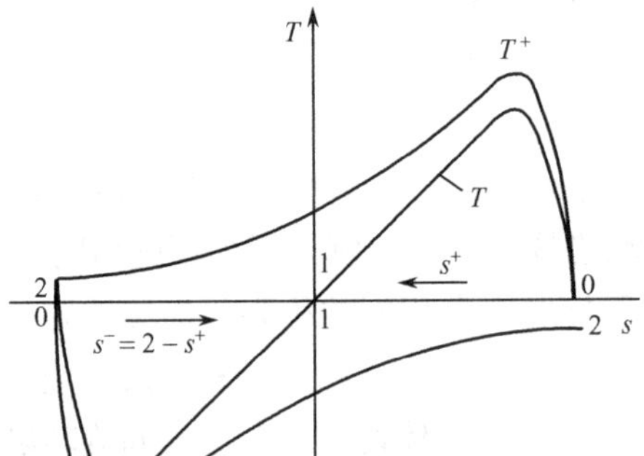


图 3-25　单相异步电动机的转矩特性曲线

2. 工作原理

为了使单相异步电动机能够自行启动，要设法在电动机气隙中建立一个旋转磁场。图 3-26 中表示了在空间位置互差 90° 电角度的两相绕组中，通入在时间相位互差 90° 的两相正弦交流电所产生的旋转磁场的情形。和三相交流异步电动机一样，有了旋转磁场就能产生感应电动势，形成感应电流，产生启动转矩，电动机就能够自行启动了。

实际上只要在空间不同相的绕组中通以时间不同相的电流，其合成磁场就为一个旋转磁场。

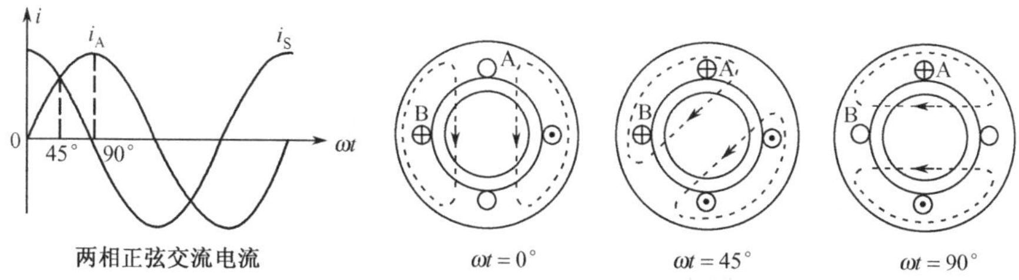


图 3-26　两相旋转磁场的产生

## 3.5.3 启动方法

在单相异步电动机定子铁芯内放置两个有空间角度差的绕组（启动绕组和工作绕组）容易实现，要使这两个绕组中流过的电流不同相位（称为分相），就要麻烦一些了。工程实践中，根据分相的方法不同，单相异步电动机中常采用分相式和罩极式两种启动方法。

1. 分相式电动机

分相就是要在单相电源的条件下，使空间不同相的绕组中通以时间不同相的电流，从而产生旋转磁场。下面介绍几种常用的分相启动的方法。

（1）电阻分相启动电动机

如图 3-27（a）所示，是电阻分相启动单相异步电动机原理接线图，工作侧绕组和启动侧绕组在空间互差 90º 电角度，接到同一单相交流电源上，S 为一离心开关，启动绕组选用较细的、电阻率较高的导线绕制而成，以增大电阻，其电阻大于感抗，而工作绕组电阻比感抗小得多，这样就使得两个绕组的阻抗角不同，流过两个绕组电流有一个相位差，从而在空间产生椭圆旋转磁场。如果在启动绕组中串入适当的启动电阻，让两绕组中的电流相位差接近 90º 电角度，就可获得一近似的圆形旋转磁场，产生较大启动转矩。异步电动机启动后，当转速达到额定值的 80%左右，离心开关在离心力的作用下自动断开，切除启动绕组。利用电阻使工作绕组和启动绕组电流不同相的方法，称为电阻分相启动法。该启动方法常用于具有中等启动转矩和过载能力的小型车床、医疗机械和鼓风机中。

（2）电容分相启动电动机

在原理和结构上，与电阻分相电动机相似，如图 3-27（b）所示。只要将启动绕组中的电阻换成电容就可以了。如果电容选择恰当，可以使启动绕组中的电流超前工作绕组电流 90º，从而建立起一个圆形旋转磁场，得到较大的启动转矩。电动机启动后，当转速达到额定值的 75%~80%时，将启动绕组从电源切除。可见电容分相启动，就是用电容器使工作绕组和启动绕组电流产生相位差的一种方法。该方法适用于小型空气压缩机、水泵、磨粉机、电冰箱及满载启动的机械，它们都具有较高的启动转矩。其启动绕组和电容器按短时设计，电容器通常可选用交流电解电容。

（3）电容运转电动机

在电容启动电动机的基础上去掉离心开关 S，将启动绕组按连续方式长期运行设计，就成了电容运行电动机。它的运行性能、启动特性和过载能力都比电容分相启动电动机要好，功率因数也高。适用于电风扇、通风机及录音机等各种空载和轻载启动的机械。

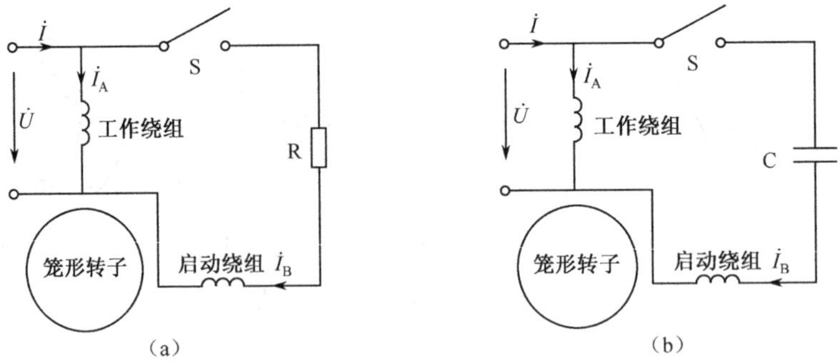


图 3-27　分相式电动机的接线图

2. 罩极式电动机

（1）罩极式电动机的基本结构

单相罩极式异步电动机的转子仍为鼠笼形；定子的结构分为凸极式和隐极式两种，定子铁芯由硅钢片叠压而成。由于凸极式结构简单些，所以罩极式电动机的定子铁芯一般都做成凸极式的。定子磁极上有两个绕组，其中一个套在凸出的磁极上，称为工作绕组；在磁极表面的一边约 1/3~1/4 的地方开有一凹槽，并用一短路铜环把这一部分罩起来，故称之为罩极式异步电动机。其中的短路铜环起到协助启动的作用，所以短路铜环被称为启动绕组，如图 3-28 所示。

（2）罩极式电动机工作原理

当工作绕组流过单相交流电流后，会产生脉振磁通，不穿过短路铜环的磁通记为 $\dot{\Phi}_1$，穿过短路铜环的记为 $\dot{\Phi}_2$。$\dot{\Phi}_1$ 与 $\dot{\Phi}_2$ 同相位，因为 $\dot{\Phi}_1$ 与 $\dot{\Phi}_2$ 都是由工作绕组中的电流产生的，并且 $\Phi_1 > \Phi_2$。由于 $\dot{\Phi}_2$ 脉振的结果，在短路环中感应电动势 $\dot{E}_2$，它滞后 $\dot{\Phi}_2$ 90°。在闭合的短路铜环中就有滞后于 $\dot{E}_2$ 为 $\varphi$ 角的感应电流 $\dot{I}_2$ 产生，它又产生与 $\dot{I}_2$ 同相的磁通 $\dot{\Phi}_2'$，它也穿过短路铜环，因此经过罩极部分的总磁通为 $\dot{\Phi}_3 = \dot{\Phi}_2 + \dot{\Phi}_2'$，如图 3-29 所示。通过分析可以看出，未罩极部分磁通 $\dot{\Phi}_1$ 与被罩极部分磁通 $\dot{\Phi}_3$ 在空间和时间上均有相位差，所以它们的合成磁场将是一个由超前相转向滞后相的旋转磁场（即由未罩极部分转向罩极部分），产生的电磁转矩的方向也是由未罩极部分转向罩极部分。

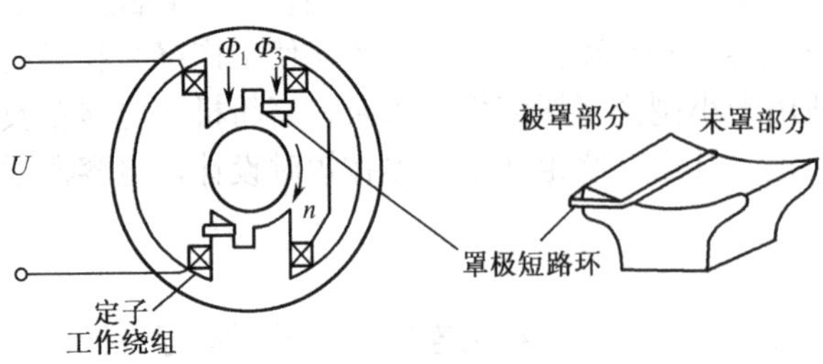


图 3-28　单相罩极式异步电动机结构图

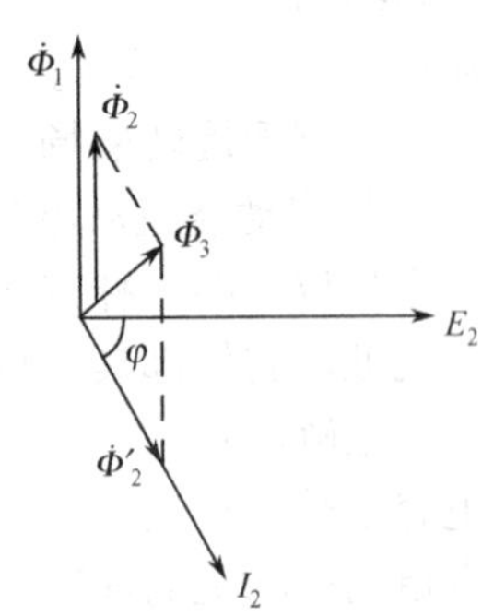


图 3-29 罩极式电动机磁通相量图

罩极式单相异步电动机由于其结构上的特点形成了旋转磁场，因为该磁场椭圆度大，波形差，所以其启动性能、运行性能、效率和功率因数都较差，通常做成小功率电动机。罩极式电动机的主要优点是成本低，结构简单，经久耐用，运行时噪声小，维修方便。缺点是启动转矩小。一般用于电子钟、录音机、小型电扇、鼓风机等需要小功率电动机且性能要求不高的器械中，功率一般在30~40W以下。

## 3.5.4 反转控制方法

在单相异步电动机的使用过程中，经常需要调节其转向。例如洗衣机电动机的转向需要不断变换。

1. 分相式电动机反转控制

对于分相式单相异步电动机，要改变其转向，须拆开电动机，将工作绕组和启动绕组中任意一个绕组的两个端子对调，就可以实现反转。其原理是其中一个绕组反接后，该绕组产生的磁场相位将反相，工作绕组和启动绕组磁场在时间上的相位差的超前和滞后关系也发生改变，旋转磁场的方向反向，转子的转向也随之反向。

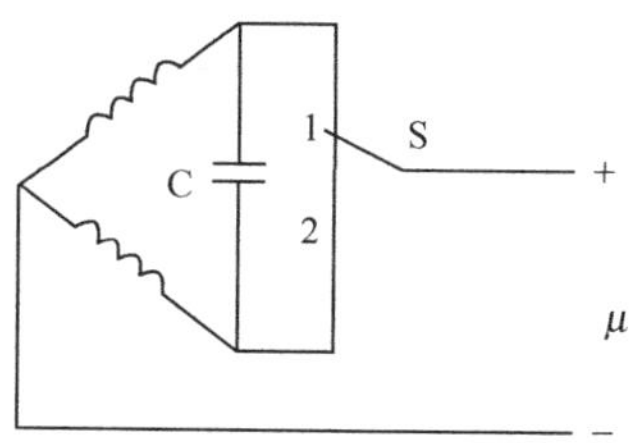

图3-30 单相电容电动机反转控制线路

对于电容运转单相异步电动机，如洗衣机中的电动机，其正反转控制线路比较简单，如图3-30所示。当开关S置于1或置于2的位置时，工作绕组和启动绕组的作用互换，电容器从一个绕组改接到另一绕组中，两个绕组中电流的时间相位差的超前和滞后关系发生改变。旋转磁场方向改变，电动机的转子转向也随之改变。

2. 罩极式电动机的反转控制

因为罩极式异步电动机罩极部分固定，所以不能用改变外部接线的方法来改变电动机的转向。罩极式单相异步电动机的旋转方向始终是从未罩部分转向被罩部分，如果想改变电动机的转向，需要拆下定子上各凸极铁芯，调转方向后装进去，也就是将罩极部分从一侧换到另一侧，这样就可以使罩极式异步电动机反转。或者将转子反向安装，达到使负载反转的目的。

## 3.5.5 单相异步电动机的调速

单相异步电动机在运行过程中一般只进行有级调速，平滑调速比较困难。主要的调速方法有改变绕组主磁通和改变单相异步电动机的端电压两种方法。

1. 改变绕组主磁通调速

改变绕组主磁通调速就是改变工作绕组和启动绕组的连接方式，从而电动机气隙磁场大小改变，达到调速的目的。常用的调速方法有以下几种。

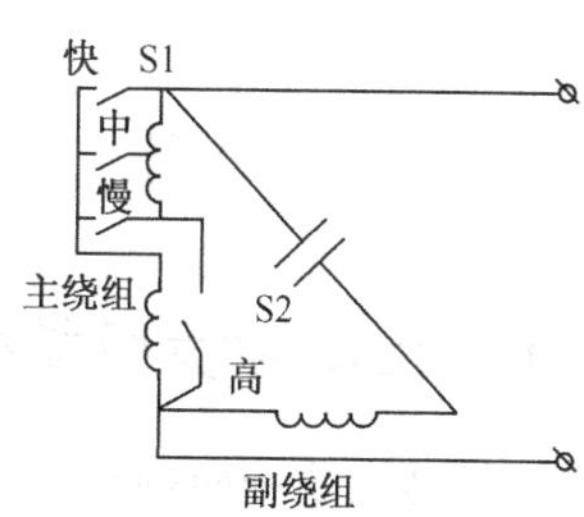

图3-31 工作绕组串、并联调速接线图

（1）工作绕组串、并联调速

如图3-31所示，电动机工作绕组分为两部分，一部分有抽头。高速开关闭合时将工作绕组两部分并联，电流增大，电动机主磁通增加，电磁转矩增大，转速升高；当工作绕组两部分串联时，绕组的端电压降低了，电流减少，主磁通减小，电磁转矩降低，转速下降。这种调速方法，一般转速能变化两挡或三挡，多用在台扇电动机的调速中。

（2）绕组内部抽头调速

抽头调速是电容分相异步电动机的各种调速方法中最简单的一种，不用外接附加设备，成本低。电动机定子铁芯槽中嵌放有工作绕组 $U_1$、$U_2$，启动绕组 $Z_1$、$Z_2$ 和中间绕组 $D_1$、$D_2$，调速开关可以改变中间绕组和启动绕组及工作绕组的接线方式，从而改变主磁通，调节电动机转速。这种调速方法一般有 L 形接线和 T 形接线两种形式，分别如图 3-32、图 3-33 所示。其缺点是绕组较多，电动机与调速开关之间的接线复杂。

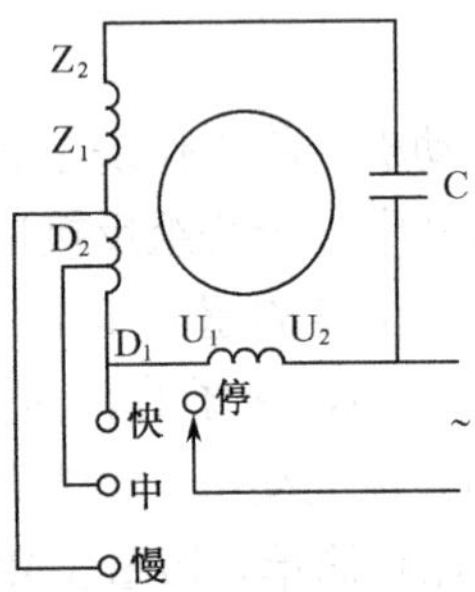


图 3-32　L 形接线

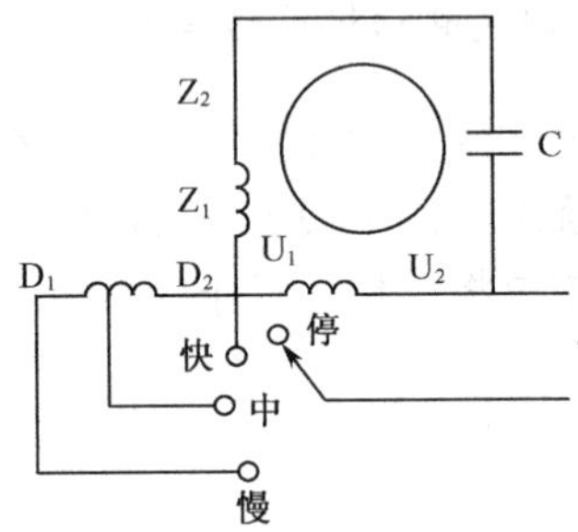


图 3-33　T 形接线

2. 改变单相异步电动机的端电压调速

将电源电压降低后加在电动机定子绕组上，则主磁通减小，降低了电动机转速。通常采用自耦变压器或将电抗器与电动机定子绕组串联。串电抗器调速线路简单，易操作。缺点是电压的降低会使电动机输出转矩和功率明显降低，可用于转矩和功率都允许随转速降低而降低的场合。自耦变压器调速的优点是可连续调节电压，采用适当电压可改善单相异步电动机启动性能。

**特别提示**

双向晶闸管调速，是通过改变晶闸管的导通角改变电动机端电压的大小，来满足调速的需要。此方法可以实现无级调速，缺点是会产生一些电磁干扰，需要采用一些抗干扰措施，系统复杂些。

## 3.6　三相异步电动机的安装与运行

### 3.6.1　三相异步电动机的安装

1. 电动机基础的制作

电动机安装前，首先要选好安装地点，确定好基础形式。

（1）安装地点的选择

① 在满足生产要求的前提下尽可能将电动机安装在干燥、防雨的地方，要防止雨淋、水泡。若附近生产机械产生不可去除的溅水现象，则应在电动机上面盖一张大小合适的胶皮，

并在正中央开小口以让电动机吊环穿过，起到固定胶皮的作用。

② 通风散热条件好。

③ 便于操作、维护、检修。

（2）基础形式和做法

电动机的基础有永久性、流动性和临时性三种形式。绝大多数的电动机采用永久性的基础。永久性基础用混凝土浇注而成，基础体积的大小应根据要求安装的电动机的大小来确定，基础的边沿应超出电动机外壳约 120mm，基础的顶部应高出地面 120mm（还须考虑与电动机相接的机械设备的高度）。

电动机的基础在浇注时，要预埋电动机的地脚螺栓，如图 3-34（a）所示，而且要与电动机地脚螺丝孔相一致，否则设备无法安装。也可预埋电动机的铸铁底座，内有活动的地脚螺栓，如图 3-34（b）所示，便于安装。

另外，要注意的是为了保证地脚螺栓的牢固性，应将埋入混凝土的一端做成“人”字形或钩形，如图 3-34（c）所示。

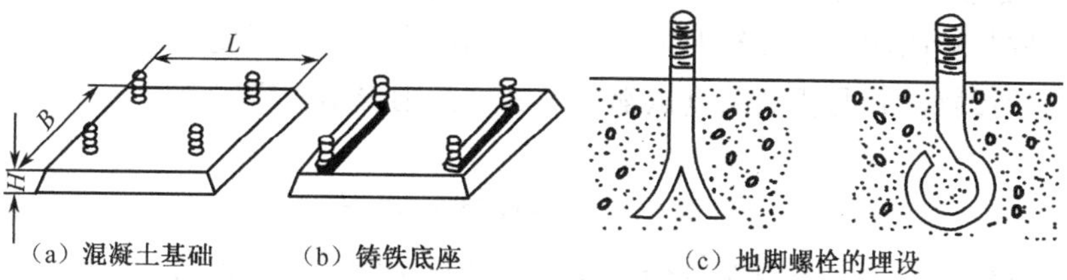


图 3-34　电动机的基础

电动机的三角形接法和星形接法是通过用铜质连接板、垫圈和螺母连接完成的，接地方法如图 3-35 所示。

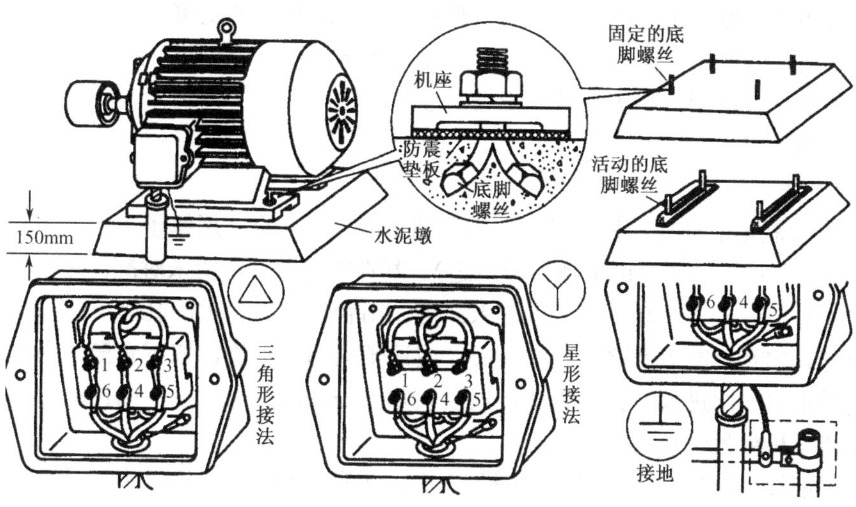


图 3-35　电动机的固定与接线

2. 电动机的安装

（1）电源线管的安装

穿电线的钢管应在浇注混凝土之前埋好，连接电动机一端的钢管口高出地面 120 mm 为宜，不宜过低也不宜过高。从管口到电动机接线盒之间要穿塑料软管，软管应深入接线盒内少许。

（2）电动机就位

若是小电动机可用人力将电动机抬到基础之上，穿好地脚螺栓，用螺母稍加紧固（稍稍紧一下即可，勿拧得太紧，便于后边调整）。

### 3. 传动装置的安装

传动装置主要有皮带传动和联轴器传动两种。

（1）皮带传动

① 安装方法。两个皮带轮直径大小须按生产机械的要求配置，即传动比要满足要求。两个皮带轮的宽度中心线必须在同一条直线上，两轴必须平行。若两轴不平行，则传动带易磨损，甚至烧毁电动机。若是水平传送带，则还可能造成脱带事故。

② 校正方法。

a. 若两个皮带轮宽度相等，可用一根钢丝（尼龙线亦可）拉紧并先后紧靠两个皮带轮的侧面，如图 3-36 所示，仔细观察是否与两皮带轮的两个侧面相接触，若两侧面的测试都接触良好，则表示皮带轮安装质量较好。

b. 若两皮带轮宽度不同，先计算出两轮的带宽差 $d$，然后用钢丝或尼龙绳一端压在 $A$ 点，拉紧时刚好擦着 $B$ 点（$D$ 点不能受力，否则结果不准），另一人用尺子测量线与小皮带轮上下端距离是否等于 $d/2$。若不等则须调整电动机的位置，调整方法是：电动机的底座螺丝原已稍稍紧固，可用锤子以适当的力击之，即可使电动机稍微移动，若与线的距离上大下小，则在电动机机脚后部垫垫片使上下端与线的距离相等；同理，若与线的距离上小下大，则应在前端垫垫片直至电动机皮带轮的上下端与线的距离相等且都等于 $d/2$ 为止。

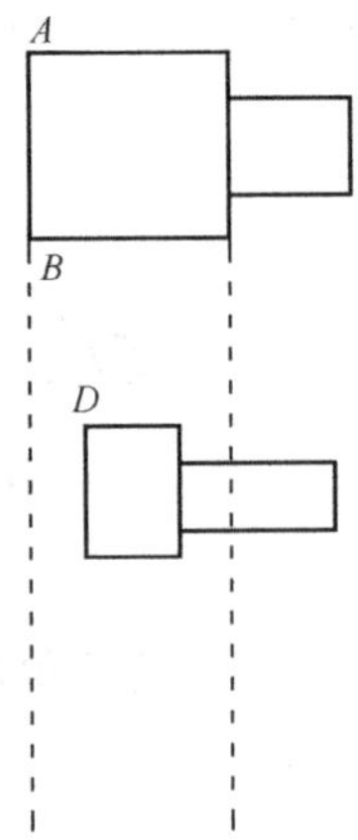

图 3-36　皮带轮的校正

（2）联轴器传动

① 安装方法。

a. 先将半片联轴器与电动机的键槽（俗称销子眼位）对准，用锤子击之，当联轴片进入一半时，即将销子插入其中（可用锤子轻击之）。若不能进入，说明未对准，必须将联轴器卸下重新对准，对准后用锤子轻轻击之，进入即可。用管口比轴稍大的套筒（即一头开口另一头封口的钢管）的开口端对准联轴器的中心，用锤子用力击数次，取下套筒，用锤子轻轻击打键使之随联轴器一同进入。如此几次，直至联轴器与轴端齐平则可。同样的方法，将另一半联轴器安装在机械另一端的轴上。

b. 两片联轴器安装完毕后将联轴中橡胶块或塑料块（传动时起缓冲作用）装进去，用手转动电动机上的联轴器，使之与机械轴上的联轴器对应，然后用力推电动机，使两片联轴器相互啮合，如图 3-37（a）所示。

② 校正方法。需要注意的是，两片联轴器（俗称靠背轮）要保持 2~4mm 的间隙，以免两轴窜动时相互直接影响。稍稍拧紧机座地脚螺栓（不要太紧），将钢尺或者锯片放在联轴器上方，如图 3-37（b）所示。看两半联轴器是否相平，若高低不一样，则须调整电动机机座前后的垫片。两片联轴器上方高低相平后再将钢尺或者锯片放在两半联轴器的侧面仔细观察是否

相平；若不平，则须进行横向调整。上方和侧面都调整好后，电动机与机械轴心就在一条直线上了。最后，再次测量两轴是否留有2~4mm的间隙，最后再将电动机的地脚螺栓拧紧。

（a）

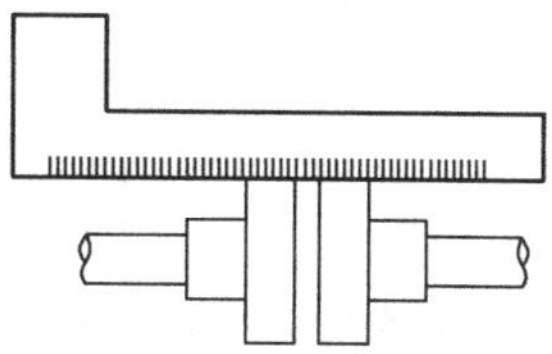

（b）

图3-37 联轴器的安装与校正

4. 电气部分的安装

（1）电动机的接线

三相异步电动机的定子绕组由三相对称绕组构成，首端常用 $U_1$、$V_1$、$W_1$ 表示，尾端常用 $U_2$、$V_2$、$W_2$ 表示，三相异步电动机定子绕组首、尾端符号见表3-4。

常将3个首端接到电动机接线盒上排（或下排）3个接线端上，尾端常接在下排（或上排）3个接线端，上下两端接的不是一个绕组的两端，一个绕组的两端已错开接线。实际接线根据“电动机的铭牌接线”所介绍的方法接线。

表3-4 三相异步电动机定子绕组首、尾端符号

| 首 端 | 尾 端 |
|---|---|
| $U_1$ | $U_2$ |
| $V_1$ | $V_2$ |
| $W_1$ | $W_2$ |

（2）绕组首尾端的判别

若电动机的接线端烧毁，3个绕组的6个端已搞乱，则须对绕组的首尾端进行判断。共有4种判断方法，有交流法和直流法两种方法。

**方法1：用交流电源和万用表判断电动机的首尾端**

① 用万用表判断同一绕组的首尾端的两个线头：用万用表的电阻挡接6个线头中的任意两个，若阻值很大，则不是同一绕组的两端；此时万用表的红表笔（或黑表笔）不动，另一支表笔依次接其他4个端，若阻值很小，则表明此时两支表笔接的两个线头同属一个绕组。同理，可测出另外两个绕组各自的线头。为了叙述方便，可以将第一个绕组的两端编号为1、4，第二个绕组的两端编号为2、5，第三个绕组的两端编号为3、6。

② 将第一个绕组的两端（1、4）接万用表的交流电压挡，将另外绕组的2端、3端相接，即串联后接220V交流电，如图3-38所示。

指定2为首端，若读数为0伏或几伏，如图3-38（a）所示，则表明串联的两个绕组是首首相接即3为首端；若万用表的读数较大，如图3-38（b）所示，则为首尾相接，即3端为尾端。

③ 同理，将3、6端接万用表的交流电压挡，将1、2端相接即将第一、第二绕组串联

后接 220V 交流电，若读数为 0 伏或几伏，如图 3-39（a）所示，则表明 1 为首端；若读数较大，如图 3-39（b）所示，则表明 1 为尾端。

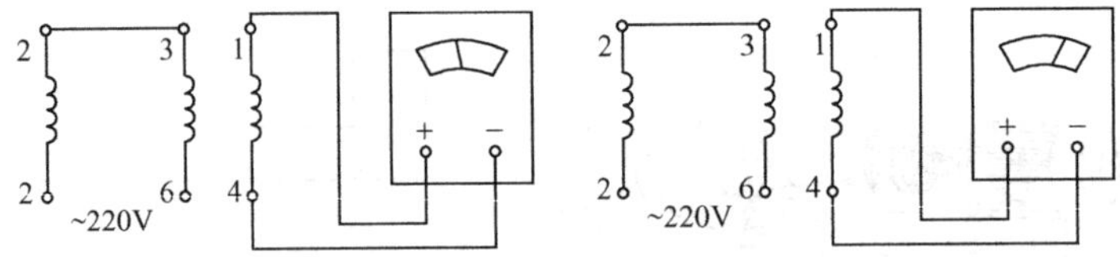

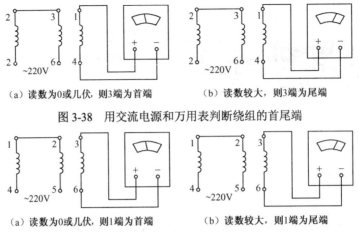

（a）读数为0或几伏，则3端为首端　　（b）读数较大，则3端为尾端

图 3-38　用交流电源和万用表判断绕组的首尾端

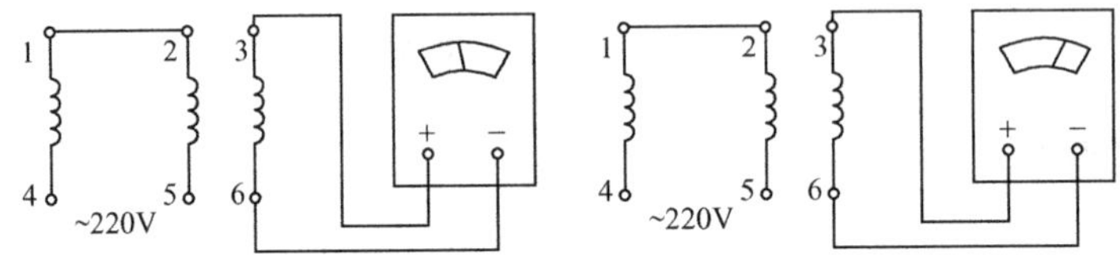


（a）读数为0或几伏，则1端为首端　　（b）读数较大，则1端为尾端

图 3-39　用万用表和交流电源判断绕组的首尾端

**方法 2：用交流电源和灯泡判断绕组的首、尾端**

① 判断同一绕组的线头。如图 3-40（a）所示，将灯泡与电源串联后接到 6 个线头中的任意两个线头，灯不亮则表明所接线头是两个绕组的端子；若灯亮，则表明所接线头为同一绕组，不妨将第一个绕组的两端编号记为 1、4；同理，接其他四个线头中的两个线头，若灯亮，则为同一相绕组，将此绕组的两端的编号记为 2、5；剩下的自然是第三个绕组两端编号记为 3、6。

② 先指定第一个绕组的 2 端为首端（也可指定为尾端，首尾是相对的），将第一、第二个绕组 2、4 端相连，将 1、5 端接 220V 交流电源，将 3、6 端接 40W 灯泡，若灯丝不红，则表明 4 端为首端，如图 3-40（c）所示；若灯丝发红，则表明 4 端为尾端。

③ 同理，可判断第 3 个绕组的首、尾端：将第二、第三个绕组串联（3、2 端相连）5、6 端接 220V 交流电源，将 1、4 端接 40W 灯泡，若灯丝不红，则表明 3 端为首端，如图 3-40（d）所示；若灯丝发红，则表明 3 端为尾端。

**方法 3：用万用表和直流电源判断**

① 如图 3-41 所示，将一相绕组的两端经过一个开关与两节干电池相接，并指定与电池正极相接的一端为绕组的首端（也可指定为尾端，首尾是相对的，一旦指定一端为首端则另一端自然为尾端，则其他 5 个端是首是尾也随之确定）。

② 将万用表拨到最小的直流毫安挡，并与另一绕组相接。

③ 在接通开关的瞬间，若万用表的指针正转（即向右），则表明与万用表的“+”极相接的一端为此绕组的尾端，如图 3-41（a）所示；若万用表的指针反转（即向左），则表明与万用表“+”极相接的一端为此绕组的首端，与万用表“−”极相接的一端为此绕组的尾端，如图 3-41（b）所示。

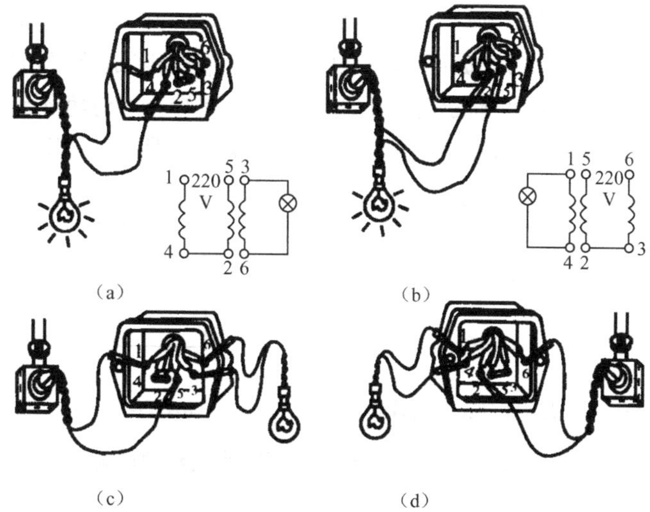


图 3-40 用交流电源和灯泡判断绕组的首尾端

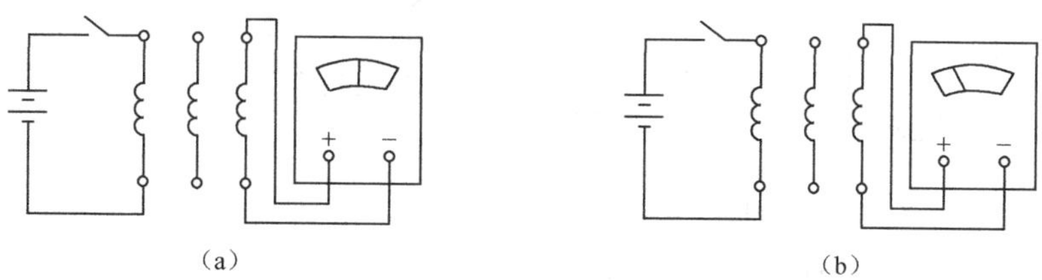


图 3-41 用万用表和直流电流判断绕组的首尾端

④ 用同样的方法可以测出第三个绕组的首尾端。

**方法 4：用小灯泡和直流电源来判断**

若没有万用表，也可用一个 1.5V 的小灯泡和两节干电池来判断三相绕组的首尾端。

① 判断同一相绕组的线头。将两节干电池与小灯泡串联后接六个线头中的两个，若小灯泡灯丝不红；如图 3-42（a）所示，则表明这两个线头不是同一绕组的线头；若小灯泡发红，如图 3-42（b）所示，则表明两个线头是属同一绕组；同理可将另外 2 个绕组线头找出来。为了叙述方便，我们将第一个绕组的两端编号为 1、4，第二个绕组的两端编号为 2、5，第三个绕组的两端编号为 3、6。

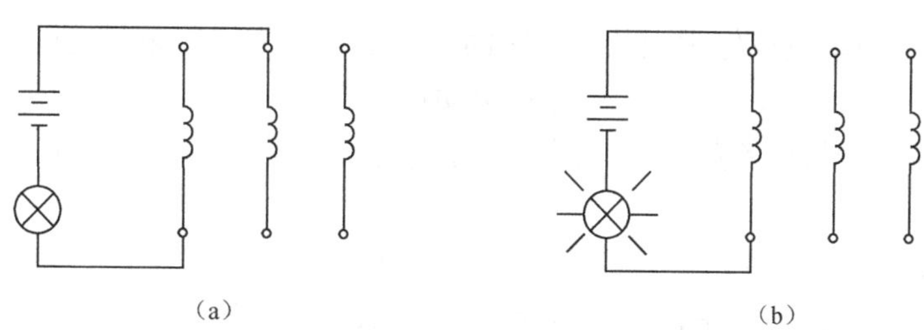


图 3-42 用小灯泡来判断同一绕组的线头

② 将两节干电池与开关串联后与第一个绕组的两端（1、4）相接，将第二个绕组、第三个绕组串联后与小灯泡相接，如图 3-43 所示。

③ 合上开关的瞬间，若小灯泡不红，如图 3-43（a）所示，这种情况表明 2 端和 3 端是

首首相接，若指定 2 端为首端，则 3 端也为首端；若小灯泡红一下（有时只有一点点红，要用手或其他东西遮挡才能看清），如图 3-43（b）所示，则表明是首尾相接，即 3 端是尾端。

④ 同理，按图 3-44 接线可判断第一个绕组的首、尾端，若灯泡不红，则表明 1 端为首端，如图 3-44（a）所示；若小灯泡红一下，如图 3-44（b）所示，则表明 1 端是尾端。

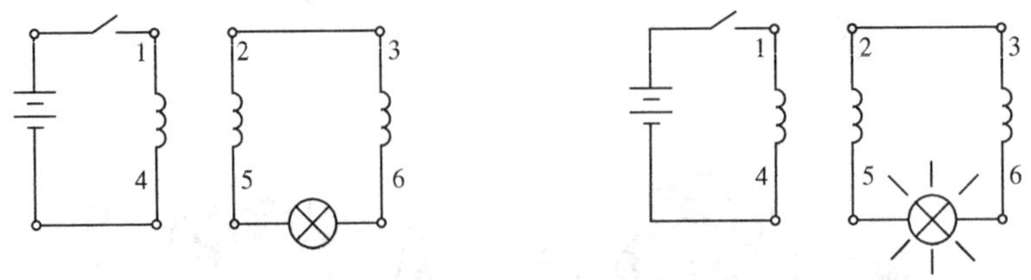


（a）指定2为首端，灯丝不红表明3为首端　　（b）灯丝红一下，表明3为尾端

图 3-43　用直流电源和小灯泡判断绕组的首端

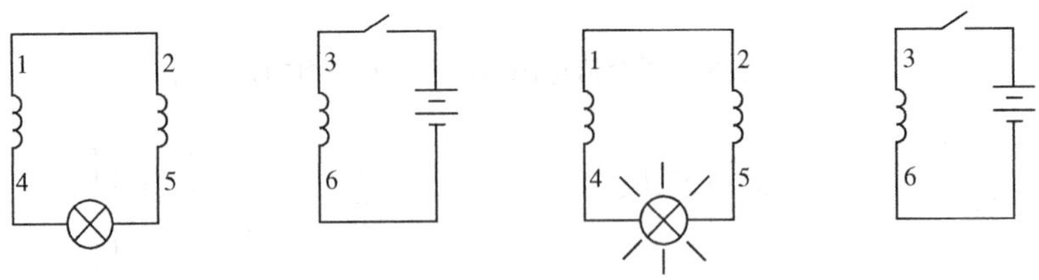


（a）灯丝不红，表明1为首端　　（b）灯丝红一下，表明1为尾端

图 3-44　用直流电源和小灯泡判断绕组的首端

**特别提示**

上述 4 种方法，方法 1、方法 2 效果良好，应优先采用；而方法 3、方法 4 效果不够明显，最好不要选用。只有正确地判断绕组的首、尾端，才能正确地接线，才能保证电动机正常运行。

## 3.6.2　三相异步电动机的运行

1. 使用前的准备

对于新安装的电动机或停用很长一段时间的电动机，使用前必须进行认真细致地检查。如有问题，解决之后才能投入运行，不允许电动机“带病”运行。

① 仔细查看电动机的铭牌数据，测量实际使用的电压与电动机的额定电压是否相符，绕组接线是否正确。

② 检查电动机接线盒中的接线柱螺丝是否松动。

③ 用手转动电动机的转子，观察转动是否灵活，内部是否有摩擦声。若不能转动、很紧或有异常的声音，则可能是电动机的轴承缺油或损坏，应根据电动机的拆装要求来更换同一型号的轴承。

④ 检查电源线是否断线，熔断器是否完好，熔断器与熔断器座是否松动，用万用表的交流电压挡测量电源的三相电压是否平衡。

⑤ 还有一点极为重要，电动机的绝缘是否达到要求。额定电压为380 V的三相异步电动机的绝缘要求应不小于0.38 MΩ。不可用万用表测量，万用表测电动机的绝缘是不准确的。因为，电动机工作电压为380V或220V，而万用表的内部电源只有9 V或12 V（直流），若万用表测得的绕组绝缘阻值很大，电动机并不一定能用，因为此值是低压状态下测量的，若在交流380V或220V时，其绝缘阻值可能很低；但若用万用表测量的绝缘阻值达不到0.38 MΩ，则电动机肯定不能用，因为在交流380V或220V时，其绝缘更加达不到。综上所述，若用万用表的电阻挡测电动机的绝缘阻值，若测得的阻值很大，电动机不一定能用；若测量值小于0.38 MΩ，那么电动机肯定不能用，应该用兆欧表测量。

### 2. 三相异步电动机投入运行

（1）启动

前面的准备工作完成之后，启动之前，若电动机周围有人，操作人员应先发出通知，以引起注意。三相异步电动机投入运行之后，若发现转向不对，则停机后将两相电源线对调即可反转。

**特别提示**

必须特别注意的是，有少数机械设备只能按规定的方向旋转，不能反转，否则会损害机械设备。若是这种设备，应先单独试好电动机转向，再与机械负载相接。即使原来未试转向已将联轴器安装完毕，也必须将联轴器分开，单独试电动机转向，试好后再连接。对于这类设备必须这样做，否则会损坏机械设备。这种只能往一方向旋转的机械设备并不多见；绝大多数机械设备只是要求往一方向转，若反向转动只是不能工作或不能良好工作而已，并不会损坏设备。

（2）测量

新安装的电动机宜空载运转一段时间后再带上负载，应多次测量电动机的电流是否在额定电流之下，并多次用手背触摸电动机，感觉电动机温度是否正常。若这些都正常，则可以连续运行。

**特别提示**

测量电动机的电流，若是大电动机则动力柜上往往装有电流表，可直接读数；若是小电动机一般不装电流表，则可用钳形电流表进行测量（测量过程不用断电）。

### 3. 节能

三相异步电动机带上负载运行时，若电动机的电流是额定电流的80%~90%时，电动机的功率因数和效率都比较高、损耗小。但由于某些原因（如设计时电动机功率选择过大，或者机械负载变小等）、经常造成电动机轻载运行，工业上称之为“大马拉小车”。此时电动机的功率因数低，效率也低，损耗大，浪费能源。由于电动机基础用水泥制成，换用小电动机往往装不上去。下面介绍一种简单的方法来解决“大马拉小车”现象。

（1）测量电动机电流

在生产不同产品时，分别多次测量电动机电流，并做好记录，若所有的记录均表明电动机的电流在任何情况下都小于额定电流的 50%，则可进行第（2）步。

（2）将电动机的三角形接法改为星形接法

在上述基础上，将电动机的三角形接法改为星形接法。改接之后，每相绕组的电压下降到电网电压的 $1/\sqrt{3}$，电动机的启动力矩、启动电流都减小到原来的 1/3，电动机的额定功率是原来的 $1/\sqrt{3}$，原来的负载对于改接后的电动机来说接近于额定负载，电动机的功率因数和效率都明显提高，损耗明显减小。

（3）做好记录

哪台电动机做了改接，要做好记录；另外，在生产不同的产品时，多次测量电动机电流，此电流应相应地比改前要小。若原来电动机不是轻载，改接之后电动机功率是原额定功率的 $1/\sqrt{3}$，很可能造成电动机过载。判断方法是：若改接后的电动机电流为原电动机铭牌上额定电流的 $1/\sqrt{3}$，则不过载。若超过则为过载，必须改回来，说明原电动机工作时并不是轻载。

#### 4. 使用及维护

为了能够及时地发现和排除故障，保证电动机的安全运行，应经常对电动机进行检查及维护工作。电动机的检查如图 3-45 所示，检查内容见表 3-5。

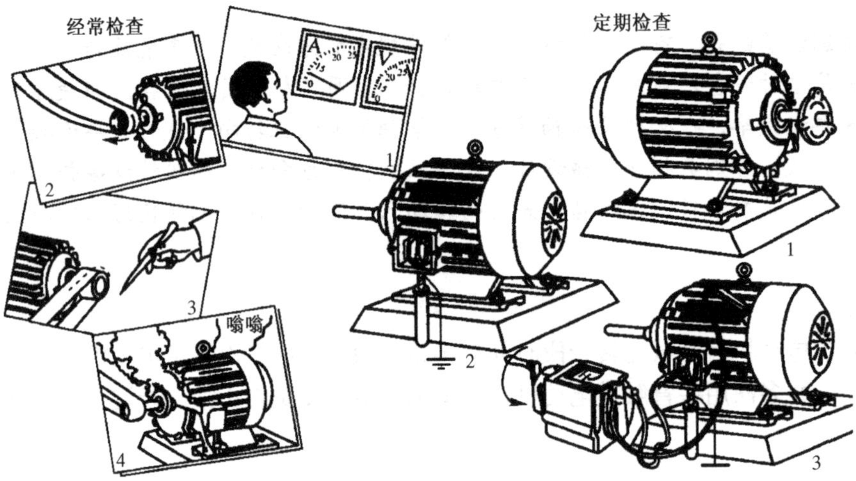


图 3-45 电动机的检查

表 3-5 电动机的检查内容

| | |
|---|---|
| 电动机运行时，应经常检查 | ① 电流和电压是否正常（观察电流表、电压）；<br>② 皮带是否过松或过紧，是否打滑；<br>③ 机体温度是否正常，是否在允许的温升范围内，轴承温度是否正常；<br>④ 声音是否正常，是否有焦糊味，机体振动是否过大 |
| 电动机应定期检查 | ① 轴承部分是否有足够的润滑油，油是否变色（一般半年应换一次油）；<br>② 接线盒中的接线和接地线是否松动；<br>③ 线圈与线圈之间、线圈与机壳之间的绝缘性能是否良好 |
| 电动机使用时，除检查上述各项外，操作者还必须注意熔断器的正确选配 | |

# 本 章 小 结

交流绕组的构成原则是判断交流绕组是否合理的标准，在电动机设计和检修时应能绘制相应的绕组展开图。交流绕组电动势的频率和感应电动势分别为 $f = p\Delta n/60$ 和 $E_{\phi 1} = 4.44 f_1 N k_{w1} \Phi_1$。

单相交流绕组通入单相交流电流将产生单相脉振磁动势，单相基波脉振磁动势可以分解为幅值相等、转速相同而转向相反的两个旋转磁动势。

当三相交流绕组通入三相对称电流时，将产生一个单方向的旋转磁场，其方向取决于电流的相序，其转速为 $n_1 = 60 f_1 / p$，其幅值为单相基波脉振磁动势幅值的 $3/2$ 倍，而幅值所在位置在电流最大相所在的轴线位置。

三相异步电动机的工作原理是，定子上对称三相绕组中通以对称三相交流电流时产生旋转磁场。这种旋转磁场以同步转速 $n_1$ 切割转子绕组，在转子绕组中感应出电势及电流，转子电流与旋转磁场相互作用产生电磁转矩，使转子旋转。由于三相异步电动机是靠电磁感应来工作的，所以又称为感应电动机。

异步电动机的转向与旋转磁场的转向相同，而旋转磁场的转向取决于电流的相序，因而改变电流相序就可以改变电动机的转向。

在异步电动机中，只有在转子与旋转磁场有相对运动时，才能在转子绕组中感应出电势及电流，所以异步电动机的转速 $n$ 与旋转磁场的同步转速 $n_1$ 之间总存在着转差 $(n_1 - n)$。这是异步电动机运行的必要条件，为此引入转差率 $s$，转差率 $s = (n_1 - n)/n_1$，转差率是异步电动机的一个重要参数。

根据转子结构的不同，三相异步电动机可分为笼式异步电动机和绕线式异步电动机。笼式异步电动机因结构简单、运行可靠而得到广泛应用。异步电动机的定子用来产生旋转磁场，而转子绕组则是实现能量交换的场所。

额定值是电动机可靠地工作，并具有优良性能的保证。特别是运行人员，要十分重视额定值的涵义，以便很好地选择和使用电动机，额定运行时，有

$$P_N = \sqrt{3} U_N I_N \cos\varphi_N \eta_N$$

三相异步电动机空载运行时，异步电动机的转速接近同步转速，转子电流接近于零，定子电流近似地等于励磁电流。负载运行时转速下降，转差率增大，旋转磁场与转子绕组的相对运动增大，转子与定子电流增大，此时气隙中的旋转磁场由定、转子绕组磁动势联合建立。当转子堵转时，定、转子电流将达到最大，若不及时切断电源，电动机会因为过热而烧毁。

从电磁关系看，异步电动机与变压器极为相似。所以异步电动机采用了类似变压器的分析方法进行分析，其基本方程式、等效电路都很相似。但异步电动机与变压器之间存在差异，主要表现为异步电动机是旋转电机，而变压器是静止电机；异步电动机的定、转子之间必须存在气隙；两种电机的作用也不相同；而本质上的差别在于异步电动机的磁动势为三相合成磁动势，所建立的磁场是旋转磁场，而变压器中的磁动势是脉振磁动势。因为这些差异，异步电动机在一些参数及分析方法上也与变压器存在一些差异，例如空载电流较大，定、转子电动势的频率不同，需要同时进行频率折算等。

在异步电动机的功率与转矩关系中，要充分理解电磁转矩、电磁功率及总机械功率之间的关系，同时掌握机械功率和转子铜损耗与转差率的关系。

转矩平衡表达式是电力拖动的基础，电磁转矩的物理表达式主要用于定性分析，而定量计算则主要使用电磁转矩的参数表达式及实用表达式。

三相异步电动机的机械特性，即 $n = f(T)$ 或 $T = f(s)$ 的函数关系。机械特性分固有特性和人为特性。前者是在额定电压、额定频率下，按规定方式接线，定、转子外接电阻为零时的机械特性。要掌握机械特性曲线的大致形状及其四个特殊点。启动点：$s = 1$，$T = T_{st}$；临界点：$s = s_m = 0.1 \sim 0.2$，$T = T_{max} = (1.6 \sim 2.2)T_N$；同步（理想空载运行）点：$s = 0$，$T = 0$ 和额定点。为改善异步电动机的运行性能，满足实际工作需要，常改变异步电动机的电源参数或结构参数，此时的机械特性称为人为机械特性。

异步电动机的工作特性为电源的电压和频率均为额定值时，异步电动机的转速、定转子电流、功率因数、电磁转矩与输出功率的关系。从工作特性可知，异步电动机基本上也是一种恒速的电动机，而在任何负载下功率因数始终是滞后的。

单相异步电动机若仅有工作绕组通电时，将产生脉振磁场，不产生启动转矩。为了解决单相异步电动机启动问题，常用分相和罩极等方法启动。

## 思考与练习

3-1 简述三相交流绕组的构成原则。

3-2 试绘制当 $Z = 36$，$2p = 4$，$m = 3$，$2a = 1$ 时的三相单层等元件绕组、同心式绕组和交叉式绕组相应 V 相的展开图。

3-3 试绘制当 $Z = 24$，$2p = 4$，$m = 3$，$2a = 1$ 时的三相单层链式绕组 U 相的展开图。

3-4 试绘制当 $Z = 24$，$2p = 4$，$m = 3$，$y = 5/6\tau$，$2a = 1$ 时三相双层叠绕组 W 相的展开图。

3-5 三相交流旋转磁场产生的条件是什么？如果三相电源的一相断线，问三相异步电动机能否产生旋转磁场？为什么？

3-6 单相绕组的磁动势具有什么特点？

3-7 三相绕组的合成磁动势具有什么特点？同步转速与什么有关？

3-8 空间互差 90° 电角度的两相绕组通以时间上互差 90° 电角度的两相电流，用解析法分析所产生的合成磁动势的性质。

3-9 三相异步电动机旋转磁场的转速由什么决定？试问两极、四极、六极三相异步电动机的同步速度各为多少？

3-10 试述三相异步电动机的工作原理。

3-11 三相异步电动机的定子绕组通入三相对称电源，而转子三相绕组开路，电动机能否转动？

3-12 什么叫转差率？电动机转速 $n$ 增大时，转差率 $s$ 有什么变化？为什么异步电动机的转速不能等于同步转速？

3-13 如何改变三相异步电动机的旋转方向？

3-14 简述三相笼式异步电动机的主要结构及其作用。

3-15　同容量的异步电动机和变压器，哪一个的空载电流更大？为什么？

3-16　三相异步电动机在额定电压下运行，若转子突然堵住不动，会产生什么后果？为什么？

3-17　怎样由异步电动机转速的高低来判断负载的轻重？

3-18　试分析当异步电动机轴上的机械负载增大时，电动机从电源吸收的电功率也将增大的物理过程。

3-19　为什么普通笼形异步电动机的额定转差率设计在 0.01~0.06 之间？可否设计为百分之几十？

3-20　如果一台异步电动机的转子电阻太大，该电动机在运行中有何缺点？

3-21　三相异步电动机带额定负载运行时，如果负载转矩不变，当电源电压降低时，电动机的电磁转矩、电流及转速将如何变化？为什么？

3-22　一台三相异步电动机当转子回路的电阻增大时，对电动机的启动电流、启动转矩和功率因数带来什么影响？

3-23　列出三相异步电动机电磁转矩的三种表达式及其应用。

3-24　若不采取其他措施，单相异步电动机能否自行启动？为什么？

3-25　一台单相电容运转式台式风扇，通电时有振动，但不能转动，如用手正拨或反拨扇叶时，都会转动起来，这是为什么？

3-26　什么叫同步转速？它与哪些因素有关？一台三相四极交流异步电动机，试写出当电源频率 $f=50\,\text{Hz}$ 与 $f=60\,\text{Hz}$ 时的同步转速。

3-27　通常异步电动机额定转速下的 $s$ 值约为多少？启动瞬间时的转差率是多少？

3-28　一台三相四极的异步电动机，已知电源频率 $f=50\,\text{Hz}$，额定转速 $n_{\text{N}}=1450\text{r/min}$，求转差率 $s_{\text{N}}$。

3-29　一台三相异步电动机的 $f_{\text{N}}=50\,\text{Hz}$，$n_{\text{N}}=960\text{r/min}$，该电动机的极对数和额定转差率是多少？另有一台四极三相异步电动机，$s_{\text{N}}=0.03$，其额定转速为多少？

3-30　已知一台 D 连接的 Y132M-4 型异步电动机 $P_{\text{N}}=7.5\,\text{kW}$，$U_{\text{N}}=380\,\text{V}$，$n_{\text{N}}=1440\text{r/min}$，$\cos\varphi_{\text{N}}=0.82$，$\eta_{\text{N}}=87\%$，求其额定相电流和线电流。

3-31 有一台过载能力 $\lambda_{\text{k}}=2$ 的异步电动机，当带额定负载运行时，由于电网故障，使得电网电压突然下降到额定电压的 $70\%$，问此时对电动机有何影响？为什么？

3-32　简述单相异步电动机启动的方法。

3-33　三相异步电动机在电源断掉一根线后为什么不能启动？在运行中断掉一根线为什么还能继续转动？运行中掉线能否长时间运行？

3-34　下图是一种家用电扇的调速电路，试说明其工作原理。

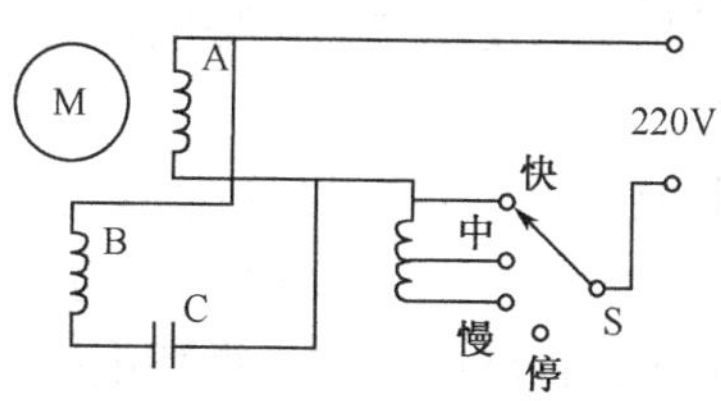


采用电抗器降压的电扇调速电路

# 第4章 微特电机

## 知识目标

本章的知识目标要求掌握所介绍的各种微特电机的工作原理；明确几种控制电机的结构特点及用途；了解各种微特电机的性能特点；掌握各种微特电机的控制方法。

注意本章的难点在于伺服电动机绕组磁动势产生的特点，测速发电机的分类和误差，步进电动机驱动电源的工作方式，自整角机的定子绕组和输出电压，永磁式、反应式、磁滞式同步电动机的结构区别。

## 能力目标

| 能力目标 | 知识要点 | 相关知识 | 权重 | 自测分数 |
|---|---|---|---|---|
| 伺服电动机 | 伺服电动机结构、组成及工作原理 | 伺服电动机的绕组及磁动势的产生 | 20% | |
| 测速发电机 | 测速发电机结构、组成及工作原理 | 测速发电机的分类和误差 | 20% | |
| 步进电动机 | 步进电动机结构、组成及工作原理 | 步进电动机的工作方式和参数 | 20% | |
| 自整角机 | 自整角机结构、组成及工作原理 | 自整角机的定子绕组和输出电压 | 20% | |
| 小功率同步电动机 | 小功率同步电动机结构、组成及工作原理 | 永磁式、反应式、磁滞式同步电动机的结构区别 | 20% | |

微特电机指的是控制微电机和一些特殊微电机，它们多被用于自动化系统和计算机装置中以实现信号（或能量）的执行、检测、解算、转换或放大功能。微电机的输出功率一般从数百毫瓦到数百瓦，通常不大于600W。微特电机的外形尺寸较小，机座外径不足130mm。质量从数十克到数千克。

普通的旋转电机较注重启动和运行时的指标。而微特电机则注重可靠性、高精度和快速响应，以满足系统的要求。微特电机的三种特点分述如下：

① 可靠性高。在自动控制系统中，每个元件都要按系统对它的要求而工作，可靠性高是确保系统正常工作的基础，因此要求使用中的微特电机能在恶劣环境（高低温、潮湿、腐蚀、冲击和振动）下可靠地工作。

② 精度高。测速和测位用的微特电机常用高精度作为考核指标，如静、动态误差和输出特性的漂移（工作环境的变化、电源电压及频率变化引起的）；执行和放大用的微特电机主要用线性度和不灵敏区等指标来作为精度的标准。微特电机的精度直接影响自动控制系统的精度，所以高精度的微特电机是自动控制系统高精度的必备条件。

③ 快速响应。执行用微特电机要具备快速响应的能力。常用最大理论加速度、机电时

间常数和功率变化率等作为衡量快速响应的指标。因为微特电机对信号的响应能力远低于同一系统中的其他元器件，所以其主要指标是影响系统响应速度的决定因素。

随着科技的发展和进步，微特电机的领域不断被拓展，其技术也在不断更新和发展。

常用的微特电机主要有伺服电动机、测速发电机、步进电动机、自整角机和小功率同步电动机等。

## 4.1 伺服电动机

伺服电动机也叫执行电动机，它的工作状态受控于信号，按信号的指令而动作：信号为零时，转子处于静止状态；有信号输入，转子立即旋转；除去信号，转子能迅速制动，很快停转。伺服二字正是由于电动机的这种工作特点而命名的。

为了达到自动控制系统的要求，伺服电动机应具有以下特点：好的可控性（是指信号去除后，伺服电动机能迅速制动，很快达到静止状态）；高的稳定性（是指转子的转速平稳变化）；灵敏性（是指伺服电动机对控制信号能快速反应）。

伺服电动机按照供电电源是直流还是交流可分为直流伺服电动机和交流伺服电动机两大类。

### 4.1.1 直流伺服电动机

直流伺服电动机是指使用直流电源的伺服电动机，实质上就是一台他励直流电动机而已，但它又具有自身的特点：气隙小，磁路不饱和；电枢电阻大，机械特性为软特性；电枢细长，转动惯量小。

1. 直流伺服电动机的结构和分类

直流伺服电动机的结构和普通小功率直流电动机相同。也是由定子和转子两部分组成。其外形如图 4-1 所示。

图 4-1 直流伺服电动机的外形图

直流伺服电动机按励磁方式可分为两种基本类型：永磁式和电磁式。永磁式的定子由永久磁铁做成，可看成是他励直流伺服电动机的一种。电磁式直流伺服电动机定子由硅钢片叠成，外套励磁绕组。

按结构可分为：普通型直流伺服电动机、盘形电枢直流伺服电动机、空心杯电枢直流伺服电动机和无槽电枢直流伺服电动机等种类。

2. 直流伺服电动机的工作原理

直流伺服电动机的工作原理和普通直流电动机相同，当励磁绕组和电枢绕组中都通过电流并产生磁通时，它们相互作用而产生电磁转矩，使直流伺服电动机带动负载工作。如果两个绕组中任何一个电流消失，电动机马上静止下来。它不像交流伺服电动机那样有“自转”

现象，所以直流伺服电动机是自动控制系统中一种很好的执行元件。

**特别提示**

作为自动控制系统中的执行元件，直流伺服电动机将输入的控制电压信号转换为转轴上的角位移或角速度输出。电动机的转速及转向随控制电压的改变而改变。

### 3. 直流伺服电动机的控制方式

直流伺服电动机的励磁绕组和电枢绕组分别装在定子和转子上，改变电枢绕组的端电压或改变励磁电流都可以实现调速控制。下面分别对这两种控制方法进行分析。

（1）改变电枢绕组端电压的控制

如图 4-2 所示为此种电枢控制方式的原理图，电枢绕组作为接收信号的控制绕组，接电压为 $U_K$ 的直流电源。励磁绕组接到电压为 $U_f$ 的直流电源上，以产生磁通。当控制电源有电压输出时，电动机立即旋转；无控制电压输出时，电动机立即停止转动。此种控制方式可简称电枢控制。其控制的具体过程如下：

设初始时刻控制电压 $U_K=U_1$，电动机的转速为 $n_1$，反电动势为 $E_1$，电枢电流为 $I_{K1}$，电动机处于稳定状态，电磁转矩和负载转矩相平衡即 $T_{em}=T_L$。现在保持负载转矩不变，增加电源电压到 $U_2$，由于转速不能突变，仍然为 $n_1$，所以反电动势也为 $E_1$，由电压平衡方程式 $U=E+I_aR_a$ 可知，为了保持电压平衡，电枢电流应上升，电磁转矩也随之上升，此时 $T_{em}>T_L$，电动机的转速上升，反电动势随着增加。为了保持电压平衡关系，电枢电流和电磁转矩都要下降，一直到电流减小到 $I_{K1}$，电磁转矩和负载转矩达到平衡，电动机处于新的平衡状态。可是，此时电动机的转速为 $n_2>n_1$。当负载和励磁电流不变时，我们用一流程表示上述过程：

$U_K\uparrow$（$n$ 和 $E$ 不会突变）$\rightarrow I_a\uparrow\rightarrow T_{em}\uparrow\rightarrow T_{em}>T_L\rightarrow n\uparrow\rightarrow E\uparrow\rightarrow I_a\downarrow\rightarrow T_{em}\downarrow\rightarrow T_{em}=T_L\rightarrow n=n_2$

当降低电枢电压，使转速下降时的过程和上述方法是相同的。

**特别提示**

电枢控制时，直流伺服电动机的机械特性和他励直流电动机改变电枢电压时的人为机械特性是一样的。

（2）改变励磁电流的控制

改变励磁电流控制的线路图如图 4-3 所示。

在此种控制方式中，电枢绕组起励磁绕组的作用，接在励磁电源 $U_f$ 上，而励磁绕组则作为控制绕组，受控于电压 $U_K$。

由于励磁绕组进行励磁时，所消耗的功率较小，并且电枢电路的电感小，响应迅速，所以直流伺服电动机多采用改变电枢端电压的控制方式。

### 4. 直流伺服电动机的运行特性

当直流伺服电动机负载运行时三个主要运行变量为：电枢电压 $U_a$、转速 $n$ 及电磁转矩 $T$，它们之间的关系特性称为运行特性，包括机械特性和调节特性。

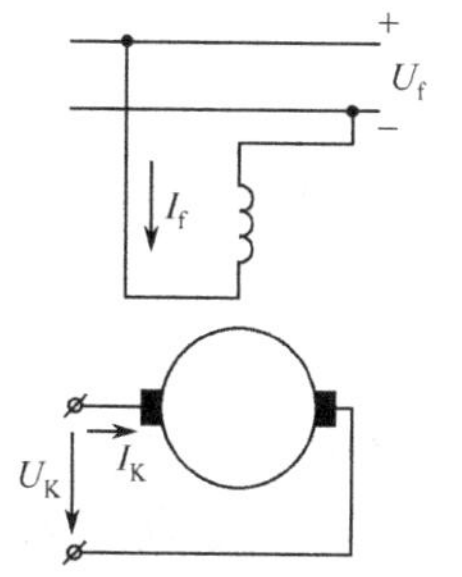


图 4-2　电枢控制的原理图

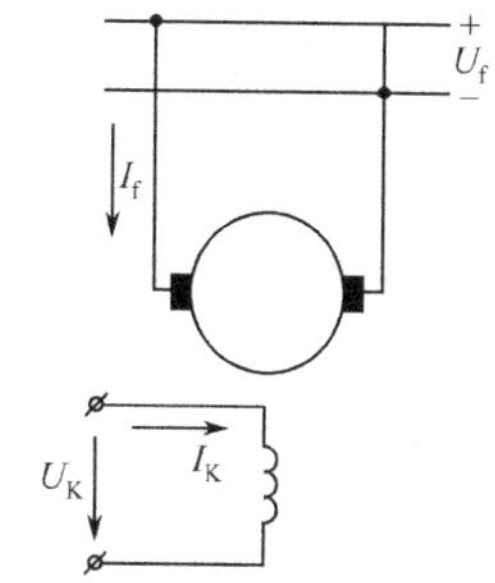


图 4-3　改变励磁电流控制的原理图

（1）机械特性

伺服电动机的电枢绕组也就是控制绕组，控制电压为$U_a$。对于电磁式伺服电动机来说，励磁电压$U_f$为常数；另外，不考虑电枢反应的影响。在这些前提下，可以分析直流伺服电动机的机械特性。机械特性是指在控制电枢电压$U_a$保持不变的情况下，直流伺服电动机的转速$n$随电磁转矩$T$变化的关系。

经过推导可得出其机械特性表达式为：

$$n=\frac{U_a}{C_e\Phi}-\frac{R_a}{C_eC_T\Phi^2}T=n_0-\beta T \tag{4-1}$$

式中　$n_0$——理想空载转速，且$n_0=U_a/\left(C_e\Phi\right)$；

$\beta$——斜率，且$\beta=R_a/\left(C_eC_T\Phi^2\right)$。

从公式（4-1）可以看出，当$U_a$大小一定时，转矩$T$大时转速$n$就低，转速的下降与转矩的增大之间成正比关系，这是很理想的特性。给定不同的电枢电压$U_a$值，得到的机械特性为一组平行的直线，如图 4-4 所示。

（2）调节特性

调节特性是指在一定的转矩下，转速$n$与控制电枢电压$U_a$之间的关系。当转矩一定时，根据公式（4-1）可知，转速$n$与电枢电压$U_a$之间的关系也为一组平行的直线，如图 4-5 所示，其斜率为$1/C_e\Phi$。

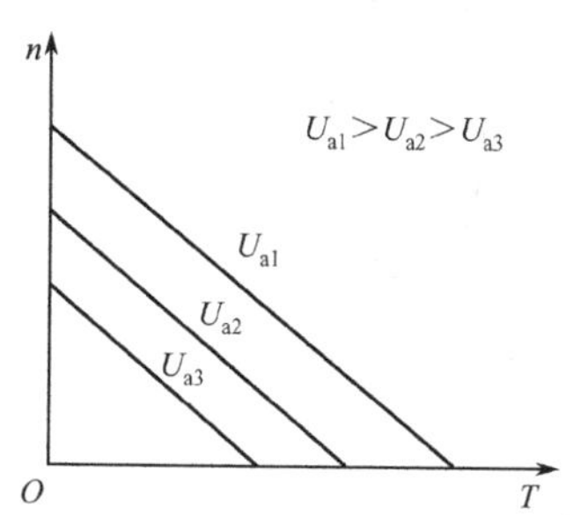


图 4-4　电枢控制直流伺服电动机的机械特性

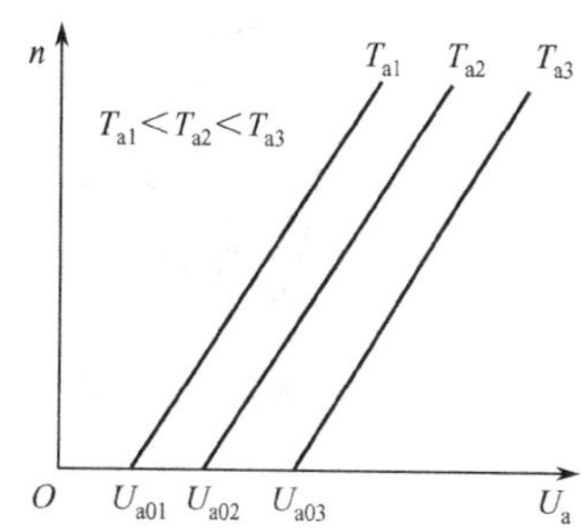


图 4-5　直流伺服电动机的调节特性

**特别提示**

当转速为零时，对应不同的负载转矩可得到不同的启动电压。当电枢电压小于启动电压时，伺服电动机不能启动。总体来说，直流伺服电动机的调节特性也是比较理想的。

5. 常用的直流伺服电动机

常用的直流伺服电动机有：普通型直流伺服电动机、盘形电枢直流伺服电动机、空心杯形直流伺服电动机和无槽直流伺服电动机等。分别介绍如下。

（1）普通型直流伺服电动机

普通型直流伺服电动机的结构与他励直流电动机的结构基本相同，也由定子、转子两大部分所组成。根据励磁方式它又可分为永磁式和电磁式两种。如图 4-6 所示为直流伺服电动机的外形图。

（2）盘形电枢直流伺服电动机

盘形电枢直流伺服电动机的外形呈圆盘状，其定子是由永久磁钢和铁轭组成，产生轴向磁通。电动机电枢的长度远远小于电枢的直径，绕组的有效部分沿转轴的径向周围排列，且用环氧树脂浇注成圆盘形。绕组中流过的电流是径向的，它和轴向磁通相互作用产生电磁转矩，驱动转子旋转。如图 4-7 所示为盘形电枢直流伺服电动机的结构图。

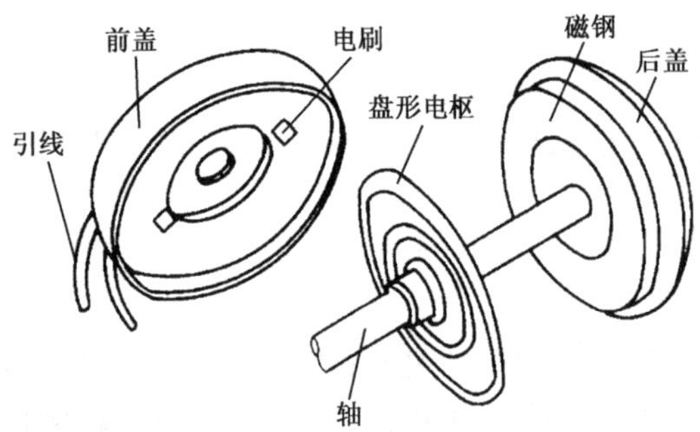

图 4-6　SZ 系列直流伺服电动机外形图　　　图 4-7　盘形电枢直流伺服电动机的结构图

盘形电枢的绕组除了绕线式绕组外，还可以做成印制绕组，其制造工艺和印制电路板类似。它可以采用两面印制的结构，也可以是若干片重叠在一起的结构。它用电枢的端部（近轴部分）作为换向器，不用另外设置换向器。如图 4-8 所示为印制绕组直流伺服电动机的结构图。

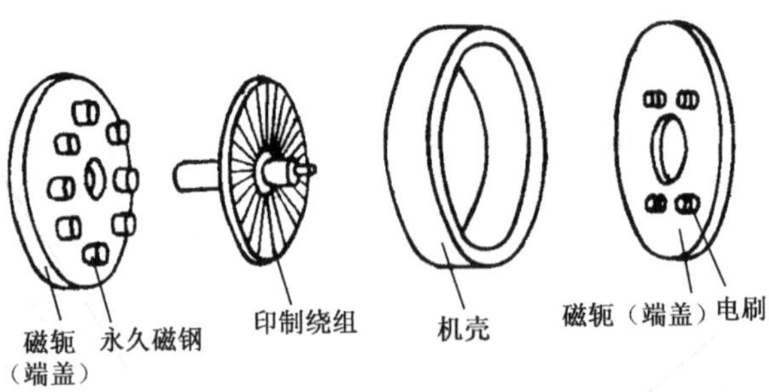


图 4-8　印制绕组直流伺服电动机结构图

盘形电枢直流伺服电动机多用于低转速、经常启动和反转的机械中，其输出功率一般在几瓦到几千瓦的范围内，大功率的盘形电枢直流伺服电动机主要用于雷达天线的驱动、机器人的驱动和数控机床等。另外，由于它呈扁圆形，轴向占的位置小，安装方便。

（3）空心杯形直流伺服电动机

空心杯形直流伺服电动机的定子有两个：一个叫内定子，由软磁材料制成；另一个叫外定子，由永磁材料制成。磁场是由外定子产生的，内定子起导磁作用。空心杯形电枢直接安装在电动机的轴上，在内外定子的气隙中旋转。电枢是由沿电动机轴向排列成空心杯形状的绕组，用环氧树脂浇注而成。如图 4-9 所示为空心杯形直流伺服电动机的结构图。

空心杯形直流伺服电动机的价格比较昂贵，多用于高精度的仪器设备中。如监控摄像机和精密机床等。

（4）无槽直流伺服电动机

无槽直流伺服电动机的电枢铁芯表面是不开槽的，绕组排列在光滑的圆柱铁芯的表面，用环氧树脂浇注而成，和电枢铁芯成为一体。定子上嵌放永久磁钢，产生气隙磁场。如图 4-10 所示为无槽直流伺服电动机的结构图。

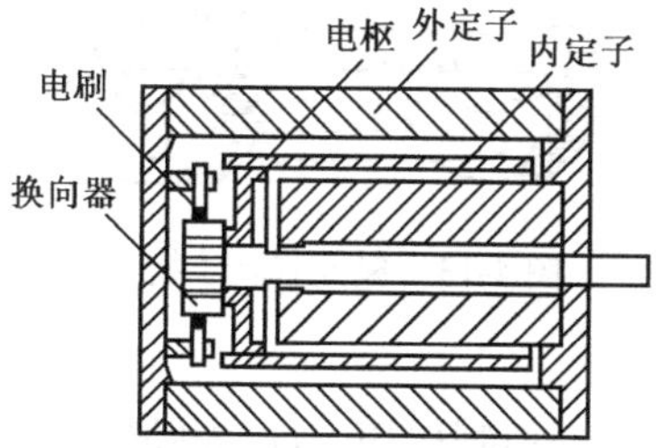


图 4-9 空心杯形直流伺服电动机结构图

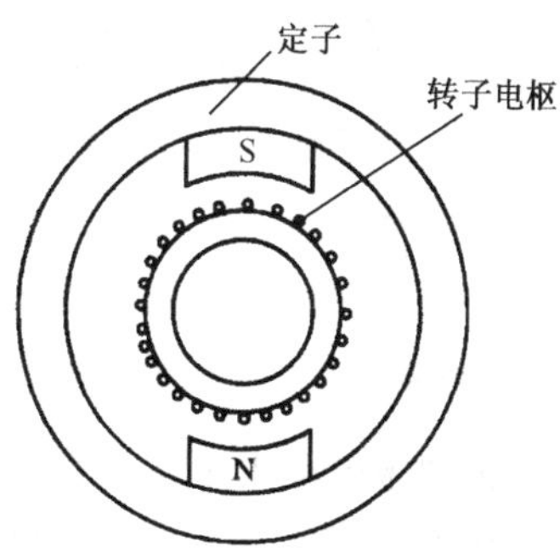


图 4-10 无槽直流伺服电动机结构图

## 4.1.2 交流伺服电动机

与直流伺服电动机一样，交流伺服电动机也常作为执行元件用于自动控制系统中，将起控制作用的电信号转换为转轴的转动。

### 1. 交流伺服电动机的结构和工作原理

（1）交流伺服电动机的结构

和普通电动机一样，交流伺服电动机也是由定子和转子两大部分组成的。

定子铁芯中安放着空间垂直的两相绕组，如图 4-11 所示，其中一相为控制绕组，另一相为励磁绕组。可见，交流伺服电动机就是两相交流电动机。

转子的结构常见的有鼠笼式转子和非磁性杯形转子。

鼠笼式转子交流伺服电动机的结构由转轴、转子铁芯和绕组组成。转子铁芯是由如图 4-12 所示的硅钢片叠成的，中心的孔用来安放转轴，外表面的每个槽中放一根导条，两个短路环将导条两端短接，形成如图 4-13 所示的鼠笼式转子。导条可以是铜条，也可以是铸铝的，就是将铁芯放入模型内用铝浇注，短路环和导条铸成一个整体。

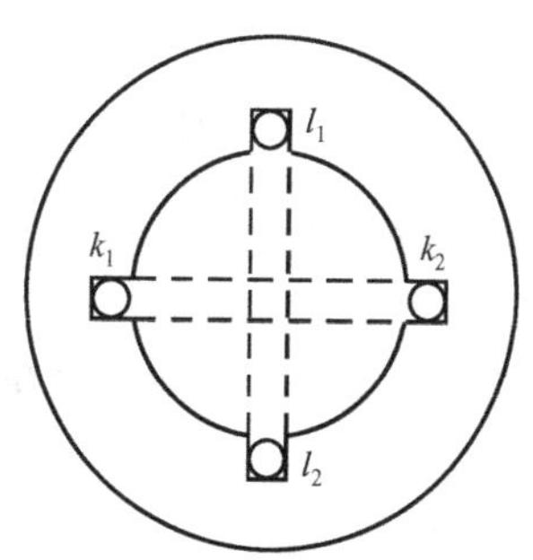


图 4-11 交流伺服电动机的两相绕组

非磁性杯形转子交流伺服电动机的定子分内外两部分，外定子和鼠笼式转子交流伺服电动机的定子是一样的，内定子由环形钢片叠压而成，不产生磁场，只起导磁的作用。空心杯形转子通常由铝或铜制成，它的壁很薄，多为 0.3mm 左右。杯形转子置于内外定子的空隙中，可自由旋转。由于杯形转子没有齿和槽，电动机转矩不随角位移的变化而变化，运转平稳。但是，内外定子之间的气隙较大，所需励磁电流大，降低了电动机的效率。另外，由于非磁性杯形转子伺服电动机的成本高，所以只用在一些对转动的稳定性要求高的场合。它不如鼠笼形转子交流伺服电动机应用广泛。

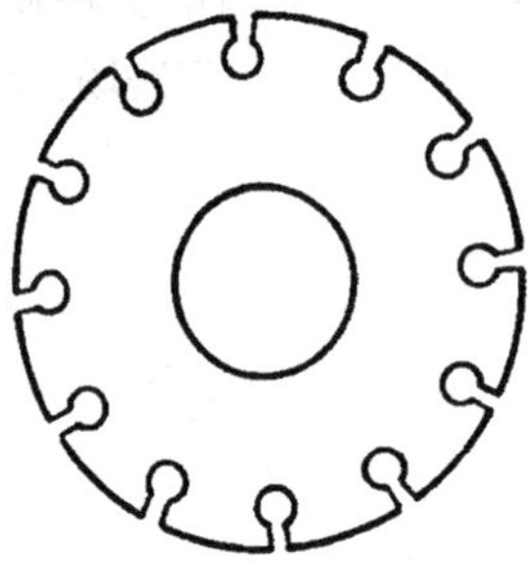

图 4-12　转子冲片

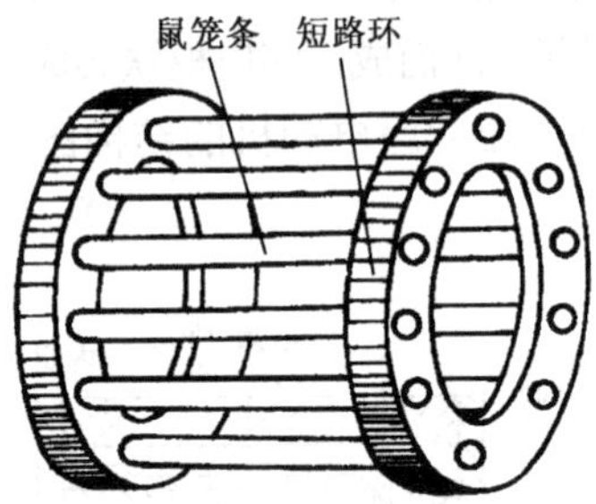


图 4-13　鼠笼式转子绕组

（2）交流伺服电动机工作原理

如图 4-14 所示为交流伺服电动机的工作原理图，$\dot{U}_K$ 为控制电压，$\dot{U}_f$ 为励磁电压，它们是时间相位互差 90° 电角度的交流电，可在空间形成圆形或椭圆形的旋转磁场，转子在磁场的作用下产生电磁转矩而旋转。交流伺服电动机比普通电动机的调速范围宽，当不控制电压时，电动机的转速应为零，即使此时有励磁电压。交流伺服电动机的转子电阻也应比普通电动机大，而转动惯量要小，为的是拥有好的机械特性。

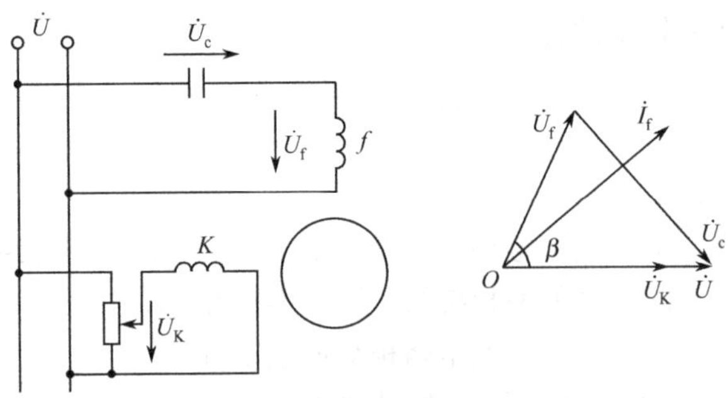


图 4-14　交流伺服电动机工作原理图

2. 交流伺服电动机的控制方法

交流伺服电动机的控制方法有幅值控制、相位控制和幅相控制三种。

（1）幅值控制

只使控制电压的幅值变化，而控制电压和励磁电压的相位差保持 90° 不变，这种控制方法称为幅值控制。当控制电压为零时，伺服电动机静止不动；当控制电压和励磁电压都为额定值时，伺服电动机的转速达到最大值，转矩也最大；当控制电压在零到最大值之间变化时，且励磁电压取额定值时，伺服电动机的转速在零和最大值之间变化。

（2）相位控制

在控制电压和励磁电压都是额定值的条件下，通过改变控制电压和励磁电压的相位差来对伺服电动机进行控制的方法称为相位控制。用$\theta$表示控制电压和励磁电压的相位差。当控制电压和励磁电压同相位时，即$\theta=0°$时，气隙磁动势为脉振磁动势，电动机静止不动；当相位差$\theta=90°$时，气隙磁动势为圆形旋转磁动势，电动机的转速和转矩都达到最大值。当$0°<\theta<90°$时，气隙磁动势为椭圆形旋转磁动势，电动机的转速处于最小值和最大值之间。

（3）幅相控制

幅相控制是上述两种控制方法的综合运用，电动机转速的控制是通过改变控制电压和励磁电压的相位差及它们的幅值大小来控制的。幅相控制的电路图如图4-15所示。当改变控制电压的幅值时，励磁电流随之改变，励磁电流的改变引起电容两端的电压变化，此时控制电压和励磁电压的相位差发生变化。

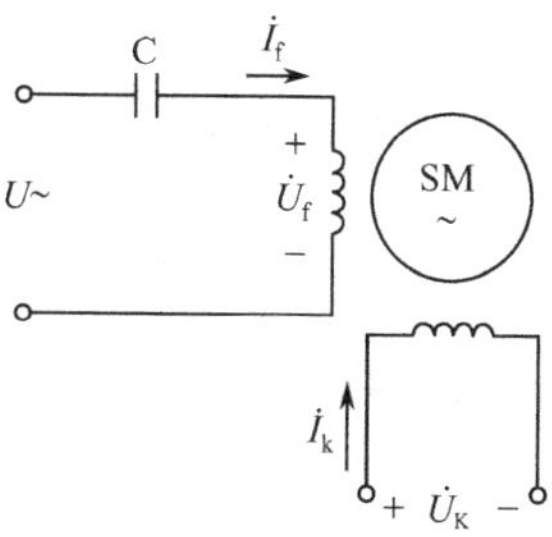


图4-15 幅相控制电路图

**特别提示**

幅相控制的电路图结构简单，不需要移相器，实际应用比其他两种方法广泛。

3. 交流伺服电动机的控制绕组和放大器的连接

在实际的伺服控制系统中，交流伺服电动机的控制绕组需要连接到伺服放大器的输出端，放大器起放大控制电信号的作用。如图4-16所示为常用的两种电路图。图4-16（a）中，控制绕组和输出变压器相连，输出变压器有两个输出端子。图4-16（b）中，控制绕组和一对推挽功率放大管相连，此时放大器输出三个端子。伺服电动机的控制绕组通常分成两部分，它们可以串联或并联后和放大器的输出端相连。

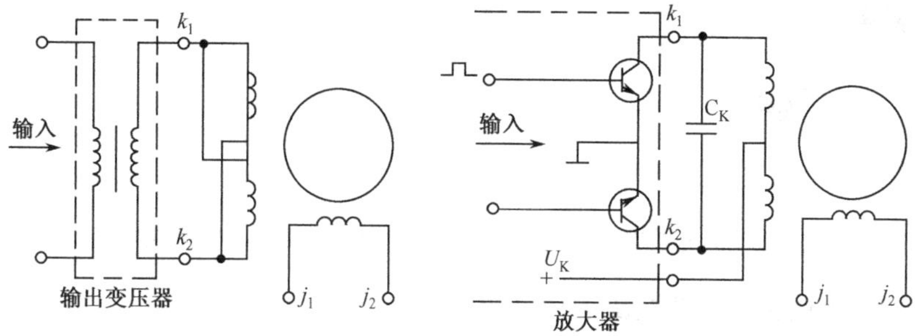


图4-16 控制绕组与放大器的连接

## 4.2 测速发电机

测速发电机是转速的测量装置，它的输入量是转速，输出量是电压信号，输出量和输入量成正比。根据输出电压的不同，测速发电机可分为直流测速发电机和交流测速发电机两种形式。

### 4.2.1 直流测速发电机

直流测速发电机是一种微型直流发电机，其作用是将机械转速信号变换成对应的电压信号，反馈到控制系统，实现对转速的调节和控制。

直流测速发电机定子、转子结构与普通小型直流发电机的结构相同，其工作原理与一般直流发电机相同。

1. 直流测速发电机的分类

根据励磁方式的不同可分为两种形式：永磁式直流测速发电机和电磁式直流测速发电机。

（1）永磁式直流测速发电机

永磁式直流测速发电机的定子的磁极是用永久磁钢制成的，不需要励磁绕组，常以如图 4-17 所示的符号表示。

永磁式直流测速发电机按其转速可分为普通速度测速发电机和低速测速发电机。普通速度测速发电机的转速通常大于每分钟几千转，而低速测速发电机的转速小于每分钟几百转。低速测速发电机可以和低力矩电动机直接耦合，省去了齿轮传动的麻烦，并提高了系统的精度，所以常用于高精度的自动化系统中。

（2）电磁式直流测速发电机

电磁式直流测速发电机的定子铁芯上装有励磁绕组，外接电源供电，产生磁场，通常以如图 4-18 所示的符号表示。因为永磁式直流测速发电机结构简单，不需要励磁电源，使用方便，所以比电磁式直流测速发电机应用广泛。

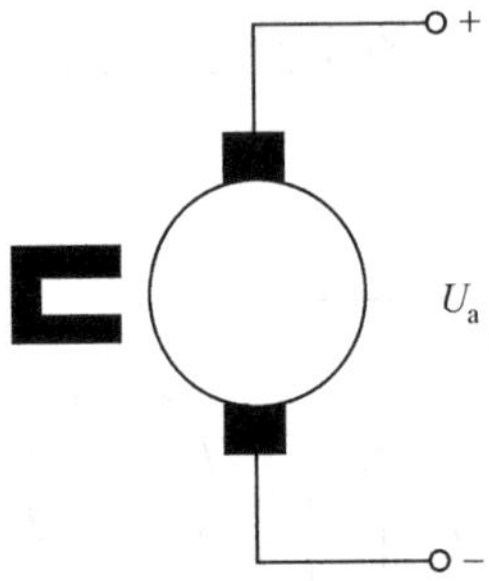


图 4-17　永磁式直流测速发电机

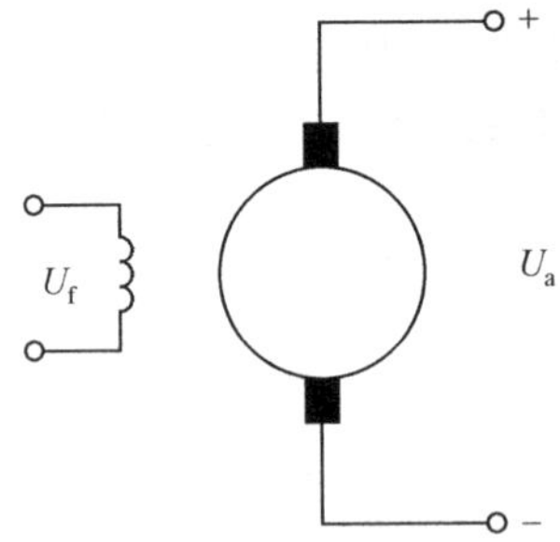


图 4-18　电磁式直流测速发电机

2. 直流测速发电机的误差及减小误差的方法

直流测速发电机的输出电压和输入转速间实际上并不是绝对的正比关系，误差产生的原因有以下几点。

（1）电枢反应产生的影响

带负载运行时，电枢磁场使气隙磁场发生变化，此时发电机的电动势和转速之间不再是准确的正比关系。

为减小电枢反应的影响，应注意以下几点：设计测速发电机时加补偿绕组；增大气隙；增大负载电阻，使之大于负载电阻的规定值。

（2）电刷接触电阻产生的影响

电刷接触电阻是一个变量。当直流测速发电机的转速较低时，输出电压较低，接触电阻较大，电刷压降和总电枢压降的比值大，输出电压偏小；当转速较高时，接触电阻和电刷压降变小。电刷接触电阻的变化，也造成测速发电机的输出和输入之间的非线性关系，从而产生误差。

实际使用中，可通过对低输出电压的非线性补偿来减小电刷接触电阻的影响。

（3）纹波产生的影响

直流发电机输出的电压是一个脉动直流，其偏差虽然不是很大，但对高精度系统来说，也是很不利的。设计时可采取一定的措施来减小纹波幅值，使用中可以对输出电压进行滤波处理来减小误差。

（4）温度变化产生的影响

发电机自身发热及环境温度的变化都会改变励磁绕组的阻值大小。如果温度升高，则励磁绕组的阻值变大，励磁电流变小，磁通随着减少，输出电压下降。反之，则输出电压升高。为了减少温度变化对测量值准确程度的影响，通常可采取以下措施：

① 直流测速发电机的磁路的饱和程度通常被设计得大一些。

② 给励磁绕组串联一个附加电阻来稳定励磁电流。因为绕组的阻值受温度的影响是很大的，例如铜绕组，温度增加25℃，其阻值就增大10%。

③ 给励磁绕组串联负温度系数的热敏电阻并联网络。对于测量精度要求高的系统，可采用此方法。

#### 3. 直流测速发电机的应用

直流测速发电机的主要应用如下：在自动控制系统中用来测量或自动调节电动机的转速；在随动系统中通过产生电压信号以提高系统的稳定性和精度；在计算和解答装置中作为积分和微分元件；在机械系统中用来测量摆动或非常缓慢的转速。

### 4.2.2 交流异步测速发电机

交流测速发电机包括同步测速发电机和异步测速发电机两种形式。前者多用在指示式转速计中，一般不用于自动控制系统中的转速测量。而后者在自动控制系统中应用很广。

#### 1. 交流异步测速发电机的结构和工作原理

同交流伺服电动机一样，交流异步测速发电机的定子也可以制成鼠笼式的或空心杯形。鼠笼式的测速发电机特性差、误差大、转动惯量大，多用于测量精度要求不高的控制系统中。而空心杯形的测速发电机的应用要广泛得多，因为它的转动惯量小，测量精度高。下面以空心杯形转子异步测速发电机为例来分析其结构和工作原理。

同交流伺服电动机一样，空心杯形转子异步测速发电机的转子也是一个非磁性材料做成的薄壁杯，材料多选用锡锌青铜或硅锰青铜。互差90°电角度的两相绕组嵌于定子铁芯中，它们分别是励磁绕组和输出绕组。在小机座号的发电机中，两相绕组都嵌在内定子上；而在大机座号的发电机中，外定子嵌励磁绕组，内定子嵌输出绕组。当转子旋转时，输出绕组的

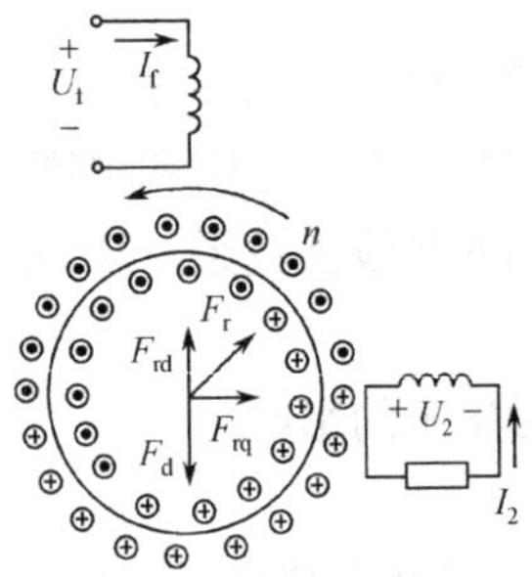


图 4-19　空心杯形异步测速发电机工作原理

输出电压是和转速成正比。

如图 4-19 所示为空心杯形转子异步测速发电机的工作原理图。$U_f$是励磁电源的电压，$U_2$是发电机的输出电压。当励磁绕组中有电流通过时，在内外定子气隙间产生和电源频率相同的脉振磁动势$F_d$和脉振磁通$\Phi_d$。它们都在励磁绕组的轴线方向上脉振。脉振磁通和励磁绕组及空心杯导体相交链。下面分两种情况讨论：

① 当转子静止时，即 $n=0$ 时，此时的励磁绕组和空心杯转子之间的关系如同变压器的原边与副边。转子绕组中有变压器电动势产生，由于转子短路，有电流流过，产生磁通。该磁通的方向也是沿着励磁绕组轴线方向。输出绕组和励磁绕组在空间正交，没有感应电动势产生，输出电压为零。

② 当转子旋转时，即 $n \neq 0$ 时。沿励磁绕组轴线方向的磁通$\Phi_d$不变，转子要切割该磁通产生电动势。电动势的大小和转速成正比，方向可由右手定则判定。感应电动势在短路绕组中产生短路电流，产生脉振磁动势$F_r$，可将它分解成直轴磁动势$F_{rd}$和交轴磁动势$F_{rq}$。直轴磁动势会影响励磁电流的大小，而交轴磁动势产生的磁通和输出绕组交链，从而在输出绕组中产生感应电动势，此电动势的大小和测速发电机的转速成正比，频率是励磁电源的频率。

### 2. 异步测速发电机的误差

异步测速发电机的误差主要有：线性误差、相位误差和剩余电压误差，分别介绍如下。

（1）线性误差

一台理想测速发电机的输出电压应和其转速成正比，但实际的异步测速发电机输出电压和转速间并不是严格的线性关系，是非线性的，这种直线和曲线之间的差异就是线性误差。

（2）相位误差

当励磁电压为常数时，由于励磁绕组有漏阻抗，则绕组中的电动势和外加励磁电压相位不同，使输出电压产生相位误差。可通过增大转子电阻减小该误差。

（3）剩余电压误差

由于异步测速发电机工艺和材料等的原因，使其在零转速时的输出电压并不为零，有剩余电压，引起测量误差，这种误差称为剩余电压误差。这种误差可通过电路补偿和改善转子材料的方法来减小它。当前的异步测速发电机的剩余电压一般为十几毫伏到几十毫伏。

### 3. 异步测速发电机的应用

交流异步测速发电机在自动控制系统中可用来测量转速或传感转速信号，信号以电压的形式输出。测速发电机可作为解算元件用在计算解答装置中；也可作为阻尼元件用在伺服系统中。下面举例说明它在速度伺服系统中的应用。

如图 4-20 所示为一速度伺服系统的框图。测速发电机 4 用来产生负反馈信号。如果 $U_1$为定值，则伺服电动机 3 的转速不变，测速发电机的输出电压也不变，那么检差器 1 输出稳定的电压经放大器 2 控制伺服电动机。如果有扰动使 $U_1$ 增大，则 3 的转速升高，4 的输出电压增大，因为 3 是负反馈元件，所以检差器 1 的输出电压减小，从而使 3 的转速下降，使转速稳定。如果扰动使输入电压减小，通过测速发电机的负反馈作用也可使转速稳定。

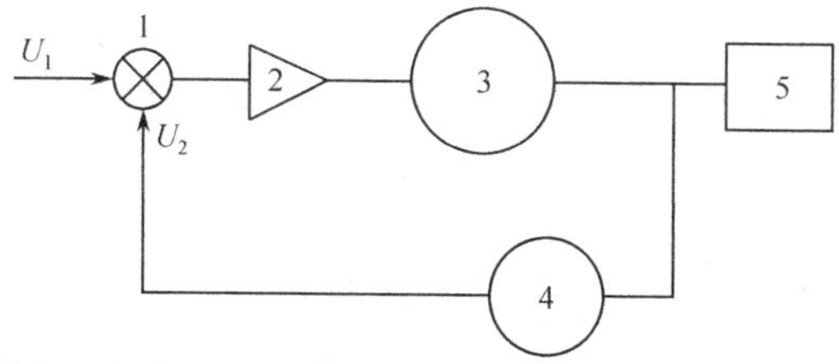


1—检差器；2—放大器；3—伺服电动机；4—测速发电机；5—电位器

图 4-20　速度伺服系统

# 4.3　步进电动机

步进电动机是一种将电脉冲信号转换成相应的角位移或直线位移的微电动机。它由专用的驱动电源供给电脉冲，每输入一个电脉冲，电动机就移进一步，是步进式运动的，故被称为步进电动机或脉冲电动机。

步进电动机是自动控制系统中应用很广泛的一种执行元件。步进电动机在数字控制系统中一般采用开环控制，由于计算机应用技术的迅速发展，目前步进电动机常常和计算机结合起来组成高精度的数字控制系统。

**特别提示**

*步进电动机的种类很多，按工作原理分为反应式、永磁式和磁感应式三种。其中反应式步进电动机具有步距小、响应速度快、结构简单等优点，广泛应用于数控机床、自动记录仪、计算机外围设备等数控设备。*

## 4.3.1　反应式步进电动机的工作原理

如图 4-21 所示为一台三相反应式步进电动机的工作原理图。它由定子和转子两大部分组成，在定子上有三对磁极，磁极上装有励磁绕组。励磁绕组分为三相，分别为 A 相、B 相和 C 相绕组。步进电动机的转子由软磁材料制成，在转子上均匀分布四个凸极，极上不装绕组，转子的凸极也称为转子的齿。由图 4-21 可见，由于结构的原因，沿转子圆周表面各处气隙不同，因而磁阻不相等，齿部磁阻小，两齿之间磁阻大。当励磁绕组中流过脉冲电流时，产生的主磁通总是沿磁阻最小的路径闭合，即经转子齿、铁芯形成闭合回路。因此，转子齿会受到切向磁拉力而转过一定的机械角度，称为步距角$\theta_b$。如果控制绕组按一定的脉冲分配方式连续通电，电动机就按一定的角频率运行。改变励磁绕组的通电顺序，电动机就可反转。

当步进电动机的 A 相通电，B 相及 C 相不通电时，由于 A 相绕组电流产生的磁通要经过磁阻最小的路径形成闭合磁路，所以将使转子齿 1、齿 3 同定子的 A 相对齐，如图 4-21（a）所示。当 A 相断电，改为 B 相通电时，同理 B 相绕组电流产生的磁通也要经过磁阻最小的路径形成闭合磁路，这样转子顺时针在空间转过 30° 角，使转子齿 2、齿 4 与 B 相对齐，如图 4-21（b）所示。当由 B 相改为 C 相通电时，同样可使转子顺时针转过 30° 空间角度，如图 4-21（c）所示。若按 A—B—C—A 的通电顺序往复进行下去，则步进电动机的转子将按一定速度顺时针方向旋转，步进电动机的转速决定于三相控制绕组的通、断电源的频率。当依照 A—C—B—A 顺序通电时，步进电动机将变为逆时针方向旋转。

（a）A相同电情况　（b）B相同电情况　（c）C相同电情况

图 4-21　三相反应式步进电动机的工作原理图

上述分析的是最简单的三相反应式步进电动机的工作原理，这种步进电动机具有较大的步距角，不能满足生产实际对精度的要求，如使用在数控机床中就会影响到加工工件的精度。为此，近年来实际使用的步进电动机是定子和转子齿数都较多、步距角较小、特性较好的小步距角步进电动机。如图 4-22 所示为最常用的一种小步距角的三相反应式步进电动机的结构图。

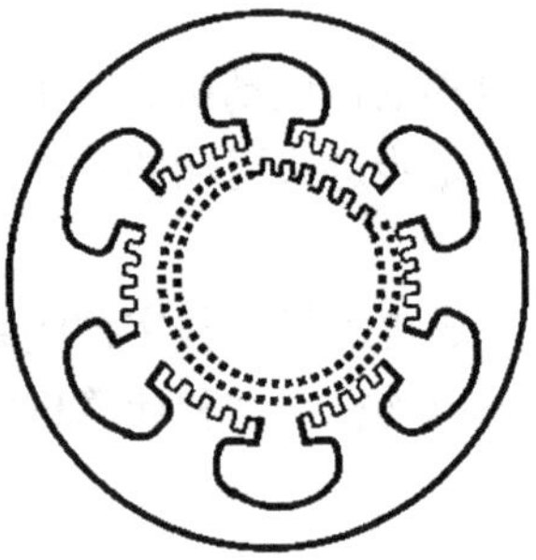

图 4-22　小步距角步进电动机

步进电动机应由专用的驱动电源来供电。主要包括变频信号源、脉冲分配器和脉冲放大器三个部分。

### 4.3.2　步进电动机的三种工作方式

对于定子有 6 个极的三相步进电动机，可分为单三拍、双三拍、六拍三种工作方式。

1. 单三拍运行方式

设控制绕组的通电方式每变换一次称为一拍，如果每次只允许一相单独通电，三拍构成一个循环，称为单三拍运行方式。如图 4-21 所示为一台三相反应式步进电动机单三拍运行方式的工作原理图。

2. 双三拍运行方式

实际使用中，由于单三拍运行的可靠性和稳定性较差，通常可以将其改为双三拍运行，即每拍允许两相同时通电，三拍为一个循环，如图 4-23 所示。

第一拍：A 相、B 相同时通电，磁力线分成两路，一路沿磁极 A、齿 1、齿 4、磁极 B 形成闭合回路；另一路沿磁极 B′、齿 2、齿 3、磁极 A′形成闭合回路。由于电磁吸引力的作用，将转子的齿锁定在 A、B 两极之间的对称位置。以磁极 A 为参考，齿 1 的中心线顺时针偏移了 15° 机械角度，如图 4-23（a）所示。第二拍：B 相、C 相同时通电，磁力线一路沿磁极 B、齿 4、齿 3、磁极 C 形成闭合回路；另一路沿磁极 C′、齿 1、齿 2、磁极 B′形成闭合回路，仍以磁极 A 为参考，齿 1 的中心线在原来的基础上顺时针转过了 30° 机械角度，总计为 45°。转子被锁定在 B、C 两极之间的对称位置，如图 4-23（b）所示。同理，第三拍：C 相、A 相同时通电，如图 4-23（c）所示，转子又顺时针转过了 30° 机械角度，总计为 75° 度。

依此类推，控制绕组的电流按 AB-BC-CA-AB 的顺序切换，转子顺时针转动；若控制绕组的电流按 AC-CB-BA-AC 的顺序切换，转子则逆时针转动。步距角与单三拍运行时相同，即$\theta_b$=30°。

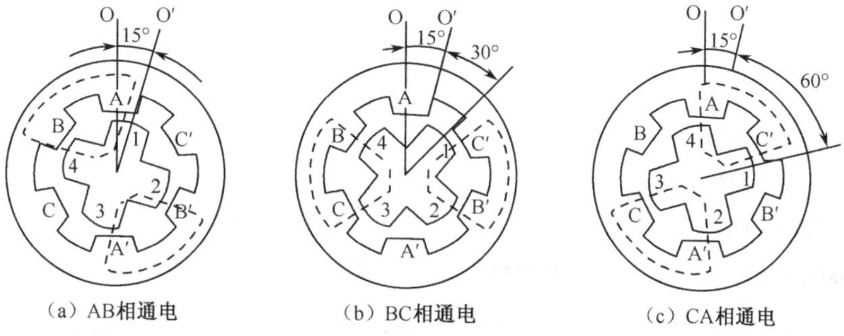


图 4-23 三相双三拍步进电动机工作原理图

3. 六拍运行方式

不论单三拍还是双三拍运行，步距角均为 30° 机械角度。只有改变控制绕组电流的切换频率，才能改变步距角的大小。如果将通电方式改为单相通电、两相通电交替进行，每六拍为一个循环，称为六拍运行方式。

例如，控制绕组的通电顺序为 A-AB-B-BC-C-CA-A，第一拍：A 相单独通电，磁场的分布及转子的位置如图 4-21（a）所示，转子齿 1 的中心线恰好与定子磁极 A 的中心线重合，即偏移角度为 0°；第二拍：A 相、B 相同时通电，磁场的分布及转子的位置如图 4-23（a）所示，转子齿 1 的中心线顺时针偏转了 15°；其他几种情况均可参见图 4-21 及图 4-23。为了便于比较，将有关数据列于表 4-1 中。

由此可见，三相六拍运行时，每拍的步距角为 15°；如果控制绕组的通电顺序改为 A-AC-C-CB-B-BA-A，转子则逆时针转动。

**表 4-1 步进电动机六拍运行时的数据**

| | 通 电 顺 序 | 偏 转 角 度 | 参 考 图 号 |
|---|---|---|---|
| 第一拍 | A 相 | 0° | 图 4-21（a） |
| 第二拍 | A 相、B 相 | 15° | 图 4-23（a） |
| 第三拍 | B 相 | 30° | 图 4-21（b） |
| 第四拍 | B 相、C 相 | 45° | 图 4-23（b） |
| 第五拍 | C 相 | 60° | 图 4-21（c） |
| 第六拍 | C 相、A 相 | 75° | 图 4-23（c） |

## 4.3.3 步距角及转子齿数

1. 步距角$\theta_b$

由以上分析可知，每输入一个电脉冲信号时转子所转过的机械角度即为步距角$\theta_b$，$\theta_b$的大小与控制绕组电流的切换次数及转子的齿数有关。

由于转子只有 4 个齿，齿距为 90°。三拍运行时的步距角$\theta_b$=30°，电动机每转过一个齿距需要运行 3 步，每旋转一周需要四个循环，共 12 步；六拍运行时的步距角$\theta_b$=15°，电动机每转过一个齿距需要运行 6 步，每旋转一周需要四个循环，共 24 步。因此，拍数增多时步距角减小，步数增多。如果增加转子齿数，会使齿距减小、总步数增加、步距角减小。步距角的一般公式为

$$\theta_b = \frac{360°}{Z_R k_m} \tag{4-2}$$

式中 $Z_R$——转子齿数；

$K_m$——运行拍数（$k$=1，2；$m$=2，3，4，5，6 为电动机相数）。

由于 $k$ 值有两种选择（$k$=1 单拍；$k$=2 双拍），因此，步距角可以有两个成倍的角度。

如果电源的脉冲频率很高，步进电动机就会连续转动，其转速正比于脉冲频率 $f$。每输入一个电脉冲，转子转过步距角$\theta_b$，由公式（4-2）可知，每个电脉冲对应于 $\frac{\theta_b}{360°} = \frac{1}{Z_R k_m}$，每分钟输入 60 $f$ 个电脉冲，电动机每分钟的转速为

$$n = \frac{60f}{Z_R k_m} \tag{4-3}$$

**特别提示**

通过改变脉冲频率可以在很宽的范围内实现调速。

2. 转子总齿数 $Z_R$

反应式步进电动机的转子齿数主要由步距角决定。为了提高精度，应当使步距角$\theta_b$尽量减小，由式（4-2）可知，运行拍数确定后，步距角$\theta_b$与转子总齿数 $Z_R$ 成反比。例如，常用的步距角是$\theta_b$=3°；$\theta_b$=1.5°。如果取 $k_m$=3（即三拍运行），转子总齿数 $Z_R$=40，齿距角为 $\frac{360°}{Z_R} = 9°$，每拍转过 3°；如果取 $k_m$=6（即六拍运行），转子总齿数不变，每拍转过 1.5°。

实用中，通常将定子极靴表面加工成齿形结构，为了保证在受到反应转矩时定转子的齿能对齐，要求定转子的齿宽、齿距分别相同，如图 4-22 所示。

图 4-22 中，定子上有 6 个磁极，每个极距对应的转子齿数为：$\frac{Z_R}{2P} = \frac{40}{6} = 6\frac{2}{3}$，不为整数；当 A 相的定转子齿对齐时，相邻 B 相的定转子齿无法对齐，彼此错开 1/3 齿距（即 3°）。其他各相依此类推。对于任意 $m$ 相电动机，应依次错开 $1/m$ 齿距。利用这种“自动错位”，为下一相通电时转子齿能被吸引直至对齐做准备，从而使步进电动机能连续工作。因此，转子的齿数应能满足“错位”的要求，步进电动机几种常用的转子齿数见表 4-2。

表 4-2　步进电动机几种常用的转子齿数

| m \ $\theta_b$ / $Z_R$ | 9° | 6° | 3°* | 1.5°* | 1.2° |
|---|---|---|---|---|---|
| | 4.5° | 3° | 1.5° | 0.75° | 0.6° |
| 三相 | — | 20 | 40 | 80 | 100 |
| 四相 | 10 | — | 30 | — | — |
| 五相 | 8 | 12 | 24 | 48 | — |
| 六相 | — | 10 | — | — | 50 |

* 为常用步距角

## 4.3.4　步进电动机应用举例

步进电动机主要作为数控机床中的执行元件，数控机床又分为铣床、钻床、车床、线切割机等多种机床。此外在绘图机、自动记录仪表、轧钢机自动控制等方面也得到广泛应用。如图 4-24 所示为应用步进电动机的数控机床工作示意图。

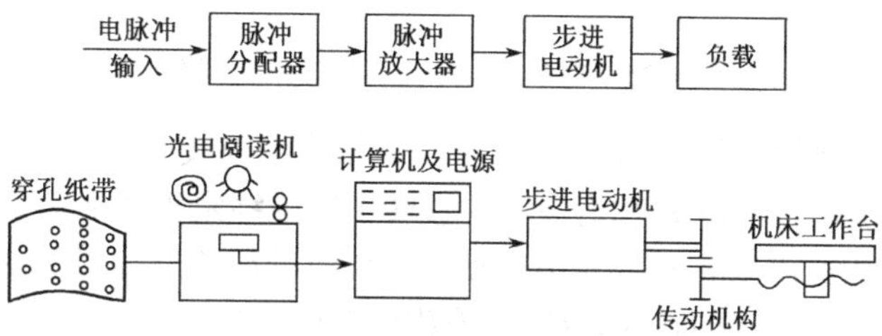


图 4-24　应用步进电动机的数控机床工作示意图

加工复杂零件时，先根据工件的图形尺寸、工艺要求和加工工序编制程序，并记录在穿孔纸带上；再由光电阅读机将程序输入计算机进行运算；计算机发出一定频率的电脉冲信号。用环形分配器将电脉冲信号按工作方式进行分配，再经过脉冲放大器放大后驱动步进电动机。步进电动机按计算机的指令实现迅速启动、调速、正反转等功能，通过传动机构带动机床工作台。

# 4.4　自 整 角 机

自整角机是传递角度信号的控制发电机，用来测量并指示远距离设备装置的角度位移，将检测信号传递到主控室，或在随动系统中使机械上互不相连的两轴同步偏转。广泛用于工业自动控制和国防工业。根据用途不同，分为控制式自整角机和力矩式自整角机两类。

## 4.4.1　控制式自整角机

1. 基本结构

控制式自整角机常成对组合使用，一台作为发送机，记为 ZKF；另一台作为接收机，记为 ZKB；两机的结构完全一样。定子与三相交流电机结构相同，铁芯槽内装有三个对称绕组，在空间彼此互差 120° 电角度，称为整步绕组。运行时，两机的定子绕组连接成星形接法，其

引出端 $D_1$、$D_2$、$D_3$ 和 $D_1'$、$D_2'$、$D_3'$ 分别用三根导线对应连接。转子分为隐极式或凸极式结构，其上设置有单相交流绕组。发送机 ZKF 的转子绕组为励磁绕组，接恒定电压的交流电源 $\dot{U}_1$；接收机 ZKB 的转子绕组作为输出绕组，感应变压器电动势 $\dot{E}_0$，输出的角流电压为 $\dot{U}_2$，因此又称为自整角变压器。控制式自整角机的接线原理如图 4-25 所示。

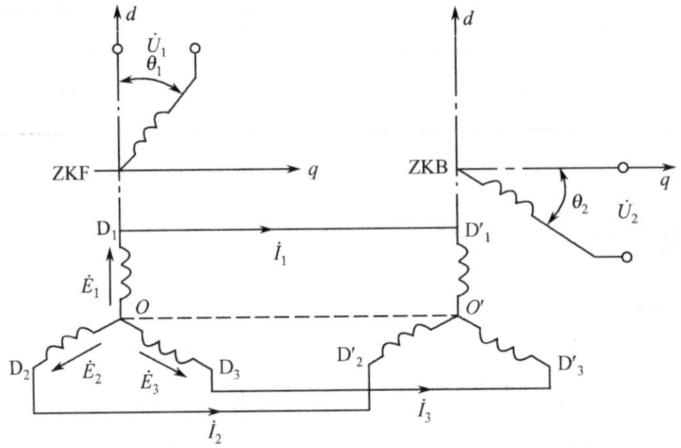


图 4-25　控制式自整角机的接线原理图

设发送机定子 $D_1$ 相绕组轴线与接收机定子 D 相绕组轴线相平行，均指向 $d$ 轴方向。调整发送机 ZKF 的转子位置，以 $d$ 轴为参考，使转子励磁绕组轴线滞后 $d$ 轴为 $\theta_1$ 电角度；调整接收机 ZKB 转子位置，以 $q$ 轴为参考，使输出绕组轴线滞后 $q$ 轴为 $\theta_2$ 电角度，规定两机转子绕组轴线相互垂直的位置为平衡位置（或称协调位置）。

2. 自整角变压器的输出电压

根据电磁感应关系，如图 4-25 所示的自整角机可以看成是两台变压器串联运行。发送机 ZKF 相当于第一台变压器；接收机 ZKB 相当于第二台变压器。当 ZKF 的励磁绕组接单相交流电源 $\dot{U}_1$ 时，流通励磁电流 $\dot{I}_f$，产生脉振磁通 $\dot{\phi}_m$，$\dot{\phi}_m$ 穿过气隙进入定子，分别在定子三个整步绕组中感应时间相位相同的变压器电动势，而各绕组中感应电动势的大小与转子的偏转角 $\theta_1$ 有关。由于定子三个绕组在空间彼此互差 120° 电角度，因此，垂直穿过各绕组平面的脉振磁通幅值分别为定子三个整步绕组感应电动势的有效值分别为

$$
\begin{aligned}
\Phi_1 &= \Phi_m \cos\theta_1 \\
\Phi_2 &= \Phi_m \cos(\theta_1 - 120°) \\
\Phi_3 &= \Phi_m \cos(\theta_1 + 120°)
\end{aligned}
\tag{4-4}
$$

定子三个整步绕组感应电动势的有效值分别为

$$
\begin{aligned}
E_1 &= 4.44 f N_s \Phi_1 = 4.44 f N_s \cos\theta_1 = E\cos\theta_1 \\
E_2 &= 4.44 f N_s \Phi_2 = 4.44 f N_s \Phi_m \cos(\theta_1 - 120°) = E\cos(\theta_1 - 120°) \\
E_3 &= 4.44 f N_s \Phi_3 = 4.44 f N_s \Phi_m \cos(\theta_1 + 120°) = E\cos(\theta_1 + 120°) \\
E &= 4.44 f N_s \Phi_m
\end{aligned}
\tag{4-5}
$$

式中　$E$——发送机定子绕组每相电动势的幅值；

$N_s$——发送机定子绕组每相的有效串联匝数；

$f$——电源频率。

由于发送机 ZKF 与接收机 ZKB 定子绕组采取对应连接，在电动势的作用下，两机定子绕组中有电流 $\dot{I}$ 流通，三个绕组中电流的时间相位相同，但有效值不相等。

假设两机中点之间的连线用虚线表示（如图 4-25 所示），各相的总阻抗（包括 ZKF 和 ZKB 定子绕组的阻抗及连接线的阻抗）用 $Z$ 表示，各相电流的有效值分别为

$$\begin{aligned} I_1 &= \frac{E_1}{Z} = \frac{E\cos\theta_1}{Z} = I\cos\theta_1 \\ I_2 &= \frac{E_2}{Z} = \frac{E}{Z}\cos(\theta_1 - 120°) = I\cos(\theta_1 - 120°) \\ I_3 &= \frac{E_3}{Z} = \frac{E}{Z}\cos(\theta_1 + 120°) = I\cos(\theta_1 + 120°) \\ I &= \frac{E}{Z} \end{aligned} \tag{4-6}$$

式中 $I$——两机定子各相电流的最大值。

中线电流 $I_{oo'} = I_1 + I_2 + I_3 = 0$，因此，使用中不必接中线。

两机定子绕组中的电流各自建立脉振磁动势，并产生相应的磁通。对于接收机而言，这些磁通穿过气隙，分别在 ZKB 转子输出绕组中感应同相位的电动势 $\dot{E}_{01}$、$\dot{E}_{02}$、$\dot{E}_{03}$。

以 $D_1'$ 相绕组为例，不计饱和的影响，则有：$I_1 \propto F_1 \propto \phi_1 \propto E_{01} \Rightarrow I_1 \propto E_{01}$；同理，$I_2 \propto E_{02}$；$I_3 \propto E_{03}$，可见，输出绕组中各感应电动势的大小与相应的定子电流成正比。同时，感应电动势与垂直穿过输出绕组平面的磁通量有关，即与各电流对应的定转子绕组轴线之间的相位差角有关。例如，定子 $D_1'$ 相绕组轴线与输出绕组轴线之间的相位差角为 $90° + \theta_2$（如图 4-25 所示）。

引入比例系数 $k$，并根据公式（4-5），可以写出输出绕组各感应电动势分量为

$$\left.\begin{aligned} E_{01} &= kI_1\cos(90° + \theta_2) = kI\cos\theta_1\cos(90° + \theta_2) \\ E_{02} &= kI_2\cos(90° + \theta_2 - 120°) = kI\cos(\theta_1 - 120°)\cos(\theta_2 - 30°) \\ E_{03} &= kI_3\cos(90° + \theta_2 + 120°) = kI\cos(\theta_1 + 120°)\cos(\theta_2 + 210°) \end{aligned}\right\} \tag{4-7}$$

自整角变压器输出绕组的电动势为以上各电动势之和，若忽略输出绕组的内阻抗压降，其输出电压为 $U_2$，即

$$\begin{aligned} U_2 &= E_{01} + E_{02} + E_{03} \\ &= kI\left[\cos\theta_1\cos(90° + \theta_2) + \cos(\theta_1 - 120°)\cos(\theta_2 - 30°) + \cos(\theta_1 + 120°)\cos(\theta_2 + 210°)\right] \\ &= \frac{3}{2}kI\cos(\theta_1 - \theta_2 - 90°) \\ &= \frac{3}{2}kI\sin(\theta_1 - \theta_2) \\ &= U_{2m}\sin\delta \end{aligned}$$

$$U_{2m} = \frac{3}{2}kI$$

$$\delta = \theta_1 - \theta_2$$

式中 $U_{2m}$——自整角变压器的最大输出电压；

$\delta$——失调角，即接收机转子绕组轴线偏离协调位置的空间电角度。

由此可见，自整角变压器的输出电压 $U_2$ 是失调角 $\delta$ 的正弦函数，$U_2$ 的大小和正负与两

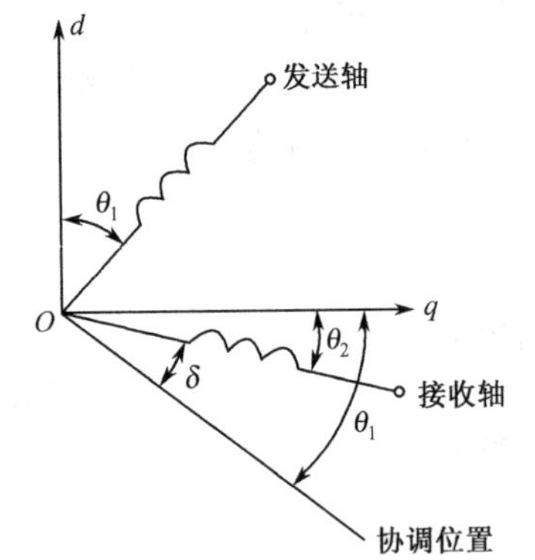


图 4-26　控制式自整角机的协调位置

转子绕组的相对位置有关。当两机转子绕组的轴线处于相互垂直的位置时，$\theta_1=\theta_2$；$\delta$=0；$U_2$=0，所以规定 $U_2$=0 时的输出绕组轴线所在位置为控制式自整角机的协调位置。如图 4-26 所示。

3. 控制式自整角机的应用举例

由图 4-27 可以说明自整角机在雷达天线自动控制系统中的应用。图 4-27 中，自整角发送机的转子励磁绕组接交流电压 $\dot{U}_1$，转子轴为主动轴，其上装有手轮。自整角变压器的转轴为从动轴，与被控对象雷达天线相连接。

当搜索飞机时，雷达天线在空中旋转，而人无法直接摇动笨重的天线。于是雷达操纵手转动手轮，使发送机 ZKF 的转轴不断偏转（其转角为 $\theta_1$），只要 $\delta\neq 0$，即接收机 ZKB 转子的偏转角 $\theta_2\neq\theta_1$，自整角变压器就输出电压 $\dot{U}_2$。经过交流放大器放大后，作为交流伺服电动机的控制信号 $\dot{U}_k$，使伺服电动机启动。伺服电动机经过减速后，带动接收机 ZKB 的转子以及雷达天线旋转（转角为 $\theta_2$），从而实现了雷达天线自动随手轮偏转的要求。直到 $\theta_2=\theta_1$，$\delta$=0，$\dot{U}_2$=0 时为止。

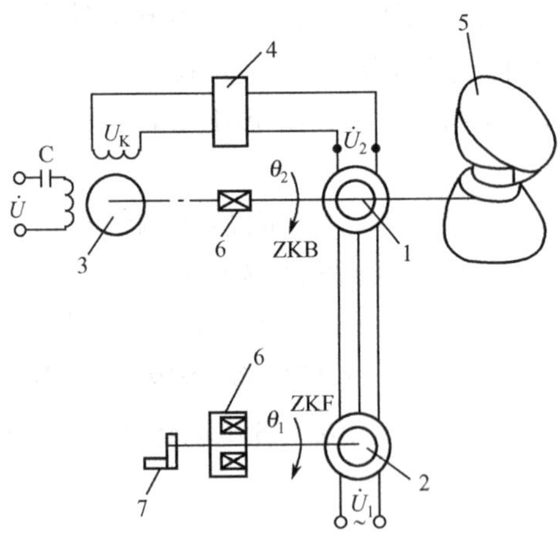


1—自整角发送机；2—自整角变压器；3—交流伺服电动机
4—放大器；5—雷达天线；6—变速器；7—手轮

图 4-27　控制式自整角机在随动系统中的应用

## 4.4.2　力矩式自整角机

由以上分析可知，控制式自整角机转子上只能输出电压，因而必须用伺服电动机将电压信号转换成机械转矩，才能带动被控负载，实现转角的随动。而力矩式自整角机转轴上可以输出机械转矩（称为整步转矩），直接带动指针类轻负载。

1. 整步转矩的产生

力矩式自整角机的基本结构和控制式自整角机相同。其接线原理图如图 4-28 所示。所不同的是，发送机 ZLF 与接收机 ZLJ 的转子绕组均作为励磁绕组，接在同一交流电源上。发送机产生转角信号，接收机产生转矩，并能带动仪表指针进行显示。

设发送机定子 $D_1$ 相绕组轴线与接收机定子 $D_1'$ 相绕组轴线相平行，均指向 $d$ 轴方向。以 $d$ 轴为参考，调整两机的转子位置，使发送机 ZLF 的转子绕组轴线超前 $d$ 轴为 $\theta_1$ 电角度；接收机 ZLJ 的转子绕组轴线超前 $d$ 轴为 $\theta_2$ 电角度，使之处于协调位置。

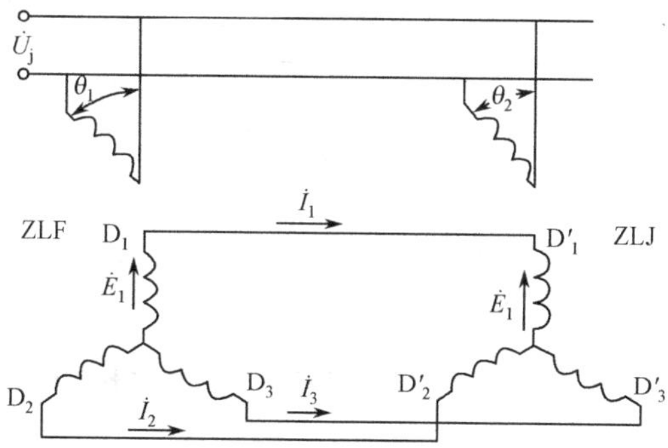


图 4-28　力矩式自整角机接线原理图

以发送机 ZLF 为例，交流励磁电流产生的脉振磁通穿过定转子间的气隙，与定子的三个整步绕组相交链，在绕组中感应时间相位相同的电动势，电动势的有效值 $E_1$、$E_2$、$E_3$ 与发送轴的偏转角 $\theta_1$ 有关，见公式（4-7）。同理，接收机的转子加励磁电压后，也在接收机定子绕组中感应时间相位相同的电动势，其有效值 $E_1'$、$E_2'$、$E_3'$ 与接收轴的偏转角 $\theta_2$ 有关。当 $\theta_2=\theta_1$ 或失调角 $\delta=0$ 时，以由 $D_1$ 和 $D_1'$ 构成的定子绕组回路为例，两边的电动势有效值 $E_1=E_1'$，总电动势 $\Delta E_1=E_1-E_1'=0$，因此，定子电流 $I_1=0$，其他两相也是如此。若 $\theta_2\neq\theta_1$，两机定子绕组所构成的各相回路中便存在着电动势差 $\Delta E_1$、$\Delta E_2$、$\Delta E_3$，于是定子电流 $I_1$、$I_2$、$I_3$ 不等于零，定子电流与接收机的励磁磁通相互作用，产生电磁转矩 $T$，称为整步转矩。可以证明，整步转矩 $T$ 是失调角 $\delta$ 的正弦函数，即

$$T\propto\sin\delta$$

整步转矩可以带动轴上的机械负载，使接收机转子沿着失调角减小的方向转动，直到 $\theta_2=\theta_1$、$\delta=0$ 时为止。所以规定 $T=0$ 时自整角发送机与接收机处于协调位置。同样，发送机转子也受到与整步转矩方向相反的电磁转矩作用，但由于其转轴已与主令轴固定连接，因而不能转动。

2. 力矩式自整角机的应用

力矩式自整角机通常用于自动测量和指示系统。例如，测量并传送泵的阀门开启度；测量雷达天线的俯仰角、船舶舵角；显示高炉探尺的位置、液面的高度等。如图 4-29 所示为力矩式自整角机在测位系统中的应用。

图 4-29 中，发送机 ZLF 的转轴上固定着套有绳索、平衡锤和浮子的滑轮，而接收机 ZLJ 的转轴上固定着仪表指针。每当浮子随液面升降做上下移动时，引起发送机 ZLF 的转轴发生偏转，从而产生转角信号 $\theta_1$；只要 $\theta_2\neq\theta_1$，就会使接收机 ZLJ 的转子受到整步转矩 $T$ 的作用，带动转轴上的仪表指针沿失调角减小的方向旋转。直到 $\theta_2=\theta_1$、$\delta=0$ 时，整步转矩 $T=0$，于是指针在仪表刻度盘上做出相应的显示，实现了远距离测量的目的。

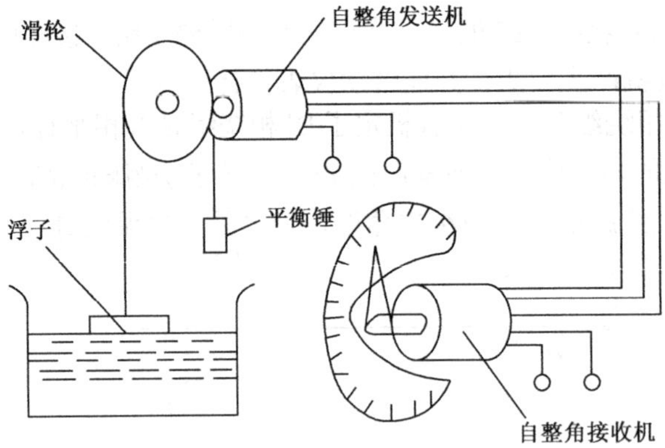


图 4-29　力矩式自整角机应用举例

# 4.5　小功率同步电动机

## 4.5.1　概述

小功率同步电动机的功率从零点几瓦到几千瓦。其主要特点是转速与电源频率成正比，而不随负载变化。可作为恒速驱动电动机，用于自动控制装置、无线电通信设备及仪器仪表，电声设备、钟表工业等。

小功率同步电动机的定子主要用来流通交流电流，产生旋转磁场；其基本结构与异步电动机相同。具体分三种情况：

① 容量较大时采用三相交流绕组，通入三相交流电；

② 为了使用方便，多采用两相对称绕组，将单相电源经电容移相后加在两相绕组上；

③ 容量很小时，为了便于制造，采用罩极式结构，励磁绕组通入单相交流，靠短路铜环的作用使电动机产生启动力矩。

小功率同步电动机的转子主要用来产生电磁转矩，其结构可分为永磁式、反应式和磁滞式三种类型。

## 4.5.2　永磁式同步电动机

永磁式同步电动机具有结构简单、体积相对较小、效率相对较高等优点，是小功率同步电动机中使用较多的一种。

永磁式同步电动机的转子可以是一对极或多对极，用永久磁钢制成，代替了普通同步电动机的直流励磁，因此结构简单。当定子交流磁场以同步速旋转时，定子磁场吸引着转子磁钢旋转，对于转速很低或转子转动惯量很小的电动机，转子可以直接被牵入同步。一般情况下，转子上装有用来启动的鼠笼式绕组，如图 4-30 所示。图 4-30（a）中两端为永久磁钢，中部为鼠笼式绕组，图 4-30（b）和图 4-30（c）中在磁钢外圆周安装鼠笼式绕组。

启动时，旋转磁场在鼠笼式绕组中感生电流并产生异步转矩，带动转子旋转。当转速上升到接近同步转速时，定子磁场将转子牵入同步。于是异步转矩消失，转轴上输出恒定的同

步转矩，即

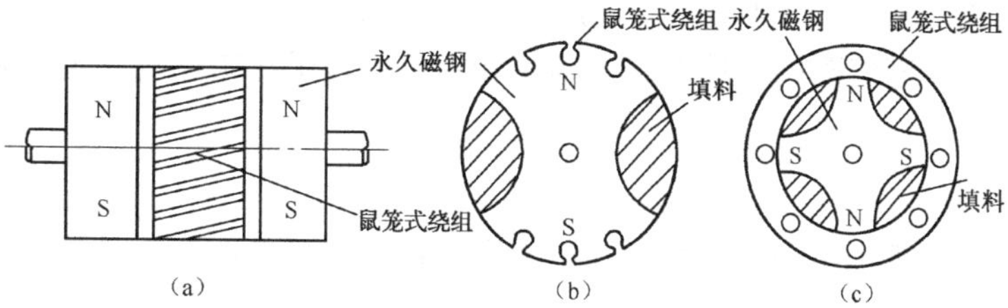


图 4-30 永磁同步电动机的转子结构

$$T = T_m \sin\theta \tag{4-8}$$

式中 $T_m$——最大电磁转矩，即$\theta$=90° 时的转矩；

$\theta$——定子磁场超前转子磁场的空间电角度。

只要负载转矩小于最大电磁转矩 $T_m$，转子就以恒定的速度旋转，每分钟的转速为

$$n = \frac{60f}{p}$$

## 4.5.3 反应式同步电动机

反应式同步电动机的转子做成凸极式形状，铁芯采用软磁性材料硅钢片叠成，铁芯上不装设励磁绕组，只是利用交轴和直轴磁阻不等引起不同的磁场反应而产生电磁转矩，如图 4-31 所示。

转子位于两极旋转磁场中，磁力线从定子 N 极穿出时，沿磁阻较小的 $d$ 轴方向进入转子。被扭歪的磁力线可以分解为 $d$ 轴分量和 $q$ 轴分量，$d$ 轴分量产生径向力，不能使转子旋转；$q$ 轴分量产生切向力，使转子受到拖动电磁转矩（又称为反应转矩），因此转子顺着旋转磁场的方向旋转。反应转矩的大小与磁力线被扭歪的程度即$\theta$角大小有关，即

$$T = T_m \sin 2\theta \tag{4-9}$$

式中 $T_m$——最大电磁转矩，即$\theta = 45°$ 时的转矩；

$\theta$——定子磁场超前转子 $d$ 轴的空间电角度。

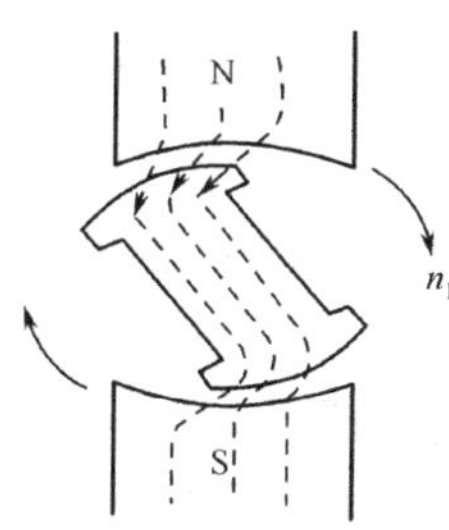


图 4-31 反应转矩的产生

负载转矩增大时$\theta$角也增大，若$\theta < 45°$，对应的反应转矩增大。和永磁式同步电动机一样，如果负载转矩超过最大转矩，转子就会失步甚至停转。

反应式同步电动机的启动方法和永磁式电动机一样，采用异步启动。通常在转子凸极表面开槽设置鼠笼式绕组，如图 4-32 所示为三种常用的转子冲片形状。鼠笼式绕组除了能帮助启动外，还可以在转速偏离同步速时产生阻尼转矩，使转子尽快恢复恒定的转速。

**特别提示**

反应式同步电动机比永磁式同步电动机成本低，结构简单，广泛用于遥控装置、同步联络装置、音像设备和钟表工业。

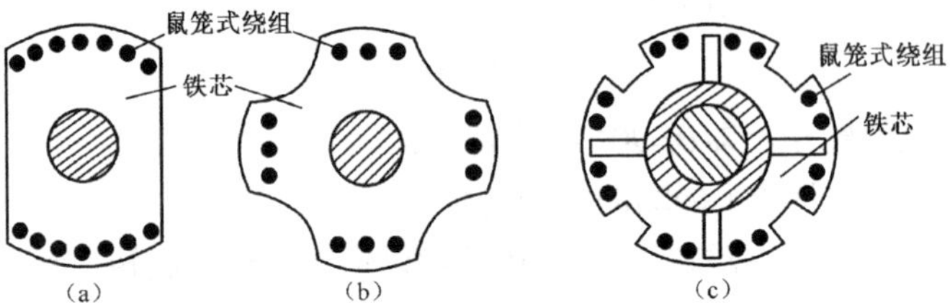


图 4-32　反应式同步电动机转子冲片

## 4.5.4　磁滞式同步电动机

磁滞式同步电动机的转子用硬磁材料做成圆柱形，不装设励磁绕组。硬磁材料具有较宽的磁滞回线，其剩磁 $B_r$ 和矫顽力 $H_c$ 均较大。当转子受到定子磁场的交变磁化时，其磁极的极性也随着旋转磁场的极性而变化。

由于磁滞的原因，旋转磁场每转过一个角度时，转子硬磁材料磁分子的取向并不能立即转过同样的角度，相当于转子磁极滞后定子磁极 $\theta$ 电角度，$\theta$ 称为磁滞角，如图 4-33 所示。

由于磁滞角的存在，因而产生磁滞转矩 $T_z$，使转子顺着旋转磁场的方向旋转。可以证明，磁滞转矩 $T_z$ 与磁滞角 $\theta$ 成正比，即

$$T_z \propto \sin\theta$$

对应一定的负载，其特点是：

① 当转速低于同步速时，磁滞角 $\theta$ 为常数，其值只与硬磁材料本身的性质有关，因此，磁滞转矩 $T_z$=常数。

② 转子在磁滞转矩 $T_z$ 的作用下加速，当转速接近同步速时，转子类似永磁电动机，被定子磁场牵入同步。

③ 当转速等于同步速时，转子受到恒定磁化，于是磁滞角 $\theta$ 为零，磁滞转矩 $T_z=0$，此时相当于一台永磁电动机。

为了节约稀有金属，磁滞式电动机的转子采用复合式结构。内圈为套筒，用非磁性材料或电工钢制成。外圈为硬磁材料有效层，用铁钴镍和铁钴钒等合金制成。可以由冲片叠制或用整块材料制成钢环，如图 4-34 所示。当转速低于同步速时，在钢环中产生涡流和异步转矩，有利于启动。

**特别提示**

与前两种小功率同步电动机相比，磁滞电动机的主要优点是具有很大的启动转矩，不必

附设启动绕组。缺点是成本较高、功率因数较低。主要用来驱动惯量较大的负载，功率由零点几瓦到200瓦，其中50瓦以下的磁滞电动机应用较为广泛。

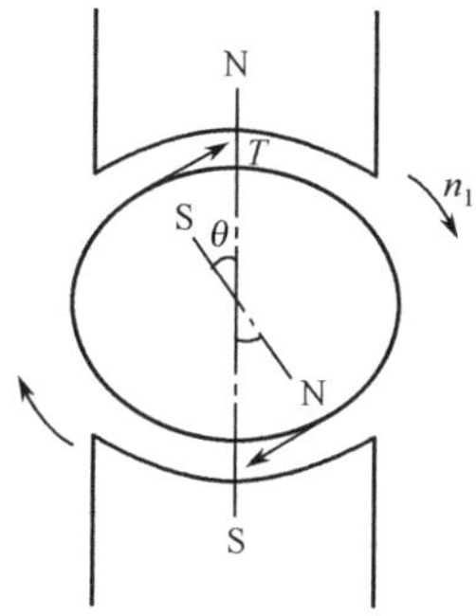


图4-33 磁滞转矩的产生

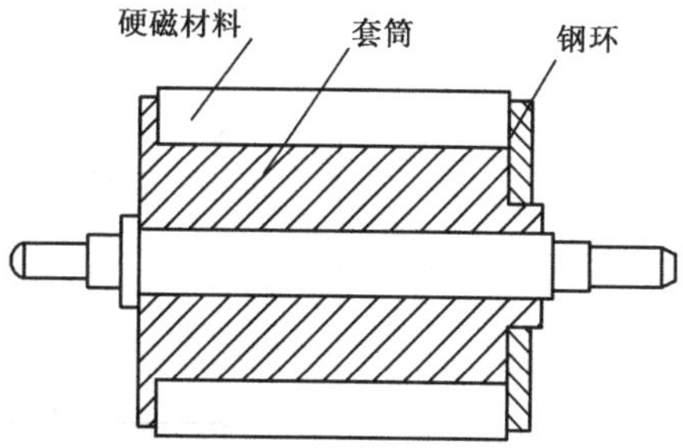


图4-34 磁滞电动机的转子结构

## 4.6 微特电动机应用实例

1. 盒式录音机电动机

盒式录音机电动机就是一种永磁式直流电动机，具有体积小、重量轻、效率高、噪声小等特点。录音机的电源电压随工作负载的变化而在某一范围内变化，但盒式录音机要求保持走带稳定，故其采用的永磁电动机常要配有稳速装置（一种机械离心稳速装置），通常与电动机一起装在同一个机壳中，通过利用离心力与转速成正比使离心开关在一定转速范围内不断通断，从而将电动机的转速控制在一定范围。

另一种是采用电子稳速电路。电动机旋转时，电枢绕组会产生一个反电动势，转速越高，反电动势就越大；若电动机端电压不变，负载越大，则电动机转速就会下降，电枢电流就上升。电子稳速电路就是通过这些参数的变化来控制电动机的端电压，将电动机的转速控制在一定范围之内。

如图4-35所示是一种永磁电动机电子稳速电路。其中，$VT_2$为取样放大管，$VT_1$为调整管。

当电动机所带的负载不变时，$VD_2$、$VD_3$正常导通，A、B两点电压恒定，若电动机所带的负载因某些因素而增加，电动机的速度开始下降，电动机的电枢电流开始增加，流经$R_2$的电流增加，$R_2$两端电压也增加，A点电位增加，B点的电位也随之增加，$VT_2$的发射极和基极的电位差增加，集电极电流增加，$VT_1$的基极与发射极的电位差增加，因而使$VT_1$集电极与发射极之间的内阻降低，从而使电动机的端电压上升，使电动机的转速回升，以达到稳速的目的。负载减小时，则反之。

若当某些因素使电动机的端电压升高，若电动机负载不变，则电动机的转速会升高，反电动势增加相当于电动机“内阻”增加，A点电位降低，B点电位也降低，$VT_2$发射极与基极的电位差在减小，集电极电流减小，D点电位降低，$VT_1$集电极和发射极间的内阻增加，使电动机的端电压下降，电动机升高的转速降回来，从而保持电动机稳速运行。

RP是微调电位器，是用来调节$VT_2$的基极电位，改变$VT_2$的集电极电流，改变$VT_1$集电极和发射极间的内阻，从而改变电动机端电压进而改变电动机的转速。

$C_2$是负反馈电容，作用是防止自激；$L_1$和$C_1$组成退耦电路，用以消除电动机换向产生的火花对外电路的影响。

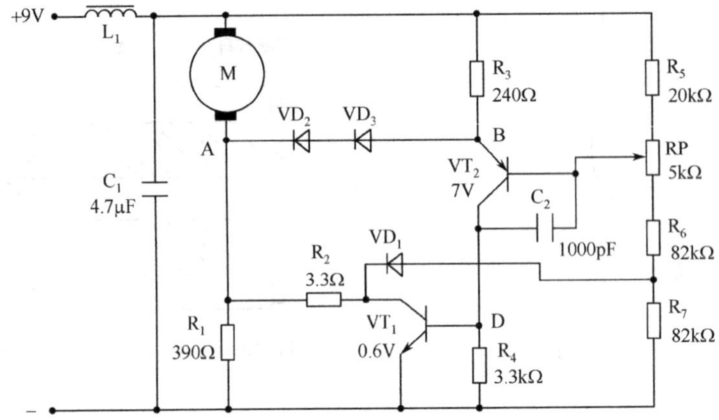


图 4-35　永磁电动机的电子稳速电路

2. 永磁式电吹风

永磁式电吹风采用永磁式直流电动机，其控制电路如图 4-36 所示。图 4-36 中，S 为两刀四位开关，当 S 置于“1”挡时，电吹风不工作；当 S 置于“2”挡时，电动机运转，电热丝不通电，吹出冷风；当 S 置于“3”挡时，电热丝和电动机同时工作送出热风；当 S 置于“4”挡时，电动机正常运转，电热丝经二极管接电源，送出温风。

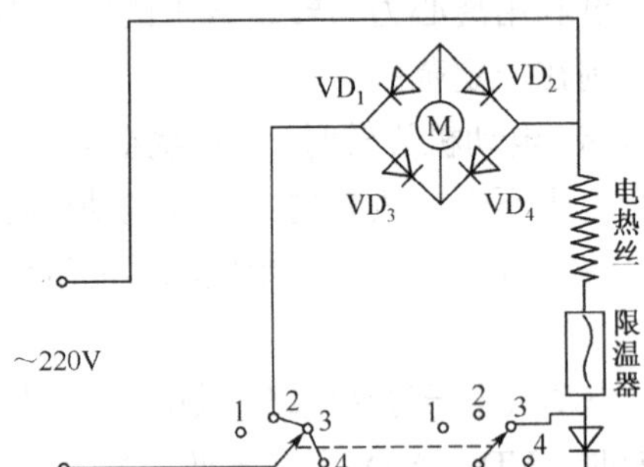


图 4-36　永磁式电吹风电路图

3. 玩具电动机

玩具电动机是最简单的永磁直流微型电动机，其优点是价格低，故要求设计尽量简单，材料尽量选用冲压件、塑料压铸，以便大量生产，降低成本，增强市场竞争能力。

玩具电动机不仅用于玩具中，还常用于电动工具、家用电器等，如电动剃须刀、电吹风等。

玩具电动机可分为以下三类。

（1）经济型玩具电动机

经济型电动机以干电池为电源，输出功率在 0.2~1W 之间，噪声小、效率较高，寿命较短。

（2）低噪声型玩具电动机

此类电动机对电刷、换向器、轴承和轴都做了精心的选择和精密的处理，噪声小、寿命长，输出功率较小（0.5 W 以内），用于中高档玩具、计算机、收录机和照相机中。

（3）重负载型玩具电动机

此类电动机输出功率较大，常采用含油轴承，换向器经过精密加工，并采用金属石墨碳刷结构，输出功率可达 30~50W，常用于大型玩具、电动喷雾器和汽车电器中。

# 本 章 小 结

伺服电动机通常分为两大类：直流伺服电动机和交流伺服电动机，是以供电电源是直流还是交流来划分的。直流伺服电动机的基本结构类型有两种：永磁式和电磁式。

直流伺服电动机的励磁绕组和电枢绕组分别装在定子和转子上，改变电枢绕组的端电压或改变励磁电流都可以实现调速控制。常用的直流伺服电动机有：普通型直流伺服电动机、盘形电枢直流伺服电动机、空心杯直流伺服电动机和无槽直流伺服电动机等。

与直流伺服电动机一样，交流伺服电动机也常作为执行元件，用于自动控制系统中，将起控制作用的电信号转换为转轴的转动。

交流伺服电动机就是两相交流电动机。交流伺服电动机也是由定子和转子两大部分组成。

常见的转子结构有鼠笼式转子和非磁性杯形转子。由于非磁性杯形转子伺服电动机的成本高，所以只用在一些对转动的稳定性要求高的场合，它的应用范围不如鼠笼式转子交流伺服电动机广泛。

交流伺服电动机的控制电压和励磁电压是时间相位互差 90° 电角度的交流电，可在空间形成圆形或椭圆形的旋转磁场，转子在磁场的作用下产生电磁转矩而旋转。

交流伺服电动机的控制方法有幅值控制、相位控制和幅相控制三种。

测速发电机是转速的测量装置，它的输入量是转速，输出量是电压信号，输出量和输入量成正比。根据输出电压的不同，测速发电机可分为直流测速发电机和交流测速发电机两种形式。

直流测速发电机根据励磁方式的不同可分为两种形式：永磁式直流测速发电机和电磁式直流测速发电机。因为永磁式直流测速发电机结构简单，不需要励磁电源，使用方便，所以比电磁式直流测速发电机应用面广。直流测速发电机的主要应用如下：在自动控制系统中用来测量或自动调节电动机的转速；在随动系统中通过产生电压信号以提高系统的稳定性和精度；在计算和解答装置中作为积分和微分元件；在机械系统中用来测量摆动或非常缓慢的转速。

交流测速发电机包括同步测速发电机和异步测速发电机两种形式。前者多用在指示式转速计中，一般不用于自动控制系统中的转速测量。而后者在自动控制系统中应用很广。同交流伺服电动机一样，交流异步测速发电机的定子也可以制成鼠笼式或空心杯式。鼠笼式的测速发电机特性差、误差大、转动惯量大，多用于测量精度要求不高的控制系统中。而空心杯形的测速发电机的应用要广泛得多，因为它的转动惯量小，测量精度高。交流异步测速发电机在自动控制系统中可用来测量转速或传感转速信号，信号以电压的形式输出。测速发电机可作为解算元件用在计算解答装置中，也可作为阻尼元件用在伺服系统中。

步进电动机是一种将电脉冲信号转换成相应的角位移或直线位移的微电动机。它由专用的驱动电源供给电脉冲，每输入一个电脉冲，电动机就移进一步，是步进式运动的，故称为步进电动机或脉冲电动机。

步进电动机是自动控制系统中应用很广泛的一种执行元件。步进电动机在数字控制系统中一般采用开环控制，由于计算机应用技术的迅速发展，目前步进电动机常常和计算机结合起来组成高精度的数字控制系统。

步进电动机的种类很多，按工作原理分，有反应式、永磁式和磁感应式三种。其中反应式步进电动机具有步距小、响应速度快、结构简单等优点，广泛应用于数控机床、自动记录仪、计算机外围设备等数控设备。

步进电动机应由专用的驱动电源来供电。主要包括变频信号源、脉冲分配器和脉冲放大器三个部分。

学习本章内容应注意掌握以下几个要点。

① 直流测速发电机将转速信号变为直流电压信号。输出特性是测速发电机主要特性。为了减小线性误差，使用中必须注意转速不得超过最高转速、负载电阻不得低于给定值。

② 交流测速发电机将转速信号变为交流电压信号。当励磁绕组磁通不变时，输出电压与转速成正比，频率为电源频率。由于磁通的大小和相位都随转速而变，因而产生线性误差和相位误差。使用中必须注意转速不得超过允许值。

③ 直流伺服电动机将直流电压信号变换成机械转速。直流伺服电动机的机械特性和调节特性线性度好，控制方法主要采用电枢控制。

④ 交流伺服电动机将交流电压信号变换成机械转速。它的机械特性和调节特性线性度不如直流伺服电动机，控制方法主要采用幅值控制和电容电动机。

⑤ 自整角机是随动系统的关键元件之一。两台以上组合使用，并且定子绕组对应连接。接收机轴偏离协调位置的角度为失调角。控制式自整角机只给发送机励磁，规定两机转子绕组轴线相互垂直为协调位置，当失调角较小时输出电压与失调角成正比。力矩式自整角机的发送机和接收机均加励磁，规定两机转子绕组轴线相互平行为协调位置，当失调角较小时输出转矩与失调角成正比。

⑥ 反应式步进电动机是数控系统中的执行元件。每相绕组是脉冲式通电，每输入一个电脉冲信号转子转过的角度为步距角，它由转子齿数和运行拍数所决定。每台电动机可以采用单拍或双拍运行，因此有两个步距角。采用多相通电的双拍制运行方式性能较好。

## 思考与练习

4-1 简述微特电机的分类。

4-2 简述直流伺服电动机实现调速的两种控制方法。

4-3 说出交流伺服电动机的工作原理。

4-4 直流测速发电机有哪些应用？

4-5 直流伺服电动机电枢控制时启动电压是什么？与负载转矩大小有什么关系？

4-6 低惯量直流伺服电动机有哪几种类型？其主要特点是什么？

4-7 为什么直流力矩电动机的转矩大、转速低？

4-8 交流伺服电动机和直流伺服电动机是怎样通过改变控制信号来实现反转的？

4-9 交流伺服电动机的自转现象是什么？怎样消除自转现象？

4-10 为什么交流伺服电动机在实际使用中常采用电容电动机？

4-11 为什么直流测速发电机的转速不得超过规定的最高转速？负载电阻不宜小于给定的最小电阻值？

4-12 直流测速发电机中影响主磁通的因素有哪些？

5-13 交流测速发电机的励磁绕组与输出绕组相互垂直，没有磁耦合作用，为什么励磁绕组接交流电源电机旋转时，输出绕组会有电压？

4-14 交流测速发电机存在线性误差的主要原因有哪些？

4-15 交流测速发电机的转子不动时，为什么没有电压输出？转子转动时，输出电压为什么和转速成正比，而频率与转速无关？

4-16 力矩式自整角机的接收机励磁绕组如果不接电源，当出现失调角后能否产生整步转矩使失调角自动消失？为什么？

4-17 解释各种自整角机代号的含义。

4-18 步进电动机的转速高低与负载大小有关系吗？

4-19 什么是电动机的步距角？如何计算三相反应式步进电动机的步距角？

4-20 怎样改变步进电动机的转向？

4-21 单拍与双拍通电是什么意思？说明五相双五拍运行方式的通电顺序和五相十拍运行方式的通电顺序。

4-22 反应式三相六极步进电动机，转子齿数 $Z_R$=80，计算：

① 步距角是多少？

② 当 $f$ =1000Hz 时，转速是多少？

[答案：①1.5°；0.75°；②250r/min；125min]

# 第 5 章　异步电动机电力拖动

## 知识目标

本章的知识目标要求了解三相异步电动机的启动电流和启动转矩的计算；掌握三相异步电动机的启动方法；知道三相异步电动机的调速方法和特点；熟悉三相异步电动机的电磁制动及机械特性。掌握三相异步电动机各种运行状态时转差率 $s$ 的数值范围。

注意本章的难点是启动电流和启动转矩的计算、三相异步电动机调速及电磁制动时的电磁关系、三相异步电动机各种运行状态时转差率 $s$ 的变化。

## 能力目标

| 能力目标 | 知识要点 | 相关知识 | 权重 | 自测分数 |
|---|---|---|---|---|
| 鼠笼式异步电动机的启动 | 异步电动机启动特点、全压启动、降压启动 | 串电抗器、自耦变压器、延边三角形、Y-Δ启动方法 | 30% | |
| 绕线式异步电动机的启动 | 转子回路串入电阻器或频敏变阻器的启动方式 | 频敏变阻器的结构特点 | 20% | |
| 异步电动机的调速 | 变极、变频、改变电动机转差率等调速方法 | 改变定子绕组、改变电压、转子串电阻和串级调速方法 | 10% | |
| 异步电动机的反转与制动 | 反转、能耗制动和反接制动工作方式 | 倒拉反接、回馈控制方法 | 20% | |
| 异步电动机的拖动实训 | 控制电路的安装接线 | 检测与调试的实操练习 | 20% | |

以交流电动机为原动机的电力拖动系统称为交流电力拖动系统。三相异步电动机由于结构简单、价格便宜且性能良好、运行可靠，故广泛应用在各种拖动系统中。本章通过对三相异步电动机电磁转矩三种表达式的分析，重点介绍三相异步电动机的机械特性，三相异步电动机的启动、调速和制动特性。

## 5.1　三相鼠笼式异步电动机的启动

异步电动机从接通电源（$n=0$，$s=1$）到进入稳定运行的过程，称为启动。异步电动机启动过程具有以下特点。

（1）启动电流大

异步电动机在刚启动时 $s=1$，若忽略励磁电流，则启动电流为

$$I_{st} \approx \frac{U_1}{\sqrt{(r_1 + r_2')^2 + (X_1 + X_2')^2}} \quad (5-1)$$

特别提示

启动电流即短路电流，数值很大，一般电动机的启动电流可达额定电流的4~7倍。这样大的启动电流，一方面使电源和线路上产生很大的压降，影响其他用电设备的正常运行，使电灯亮度减弱，电动机的转速下降，欠电压继电保护动作而将正在运转的电气设备断电等。另一方面电流很大将引起电动机发热，特别对频繁启动的电动机，发热更为厉害。

（2）启动时间短

启动电流随着转速的上升很快下降，启动时间短（2～15s左右）。

（3）启动转矩不高

启动时虽然电流很大，但定子绕组阻抗压降变大，电压为定值，则感应电动势将减小，主磁通$\Phi_m$将减小；又因 $r_2'< X_2'$，启动时的功率因数$\cos\varphi_2 = \frac{r_1'}{\sqrt{r_2'^2 + X_2'^2}}$很小，从转矩的物理表达式$T = C_T \phi_m I_2' \cos\varphi_2$可看出，此时启动转矩并不大。

为使异步电动机能带负载很快达到稳定运行，同时又不影响接在同一电网上的其他设备，对启动的基本要求是启动转矩足够大、启动电流又不要太大。由上面的分析可以看出，要限制启动电流，可以采取降压或增大电动机参数的方法。为增大启动转矩，可适当加大转子的电阻。所以大容量的异步电动机一般采用加装启动装置启动。

衡量三相异步电动机启动装置性能的主要技术指标有启动转矩倍数$k_{st}$、启动电流倍数$k_i$、启动时间和启动设备性能和造价、启动过程的平滑性等。本节将介绍三相异步电动机常用的几种启动方法，并对其启动性能进行简单的分析。

## 5.1.1 直接启动

给电动机定子绕组加上额定电压使之启动的方法称为直接启动，或称全压启动。直接启动是最简单的启动方法。启动时用刀开关、电磁启动器或接触器将电动机定子绕组直接接到电源上，其接线图如图5-1所示。直接启动时，启动电流很大，一般选取熔体的额定电流为电动机额定电流的2.5~3.5倍。

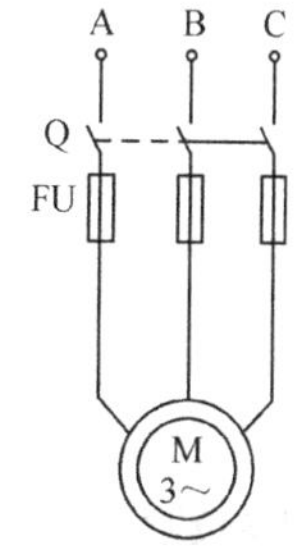

图5-1 电动机直接启动接线图

对于一般小型鼠笼式异步电动机如果电源容量足够大时，应尽量采用直接启动方法。对于某一电网，多大容量的电动机才允许直接启动，可按下列经验公式来确定

$$k_i = \frac{I_{st}}{I_N} \leqslant \frac{1}{4}\left[3 + \frac{\text{电源总容量}}{\text{电动机额定功率}}\right] \quad (5-2)$$

电动机的启动电流倍数$k_i$须符合公式（5-2）中电网允许的启动电流倍数，才允许直接启动，否则应采取降压启动。一般10kW以下的电动机都可以直接启动。随电网容量的加大，允许直接启动的电动机容量也变大。

## 5.1.2 鼠笼式异步电动机的降压启动

降压启动是指电动机在启动时降低加在定子绕组上的电压，启动结束时加额定电压运行的启动方式。

降压启动虽然能降低电动机启动电流，但由于电动机的转矩与电压的平方成正比，因此降压启动时电动机的转矩减小较多，故此方法一般适用于电动机空载或轻载启动。降压启动的方法有以下几种。

### 1. 定子串接电抗器或电阻的降压启动

**方法：**启动时，将电抗器或电阻接入定子电路；启动后，切除电抗器或电阻，进入正常运行。

三相异步电动机定子边串入电抗器或电阻启动时，定子绕组实际所加电压降低，而减小启动电流。但定子边串电阻启动时，能耗较大，实际应用不多。

### 2. Y-△降压启动

**方法：**对正常运行采用Δ形接法的异步电动机，启动时定子绕组接成 Y 形，运行时定子绕组接成Δ形，其接线图如图 5-2（a）所示。实际工作中，为了接线方便，电动机绕组的引出线顺序做了调整，接线方式如图 5-2（b）所示。对于运行时定子绕组为 Y 形连接的笼形异步电动机则不能用这种方法启动。

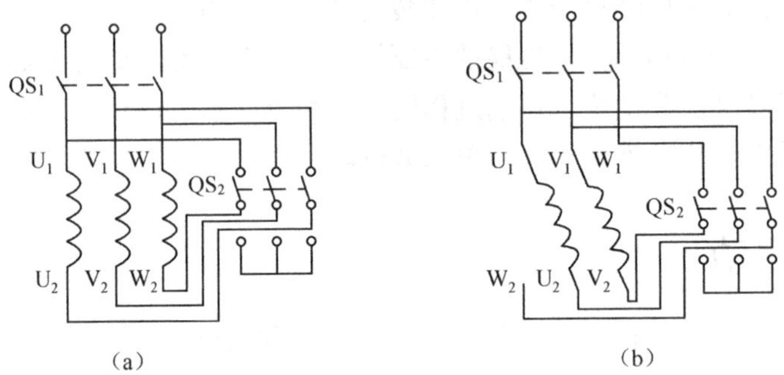


图 5-2 电动机 Y-Δ降压启动接线图

启动参数分析：

设三相电源的线电压为 $U_L$，启动时每相定子绕组的阻抗模为$|Z|$，Y 形接法的相电流和线电流用 $I_{PY}$ 和 $I_{LY}$ 表示，Δ形接法的相电流与线电流用 $I_{P\Delta}$ 与 $I_{L\Delta}$ 表示。电动机的启动电流用线电流表示。

若电动机采用Δ形连接直接启动，如图 5-3（a）所示，各相定子绕组承受电源的线电压 $U_L$，启动参数为

$$I_{P\Delta}=\frac{U_L}{|Z|}，\quad I_{st}=I_{L\Delta}=\sqrt{3}\frac{U_L}{|Z|}，\quad T_{st}=T_{st\Delta}\propto U_L{}^2$$

电动机采用 Y 形连接降压启动时，各相定子绕组承受电源的相电压为$U_L/\sqrt{3}$，启动参数：

$$I_{PY}=\frac{U_L}{\sqrt{3}|Z|}，\quad I'_{st}=I_{LY}=I_{PY}，\quad T'_{st}=T_{stY}\propto(U_L/\sqrt{3})^2$$

则

$$\frac{I'_{st}}{I_{st}}=\frac{1}{3} \text{ 即 } I'_{st}=\frac{1}{3}I_{st} \tag{5-3}$$

$$\frac{T'_{st}}{T_{st}}=\frac{1}{3} \text{ 即 } T'_{st}=\frac{1}{3}T_{st} \tag{5-4}$$

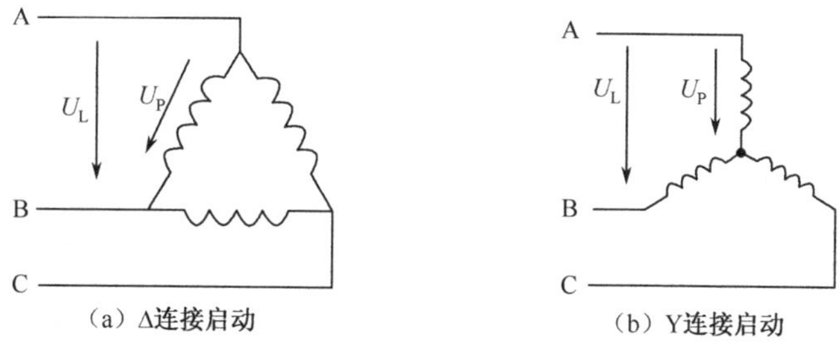


图 5-3　电动机 Y-Δ降压启动分析

**特别提示**

由公式(5-3)可见，Y-Δ启动时，对供电变压器造成冲击的启动电流是直接启动时的 1/3；由公式（5-4）可见，Y-Δ启动时启动转矩也是直接启动的 1/3。

Y-Δ启动比定子串电抗器启动性能要好，可用于拖动 $T_L \leqslant 0.3T_{st}$ 的轻负载启动。

Y-Δ启动方法简单，价格便宜，因此在轻载启动条件下，应优先采用。我国采用 Y-Δ启动方法的电动机额定电压都是 380V，绕组是Δ接法。

3. 自耦变压器（启动补偿器）启动

**方法**：自耦变压器也称为启动补偿器。启动时电源电压加在自耦变压器高压侧，电动机接在自耦变压器的低压侧，因此经自耦变压器降压后，使加在电动机定子绕组上的电压降低，从而减小启动电流。启动结束后电源直接加到电动机上，并切除自耦变压器，使电动机全压运行。

三相笼形异步电动机采用自耦变压器降压启动的接线如图 5-4 所示，其启动的一相线路如图 5-5 所示。

启动参数分析：

设电动机每相定子绕组的阻抗模为$|Z|$，三相电源的相电压为 $U_{1p}$，自耦变压器二次侧的相电压为 $U_{2p}$，变比为 $k$；直接启动时启动电流为 $I_{st}$，启动转矩为 $T_{st}$；自耦变压器降压启动时一次侧电流为 $I'_{st}$，二次侧电流为 $I''_{st}$，启动转矩为 $T'_{st}$。

直接启动参数　　$I_{st}=\dfrac{U_{1p}}{|Z|}$，$T_{st}\propto {U_{1p}}^2$

自耦变压器降压启动参数　　$I''_{st}=\dfrac{U_{2p}}{|Z|}$，$T'_{st}\propto {U_{2p}}^2$

自耦变压器一、二次电压与电流关系为

$$\frac{U_{1p}}{U_{2p}}=\frac{I''_{st}}{I'_{st}}=k$$

则
$$I'_{st}=\frac{I''_{st}}{k}=\frac{U_{2p}}{k|Z|}=\frac{U_{1p}}{k^2|Z|}，\quad \frac{T'_{st}}{T_{st}}=(\frac{U_{2p}}{U_{1p}})^2$$

所以
$$\frac{I'_{st}}{I_{st}}=\frac{1}{k^2} \tag{5-5}$$

$$\frac{T'_{st}}{T_{st}}=\frac{1}{k^2} \tag{5-6}$$

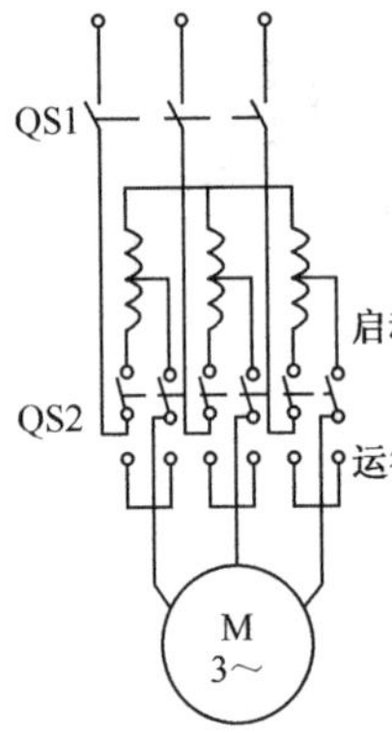


图 5-4 自耦变压器降压启动接线图

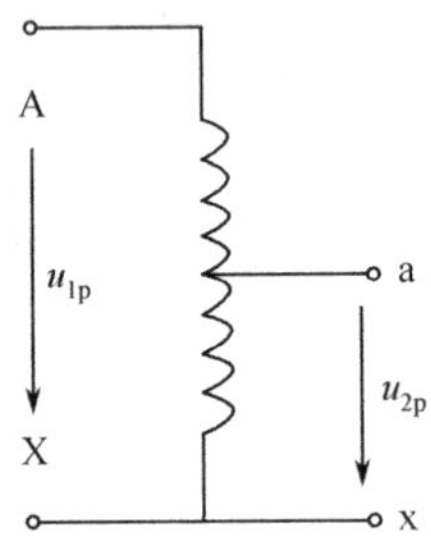


图 5-5 自耦变压器一相线路

可见，自耦变压器降压启动时，启动电流和启动转矩都降低为直接启动时的$1/k^2$倍。自耦变压器一般有 2~3 组抽头，其电压可以分别为一次电压 $U_L$ 的 80%、65%或 80%、60%、40%。

该种方法对定子绕组采用 Y 形或Δ形接法都可以使用，缺点是设备体积大，投资较贵。

**【例 5-1】** 一台 JO2-93-6 型笼形异步电动机技术数据，额定容量 $P_N$=55kW，Δ接线，全压启动电流倍数 $k_i$=6。启动转矩的转矩倍数 $k_{st}$=1.25，电源容量为 1000kVA。若电动机带额定负载启动，试问应采用什么方法启动？并计算启动电流和启动转矩。

**解：**（1）试用直接启动

电源允许的启动电流倍数为

$$k_i \leqslant \frac{1}{4}\left[3+\frac{1000}{55}\right]=5.3$$

而 $k_i$=6>5.3 故不能直接启动。

（2）试用 Y-Δ启动

$$I'_{st}=\frac{1}{3}I_{st}=\frac{1}{3}\times 6I_N=2I_N$$

$k_i=\dfrac{I'_{st}}{I_N}=2<5.3$ 启动电流可以满足要求。

$$T'_{st}=\frac{1}{3}T_{st}=\frac{1}{3}\times K_{st}T_N=\frac{1}{3}\times 1.25T_N=0.42T_N<T_N$$

启动转矩太小，故不能使用 Y-Δ启动。

（3）试用自耦变压器启动

选用抽头，使其变压比为 $k$，则用自耦变压器启动时的启动电流和启动转矩分别为

$$I'_{st}=\frac{1}{k^2}I_{st}=\frac{6}{k^2}I_N；\quad T'_{st}=\frac{1}{k^2}T_{st}=\frac{1.25}{k^2}T_N$$

启动电流倍数为
$$k_i = \frac{I'_{st}}{I_N} = \frac{6}{k^2}$$

若电动机能启动则应满足：$\begin{cases} k_i < 5.3 \\ T'_{st} > T_N \end{cases}$

即
$$\begin{cases} \dfrac{6}{k^2} < 5.3 \\ \dfrac{1.25}{k^2} T_N > T_N \end{cases}$$

解得
$$1.06 < k < 1.11$$
$$0.89 < \frac{1}{k} < 0.94$$

所以自耦变压器的抽头在一次电压的89%~94%之间。

**【例 5-2】** 有一台 Y250M-4 型异步电动机，$P_N$=55kW，$I_N$=103A，$k_i=I_{st}/I_N$=7，$k_{st} = T_{st}/T_N = 2$。若带有0.6倍额定负载转矩启动，宜采用Y-Δ启动还是自耦变压器（抽头为65%和80%）启动？

**解：**① 若选用Y-Δ启动，则

启动电流
$$I'_{st} = \frac{1}{3} I_{st} = \frac{1}{3} \times 7 I_N = 2.33 I_N$$

启动转矩
$$T'_{st} = \frac{1}{3} T_{st} = \frac{1}{3} \times 2 T_N = 0.667 T_N > 0.6 T_N$$

② 若选用自耦变压器启动，用65%抽头，则

启动电流
$$I_{st65} = 0.65^2 I_{st} = 0.65^2 \times 7 T_N = 2.96 I_N$$

启动转矩
$$T_{st65} = 0.65^2 T_{st} = 0.65^2 \times 2 T_N = 0.845 T_N > 0.6 T_N$$

二者比较后可以看出启动转矩均能满足要求，但Y-Δ启动时启动电流相对较小，所以宜选用Y-Δ启动。

### 4. 延边三角形启动

延边三角形减压启动如图5-6所示，它介于自耦变压器启动与Y-Δ启动方法之间。

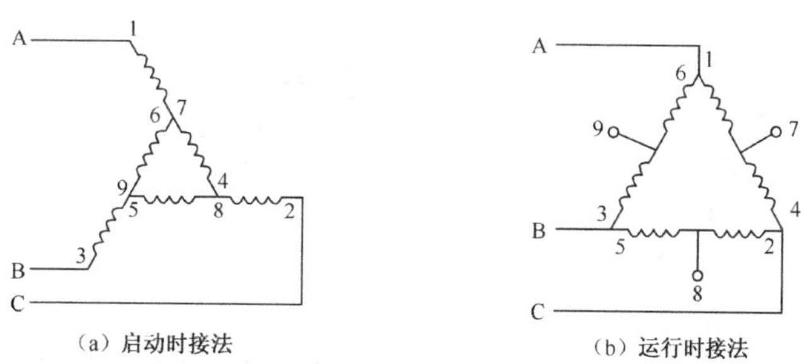


图5-6 延边三角形启动原理图

如果将延边三角形看成一部分为Y形接法，另一部分为Δ形接法，则Y形部分比重越大，启动时电压降得越多。若电源线电压为380V，根据分析和试验可知，Y形和Δ形的抽头比例

为 1:1 时，电动机每相电压是 268V；抽头比例为 1:2 时，每相绕组的电压为 290V。可见，延边三角形可采用不同的抽头比，来满足不同负载特性的要求。

延边三角形启动的优点是节省金属，重量轻；缺点是内部接线复杂。

**特别提示**

笼形异步电动机除了可在定子绕组上想办法减压启动外，还可以通过改进笼的结构来改善启动性能，这类电动机主要有深槽式和双笼式。

# 5.2 三相绕线式异步电动机的启动

前面在分析机械特性时已经说明，适当增加转子电路的电阻不仅可以降低启动电流，而且可以提高启动转矩。绕线式转子异步电动机正是利用这一特性，启动时在转子回路中串入电阻器或频敏变阻器来改善启动性能。

## 5.2.1 转子串接电阻器启动

**方法：**启动时，在转子电路中串接启动电阻器，借以提高启动转矩，同时因转子电阻增大也限制了启动电流；启动结束，切除转子所串电阻。为了在整个启动过程中得到比较大的启动转矩，须分几级切除启动电阻。启动接线图和特性曲线如图 5-7 所示。

启动过程如下：

① 接触器 $KM_1$、$KM_2$、$KM_3$ 的主触点全断开，电动机定子接额定电压，转子每相串入全部电阻。如正确选取电阻的阻值，使转子回路的总电阻值 $r_2'=X_{20}$，则此时 $S_m=1$，即最大转矩产生在电动机启动瞬间，如图 5-7（b）中曲线 0 中 $a$ 点为启动转矩 $T'_{st}$。

② 由于 $T'_{st}>T_L$，电动机加速到 $b$ 点时，$T=T_{s2}$，为了缩短启动过程，接触器 $KM_1$ 闭合切除启动电阻 $R'''_{st}$，特性变为曲线 1，因机械惯性，转速瞬时不变，工作点水平过渡到 $c$ 点，使该点 $T=T_{s1}$。

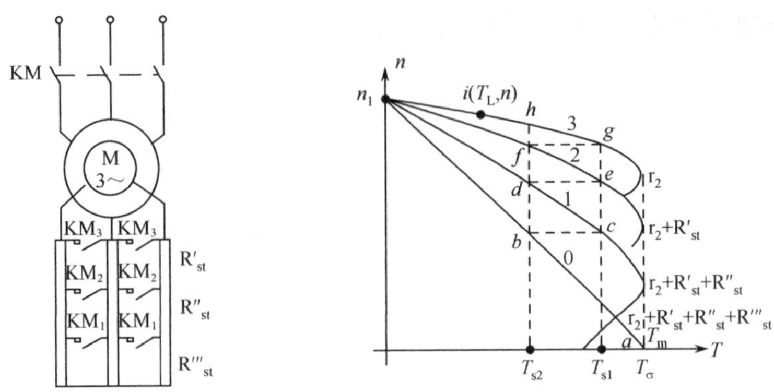


（a）分级启动电路　　（b）机械特性

图 5-7　三相绕线式异步电动机转子串电阻分级启动

③ 因 $T_{s1}>T_L$，转速沿曲线 1 继续上升，到 $d$ 点时 $KM_2$ 闭合，$R''_{st}$ 被切除，电动机运行点从 $d$ 转变到特性曲线 2 上的 $e$ 点……依此类推，直到切除全部电阻；电动机便沿着固有特性曲线 3 加速，经 $h$ 点，最后运行于 $i$ 点（$T=T_L$）。

上述启动过程中，电阻分三级切除，故称为三级启动，切除电阻时的转矩 $T_{s2}$ 称为切换转矩。在整个启动过程中产生的转矩都是比较大的，适合于重载启动，广泛用于桥式起重机、卷扬机、龙门吊车等重载设备。其缺点是所需启动设备较多，启动时有一部分能量消耗在启动电阻上，启动级数也较少。

在启动过程中，一般取 $T_{s1}=(0.7\sim0.85)T_m$、$T_{s2}=(1.1\sim1.2)T_N$。

### 5.2.2 转子串频敏变阻器启动

频敏变阻器的结构特点：它是一个三相铁芯线圈，其铁芯不用硅钢片而用厚钢板叠成，电动机启动时铁芯中产生涡流损耗和一部分磁滞损耗，且随频率的变化而变化，铁芯损耗对应的等效电阻，为随频率变化的电阻；频敏变阻器的线圈又是一个电抗，故电阻和电抗都随频率变化而变化，故称频敏变阻器，它与绕线转子异步电动机的转子绕组相接，如图 5-8 所示，其工作原理如下。

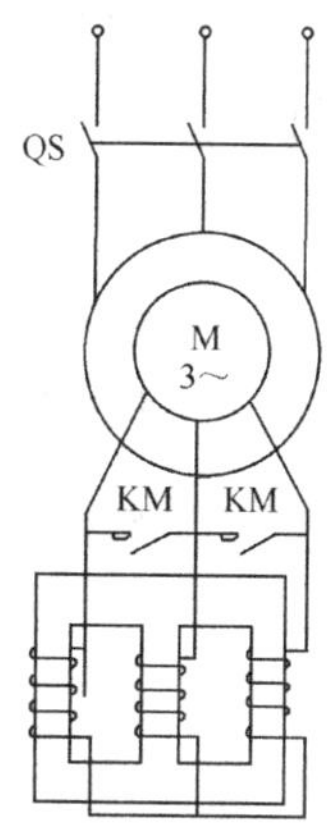

图 5-8 三相绕线式电动机转子串频敏变阻器启动

启动时，$s=1$，$f_2=f_1=50$Hz，此时频敏变阻器的铁芯损耗大，等效电阻大，既限制了启动电流，增大启动转矩，又提高了转子回路的功率因数。

随着转速 $n$ 升高，$s$ 下降，$f_2$ 减小，铁芯损耗和等效电阻也随之减小，相当于逐渐切除转子电路所串的电阻。

启动结束时，$n=n_N$，$f_2=s_N f_1\approx(1\sim3)$Hz，此时频敏变阻器基本不起作用，可以闭合接触器 KM 主触点，切除频敏变阻器。

频敏变阻器启动结构简单，运行可靠，但与转子串电阻启动相比，在同样启动电流下，启动转矩要小些。

## 5.3 三相异步电动机的调速

人为地在同一负载下使电动机转速从某一数值改变为另一数值，以满足生产过程的需要，这一过程称为调速。近年来，随着电力电子技术的发展，异步电动机的调速性能大有改善，交流调速应用日益广泛，在许多领域有取代直流调速系统的趋势。

由异步电动机的转速关系式 $n=n_1(1-s)=\dfrac{60f_1}{p}(1-s)$ 可以看出，异步电动机调速可分以下三大类：

① 改变定子绕组的磁极对数 $p$ ——变极调速。

② 改变供电电网的频率 $f_1$——变频调速。

③ 改变电动机的转差率 $s$，方法有改变电压调速、绕线式电动机转子串电阻调速和串级调速。

## 5.3.1 变极调速

在电源频率不变的条件下，改变电动机的极对数，电动机的同步转速 $n_1$ 就会发生变化，从而改变电动机的转速。若极对数减少一半，同步转速就提高一倍，电动机转速也几乎升高一倍。

通常用改变定子绕组的接法来改变极对数，这种电动机称为多速电动机。其转子均采用笼形转子，因其感应的极对数能自动与定子相适应。

### 1. 变极调速原理

设定子绕组由两个结构完全相同的线圈组构成，每一个线圈组称半相绕组。图 5-9（a）~图 5-9（c）为电动机定子绕组的接线形式，从图 5-9 中可以看出，只要将定子绕组的两个半相绕组中的任何一个半相绕组的电流反向，就可将磁极对数增加一倍或减少一半，这就是单绕组倍极比的变极原理，如 2/4、4/8 极等。图 5-9（d）和图 5-9（e）为 2/4 极电动机的磁路结构示意图。

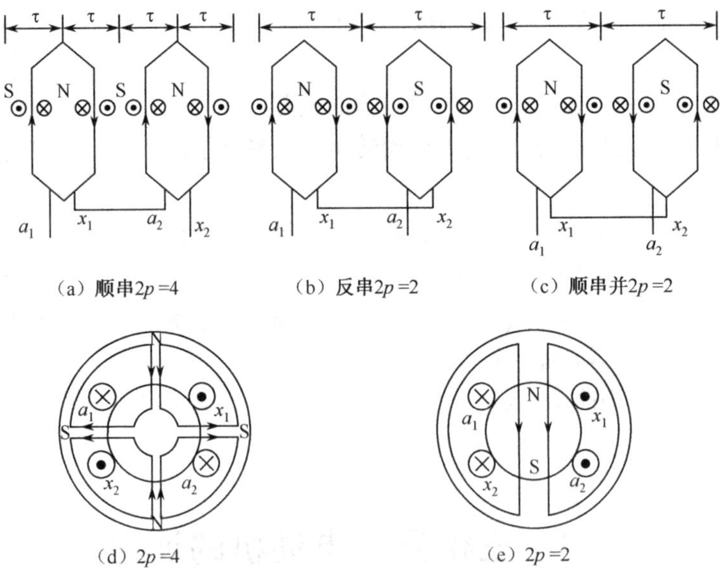


图 5-9 三相笼形电动机变极时定子绕组接线及磁路结构示意图

### 2. 三种常用的变极方案

如图 5-10 所示为是三相笼形电动机三种常用的变极方案，变极前定子的各相绕组是顺串的，因而是倍极数，变极后图 5-10（a）、图 5-10（c）中每相绕组的两个半相绕组改为反并，图 5-10（b）中每相绕组的两个半相绕组改为反串，极数均减少一半。必须注意的是，绕组改接后，应将 B、C 两相的引出端对调，以保持高速电动机与低速电动机的转向相同。

变极调速主要用于各种机床及其他设备上。它所需设备简单、体积小、重量轻，这三种接线方案中三相绕组只需要引出 9 个端点，所以接线简单，调速级数少。

## 5.3.2 变频调速

随着晶闸管整流和变频技术的迅速发展，异步电动机的变频调速应用日益广泛，有逐步取代直流调速的趋势，它主要用于拖动泵类负载，如通风机、水泵等。

由定子电动势方程式 $U_1 \approx E_1 = 4.44 f_1 N_1 K_1 \Phi_m$ 可看出，当降低电源频率 $f_1$ 调速时，若电源电压 $U_1$ 不变，则磁通 $\Phi_m$ 将增加，使铁芯饱和，从而导致励磁电流和铁损耗的大量增加，电动机温升过高等，这是不允许的。因此在变频调速的同时，为保持磁通 $\Phi_m$ 不变，就必须降低电源电压，使 $U_1/f_1$ 为常数。

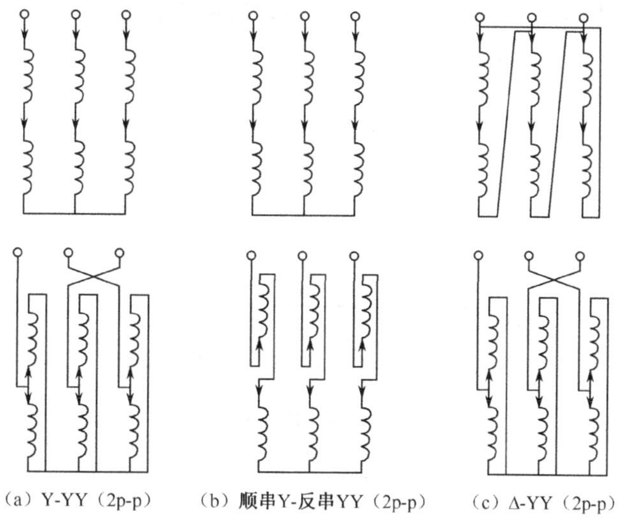


图 5-10 三相笼形电动机三种常用的变极方案

变频调速根据电动机输出性能的不同可分为①保持电动机过载能力不变；②保持电动机恒转矩输出；③保持电动机恒功率输出。

**特别提示**

变频调速的主要优点是能平滑调速、调速范围广、效率高。主要缺点是系统较复杂、成本较高。详细介绍参见第6章。

## 5.3.3 改变定子电压调速

此方法用于鼠笼式异步电动机，靠改变转差率 $s$ 调速。

对于转子电阻大、机械特性曲线较软的鼠笼式异步电动机而言，如加在定子绕组上的电压发生改变，则负载 $T_L$ 对应于不同的电源电压 $U_1$、$U_2$、$U_3$，可获得不同的工作点 $a_1$、$a_2$、$a_3$，如图 5-11 所示，显然电动机的调速范围很宽。缺点是低压时机械特性太软，转速变化大，可采用带速度负反馈的闭环控制系统来解决该问题。

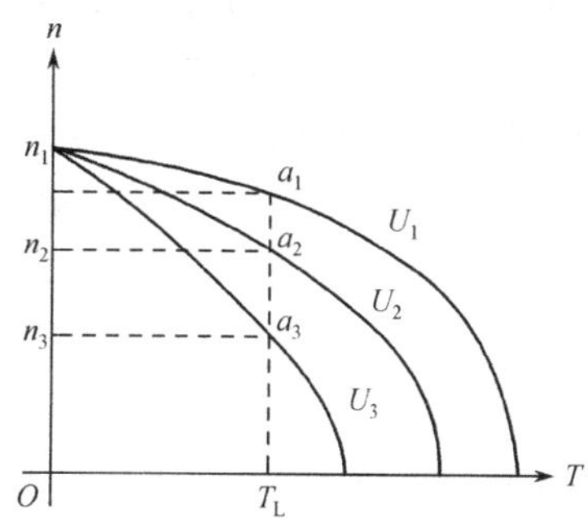


图 5-11 高转子电阻鼠笼式异步电动机调压调速

改变电源电压调速时，过去都采用定子绕组串电抗器来实现，目前已广泛采用晶闸管交流调压线路来实现。

## 5.3.4 转子串电阻调速

转子串电阻调速只适用于绕线转子异步电动机，靠改变转差率 $s$ 调速。

绕线转子异步电动机转子串电阻的机械特性如图 5-12 所示。转子串电阻时最大转矩不变，临界转差率加大。所串电阻越大，运行段特性斜率越大。若带恒转矩负载，原来运行在固有特性上的 $a$ 点，转子串电阻 $R_1$ 后，就运行于 $b$ 点，转速由 $n_a$ 变为 $n_b$，依此类推。

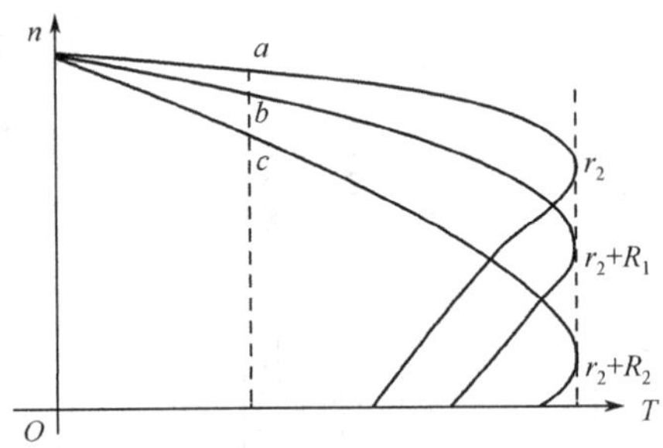


图 5-12 绕线转子异步电动机转子串电阻调速的机械特性

根据电磁转矩参数表达式，当 $T$ 为常数且电压不变时，则有

$$\frac{r_2}{s_a}=\frac{r_2+R_1}{s_b}=\text{常数} \tag{5-7}$$

因而绕线转子异步电动机转子串电阻调速时调速电阻的计算公式为

$$R_1=\left[\frac{s_b}{s_a}-1\right]r_2 \tag{5-8}$$

式中 $s_a$——转子串电阻前电动机运行的转差率；

$s_b$——转子串电阻后达新稳态时电动机的转差率；

$r_2$——转子每相绕组电阻，$r_2=\dfrac{s_N E_{2N}}{\sqrt{3}I_{2N}}$。

如果已知转子串入的电阻值，要计算调速后的电动机转速，则只要将公式（5-7）稍加变换，先计算出 $s_1$，再计算转速 $n$。

由于在异步电动机中，电磁功率 $P_M$、机械功率 $P_m$ 与转子铜损 $p_{cu2}$ 三者之间的关系为

$$P_M:P_m:p_{cu2}=1:(5-s):s \tag{5-9}$$

若转速越低，转差率 $s$ 越大，转子损耗越大，低速时效率不高。

**特别提示**

转子串电阻调速的优点是方法简单，主要用于中、小容量的绕线转子异步电动机，如桥式启动机等。

**【例 5-3】** 一台绕线转子异步电动机；$P_N$=75kW，$n_N$=l460r/min，$U_{1N}$=380V，$I_N$=144A，$E_{2N}$=399V，$I_{2N}$=116A，$\lambda$=2.8，试求：

① 转子回路串入 0.5Ω 电阻，电动机运行的转速为多少？

② 额定负载转矩不变，要求将转速降至 500r/min，转子每相应串多大电阻？

**解：** ① 额定转差率 $s_N = \dfrac{n_1 - n}{n_1} = \dfrac{1500-1460}{1500} = 0.027$

转子每相电阻 $r_2 = \dfrac{s_N E_{2N}}{\sqrt{3} I_{2N}} = \dfrac{0.027 \times 399}{\sqrt{3} \times 116} = 0.0536\Omega$

当串入电阻 $R_1$=0.5Ω 时，电动机此时转差率 $s_b$ 为（见公式 5-7）

$$s_b = \frac{r_2 + R_1}{r_2} s_N = \frac{0.0536 + 0.5}{0.0536} \times 0.027 = 0.2789$$

转速 $n_b = (5 - s_b) n_1 = (5 - 0.2789) \times 1500\text{r/min} = 1082\text{r/min}$

② 转子串电阻后转差率为

$$s_b' = \frac{n_1 - n}{n_1} = \frac{1500-500}{1500} = 0.667$$

转子每相所串电阻由公式（5-8）可得

$$R_1 = \left[\frac{s_b'}{s_N} - 1\right] r_2 = \left[\left(\frac{0.667}{0.027} - 1\right) \times 0.0536\right] = 1.27\Omega$$

## 5.3.5 串级调速

所谓串级调速，就是在异步电动机的转子回路中串入一个三相对称的附加电势 $\dot{E}_f$，其频率与转子电势 $\dot{E}_{2s}$ 相同，改变 $\dot{E}_f$ 的大小和相位，就可以调节电动机的转速。它也适用于绕线转子异步电动机，靠改变转差率 $s$ 调速。

### 1. 低同步串级调速

若 $\dot{E}_f$ 与 $\dot{E}_{2s}$ 相位相反，则转子电流 $I_2$ 为

$$I_2 = \frac{sE_{20} - E_f}{\sqrt{{r_2}^2 + (sX_2)^2}}$$

电动机的电磁转矩为

$$\begin{aligned} T &= C_T \varPhi_m I_2 \cos\varphi_2 = C_T \varPhi_m \frac{sE_{20} - E_f}{\sqrt{{r_2}^2 + (sX_2)^2}} \cdot \frac{r_2}{\sqrt{{r_2}^2 + (sX_2)^2}} \\ &= C_T \varPhi_m \frac{sE_{20} r_2}{{r_2}^2 + (sX_2)^2} - C_T \varPhi_m \frac{E_f r_2}{r_{22} + (sX_2)^2} = T_1 + T_2 \end{aligned} \tag{5-10}$$

公式（5-10）中 $T_1$ 为转子电势产生的转矩，而 $T_2$ 为附加电势所引起的转矩。若拖动恒转矩负载，因 $T_2$ 总是负值，可见串入 $\dot{E}_f$ 后，转速降低了，串入附加电势越大，转速降得越多。引入 $\dot{E}_f$ 后，使电动机转速降低，称低同步串级调速。

### 2. 超同步串级调速

若 $\dot{E}_f$ 与 $\dot{E}_{2s}$ 同相位，则 $T_2$ 总是正值。当拖动恒转矩负载时，引入 $\dot{E}_f$ 后，导致转速升高了，则称为超同步串级调速。

串级调速性能比较好，过去由于附加电势 $\dot{E}_f$ 的获得比较难，长期以来没能得到推广。近年来，随着晶闸管技术的发展，串级调速有了广阔的发展前景。现已日益广泛地用于水泵和风机的节能调速，应用于不可逆轧钢机、压缩机等很多生产机械。

# 5.4　三相异步电动机的反转与制动

## 5.4.1　三相异步电动机的反转

从三相异步电动机的工作原理可知，电动机的旋转方向取决于定子旋转磁场的旋转方向。因此只要改变旋转磁场的旋转方向，就能使三相异步电动机反转，而旋转磁场的旋转方向与相序一致，所以只要改变电动机接入电源的相序，就可以改变电动机的旋转方向。如图 5-13 所示为利用控制开关 SA 来实现电动机正反转的原理线路图。

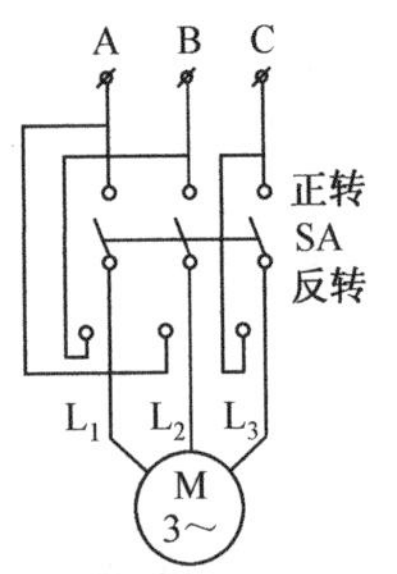


图 5-13　异步电动机正反转原理线路图

当 SA 向上合闸时，$L_1$ 接 A 相，$L_2$ 接 B 相，$L_3$ 接 C 相，电动机正转。当 SA 向下合闸时，$L_1$ 接 B 相，$L_2$ 接 A 相，$L_3$ 接 C 相，即将电动机任意两相绕组与电源接线互调，则旋转磁场反向，电动机跟着反转。

## 5.4.2　三相异步电动机的制动

电动机除了上述电动状态外，还有制动状态。所谓制动状态就是电动机受到与转子转向相反的转矩作用时的工作状态，这一转矩称为制动转矩。在下述情况运行时，则属于电动机的制动状态。

① 在负载转矩为位能转矩的机械设备中（例如起重机下放重物时，运输工具在下坡运行时）使设备保持一定的运行速度。

② 在机械设备需要减速或停止时，电动机能实现减速或停止。

**特别提示**

三相异步电动机的制动方法有下列两类：机械制动和电气制动。机械制动是利用机械装置使电动机从电源切断后能迅速停转。它的结构有多种形式，应用较普遍的是电磁抱闸，它主要用于起重机械上吊重物时，使重物迅速而又准确地停留在某一位置上。电气制动是使电动机所产生的电磁转矩和电动机的旋转方向相反，常用的方法有能耗制动和反接制动。下面分别加以介绍。

1. 能耗制动

**方法：**将运行着的异步电动机的定子绕组从三相交流电源上断开后，立即接到直流电源上，如图 5-14 所示，用断开 QS1、闭合 QS2 来实现。

当定子绕组通入直流电源时，在电动机中将产生一个恒定磁场。转子因机械惯性继续旋转时，转子导体切割恒定磁场，在转子绕组中产生感应电动势和电流，转子电流和恒定磁场作用产生电磁转矩，根据右手定则可以判定电磁转矩的方向与转子转动的方向相反，为制动转矩。在制动转矩作用下，转子转速迅速下降，当 $n$=0 时，$T$=0，制动过程结束。这种方法是将转子的动能转变为电能，消耗在转子回路的电阻上，所以称为能耗制动。

如图 5-15 所示，电动机正向运行时工作在固有机械特性 1 上的 $a$ 点。定子绕组改接直流电源后，因电磁转矩与转速反向，因而能耗制动时机械特性位于第二象限，如曲线 2。电动机运行点也移至 $b$ 点，并从 $b$ 点顺曲线 2 减速到 $O$ 点。

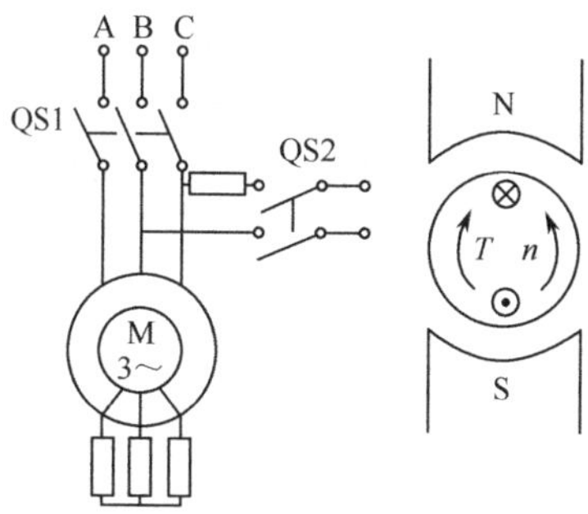


图 5-14　能耗制动原理图

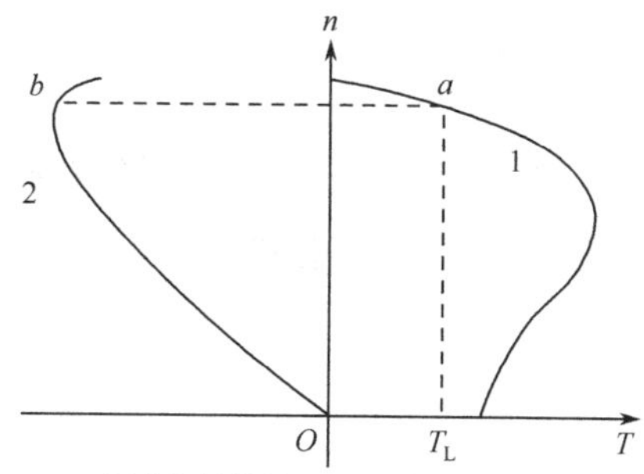


1—固有机械特性　2—能耗制动机械特性

图 5-15　能耗制动的机械特性

对于采用能耗制动的异步电动机，既要求有较大的制动转矩，又要求定、转子回路中电流不能太大而使绕组过热。根据经验，能耗制动时对笼形异步电动机取直流励磁电流为（4~5）$I_0$，对绕线转子异步电动机取（2~3）$I_0$，制动所串电阻

$$r=(0.2\sim0.4)\frac{E_{2N}}{\sqrt{3}I_{2N}}$$

能耗制动的优点是制动力强，制动较平稳。缺点是需要一套专门的直流电源供制动用。

2. 反接制动

反接制动分为电源反接制动和倒拉反接制动两种。

（1）电源反接制动

**方法**：改变电动机定子绕组与电源的连接相序，如图 5-16 所示，断开 QS1，接通 QS2 即可。

电源的相序改变，旋转磁场立即反转，使转子绕组中感应电势、电流和电磁转矩都改变方向。因机械惯性，转子转向未变，电磁转矩与转子转向相反，电动机进行制动，此称电源反接制动。如图 5-17 所示，制动前，电动机工作在曲线 1 的 $a$ 点；电源反接制动时，$n_1<0$，$n>0$，相应的转差率 $s=\dfrac{-n_1-n}{-n_1}>1$，且电磁转矩 $T<0$，机械特性如曲线 2 所示。因机械惯性，转速瞬时不变，工作点由 $a$ 点移至 $b$ 点，并逐渐减速，到达 c 点时 $n$=0，此时切断电源并停车，如果是位能性负载得用抱闸，否则电动机会反向启动旋转。

一般为了限制制动电流和增大制动转矩，绕线转子异步电动机可在转子回路串入制动电阻，其特性如曲线 3 所示，制动过程同上。

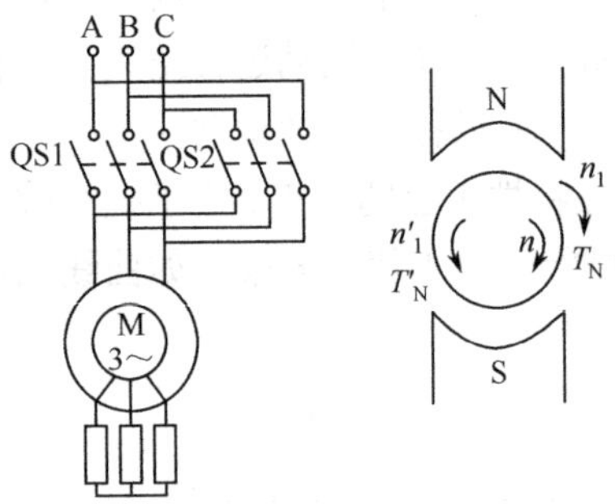


图 5-16　绕线式异步电动机电源反接制动原理图

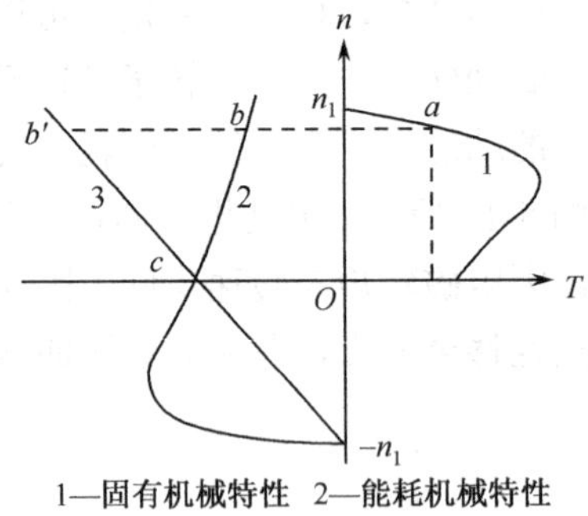


图 5-17　电源反接制动的机械特性

制动电阻 r 的计算公式为

$$r=\left[\frac{s'_m}{s_m}-1\right]r_2 \tag{5-11}$$

式中　$s_m$——对应固有机械特性曲线的临界转差率：

$$s_m=s_N(\lambda+\sqrt{\lambda^2-1})$$

$s'_m$——转子串电阻后机械特性的临界转差率：

$$s'_m=s\left[\frac{\lambda T_N}{T}+\sqrt{\left(\frac{\lambda T_N}{T}\right)^2-1}\right]$$

$s$——制动瞬间电动机转差率。

**【例 5-4】**　一台 YR 系列绕线转子异步电动机，$P_N$=20kW，$n_N$=720r/min，$E_{2N}$=197V，$I_{2N}$=74.5A，$\lambda$=3。如果拖动额定负载运行时，采用反接制动停车，要求制动开始时最大制动转矩为 $2T_N$，求转子每相串入的制动电阻值。

**解：**① 计算固有机械特性的 $s_N$、$s_m$、$r_2$

$$s_N=\frac{n_1-n_N}{n_1}=\frac{750-720}{750}=0.04$$

$$s_m=s_N(\lambda+\sqrt{\lambda^2-1})=0.04\times\left(3+\sqrt{3^2-1}\right)=0.233$$

$$r_2=\frac{s_N E_{2N}}{\sqrt{3}I_{2N}}=\left[\frac{0.04\times197}{\sqrt{3}\times74.5}\right]=0.061\Omega$$

② 计算反接制动时转子串制动电阻的人为机械特性的 $s'_m$

制动时瞬间转差率　$$s=\frac{-n_1-n}{-n_1}=\frac{750+720}{750}=1.960$$

$$s'_m=s\left[\frac{\lambda T_N}{T}+\sqrt{\left(\frac{\lambda T_N}{T}\right)^2-1}\right]=1.96\times\left[\frac{3}{2}+\sqrt{\left(\frac{3}{2}\right)^2-1}\right]=5.131$$

③ 转子所串电阻 r 为

$$r=\left[\frac{s'_m}{s_m}-1\right]r_2=\left[\frac{5.131}{0.233}-1\right]\times0.061=1.282\Omega$$

（2）倒拉反接制动

**方法**：当绕线转子异步电动机拖动位能性负载时，在其转子回路中串入很大的电阻。其机械特性如图 5-18 所示。

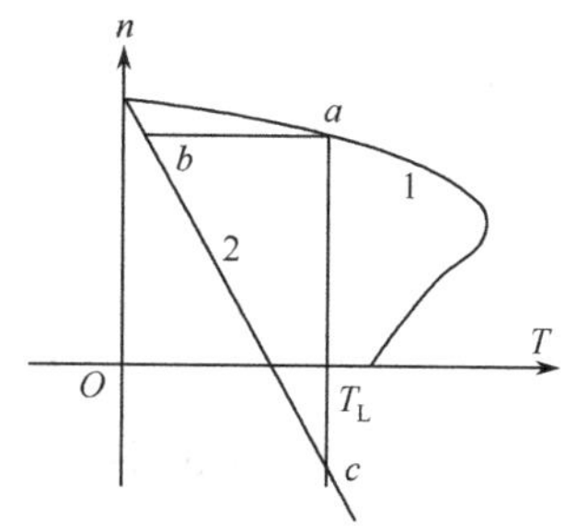


图 5-18 倒拉反接制动的机械特性

当异步电动机提升重物时，其工作点为曲线 1 上的 $a$ 点。如果在转子回路串入很大的电阻，机械特性变为斜率很大的曲线 2，因机械惯性，工作点由 $a$ 点移至 $b$ 点，由于此时电磁转矩小于负载转矩，转速下降。当电动机减速至 $n$=0 时，电磁转矩仍小于负载转矩，在位能负载的作用下，使电动机反转，直至电磁转矩等于负载转矩，电动机才稳定运行于 $c$ 点。因这是由于重物倒拉引起的，所以称为倒拉反接制动（或称倒拉反接运行），其转差率

$$s=\frac{n_1-(-n)}{n_1}=\frac{n_1+n}{n_1}>1$$

与电源反接制动一样，$s$ 都大于 1。

绕线转子异步电动机倒拉反接制动状态，常用于起重机低速下放重物。

**【例 5-5】** 例 5-4 的电动机负载为额定值，即 $T_L=T_N$。求：

① 电动机欲以 300r/min 速度下放重物，转子每相应串入多大的电阻？

② 当转子串入电阻为 $r=9r_2$ 时，电动机转速多大？运行在什么状态？

③ 当转子串入电阻为 $r=39r_2$ 时，电动机转速多大？运行在什么状态？

**解**：① 通过例 5-4 知，$r_2$=0.061Ω

起重机下放重物，则 $n$=−300r/min<0，$T=T_L$>0，所以工作点位于第四象限，见图 5-18 中 $c$ 点。

$$s=\frac{n_1-(-n)}{n_1}=\frac{750+300}{750}=1.4$$

当 $T_L=T_N$ 时，$s_N$=0.04

转子应串电阻

$$r=\left[\frac{s}{s_N}-1\right]r_2=\left[\frac{1.4}{0.04}-1\right]\times 0.061=2.074\Omega$$

② $r=9r_2$，$T_L=T_N$ 时的转差率为

$$s=\frac{r+r_2}{r_2}s_N=\frac{(9+1)r_2}{r_2}\times 0.04=0.4$$

电动机转速 $n=n_1(1-s)=[750\times(1-0.4)]$r/min=450r/min>0

工作点在第一象限，电动机运行于正向电动状态（提升重物）。

③ $r=39r_2$，此时的转差率为

$$s=\frac{r+r_2}{r_2}s_N=\frac{(39+1)r_2}{r_2}\times 0.04=1.60$$

电动机转速 $n=n_1(1-s)=[750\times(1-1.60)]$r/min=− 450r/min<0

工作点在第四象限，电动机运行于倒拉反接制动状态（下放重物）。

3. 回馈制动

**方法**：使电动机在外力（如起重机下放重物）作用下，其电动机的转速超过旋转磁场的同步转速，如图 5-19 所示。

起重机下放重物，在下放开始时，$n<n_1$，电动机处于电动状态，如 5-19（a）所示。在位能转矩作用下，电动机的转速大于同步转速，转子中感应电动势、电流和转矩的方向都发生了变化。如图 5-19（b）所示，转矩方向与转子转向相反，为制动转矩。此时电动机将机械能转变为电能馈送电网，所以称回馈制动。

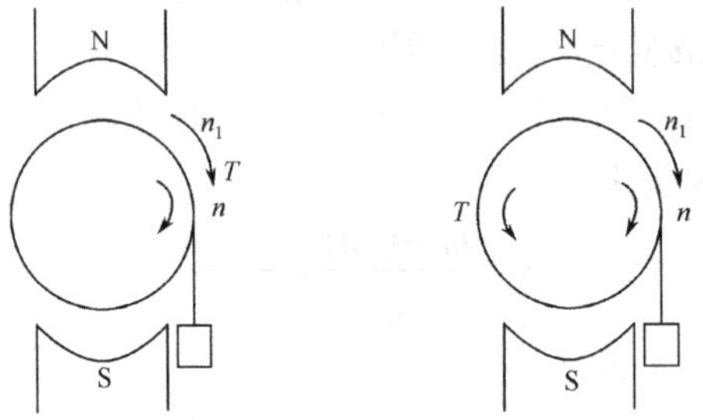


图 5-19　回馈制动原理图

制动时转子回路所串电阻越大，电动机下放重物的速度越快。为了限制下放速度，转子回路不应串入过大的电阻。

# 5.5　三相异步电动机的拖动实训

## 5.5.1　电动机 Y-Δ启动控制线路

三相异步电动机 Y-Δ启动控制电路操作所需的接线板如图 5-20 所示。接线板需要加接 1 只型号为 ST3PA-B 的时间继电器。

图 5-20　Y-Δ启动控制电路接线板

三相异步电动机 Y-Δ启动控制电路操作所需的电气元件明细表见表 5-1。

**表 5-1 操作所需电气元件明细表**

| 代 号 | 名 称 | 型 号 | 规 格 | 数 量 | 备 注 |
|---|---|---|---|---|---|
| QF | 低压断路器 | DZ47-63/3P/10A | 10A | 1 | |
| FU | 螺旋式熔断器 | RT18-32 | 配熔芯 3A | 3 | |
| KM1<br>KMY<br>KMΔ | 交流接触器 | LC5-D0610M5N | 线圈 AC 220V | 3 | |
| FR | 热继电器 | JRS1D-25/Z | 整定 0.63A | 1 | |
| SB1<br>SB2 | 按钮开关 | LAY16 | 一常开一常闭<br>自动复位 | 2 | SB1 绿色<br>SB2 红色 |
| KT | 时间继电器 | ST3PA-B | 二常开二常闭 | 1 | 线圈 AC 380V |
| M | 三相鼠笼式异步电动机 | WDJ26（厂编） | $U_N$380（Δ） | 1 | |

## 5.5.2 三相异步电动机 Y-Δ启动控制电路图

三相异步电动机 Y-Δ启动控制电路图如图 5-21 所示。

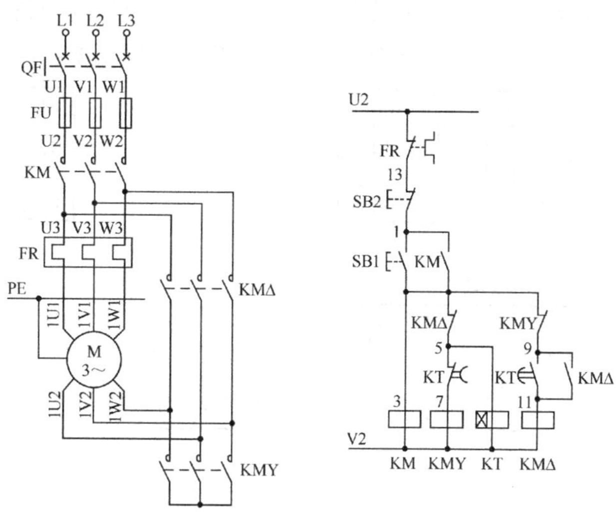


图 5-21 三相异步电动机 Y-Δ启动控制电路图

线路的动作过程为:

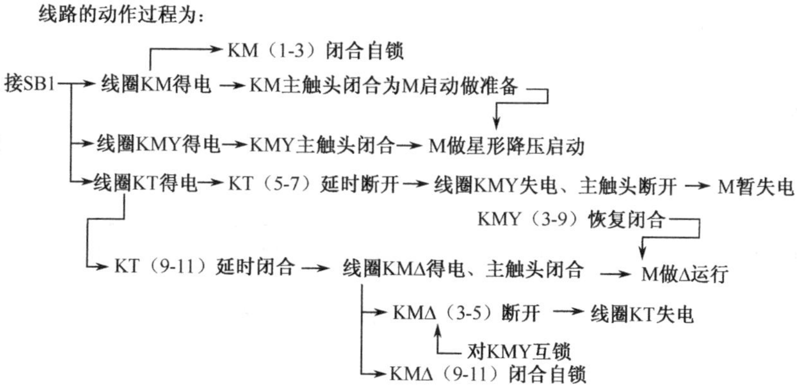


停车过程：按SB2 → KM、KMΔ失电释放、M停转

## 5.5.3 安装与接线

三相异步电动机 Y-Δ启动控制电路的安装布置图如图 5-22 所示。

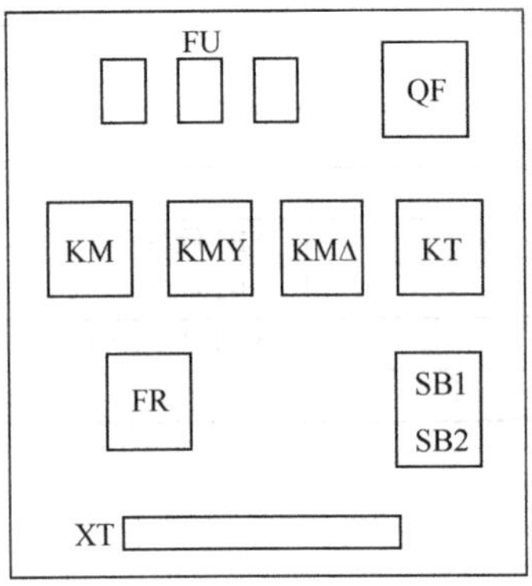


图 5-22　三相异步电动机 Y-Δ启动自动控制电路的安装布置图

按图 5-22 布置图的位置，在挂板上选择 QF、FU、KM、KMY、KMΔ、FR、SB1、SB2、KT、XT 等器件。

三相异步电动机 Y-Δ启动控制电路的安装接线图为图 5-23 及图 5-24，其中图 5-23 仅画出接线号（接线图上没画连续线）。图 5-24 是按国家标准用中断线表示的单元接线图，图 5-24 中各电气元件的端子编号都是器件实际的端子编号，各器件的连接线都采用中断线表示，这种用实际端子号及中断线画的接线图虽然画起来比用连续线画的接线图复杂，但接线很直观，图 5-24 中表现出每个端子应接一根还是二根线，另一根线应接在哪个器件哪个端子上。查线也简单（从上到下，从左到右，用万用表分别检查端子①及端子②直至全部端子都查一遍）。因此，操作者不仅要熟悉而且应学会画这种接线图。

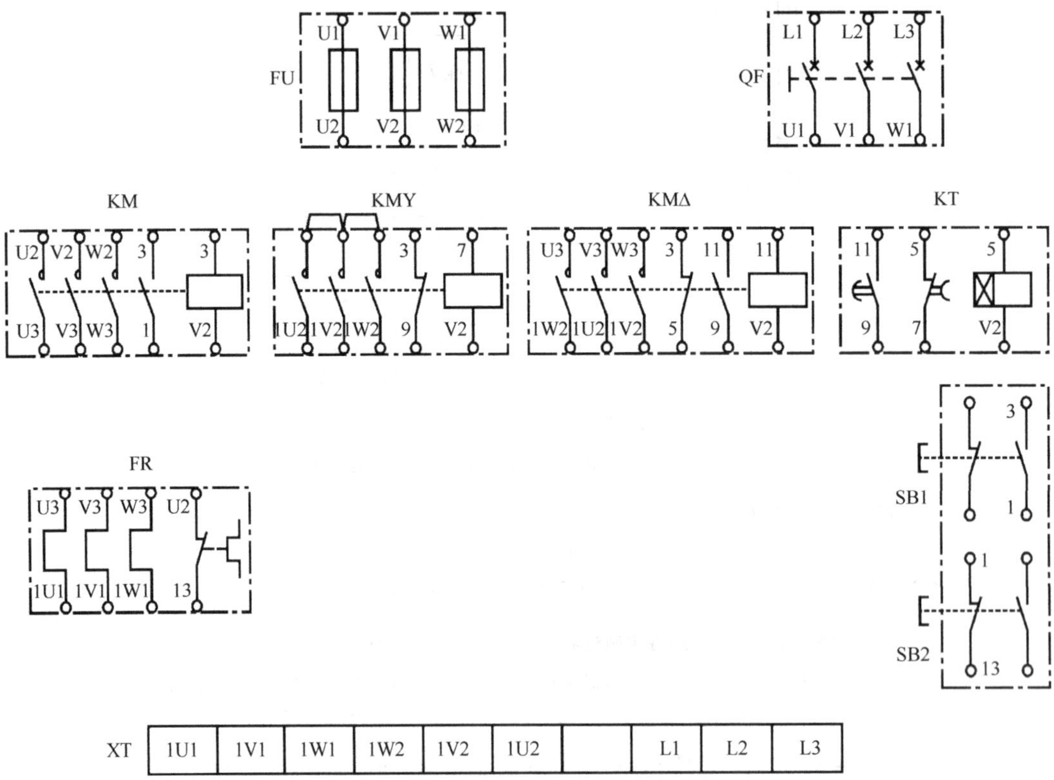


图 5-23　三相异步电动机 Y-Δ启动自动控制电路的安装接线图 1

## 5.5.4 检测与调试

确认接线正确后，按下控制屏上的“启动”按钮，接通三相交流电源。

“合”开关 QF，按下 SB1，控制线路的动作过程应按原理所述，若操作中发现有不正常现象，应断开电源分析排除故障后重新操作。

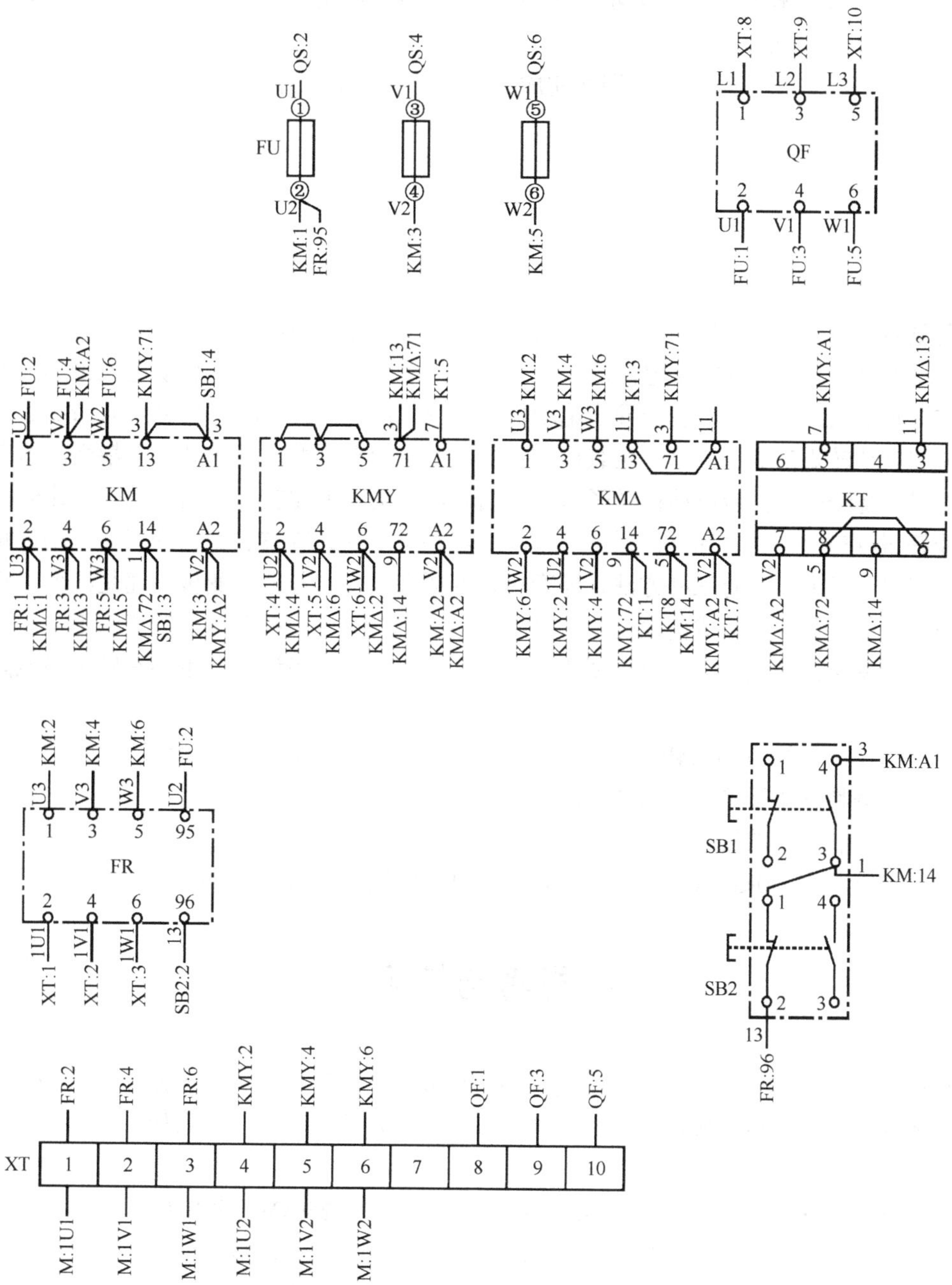


图 5-24 三相异步电动机 Y-Δ启动自动控制电路的安装接线图 2

### 5.5.5 完成课题报告

1. 画出本课题电气线路原理图。
2. 说明本课题电气线路控制原理。
3. 叙述本课题实训步骤与结果。
4. 思考并指出本课题电气线路中的保护环节，说明本课题电气线路在实用中的优缺点。
5. 填写以下内容：

班级：　　　　　　　　　　课题完成日期：　　　年　月　日

姓名：　　　　　　　　　　第　组、同组人：

## 本 章 小 结

衡量异步电动机启动性能，最主要的指标是启动电流和启动转矩。异步电动机直接启动时，启动电流大，一般为额定电流的 4~7 倍。因启动时功率因数低，启动电流虽然很大，但启动转矩却不大。三角形接线的异步电动机，在空载或轻载启动时，可以采取 Y-Δ启动，启动电流和启动转矩都减小 3 倍。负载比较重的，可采用自耦变压器启动，自耦变压器有抽头可供选择。绕线转子异步电动机转子串电阻启动，启动电流比较小，而启动转矩比较大，启动性能好。若将异步电动机的机械特性线性化，启动电阻的计算方法与并励直流电动机相同。

异步电动机的调速有三种方法，即变极、变频和改变转差率。变极调速是改变半相绕组中的电流方向，使极对数成倍地变化，可制成多速电动机。变频调速是改变频率从而改变同步转速进行调速，调频的同时电压要相应地变化。改变转差率调速，主要有转子串电阻调速和串级调速。

制动即电磁转矩方向与转子转向相反，电磁制动分为能耗制动、反接制动和回馈制动。制动时的机械特性位于第二和第四象限。

各种运行状态时的转差率 $s$ 的数值范围：

电动运行状态　$0<s<1$，反接制动状态　$s>1$，回馈制动状态　$s<0$。

## 思考与练习

5-1　两台三相异步电动机额定功率都是 $P_N$=40kW，而额定转速分别为 $n_{N1}$=2960r/min，$n_{N2}$=1460r/min，求对应的额定转矩临界转差率及额定转差率为多少？为什么这两台电动机的功率一样但在轴上产生的转矩却不同？

5-2　一台三相八极异步电动机数据为：额定容量 $P_N$=260kW，额定电压 $U_N$=380V，额定频率 $f_H$=50Hz，额定转速 $n_N$=722r/min，过载能力 $\lambda$=2.13。求：①额定转差率；②最大转矩对应的转差率；③额定转矩；④最大转矩；⑤$s$ =0.02 时的电磁转矩。

5-3　什么叫三相异步电动机的降压启动？有哪几种常用的方法？各有何特点？

5-4 当三相异步电动机在额定负载下运行时，由于某种原因，电源电压降低了 20%，问此时进入电动机定子绕组中的电流是增大还是减小？为什么？对电动机将带来什么影响？

5-5 某三相鼠笼式异步电动机，$P_N$=300kW，定子绕组为 Y 形，$u_N$=380V，$I_N$=527A，$n_N$=1475r/min，$k_i$=6.7，$k_{st}$=1.5，$\lambda$=2.5。车间变电所允许最大冲击电流为 1800A，负载启动转矩为 1000N · m，试选择适当的启动方法。

5-6 什么叫三相异步电动机的调速？对三相鼠笼式异步电动机，有哪几种调速方法？并分别比较其优缺点。对三相绕线转子异步电动机通常用什么方法调速？

5-7 在变极调速时，为什么要改变绕组的相序？在变频调速中，改变频率的同时还要改变电压，保持 $u/f$=常值，这是为什么？

5-8 一台三相四极绕线转子异步电动机，$f$=50Hz，$n_N$=1485r/min，$r_2$=0.02Ω，定子电压、频率和负载转矩保持不变，要求将转速降到 1050r/min，问要在转子回路中串接多大电阻？

5-9 画出能耗制动的接线图并叙述制动原理。反接制动时为什么要在转子回路串入制动电阻？

# 第 6 章　电动机的变频控制

## 知识目标

本章的知识目标要求掌握变频器的基本工作原理；明确变频器的结构特点及用途；了解变频器的性能特点；掌握变频器的控制方法。

注意本章的难点在于变频器的特点、变频器的工作原理分析、变频器的工作方式、变频器的实际控制与操作。

## 能力目标

| 能力目标 | 知识要点 | 相关知识 | 权重 | 自测分数 |
|---|---|---|---|---|
| 变频器分类与基本原理 | 变换环节、控制方式、用途等分类方式；$U/f$ 控制、PWM 控制、PWM 逆变 | 变频器的应用范围<br>整流器、滤波器、逆变器工作原理 | 20% | |
| 变频器的组成与控制环节 | 主电路、控制电路的组成 | 变频器的技术指标 | 20% | |
| 变频器的应用 | 速度控制、转矩控制、PID 或其他方式 | 变频器的参数设置、转差频率反矢量控制 | 20% | |
| 变频器常见故障及处理 | 参数设置故障、过压故障、过流故障、过载故障 | 变频器参数恢复设置、变频器特性参数调节 | 20% | |
| 变频器实训操作 | 启停练习、组合运行、多段速度控制、频率跳变设置 | 三菱 FR-E500 型变频器的实操练习 | 20% | |

## 6.1　变频器概述

变频调速技术是现代电力传动技术重要发展的方向，随着电力电子技术的发展，交流变频技术从理论到实际逐渐走向成熟。通过连续地改变异步电动机的供电频率 $f_1$，可以平滑地改变电动机的转速，从而实现异步电动机的无级调速，使交流电动机的调速变得和直流电动机一样方便。

### 6.1.1　变频器应用范围

各国使用的交流供电电源，无论是用于家庭还是用于工厂，其电压和频率均为 220V/50Hz（60Hz）或 100V/60Hz（50Hz）等。通常，将电压和频率固定不变的交流电变换为电压或频率可变的交流电的装置称为“变频器”。为了产生可变的电压和频率，该设备首先要将电源的交流电变换为直流电（DC）。将直流电（DC）变换为交流电（AC）的装置，其科学术语为

“inverter”（逆变器）。由于变频器设备中产生变化的电压或频率的主要装置叫“inverter”，故该产品本身就被命名为“inverter”，即变频器。

所谓变频器，是由计算机控制电力电子器件、将工频（通常为50Hz）交流电变为频率（多数为0~400Hz）和电压可调的三相交流电的电气设备，用以驱动交流异步电动机进行变频调速，其发展前景广阔。

变频器不仅调速平滑、范围大、效率高、启动电流小、运动平稳，而且节能效果明显，如图6-1所示。因此，交流变频调速已逐渐取代了过去的传统滑差调速、变极调速、直流调速等调速系统，越来越广泛地应用于冶金、纺织、印染、烟机生产线及楼宇、供水等领域。

图6-1 各种类型的变频器

**特别提示**

变频器也可用于家电产品，使用变频器的家电产品中不仅有电机（例如空调等），而且有荧光灯等产品。用于电机控制的变频器，既可以改变电压，又可以改变频率。但用于荧光灯的变频器主要用于调节电源供电的频率。汽车上使用的由电池（直流电）产生交流电的设备也以“inverter”的名称进行出售。变频器的工作原理被广泛地应用于各个领域。例如计算机电源的供电，在该项应用中，变频器用于抑制反向电压、频率的波动及电源的瞬间断电。

## 6.1.2 变频器的分类

变频器有很多种类，如果是微电子领域，那么变频器的原理是信号电流经由频率变换元件（如三极管），利用其频率的非线性特性实现频率变换，可生成丰富的频率成分，然后用适当的选频网络选出所需的频率。

1. 按变换环节分类

（1）交—直—交变频器

将频率固定的交流电整流成直流电，经过滤波，再将平滑的直流电逆变成频率连续可调的交流电。由于将直流电逆变成交流电的环节较易控制，现在社会上流行的低压通用变频器大多是这种形式。

（2）交—交变频器

将频率固定的交流电直接变换成频率连续可调的交流电。这种变频器的变换效率高，但其连续可调的频率范围窄，一般为额定频率的1/2以下，故它主要用于低速、大容量的场合。

2. 按控制方式分类

（1）*U*/*f* 控制变频器

控制过程中，使电动机的主磁通保持一定，在改变变频器输出频率的同时，控制变频器的输出电压，保持电压和频率之比为恒定值，在较宽的调速范围内，电动机的效率和功率因数保持不变。目前通用变频器中较多使用这种控制方式。

（2）转差频率控制变频器

转差频率控制是指能够在控制过程中保持磁通$\Phi_m$的恒定，能够限制转差频率的变化范围，且能通过转差频率调节异步电动机的电磁转矩的控制方式。与 *U/f* 控制方式相比，变频器加减速特性和限制过电流的能力得到提高，适用于自动控制系统。

（3）矢量控制方式变频器

矢量控制方式是基于电动机的动态数学模型，通过分别控制电动机的转矩电流和励磁电流，基本上可以达到和直流电动机一样的控制特性，变频调速的动态性能得到提高。

3. 按用途分类

（1）通用变频器

通常指没有特殊功能、要求不高的变频器，绝大多数变频器都可归于这一类中。

（2）风机、水泵用变频器

这类变频器的主要特点是过载能力较低，具有闭环控制 PID 调节功能，并具有“一控多”（多台电动机共用一台变频器供电）的切换功能。

（3）高性能变频器

具有矢量控制的变频器，主要用于对机械特性和动态响应要求较高的场合。

（4）专业变频器

如电梯专业变频器、纺织专业变频器、张力控制专业变频器及中频变频器等。

### 6.1.3 变频器基本工作原理

对于异步电机的变压变频调速，必须具备能够同时控制电压幅值和频率的交流电源，而电网提供的是恒压恒频的电源，因此应该配置变压变频器，又称 VVVF（Variable Voltage Variable Frequency）装置。

最早的 VVVF 装置是旋转变频机组，即由直流电动机拖动交流同步发电机，调节直流电动机的转速就能控制交流发电机输出电压和频率。

自从电力电子器件获得广泛应用以后，旋转变频机组已经无例外地让位给静止式的变压变频器了。笼形异步电机的变压变频调速系统（VVVF 系统）一般简称为变频调速系统，它是转差功率不变型调速系统。

**特别提示**

由于变频调速系统在调速时转差功率不随转速而变化，调速范围宽，无论是高速还是低速时效率都较高，在采取一定的技术措施后能实现高动态性能，可与直流调速系统媲美，因此现在应用很广。

1. *U/f* 控制

如果仅改变频率而不改变电压，频率降低时会使电机出现过电压（过励磁），导致电机可能被烧坏。因此变频器在改变频率的同时必须同时改变电压。输出频率在额定频率以上时，电压却不可以继续增加，最高只能等于电机的额定电压。

例如：为了使电机的旋转速度减半，将变频器的输出频率从 50Hz 改变到 25Hz，这时变频器的输出电压就需要从400V改变到约200V。

2. PWM控制

PWM控制方式即脉宽调制方式，是变频器的核心技术之一，也是目前应用较多的一种技术。

一般异步电动机需要的是正弦交流电，而逆变电路输出的往往是脉冲交流电。PWM控制方式，就是对逆变电路开关器件的通断进行控制，使输出端得到一系列幅值相等而宽度不等的方波脉冲，用这些脉冲来代替正弦波或所需要的波形，即可改变逆变电路输出电压的大小。这样，虽然电动机的输入信号仍为脉冲信号，但它是与正弦波等效的调制波，那么电动机的输入信号也就等效为正弦交流电了。

目前采用较普遍的变频调速系统是恒幅PWM型变频电路，由二极管整流器、滤波电容和逆变器组成，如图6-2所示。当交流电压经二极管整流器整流后，得到直流电压，将恒定不变的直流电压输入逆变器，通过调节逆变器的脉冲宽度和输出交流电的频率，实现调压调频，供给负载。

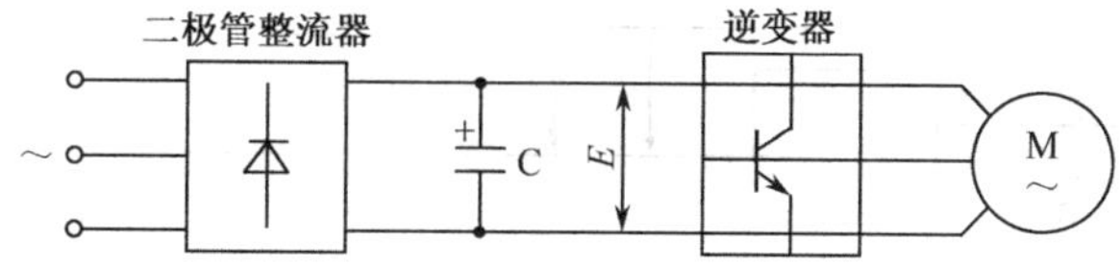


图6-2 PWM型变频电路

3. PWM逆变原理

如图6-3所示为单相逆变器的主电路。图6-3中0为直流电源的理论中心点。PWM控制方式是通过改变电力晶体管$VT_1$、$VT_4$和$VT_2$、$VT_3$交替导通的时间，从而改变逆变器输出波形的频率$f$；通过改变每半周内$VT_1$、$VT_4$或$VT_2$、$VT_3$开关器件的通、断时间比，即改变脉冲宽度，从而来改变逆变器输出电压幅值的大小$U_{ab}$。

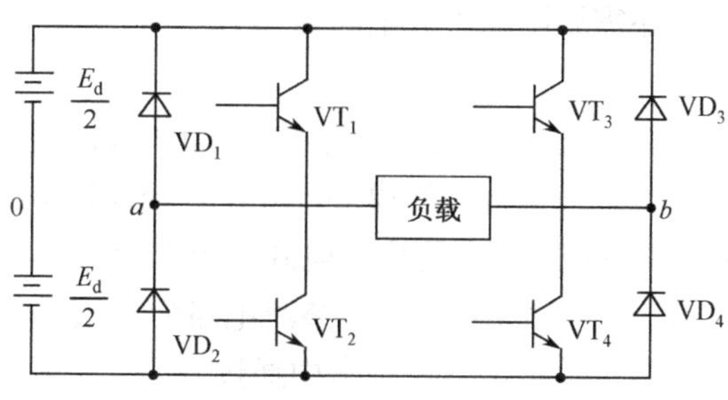


图6-3 单相逆变器的主电路

如果使开关器件在半个周期内反复通、断多次，并使每个矩形波电压下的面积接近于对应正弦波电压下的面积，则逆变器输出电压将很接近于基波电压，高次谐波电压将大为降低。若采用快速开关器件，使逆变器输出脉冲次数增多，即使输出低频时，输出波形也较为理想。其波形如图6-4所示。所以，PWM型逆变器特别适用于异步电动机变频调速的供电电源。

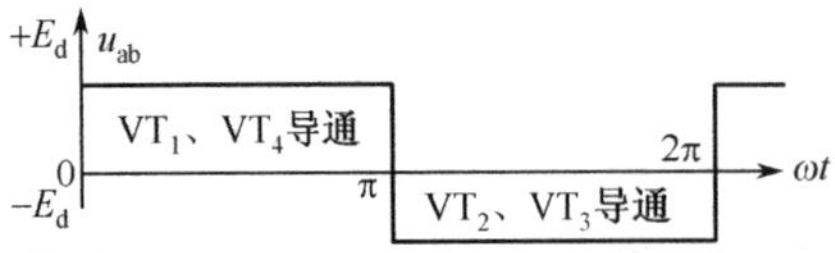


（a）一个周期的输出方波电压形

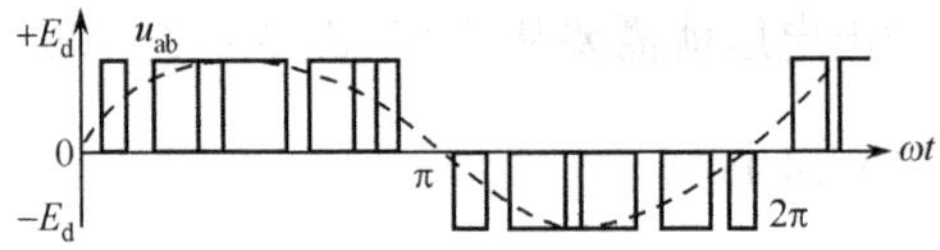


（b）PWM型逆变器输出波形

图 6-4　电路的波形

## 6.1.4　变频器的组成

变频器可分为两大部分，即主电路和控制电路，如图 6-5 所示为变频器的组成框图。

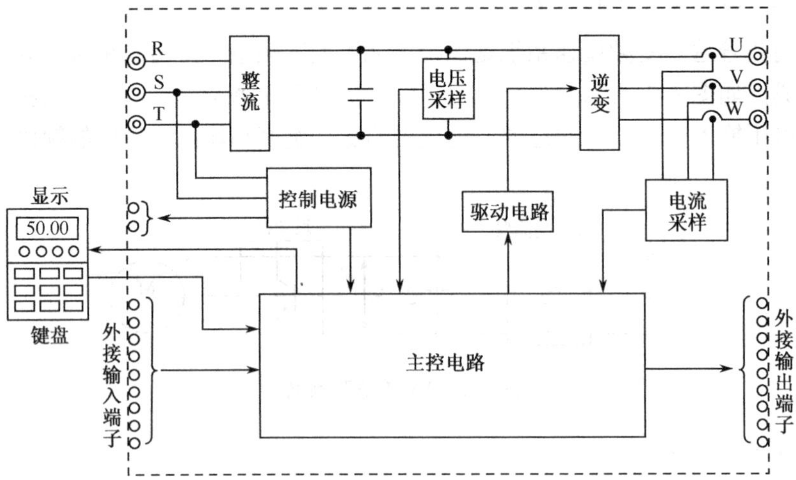


图 6-5　变频器的组成框图

### 1. 主电路

变频器的主电路由整流电路、滤波电路及逆变电路等部分组成。此外，在变频调速系统中，当电动机需要制动时，还需要附加“放电回路”。

（1）整流电路

整流电路的功能是将交流电源转换成直流电源。整流电路一般都是单独的一块整流块，但也有不少整流电路与逆变电路二者合一的模块，如富士 7MBI 型 IGBT（复合全控型电压驱动式功率半导体）智能模块。小功率变频器输入电源多用单相 220V，整流电路为单相全波整流电桥；大功率变频器一般用三相 380V 电源，整流电路为三相桥式全波整流电路。

整流模块损坏是变频器常见的故障，在静态中通过万用表电阻挡正反向的测量来判断整流模块是否损坏，当然还可以用电压表来测试。

**特别提示**

有的品牌变频器整流电路，上半桥为晶闸管，下半桥为二极管。如大功率的丹佛斯、台达等变频器。判断晶闸管好坏的简易方法，可在控制极加上直流电压（10V 左右）看它正向能否导通。这样基本大致能判断出晶闸管的好坏。

（2）滤波电路

整流电路输出的整流电压是脉动的直流电压，必须加以滤波，常采用电容器吸收脉动电压。

整流器整流后的直流电压中含有电源6倍频率脉动电压，此外逆变器产生的脉动电流也使直流电压变动，为了抑制电压波动而需要采用电感和电容吸收脉动电压（电源）。一般通用变频器电源的直流部分对主电路而言有余量，故省去电感而采用简单电容滤波电路。

对滤波电容需要进行容量与耐压的测试，还可以通过观察电容上的安全阀是否爆开、有没有漏液现象来判断它的好坏。

（3）逆变电路

由逆变桥将直流电“逆变”成频率、幅值都可调的交流电。这是变频器实现变频的执行环节，是变频器的核心部分。常用的逆变管有绝缘栅双极晶体管（IGBT）、大功率晶体管（GTR）和可关断晶闸管（GTO）。

逆变电路同整流电路用途相反，是将直流电压变换为所要频率的交流电压，以所确定的时间使上桥、下桥的功率开关器件导通和关断。从而可以在输出端U、V、W三相上得到相位互差120° 电角度的三相交流电压。

逆变电路通常指的就是IGBT逆变模块（早期生产的变频器为GTR等功率模块）。

IGBT模块损坏是变频器常见的故障。测量IGBT模块耐压值可用晶体管参数测试仪，但是要短接触发端G-E才能测C-E的耐压值。IGBT模块损坏，大多情况下会损坏驱动元器件。最容易损坏的器件是稳压管及光耦元件。反过来，如果驱动电路的元件有问题（如电容漏液、击穿、光耦老化），也会导致IGBT模块烧坏或变频输出电压不平稳。检查驱动电路是否有问题，可在没通电时比较各电路触发端电阻是否一致。通电开机可测量触发端的电压波形。但是有的变频器不装模块开不了机，这时可在模块P端串入假负载防止检查时误碰触发端或其他线路烧坏模块。

（4）放电回路

电动机制动时，处于再生发电状态，再生的能量会反馈到电容器中，使直流电压升高，为此，设置一条放电回路，将再生的电能消耗掉。放电回路由制动电阻和制动单元串联组成，制动电阻用于耗能，制动单元的功能是控制流经制动电阻的放电电流。

2. 控制电路

变频器的控制电路主要由主控电路、操作面板、控制电源及外接控制端子等组成。目前变频器基本是用16位、32位单片机或DSP为控制核心，从而实现全数字化控制。

（1）主控电路

主控电路是变频器运行的控制中心，变频器是使输出电压和频率可调的调速装置。提供控制信号的回路称为主控制电路，控制电路由以下电路构成：频率、电压的“运算电路”，主电路的“电压、电流检测电路”，电动机的“速度检测电路”。运算电路的控制信号送至“驱动电路”及逆变器和电动机的“保护电路”，但实际使用变频器时，其主控电路维护工作比较复杂。

主控电路的主要功能如下。

① 接收从键盘输入与外部控制电路输入的各种信号。

② 接收内部的采样信号，如主电路中电压与电流的采样信号、各部分温度的采样信号、

各逆变管工作状态的采样信号等。

③ 将接收的各种信号进行判断和综合运算，产生相应的调制指令，并分配给各逆变管的驱动电路。

④ 发出显示信号，向显示板和显示屏发出各种显示信号。

⑤ 发出保护指令，变频器必须根据各种采样信号随时判断其工作是否正常，一旦发现异常工况，必须发出保护指令进行保护。

⑥ 向外电路发出控制信号及显示，如正常运行、频率到达、故障等信号。

（2）操作面板

操作面板由键盘与显示屏组成。键盘用来向主控电路发出各种信号或指令，显示屏可将主控电路提供的各种数据进行显示，两者总是组合在一起。如图 6-6 所示为三菱 FR-S500 型操作面板。

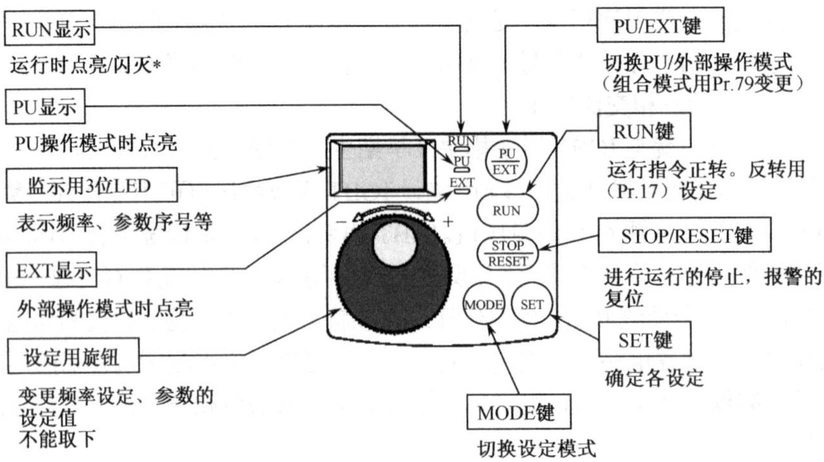


图 6-6　三菱 FR-S500 型操作面板

① 键盘。不同类型的变频器配置的键盘型号是不一样的，但基本的原理和构成都相差不多，主要有以下几类按键。

（a）模式转换键。变频器的基本工作模式有运行和显示模式、编程模式等。模式转换键便是用来切换变频器工作模式的。

（b）数据增减键。用于改变数据的大小。常见的符号有▲、▼、∧、∨、↑、↓等。

（c）读出、写入键。在编程模式下，用于读出原有数据和写入新数据。常见的符号有 SET，READ，WRITE，DATA，ENTER 等。

（d）运行键。在键盘运行模式下，用来进行各种运行操作，主要有 RUN（运行），FWD（正转），REV（反转），STOP（停止），JOG（点动）等。

（e）复位键。变频器因故障而跳闸后，为了避免误动作，其内部控制电路被封锁。当故障修复以后，必须先按复位键，使之恢复为正常状态。复位键的符号是 RESET（或简写为 RST）。

（f）数字键。有的变频器配置了“0~9”和小数点“.”等数字键，编程时可直接输入所需数据。

② 显示屏。大部分变频器配置了液晶显示屏，它可以完成各种指示功能。

（3）控制电源

变频器的电源板主要提供主控板电源、驱动电源及外控电源。

① 主控板电源。它要求有极好的稳定性和抗干扰能力。

② 驱动电源。用于驱动各逆变管。因逆变管处于直流高压电路中，又分属于三相输出电路中不同的相。所以，驱动电源、主控板电源之间必须可靠隔离，各驱动电源之间也必须可靠绝缘。

③ 外控电源。为外接电位器提供稳定的直流电源。

（4）外接控制端子

外接控制端子如图 6-7 所示，包括外接频率给定端子、外接输入控制端子、外接输出控制端子等。

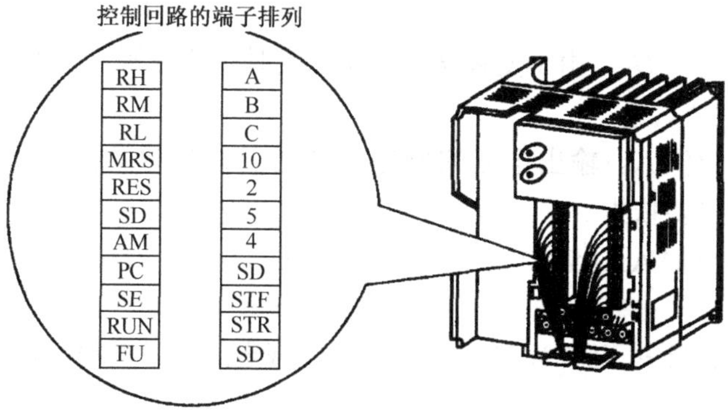


图 6-7 控制回路端子排

① 外接频率给定端子。各种变频器都配有接收从外部输入给定信号的端子。根据给定信号类别的不同，通常有电压信号给定端和电流信号给定端。

② 外接输入控制端子。外接输入控制端接收外部输入的各种控制信号，以便对变频器的工作状态和输出频率进行控制。不同品牌的变频器对外接输入控制端的配置各不相同，且有些控制端可通过功能预置来改变功能。概括起来，输入控制端的一般配置如下。

（a）基本控制信号：如正转、反转、复位等信号，基本信号输入端在多数变频器中是单独设立的，其功能比较固定。

（b）可编程控制信号：这些端子的具体功能并不固定，须在编程模式下通过功能预置来确定。通过功能预置，这些端子既可用于多挡转速控制端，也可用于多挡升、降速时间设定端，还可用于外部升、降速给定控制端。

③ 外接输出控制端子。外接输出控制端子一般配置如下。

（a）状态信号端：主要有“运行”信号端、“频率检测”信号端，当变频器运行或输出频率在设定的频率范围内时，有信号输出。

（b）报警信号端：当变频器发生故障时，变频器发出报警信号，通常都采用继电器输出。

（c）频率测量输出端：变频器通常可提供两种测量信号，模拟量测量信号，如 DC0~10V 等；数字量测量信号，可直接接至需要数字量的仪器或仪表。通过功能预置，也可改变其测量内容，如可以测量变频器的输出电压、负荷率等。

（d）通信接口：常用 RS-485 通信。

## 6.1.5 变频器的技术指标

### 1. 变频器的额定值

（1）输入侧的额定值

输入侧的额定值主要是电压和相数。在中国的中小容量变频器中，输入电压的额定值有：

① 380V/50Hz，三相，用于绝大多数电器中。

② 200~230V/50Hz 或 60Hz，三相，主要用于某些进口设备中。

③ 200~230V/50Hz，单相，主要用于家用电器中。

（2）输出侧的额定值

① 输出电压额定值 $U_N$。由于变频器在变频的同时也要变压，所以输出电压的额定值是指输出电压中的最大值。

② 输出电流额定值 $I_N$。输出电流的额定值是指允许长时间输出的最大电流，是用户在选择变频器时的主要依据。

③ 输出容量 $S_N$（kVA）。$S_N$ 与 $U_N$ 和 $I_N$ 的关系为

$$S_N=\sqrt{3}\,U_N I_N \tag{6-1}$$

④ 配用电动机容量 $P_N$（kW）。变频器说明书中规定的配用电动机容量，是根据式（6-2）估算出来的，即

$$P_N=S_N\eta_M\cos\phi_m \tag{6-2}$$

式中 $\eta_M$ ——电动机的效率；

$\cos\phi_m$ ——电动机的功率因数。

由于电动机容量的标称值是比较统一的，而 $\eta_M$ 和 $\cos\phi_m$ 值却很不一致，所以容量相同的电动机配用的变频器容量往往是不相同的。

变频器铭牌上的“适用电动机容量”通常是针对四极电动机而言，若拖动的电动机是六极或其他，那么相应的变频器容量应加大。

⑤ 过载能力。变频器的过载能力是指其输出电流超过额定电流的允许范围和时间。大多数变频器都规定为 150%$I_N$、60s 或 180%$I_N$、0.5s。

### 2. 变频器的频率指标

（1）频率范围

频率范围即变频器能够输出的最高频率 $f_{max}$ 和最低频率 $f_{min}$ 之间的频率。各种变频器规定的频率范围不尽一致。通常，最低工作频率为 0.1Hz~1Hz，最高工作频率为 120Hz~650Hz。

（2）频率精度

变频器输出频率的准确程度，用变频器的实际输出频率与设定频率之间的最大误差与最高工作频率之比的百分数表示。

例如，用户给定的最高工作频率为 $f_{max}$=120Hz，频率精度为 0.01%，则最大误差为

$$\Delta f_{max}=0.0001\times120=0.012\text{Hz}$$

（3）频率分辨率

输出频率的最小改变量，即每相邻两挡频率之间的最小差值。

特别提示

例如，当工作频率为 $f_x$=25Hz 时，如变频器的频率分辨率为 0.01Hz，则上一挡的最小频率 $f_x'$ 和下一挡的最大频率 $f_x''$ 分别为

$$f_x'=25+0.01=25.01\text{Hz}$$
$$f_x''=26-0.01=24.99\text{Hz}$$

# 6.2 变频器的使用

## 6.2.1 通用变频器的基本参数

常见变频器在使用中，是否能满足传动系统要求，变频器参数设置尤为重要。设置不正确会导致变频器报警而不能正常工作。

变频器功能参数很多，一般都有数十甚至上百个参数供用户选择。实际应用中，没必要对每一参数都进行设置和调试，多数只要采用出厂设定值即可。但有些参数由于和实际使用情况有很大关系，且有的还相互关联，因此要根据实际情况进行设定和调试。

因各类型变频器功能有差异，而相同功能参数的名称也不一致，但基本参数是各类型变频器几乎都有的，完全可以做到触类旁通。

1. 参数设置

变频器出厂时，厂家对每个参数都预设一个值，这些参数叫出厂（默认）值。一般默认值并不能满足大多数传动系统的要求。所以用户在正确使用变频器之前，要求对变频器参数做如下设置：

① 确认电机参数设定变频器的功率、电流、电压、转速、最大功率。这些参数可以从电机铭牌中直接得到。

② 变频器采用的控制方式，即速度控制、转矩控制、PID 或其他方式。选定控制方式后，一般要根据控制精度需要进行静态或动态辨别。

③ 设定变频器的启动方式，一般变频器在出厂时设定为面板启动，变频器的频率给定也可以有多种方式。面板给定、外部给定、外部电压或电流给定、通信方式给定。当然对于变频给定也可以是这几种方式的一种或几种方式的组合，正确设置以上参数后，变频器基本能正常工作，如要获得更好的控制效果则只能根据实际情况修改相关参数。一旦发生参数设置故障，可根据说明书进行修改参数，如果不行可进行初始化，恢复默认值，然后按上述方法重新设置。对于不同品牌的变频器其参数恢复出厂值方式也不同，可以根据实际情况选择启动方式，也可以用面板、外部端子、通信等几种方式进行启动。

2. 频率限制

（1）最高频率 $f_{max}$

变频器工作时允许输出的最高频率。通常根据电动机的额定频率来设置，例如电动机的

额定频率为 50Hz，则最高频率 $f_{max}$ 也设置为 50Hz。

（2）基底频率 $f_b$

采用 U/f 控制模式时，当 $f$ 到达额定值 $f_N$ 时，输出电压达到最高值 $U_N$，基底频率 $f_b$ 设定值一般为额定频率 50Hz。$f_{max}$、$f_b$ 与输出电压的关系如图 6-8 所示。

（3）上限频率 $f_H$、下限频率 $f_L$

上限频率 $f_H$、下限频率 $f_L$，即变频器输出频率的上、下限幅值。频率限制是为防止误操作或外接频率设定信号源出现故障，而引起的输出频率的过高或过低，是防止损坏设备的一种保护功能，在应用中按实际情况设定即可。如图 6-9 所示为外接频率设定信号 $X$ 与输出频率 $f$ 的关系图。此功能还可作为限速使用，例如有的皮带输送机，由于输送物料不太多，为减少机械和皮带的磨损，可采用变频器驱动。将变频器上限频率设定为某一频率值，这样就可使皮带输送机运行在一个固定、较低的工作速度上。

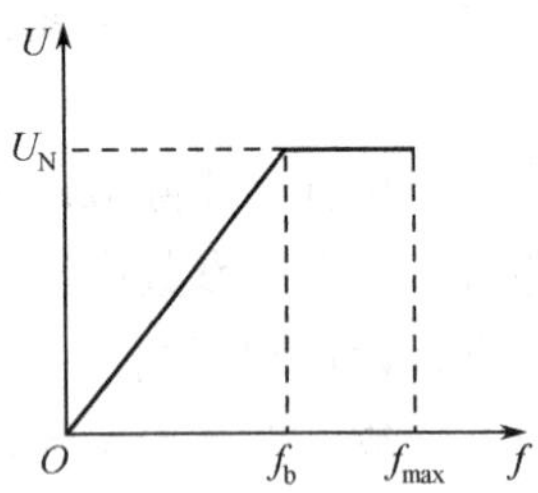


图 6-8 $f_{max}$、$f_b$ 与输出电压的关系

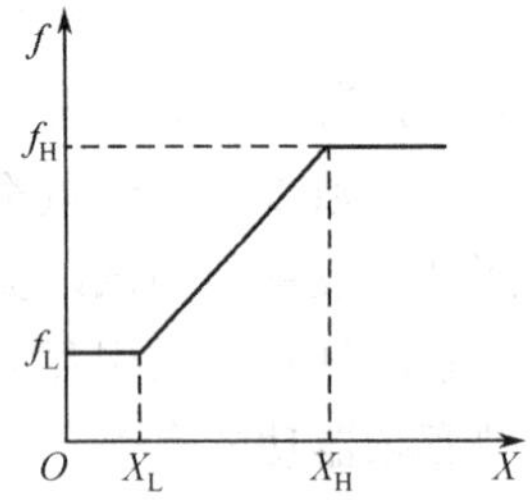


图 6-9 $X$ 与 $f$ 关系图

3. 加减速时间

加速时间就是输出频率从 0 上升到基底频率 $f_b$ 所需的时间，减速时间是指从基底频率 $f_b$ 下降到 0 所需的时间，如图 6-10 所示。

异步电动机在 50Hz 交流电网中进行直接启动时，其启动电流是额定工作电流的 4~7 倍，这是由于刚启动时转子的转速为零，转速差太大造成的。如果变频器的频率上升速度很快，在很短的时间内达到设定频率，电动机及拖动系统由于惯性原因转速跟不上频率的变化，将使启动电流增加而超过额定电流使变频器过载，因此必须合理设置加速时间。

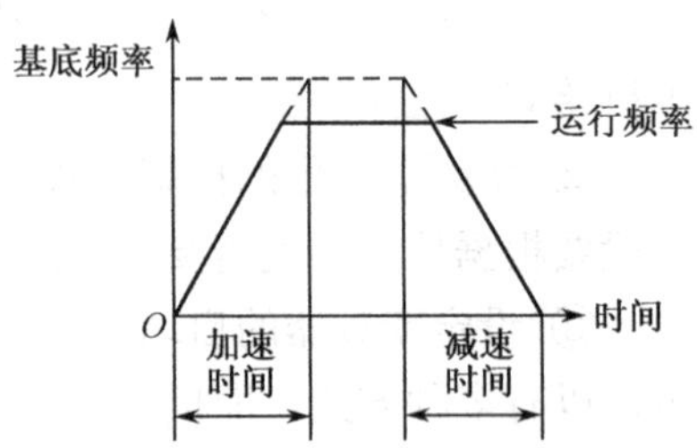


图 6-10 加、减速时间

加速时间的设定要求将加速电流限制在变频器过电流容量以下，不使过电流失速而引起变频器跳闸。

减速时间的设置与电动机的拖动负载有关。有些负载对减速时间没有什么要求，当变频器停止输出，电动机自由停止；但有些负载却要求有一定的减速时间。例如电动机拖动的负载惯性较大，当变频器减速时间设置较短，会产生较大的再生电压，如果制动单元来不及将这部分能量释放掉，则有可能损坏逆变电路，因此这类负载要设置较长的减速时间。

**特别提示**

减速时间的设定要点是：防止平滑电路电压过大，不使再生过压失速而使变频器跳闸。

调试中常采取按负载和经验先设定较长加减速时间，通过启、停电动机观察有无过电流、过电压报警；然后将加减速设定时间逐渐缩短，以运转中不发生报警为原则，重复操作几次，便可确定出最佳加减速时间。

4. 转矩提升

转矩提升又称转矩补偿，是为补偿因电动机定子绕组电阻所引起的低速时转矩降低而设置的参数，起到改善电动机低速时转矩性能的作用。假定基底频率电压为100%，用百分数设定转矩提升量：转矩提升量=（0Hz输出电压/额定输出电压）/100%，设定过大，将导致电动机过热；设定过小，启动力矩不够，一般最大值设定为10%。如图6-11所示为转矩提升示意图。

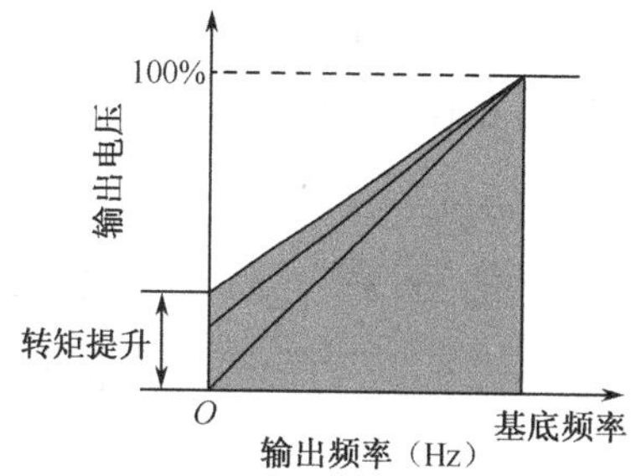

图6-11 转矩提升示意图

5. 电子热过载保护

此功能为保护电动机过热而设置，它是变频器内CPU根据运转电流值和频率计算出电动机的温升，从而进行过热保护。此功能只适用于“一拖一”场合，而在“一拖多”时，则应在各台电动机上加装热继电器。电子热保护设定值按式（6-3）设定：

电子热保护设定值（%）=

[电动机额定电流（A）/变频器额定输出电流（A）] ×100% （6-3）

6. 加减速模式选择

变频器除了可预置加速和减速时间之外，还可预置加速和减速曲线。一般变频器有线性、S形和半S形3种曲线选择。通常大多选择线性曲线；半S形曲线适用于变转矩负载，如风机等；S曲线适用于恒转矩负载，其加减速变化较为缓慢。设定时可根据负载转矩特性，选择相应曲线。如图6-12所示为加速（速度上升）曲线，如图6-13所示为减速（速度下降）曲线。

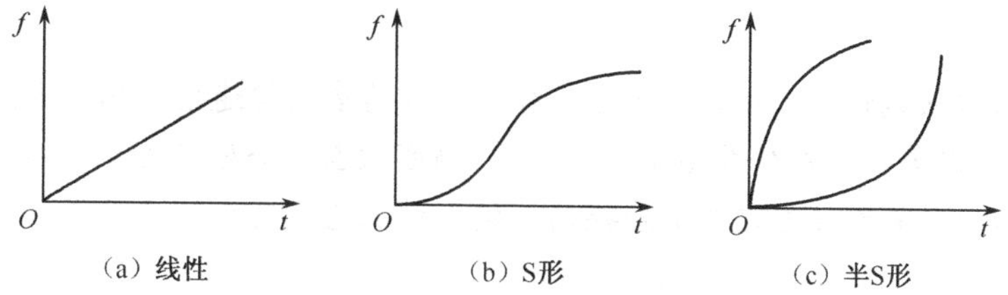

图6-12 速度上升曲线

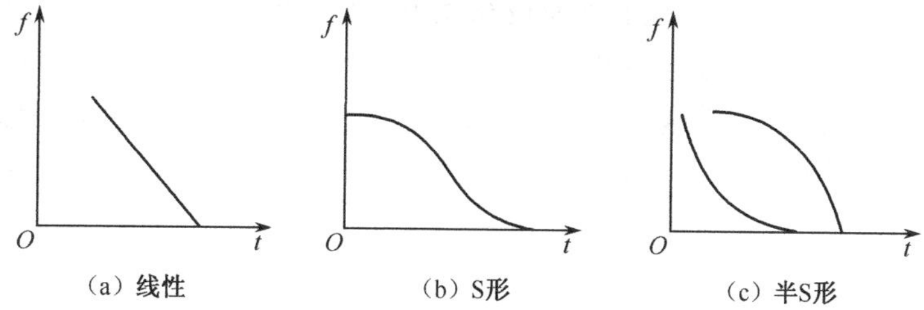

图6-13 速度下降曲线

7. 回避频率

回避频率又称跳跃频率、跳转频率。在机械传动中不可避免地要发生振动，其振动的频率与电动机的转速有关。在无级调速时，当电动机的转速等于机械系统的固有频率时，振动加剧，甚至使机械系统不能正常工作。为了避免使机械系统发生谐振，常采取回避频率的方法，即将发生谐振的频率跳过去。各种品牌的变频器都设有频率跳跃功能。回避频率示意图如图 6-14 所示。

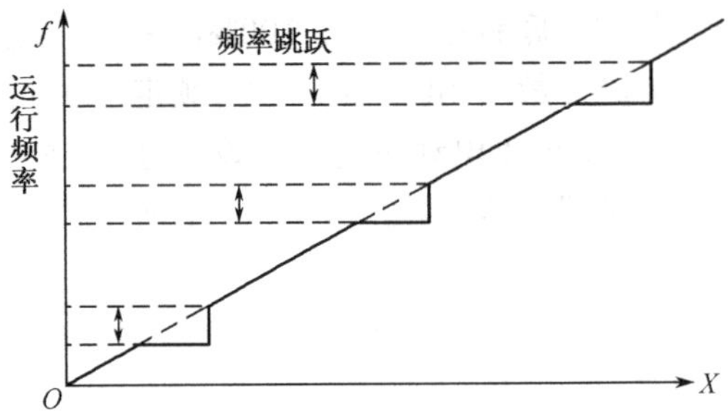


图 6-14　回避频率示意图

当变频器工作时，需要对某一频率进行回避，则可设定这一回避频率的上端频率和下端频率。例如，需要回避的频率为 40 Hz，设置上端回避频率为 41Hz，下端回避频率为 39Hz，则变频器工作时，频率在（40±1）Hz 范围内无输出。

需要指出的是，在频率上升或下降过程中则会直接通过回避频率而不会跳跃。

8. 多段速频率设置

多段速控制功能是通用变频器的基本功能。在传动系统中，有的需要段速控制，例如工业洗衣机，甩干时滚筒的转速快，洗涤时滚筒的转速慢，烘干时的转速更慢。如果用变频器来控制洗衣机电动机的运转，则可选择段速控制。

**特别提示**

变频器可通过功能预置，将若干个控制输入端作为多挡转速控制端。根据输入端的状态（接通或断开）按二进制方式组成 1~15 挡。每一挡可预置一个对应的工作频率，则电动机转速的切换便可以用开关器件通过改变外接输入端子的状态及其组合来实现。

9. 直流制动设置

电动机转速下降时，拖动系统的动能也在减小，于是电动机的再生能力和制动转矩也随之减小。所以，在惯性较大的拖动系统中，常常会出现在低速时停不住的“爬行”现象。直流制动功能就是为了克服低速爬行现象而设置的。其具体的含义是，当频率下降到一定程度时，向电动机绕组中通入直流电流，从而使电动机迅速停止，直流制动示意图如图 6-15 所示。

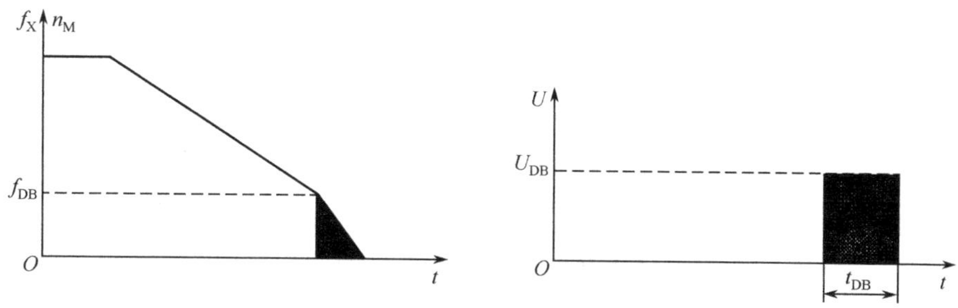


图 6-15　直流制动示意图

直流制动功能的设定，主要设定如下 3 个要素。

（1）直流制动电压 $U_{DB}$

直流制动电压即施加于定子绕组上的直流电压。这实际上也是在设定制动转矩的大小。显然，拖动系统的惯性越大，$U_{DB}$ 的设定值也越大。

（2）直流制动时间 $t_{DB}$

直流制动时间向定子绕组内通入直流电流的时间。

（3）直流制动的起始频率 $f_{DB}$

直流制动的起始频率即当变频器的工作频率下降到一定值时开始由再生制动转为直流制动，这个值为起始频率 $f_{DB}$，应根据负载对制动时间的要求来设定。一般地说，如果负载对制动时间并无严格要求的情况下，$f_{DB}$ 应尽量设定得小一些。

## 6.2.2　通用变频器的选择

正确选择变频器，对于传动控制系统能够正常运行是非常关键的。选用时要充分了解变频器所驱动负载的机械特性，按照生产机械的类型、调速范围、速度响应和控制精度、启动转矩等要求，决定采用什么功能的变频器组成控制系统，然后决定选用哪种控制方式。若对变频器选型、系统设计及使用不当，往往会使通用变频器不能正常运行，达不到预期目的，甚至引发设备故障，造成不必要的损失。

工矿企业中，生产机械的类型很多，它们的机械特性也各不相同。但大体上说，主要有 3 类，即恒转矩负载、恒功率负载及二次方率负载。

### 1. 恒转矩负载变频器的选择

工矿企业中广泛应用的带式输送机、桥式起重机等都属于恒转矩负载类型。

（1）转矩特点

在不同的转速下，负载的阻转矩基本恒定，$T_L$=const，即负载阻转矩 $T_L$ 的大小与转速 $n_L$ 的高低无关，如图 6-16 所示。其机械特性曲线如图 6-16（b）所示。

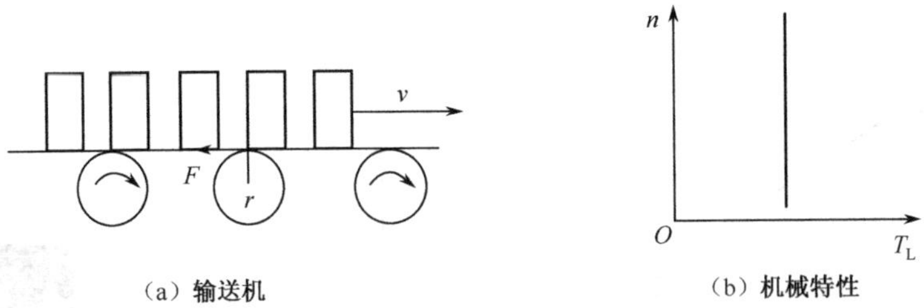


图 6-16　恒转矩负载及其特性

（2）功率特点

负载的功率 $P_L$ 和转矩 $T_L$、转速 $n_L$ 之间的关系为

$$P_L = \frac{T_L n_L}{9550} \tag{6-4}$$

式（6-4）说明，负载功率与转速成正比。

（3）典型实例

带式输送机是恒转矩负载的典型例子，其基本结构和工作情况如图 6-16（a）所示，负载转矩的大小决定于传动带与滚筒间的摩擦阻力 $F$ 和滚筒半径 $r$，即

$$T_L = Fr \tag{6-5}$$

由于 $F$ 和 $r$ 都和转速的快慢无关，所以在调节转速 $n_L$ 的过程中，转矩 $T_L$ 保持不变，即具有恒转矩的特点。

（4）变频器的选择

对于恒转矩负载，在选择变频器类型时，可从以下几个因素来考虑。

① 调速范围：在调速范围不大、对机械特性的硬度要求也不高的情况下，可考虑选择较为简易的只有 U/f 控制方式的变频器，或无反馈的矢量控制方式。当调速范围很大时，应考虑采用有反馈的矢量控制方式。

② 负载转矩的变动范围：对于转矩变动范围不大的负载，首先应考虑选择较为简易的只有 U/f 控制方式的变频器。但对于转矩变动范围较大的负载，由于 U/f 控制方式不能同时满足重载与轻载时的要求，故不宜采用 U/f 的控制方式。

③ 负载对机械特性的要求：如负载对机械特性要求不很高，则可考虑选择较为简易的只有 U/f 控制方式的变频器，而在要求较高的场合，则必须采用矢量控制方式。如果负载对动态响应性能也有较高要求，还应考虑采用有反馈的矢量控制方式。

### 2. 恒功率负载变频器的选择

各种卷取机械都属于恒功率负载，如造纸、纺织行业的卷取机械。

（1）功率特点

在不同的转速下，负载的功率基本恒定 $P_L$=const，即负载功率的大小与转速的高低无关。

（2）转矩特点

同公式（6-4），

$$T_L = \frac{9550 P_L}{n_L}$$

即负载转矩的大小与转速成反比，如图 6-17（b）所示。

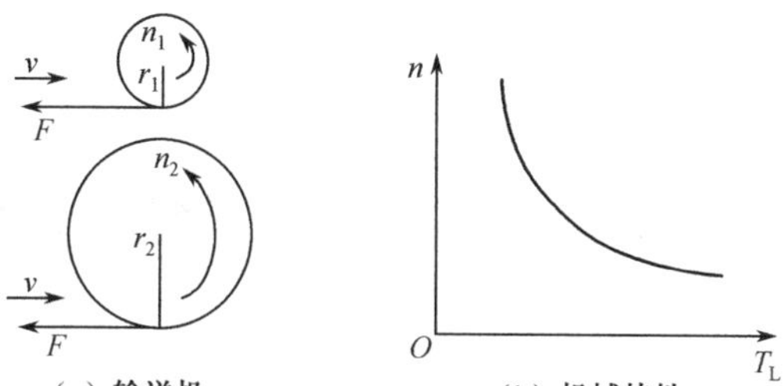


（a）输送机　　（b）机械特性

图 6-17　恒功率转矩负载及其特性

（3）典型实例

各种薄膜的卷取机械是恒功率负载的典型例子。其工作特点是：随着“薄膜卷”的卷径逐渐增大，卷取辊的转速应该逐渐减小，以保持薄膜的线速度恒定，从而也保持了张力的恒定。

如图 6-17（a）所示，负载阻转矩的大小决定于卷取物的张力 $F$（在卷取过程中，要求张力保持恒定）和卷取物的卷取半径 $r$（随着卷取物不断卷到卷取辊上，$r$ 将越来越大）。

$$T_L=Fr$$

而在卷取过程中，拖动系统的功率是恒定的，即

$$P_L=Fv=\text{const} \tag{6-6}$$

式中，$v$ 为卷取物的线速度，在卷取过程中，为了使张力大小保持不变，要求线速度也保持恒定。

（4）变频器的选择

对于恒功率负载，变频器可选择通用型的，采用 U/f 控制方式已经足够。但对动态性能有较高要求的卷取机械，则必须采用具有矢量控制功能的变频器。

### 3. 二次方率负载变频器的选择

风机和水泵都属于典型的二次方率负载。

（1）转矩特点

负载的阻转矩 $T_L$ 与转速 $n_L$ 的二次方成正比，即

$$T_L = K_T n_L^2 \tag{6-7}$$

（2）功率特点

负载的功率 $P_L$ 与转速 $n_L$ 的三次方成正比，即

$$T_L = \frac{K_T n_L^2 n_L}{9550} = K_P n_L^3 \tag{6-8}$$

式中，$K_T$、$K_P$ 分别为二次方率负载的转矩常数和功率常数。

（3）典型实例

风机和水泵都属于典型的二次方率负载。以风扇叶片为例，即使在空载的情况下，电动机的输出轴上，也会有损耗转矩 $T_0$，如摩擦转矩等，因此

转矩表达式应为

$$T_L = T_0 + K_T n_L^2 \tag{6-9}$$

功率表达式为

$$P_L = P_0 + K_P n_L^3 \quad (6\text{-}10)$$

式中，$P_0$为空载损耗。

（4）变频器的选择

对于二次方率负载，由于大部分生产变频器的工厂都提供了“风机、水泵用变频器”，可以选用此类型变频器。

## 6.2.3 变频器的故障显示功能

### 1. “OC” 过流报警故障

这是变频器最常见的故障，首先排除由于参数问题而导致的故障，例如：电流限制，加速时间过短有可能导致过流的产生。然后就必须判断是否有电流检测电路的问题，以富士 FVR-075GS-4EX 型变频器为例，有时看到 FVR-075G7S-4EX 型变频器在不接电动机运行的时候面板会有电流显示，电流来自于哪里呢？这时就要测试一下它的 3 个霍尔传感器是否出了问题。

### 2. “OV” 过压故障

首先先要排除由于参数问题而导致的故障，例如：减速时间过短，以及由于再生负载而导致的过压等。然后可以检查电压检测电路是否出现了故障。一般的电压检测电流的电压采样点都是中间直流母线取样后（530V 左右的直流）通过阻值较大的电阻降压后再由光耦元件进行隔离，当电压超过一定值时，显示“5”过压（此机为数码管显示），此时可以检查电阻是否氧化变值、光耦元件是否有短路现象。

### 3. “UV” 欠压故障

首先可以检查输入端电压是否偏低、缺相，然后检查电压检测电路故障，判断方法和过压相同。

### 4. “OH” 过热故障

变频器温度过高。检查变频器的通风情况，以及轴流风扇运转是否良好，有些变频器有电动机温度检测装置，检测电动机的散热情况。然后检查检测电路各器件是否正常。

### 5. “SC” 短路故障

可以检测变频器内部器件是否有短路现象。以安川 616G545P5 型变频器为例，检测模块、驱动电路、光耦元件是否有问题，一般为模块和驱动的问题，更换模块修复驱动电路，“SC”故障会消除。

### 6. “FU” 快速熔断故障

现在推出的变频器大多推出了快速熔断器故障检测功能。特别是大功率变频器，以 LG SV030IH-4 型变频器为例。它主要是对快熔前后的电压进行采样检测。当快熔损坏以后必然会出现快速熔断器一端电压丢失，此时隔离光耦元件动作，出现 FU 报警。更换快速熔断器就应能解决问题，特别应该注意的是更换快速熔断器前必须判断主回路是否有问题。

### 6.2.4 变频器的矢量控制

矢量控制的基本原理是通过测量和控制异步电动机定子电流矢量，根据磁场定向原理分别对异步电动机的励磁电流和转矩电流进行控制，从而达到控制异步电动机转矩的目的。具体是将异步电动机的定子电流矢量分解为产生磁场的电流分量（励磁电流）和产生转矩的电流分量（转矩电流）分别加以控制，并同时控制两分量间的幅值和相位，即控制定子电流矢量，所以称这种控制方式为矢量控制方式。

**特别提示**

矢量控制使异步电动机力矩更大，适用于重负荷及低频时保证力矩的应用场合。转矩提升功能是提高变频器的输出电压。然而即使提高很多输出电压，电动机转矩并不能和其电流相对应地提高。因为电动机电流包含电动机产生的转矩分量和其他分量（如励磁分量）。“矢量控制”将电动机的电流值进行分配，从而确定产生转矩的电动机电流分量和其他电流分量（如励磁分量）的数值。“矢量控制”可以通过对电动机端的电压降的响应，进行优化补偿，在不增加电流的情况下，允许电动机产出大的转矩。此功能对改善电动机低速时温升也有效。

矢量控制方式又有基于转差频率控制的矢量控制方式、无速度传感器矢量控制方式和有速度传感器的矢量控制方式等。

基于转差频率控制的矢量控制方式同样是在进行 U/f 二恒定控制的基础上，通过检测异步电动机的实际速度 $n$，得到对应的控制频率 $f$，然后根据希望得到的转矩，分别控制定子电流矢量及两个分量间的相位，对通用变频器的输出频率 $f$ 进行控制的。

基于转差频率控制的矢量控制方式的最大特点是可以消除动态过程中转矩电流的波动，从而提高了通用变频器的动态性能。早期的矢量控制通用变频器基本上都是采用的基于转差频率控制的矢量控制方式。

无速度传感器的矢量控制方式是基于磁场定向控制理论发展而来的。实现精确的磁场定向矢量控制需要在异步电动机内安装磁通检测装置，要在异步电动机内安装磁通检测装置是很困难的。但人们发现，即使不在异步电动机中直接安装磁通检测装置，也可以在通用变频器内部得到与磁通相应的量，并由此得到了所谓的无速度传感器的矢量控制方式。它的基本控制思想是根据输入的电动机的铭牌参数，按照一定的关系式分别对作为基本控制量的励磁电流（或者磁通）和转矩电流进行检测，并通过控制电动机定子绕组上的电压的频率使励磁电流（或者磁通）和转矩电流的指令值和检测值达到一致，并输出转矩，从而实现矢量控制。

采用矢量控制方式的通用变频器不仅可在调速范围上与直流电动机相匹配，而且可以控制异步电动机产生的转矩。由于矢量控制方式所依据的是准确的被控异步电动机的参数，有的通用变频器在使用时需要准确地输入异步电动机的参数，有的通用变频器需要使用速度传感器和编码器，并需要使用厂商指定的变频器专用电动机进行控制，否则难以达到理想的控制效果。

目前新型矢量控制通用变频器中已经具备异步电动机参数自动辨识、自适应功能，带有这种功能的通用变频器在驱动异步电动机进行正常运转之前可以自动地对异步电动机的参数进行辨识，并根据辨识结果调整控制算法中的有关参数，从而对普通的异步电动机进行有效的矢量控制。

**特别提示**

除了上述的无传感器矢量控制和转矩矢量控制等可提高异步电动机转矩控制性能的技术外，目前的新技术还包括异步电动机控制常数的调节及与机械系统匹配的适应性控制等，以提高异步电动机应用性能的技术。

1. 矢量控制的主要优点

（1）低频转矩大

即使运行在 1Hz（或 0.5Hz）时，也能产生足够大的转矩，且不会产生在 U/f 控制方式中容易遇到的磁路饱和现象。

（2）机械特性好

在整个频率调节范围内，都具有较硬的机械特性，所有机械特性基本上都是平行的。

（3）动态响应好

尤其是有转速反馈的矢量控制方式，其动态响应时间一般都能小于 100ms。

（4）能进行四象限运行。

2. 应用矢量控制的注意事项

由于矢量控制必须根据电动机的参数进行一系列的演算，因此，其使用范围必将受到一些限制。

（1）电动机的容量

电动机的容量应尽可能与变频器说明书中标明的“配用电动机容量”相符，最多低一个档次。

例如，变频器的“配用电动机容量”为 45kW，电动机的下一档次容量为 37kW。则该变频器只能在配接 45kW 或 37kW 的电动机时，矢量控制功能是有效的。

（2）电动机的磁极数

以 $2p=4$（4 极电动机）为最佳，要注意说明书中对磁极数的规定。

（3）电动机的型号

以生产变频器的同一家公司生产的标准电动机或变频调速专用电动机为最佳，一般的通用电动机也都可用。但特殊电动机（如高转差电动机等）则不能用。

（4）电动机的台数

矢量控制只适用于一台变频器控制一台电动机的场合。

（5）速度控制的 PID 功能

当采用有反馈矢量控制模式时，变频器存在着一个转速反馈的闭环系统，并且为此专门配置了 PID 调节系统。以利于在调节转速的过程中，或者拖动系统发生扰动（负载突然加重或减轻）时，能够使控制系统既反应迅速，又运行稳定。因此，在具有矢量控制功能的变频器中，有两套 PID 调节功能：

① 用于速度闭环控制的 PID 调节功能；

② 用于系统控制（例如供水系统的恒压控制等）的 PID 调节功能。

两种 PID 调节功能中，P（比例增益）、I（积分时间）、D（微分时间）的作用对象不同，但原理是相同的。

## 6.2.5 三菱 FR-E500 系列变频器的使用

### 1. 三菱 FR-E500 系列变频器的接线图

三菱 FR-E500 系列变频器的三相 400V 电源输入端子接线图，如图 6-18 所示。

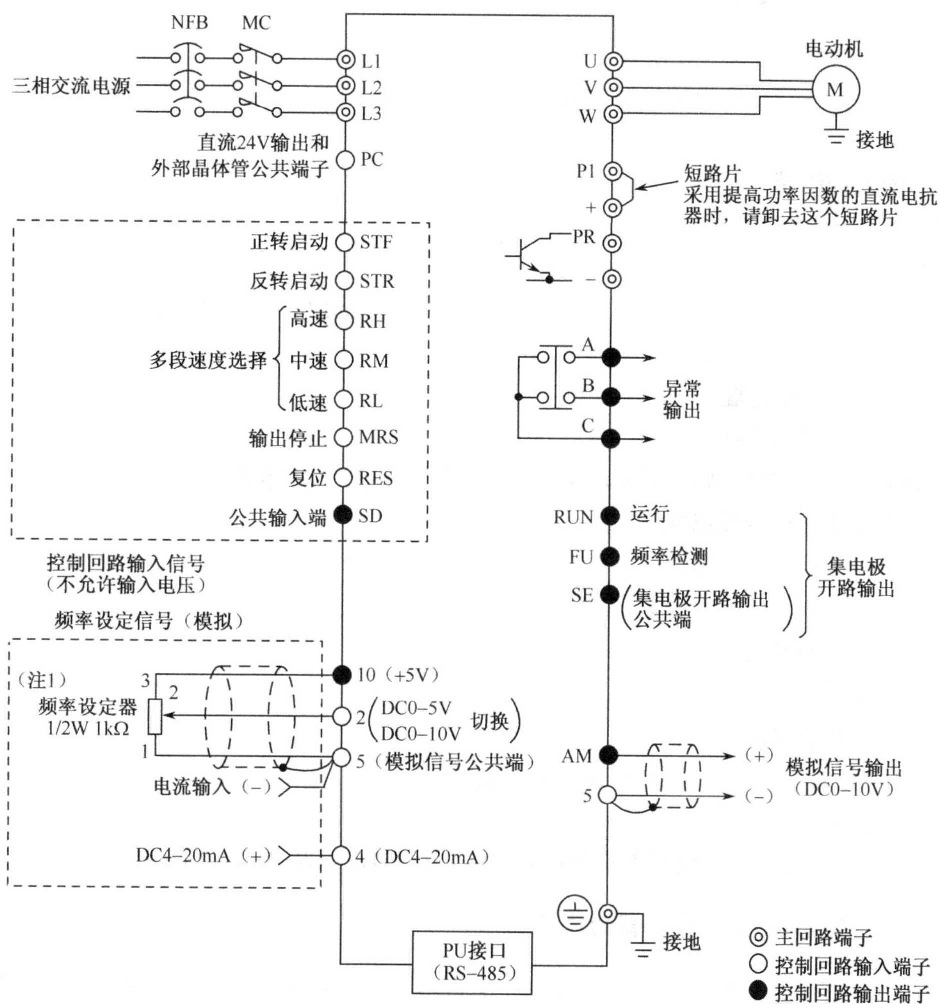


图 6-18 三菱 FR-E500 系列变频器端子接线图

### 2. 主电路接线端

（1）输入端

其标志为 L1、L2、L3，接工频电源。

（2）输出端

其标志为 U、V、W，接三相鼠笼电动机。

（3）直流电抗器接线端

将直流电抗器接至“+”与 P1 之间可以改善功率因数。出厂时“+”与 P1 之间有一短路片相连，需要接电抗器时应将短路片拆除。

（4）制动电阻和制动单元接线端

制动电阻器接至“+”与 PR 之间，而“+”与“−”之间连接制动单元或高功率因数整流器。

### 3. 控制电路接线端

（1）外接频率给定端

变频器为外接频率给定提供+5V 电源（正端为端子 10，负端为端子 5），信号输入端分别为端子 2（电压信号）、端子 4（电流信号）。

（2）输入控制端

STF——正转控制端；

STR——反转控制端；

RH、RM、RL——多段速度选择端，通过三端状态的组合实现多挡转速控制；

MRS——输出停止端；

RES——复位控制端。

（3）故障信号输出端

由端子 A、B、C 组成，为继电器输出，可接至 AC 220V 电路中。

（4）运行状态信号输出端

FR-E500 系列变频器配置了一些可表示运行状态的信号输出端，为晶体管输出，只能接至 30V 以下的直流电路中。运行状态信号有

RUN——运行信号端；

FU——频率检测信号端。

（5）频率测量输出端

AM——模拟量输出，接至 0~10V 电压表。

（6）通信 PU 接口

PU 接口用于连接操作面板 FR-PA02-02，FR-PU04，以及 RS-485 通信。

### 4. 三菱 FR-E500 系列变频器的使用

当今，虽有众多的变频器生产厂家，产品规格、形状各异，但基本使用方法和提供的基本功能却大同小异。现以三菱 FR-E500 系列变频器为例，介绍变频器的使用。

变频器控制电动机运行，其各种性能和运行方式的实现均是通过许多的参数设定来实现的，不同的参数，对应定义着某一个功能。不同的变频器，参数的多少是不一样的。总体来说，有基本功能参数、运行参数、定义控制端子功能参数、附加功能参数及运行模式参数等。

（1）转矩提升（Pr.0）

此参数主要用于设定电动机启动时的转矩大小。通过设定此参数，可改善变频器启动时

的低速性能，使电动机输出的转矩能够满足生产启动的要求。一般最大值设定为 10%，如图 6-19 所示。

（2）上限频率（Pr.1）和下限频率（Pr.2）

这是两个与生产机械所要求的最高转速、最低转速相对应的频率参数。Pr.1 设定输出频率的上限，如果运行频率设定值高于此值，则输出频率被钳位在上限频率；Pr.2 设定输出频率的下限，若运行频率设定值低于这个值，运行时被钳位在下限频率值上。如图 6-20 所示。

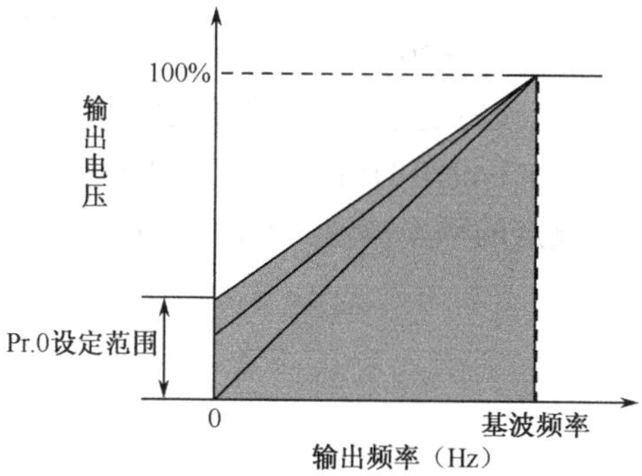


图 6-19 Pr.0 参数意义图

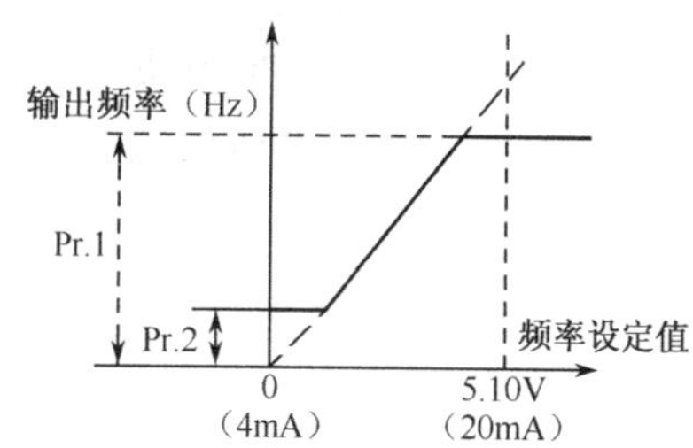


图 6-20 Pr.1、Pr.2 参数意义图

（3）基底频率（Pr.3）

通常设定为电动机的额定频率。

（4）多段速度（Pr.4，Pr.5，Pr.6）

用此参数将多段运行速度预先设定，通过开启、关闭输入端子 RH、RM、RL 与 SD 间的信号，选择各种速度。Pr.24、Pr.25、Pr.26 和 Pr.27 也是多段速度的运行参数，其使用方法与 Pr.4、Pr.5、Pr.6 相似。各输入端子的状态与参数之间的对应关系见表 6-1。各段速与各输入端开、闭状态如图 6-21 所示。

**表 6-1 各输入端子的状态与参数之间的对应关系表 1**

| 输入端子 | RH | RM | RL | RH，RL | RH，RL | RH，RM | RH，RM，RL |
|---|---|---|---|---|---|---|---|
| 参数号码 | Pr.4 | Pr.5 | Pr.6 | Pr.24 | Pr.25 | Pr.26 | Pr.27 |

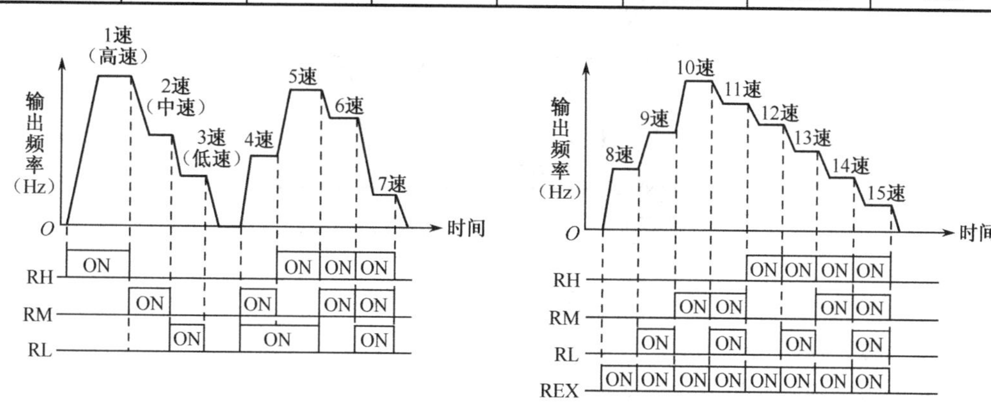


图 6-21 多段速与各输入端状态之间的关系

在以上 7 种速度的基础上，借助于端子 REX 信号，又可实现 8 种速度，其对应的参数是 Pr.232~Pr.239，见表 6-2。

表 6-2　各输入端子的状态与参数之间的对应关系表 2

| 输入端子 | REX | REX，RL | REX，RM | REX，RM，RL | REX，RH | REX，RH，RL | REX，RH，RM | REX，RH，RM，RL |
|---|---|---|---|---|---|---|---|---|
| 参数号码 | Pr.232 | Pr.233 | Pr.234 | Pr.235 | Pr.236 | Pr.237 | Pr.238 | Pr.239 |

（5）加、减速时间（Pr.7，Pr.8）及加、减速基准频率（Pr.20）

Pr.7、Pr.8 用于设定电动机加、减速时间。Pr.7 的值设得越小，加速时间越快；Pr.8 的值设得越大，减速越慢。Pr.20 是加、减速基准频率，Pr.7 设定的值就是从 0 加速到 Pr.20 所设定的频率的时间，Pr.8 所设定的值就是从 Pr.20 所设定的频率减速到 0 的时间，如图 6-22 所示。

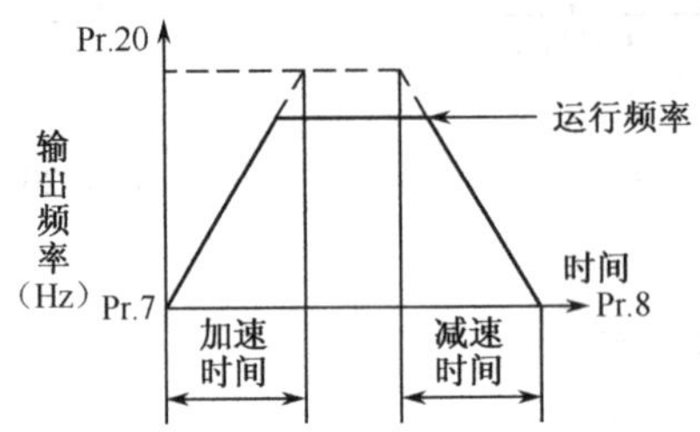


图 6-22　Pr.7，Pr.8 参数意义图

（6）电子过流保护（Pr.9）

通过设定电子过流保护的电流值，可防止电动机过热，得到最优的保护性能。

（7）点动运行频率（Pr.15）和点动加、减速时间（Pr.16）

Pr.15 参数设定点动状态下运行频率。点动运行通过操作面板选择点动模式，按压 FWD 键、REV 键实现点动操作。用 Pr.16 参数设定点动状态下的加、减速时间，如图 6-23 所示。

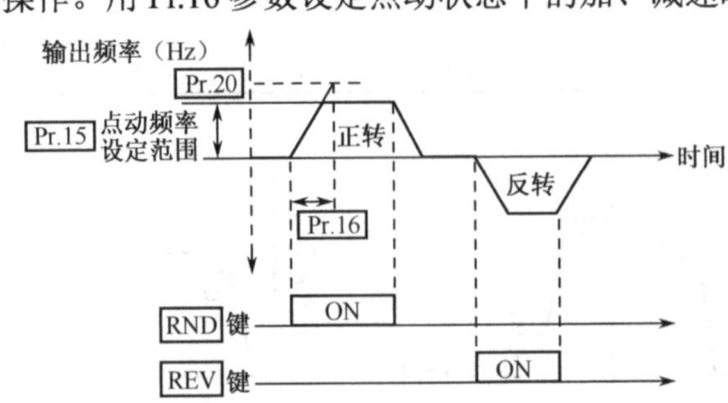


图 6-23　Pr.15、Pr.16 参数意义图

（8）操作模式选择（Pr.79）

这个参数用来确定变频器在什么模式下运行。

① “0”——电源投入时为外部操作模式。可用操作面板键，切换 PU 操作模式和外部操作模式。

② “1”——PU 操作模式。运行频率：操作面板的键进行数字设定；启动信号：操作面板的 RUN、FWD、REV 键。

③ “2”——外部操作模式。运行频率：模拟电压信号或模拟电流信号通过外部信号输入端子 2（4）~5 之间加入；启动信号：外部信号输入（端子 STF，STR）。

④ “3”——外部/PU 组合操作模式 1。运行频率：用操作面板的键进行数字设定，或外部信号输入；启动信号：外部输入信号（端子 STF，STR）。

⑤ “4”——外部/PU 组合操作模式 2。运行频率：模拟电压信号或模拟电流信号通过外部信号输入端子 2（4）~5 之间加入；启动信号：操作面板的 RUN、FWD、REV 键。

（9）直流制动相关参数（Pr.10，Pr.11，Pr.12）

Pr.10 是直流制动时的动作频率，Pr.11 是直流制动时的作用时间，Pr.12 是直流制动时的电压。通过这 3 个参数的设定，可以提高停止的准确度，使之符合负载的运行要求。直流制动参数意义如图 6-24 所示。

（10）启动频率（Pr.13）

Pr.13 参数设定在电动机开始启动时的频率。如果设定频率（运行频率）设定的值较此值小，电动机不运转；若 Pr.13 的值低于 Pr.2 的值，即使没有运行频率（即为“0”），启动后电动机也将运行在 Pr.2 的设定值。启动频率参数意义如图 6-25 所示。

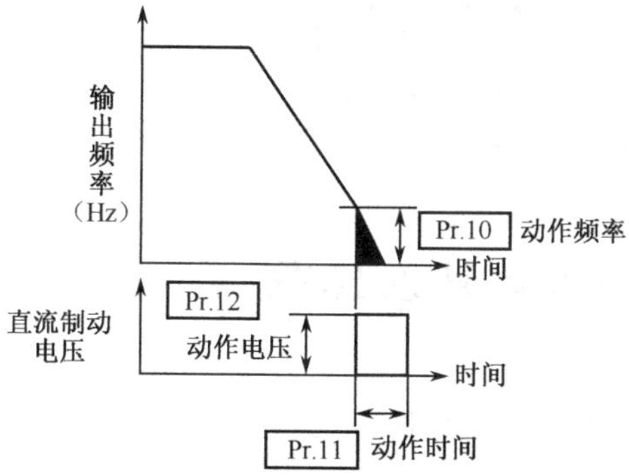


图 6-24 Pr.10、Pr.11、Pr.12 直流制动参数意义图

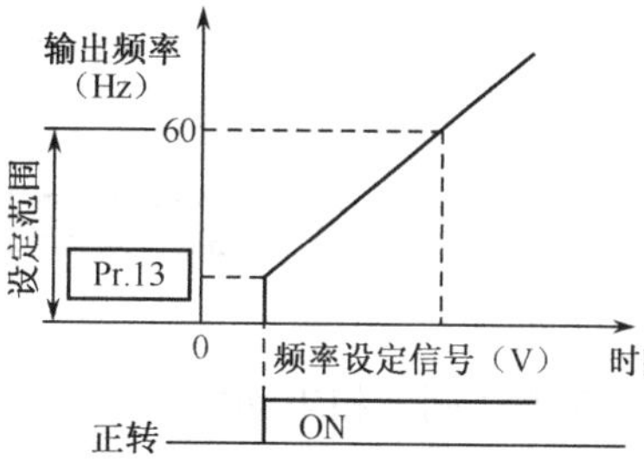


图 6-25 Pr.13 参数意义图

（11）参数禁止写入选择（Pr.77）和逆转防止选择（Pr.78）

Pr.77 用于参数写入禁止或允许，主要用于参数被意外改写；Pr.78 用于泵类设备，防止反转，具体设定值见表 6-3。

表 6-3 Pr.77、Pr.78 设定值与其功能图表

| 参数号码 | 设定值 | 功能 |
|---|---|---|
| Pr.77 | 0 | PU 操作模式下、停止状态时可以写入 |
| | 1 | 不可写入参数。Pr.75，Pr.77 和 Pr.79 “操作模式选择” 可写入 |
| | 2 | 即使运行时也可以写入 |
| Pr.78 | 0 | 正转和反转均可 |
| | 1 | 不可反转 |
| | 2 | 不可正转 |

（12）负载类型选择参数（Pr.14）

用此参数可以选择与负载特性最适宜的输出特性（U/f 特性），如图 6-26 所示。

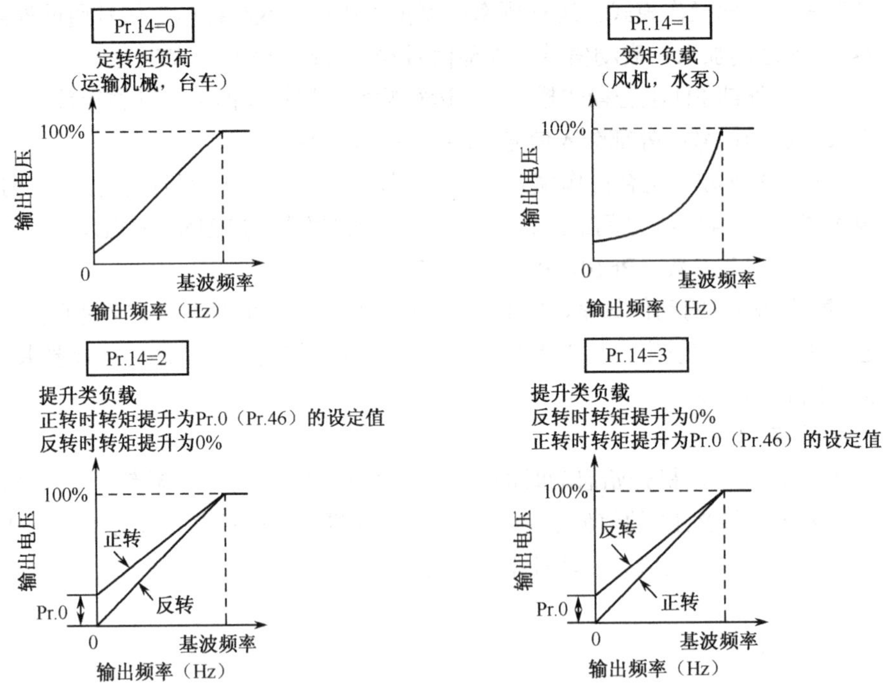


图 6-26　Pr.14 参数意义示意图

# 6.3　变频器控制电动机的基本环节

用变频器控制三相电动机的电路，也分为主电路和控制线路。

## 6.3.1　电动机的启动/停止控制

电动机单向启动/停止的变频器控制是最基本的控制过程，控制电路如图 6-27 所示。

（1）主电路

主电路采用 QF 空气断路器作为主电源的通断控制，KM 接触器为变频器的通断开关。KM 闭合，变频器通电；KM 断开，变频器断电。

（2）控制线路

控制线路中 SB1 和 SB2 为变频器的通、断电按钮。当按下 SB1，KM 线圈通电，其触点吸合，变频器通电；按下 SB2，KM 线圈失电，触点断开，变频器断电。变频器的启动由 SB3 控制，按下 SB3，中间继电器 KA 线圈得电吸合，其触点将变频器的 STF 与 SD 短路，电动机转动。此时 KA 的另一动合触点锁住 SB2，使其不起作用，这就保证了变频器在正向转动期间不能使用电源开关进行停止操作。

当需要停止时，必须先按下 SB4，使 KA 线圈失电，其动合触点断开（电动机减速停止），这时才可按下 SB2，使变频器断电。可以看出，变频器的通断电是在停止输出状态下进行的，在运行状态下一般不允许切断电源。

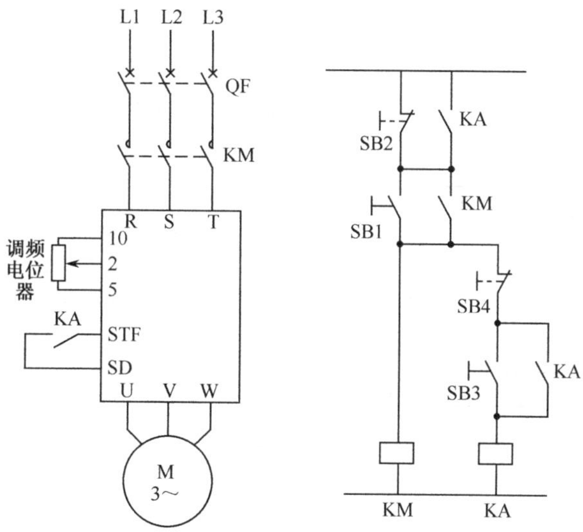


（a）主电路　　（b）控制线路

图 6-27　电动机启动的变频器控制

（3）几点说明

① 模拟电压控制端子通过改变输入模拟电压值，即可改变变频器的输出频率。图 6-27 中（10、2、5）端子上接入的调频电位器，用以控制变频器的输出频率。这种控制方法使用方便，多用于变频器的开环控制。

② 控制电路中接入接触器 KM，一方面可以方便地实现互锁控制，另一方面，在变频器的保护功能动作时，也可以通过接触器迅速切断电源。

③ 注意，变频器的通断电，一般不允许在运行状态下切断电源，必须在停止输出状态下进行。因为电源突然断电，变频器立即停止输出，运行中的电动机失去了降速时间，处于自由停止状态，这对于某些运行场合会造成影响，因此不允许运行中的变频器突然断电；此外，电源突然断电，变频器内部的大功率开关管也容易被烧坏。

## 6.3.2　电动机的正反转控制

电动机的变频器控制，可以由继电器回路控制，也可以用 PLC 控制。

### 1. 继电器控制

变频器正反转的继电器控制电路，如图 6-28 所示。

（1）主电路

主电路与电动机启动的变频器控制相同。KM 接触器仍只作为变频器的通、断电控制，而不作为变频器的运行与停止控制，因此断电按钮 SB2 仍由运行继电器封锁。

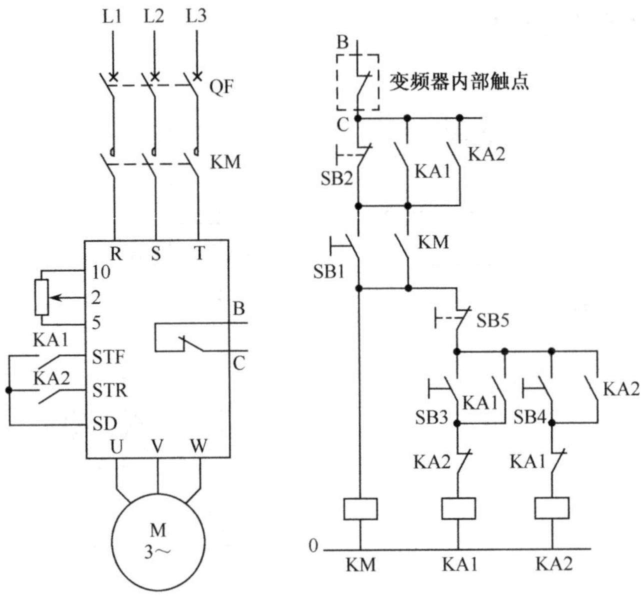


（a）主电路　　（b）控制线路

图 6-28　变频器正反转的继电器控制

（2）控制线路

① 控制线路串接总报警输出接点 B、C，当变频器故障报警时切断控制电路停机。

② 变频器的通、断电和正反转运行控制均采用最为方便的主令按钮开关。

控制线路中各器件的作用为：按钮开关 SB1、SB2 用于控制接触器 KM 的吸合或释放，从而控制变频器的通电或断电：按钮开关 SB3 用于控制正转继电器 KA1 的吸合，从而控制电动机的正转运行；按钮开关 SB4 用于控制继电器 KA2 的吸合，从而控制电动机的反转运行；按钮开关 SB5 用于控制停止。电路的工作过程为：当按下 SB1，KM 线圈得电吸合，其主触点接通，变频器通电处于待机状态。与此同时，KM 的辅助动合触点使 SB1 自锁。这时如按下 SB3，KA1 线圈得电吸合，其动合触点 KA1 接通变频器的 STF 端子，电动机正转。

与此同时，其另一动合触点闭合使 SB3 自锁，动断触点断开，使 KA2 线圈不能通电。如果要使电动机反转，先按下 SB5 使电动机停止，然后按下 SB4，KA2 线圈得电吸合，其动合触点 KA2 闭合，接通变频器 STR 端子，电动机反转。与此同时，其另一动合触点 KA2 闭合使 SB4 自保，动断触点 KA2 断开使 KA1 线圈不能通电。无论电动机是正转运行还是反转运行，两继电器的另一组动合触点 KA1、KA2 都将总电源停止按钮 SB2 短路，使其不起作用，防止变频器在运行中误按下 SB2 而切断总电源。

2. PLC 控制

在变频器控制中，如果控制电路逻辑功能比较复杂，用 PLC 控制是最适合的控制方法。为了从简单入手，先学习用 PLC 控制变频器运用外部操作模式实现电动机的正反转。

变频器正反转继电器控制的主电路及接口电路如图 6-29 所示，运行程序如图 6-30 所示。

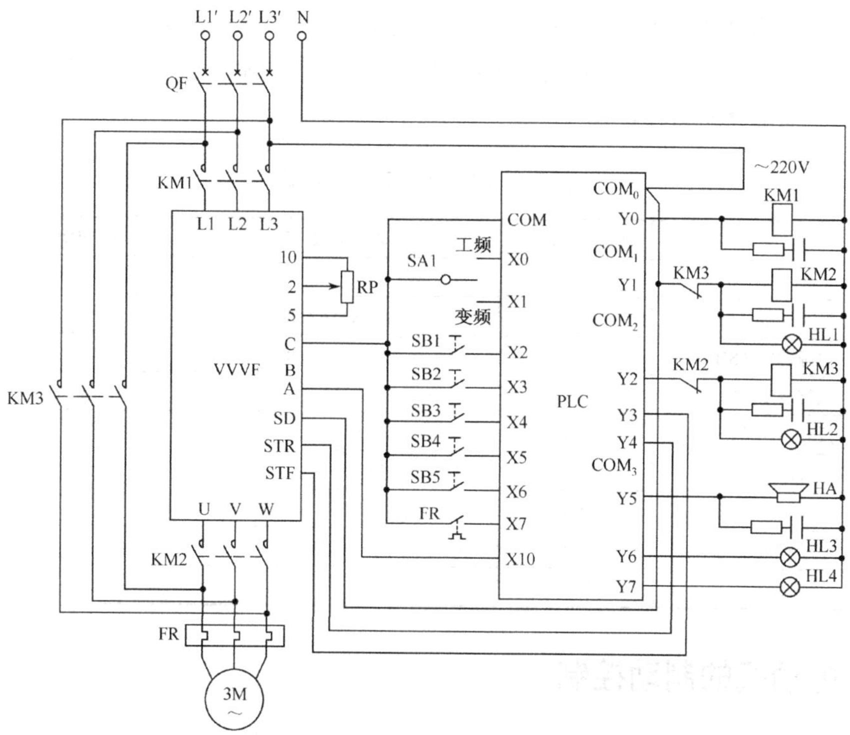


图 6-29 PLC 控制变频器正反转运行电路图

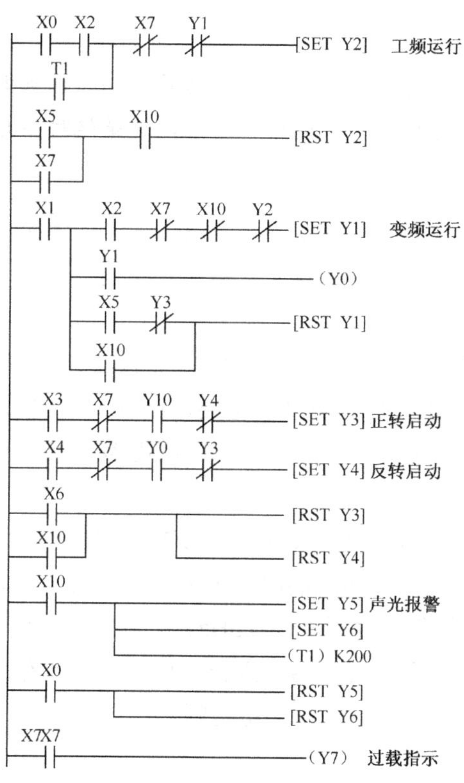


图 6-30 PLC 控制变频器正反转运行程序

图 6-29 中，启动信号用外部正转启动按钮 SB2、反转启动按钮 SB3，频率设定用外部的接于端子 2、5 之间的旋钮（频率设定器）RP 来调节。PLC 的输入点为 9 个，输出点为 8 个，其 PLC 的 I/O 地址分配见表 6-4。

表 6-4　PLC 的 I/O 地址分配

| 输入设备 | 输入地址号 | 输出设备 | 输出地址号 |
|---|---|---|---|
| 工频（SA1-0） | X0 | 接触器 KM1 | Y0 |
| 变频（SA1-1） | X1 | 正转接触器 KM2 及指示灯 HL1 | Y1 |
| 电源通电（SB1） | X2 | 正转接触器 KM3 及指示灯 HL2 | Y2 |
| 正转启动按钮（SB2） | X3 | 正转启动端 STF | Y3 |
| 反转启动按钮（SB2） | X4 | 反转启动端 STR | Y4 |
| 电源断电按钮（SB4） | X5 | 蜂鸣器报警 HA | Y5 |
| 变频制动按钮（SB5） | X6 | 指示灯报警 HL3 | Y6 |
| 电动机过载（FR） | X7 | 电动机过载指示灯 HL4 | Y7 |
| 变频故障 | X10 | | |

## 6.3.3　电动机的制动控制

变频器具有制动功能，常用的制动有电动机带抱闸制动控制和电阻制动控制。

**特别提示**

某些工作场合，当电动机停止运行后不允许其再滑动，例如电梯，在平层时，电动机停止，必须立即将电动机转子抱住，不然电梯会下落，这是绝对不允许的，因此需要电动机带有抱闸功能。

具有抱闸功能的电动机控制电路的特点：当电动机停止转动时，变频器输出抱闸信号；当电动机开始启动时，变频器输出松闸信号。抱闸和松闸信号输出的时刻必须准确，否则会造成变频器过载。

如图 6-31 所示为具有抱闸功能的电动机控制电路。此电路主要控制变频器的通、断电及正转运行与停止，并在停止时控制电动机抱闸。图 6-31 中 L 为电动机抱闸线圈，当 KD 继电器得电闭合时，L 线圈通电，抱闸松开；KD 继电器失电断开时，L 线圈失电，电动机抱闸制动。

$VD_1$ 为整流二极管，$VD_2$ 为续流二极管，当 KD 断开时 $VD_2$ 为线圈 L 续流。

抱闸控制信号是由变频器的多功能输出端子 FU 给出的，因此将此端子定义为“频率到达”输出端，并将“频率到达”信号预置为 0.5Hz。当输出频率高于 0.5Hz 时，此端子 FU-SE 导通，KD 得电闭合，抱闸松开，变频器进入正常调速工作状态；当变频器减速停止，输出频率低于 0.5Hz 时，FU-SE 端子截止，L 失电抱闸。

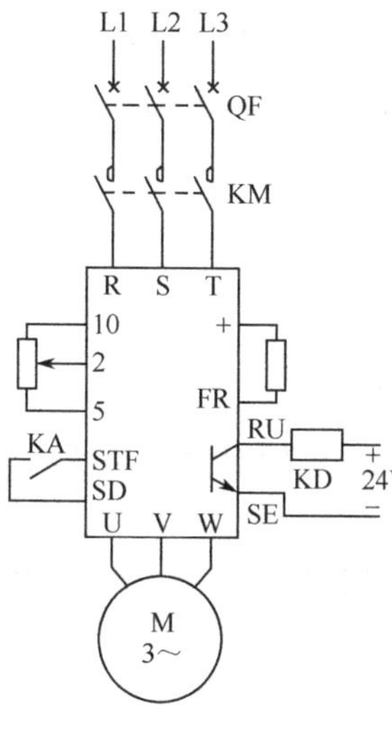

（a）主电路

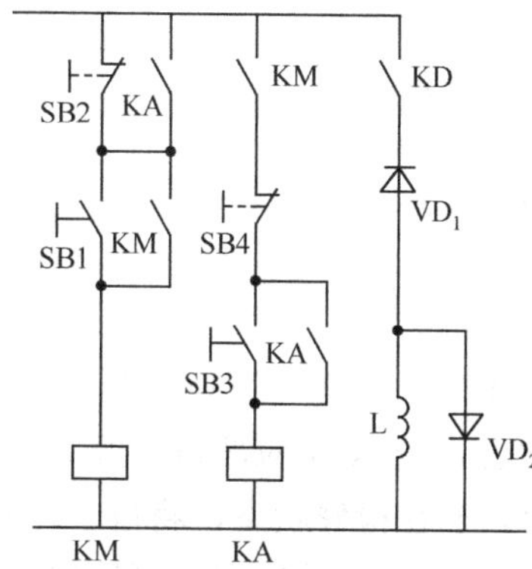

（b）控制线路

图 6-31 电动机抱闸控制电路

# 6.4 变频器在生产中的应用

## 6.4.1 变频调速电梯控制概述

PCVF-ⅡPLC 控制变频调速电梯控制柜由逻辑控制部分和拖动控制部分构成。

逻辑控制部分用可编程控制器（PLC）取代了传统的继电器控制，提高了系统的可靠性，降低了故障率，节省了控制柜的空间，增加了控制功能。同时，PLC 的所有输入、输出都有发光二极管指示，便于判断故障，利于调试和维修。

拖动系统采用进口矢量控制变频器，使运行舒适感和平层精度都得到了改善，并且基本不受环境温度等条件的影响。

PLC 选用日本三菱公司的 $FX_{2N}$ 系列机型，PLC 的输入、输出点数可根据需要配置，最多可实现三十层站电梯的控制，并可根据用户的要求增加并联功能。

## 6.4.2 控制柜的主要控制功能

1. 全集选控制

① 自动登记所有内选和外呼信号。
② 自动关门、定向启动、到达目的楼层自动消号、减速、停车、自动开门。
③ 自动延时开关门。
④ 安全触板保护。
⑤ 自动记层、自动端站楼层校正。
⑥ 超载自动消除已登记的内选信号，打开电梯门，不关门，不走快车。
⑦ 满载直驶。
⑧ 顺向截车，最远程反向截车。

⑨ 故障重关门：关门不到位，延时开门，重复再关，反复三次。

⑩ 开、关门按钮可分别结束关门、开门过程，提前开门、关门。

⑪ 电动机过流保护。

⑫ 检修操作。

### 2. 井道自学习功能

① 电梯安装完毕，正常运行之前要进行井道自学习，将井道中各层之间的间距，以系列脉冲数的形式存储到 PLC 中，该系列脉冲数存储到具有掉电保持功能的 PLC 内部数据寄存器中。

② 电梯井道中省去了上、下换速开关，在每一层的平层位置只设一个门区信号，门区信号的长度为 200cm，各楼层应严格一致。

③ 自学习时，选在检修状态，将自学习开关 KXX 闭合（或在控制柜的 PLC 上将 PLC 的 COM 端与 X24 短接），从底层门区检修开到最顶层门区，完成自学习过程。自学习过程的运行中间不能有停顿，否则要重新学习。自学习完成后，PLC 将每层的层间距折合成脉冲数存在其内部特定数据存储区中，这些数据在 PLC 断电后并不丢失。

④ 自学习完毕后，要马上将 KXX 断开（或将 PLC 的 COM 与 X24 之间的短接线去掉）。

⑤ 正常运行时，当电梯将要在某一层停车时，将存在数据存储区中的该层的脉冲数取出来，并随着电梯的运行，将脉冲数减少，当该层所剩的脉冲数折合的距离等于换速距离时，向变频器发出换速信号，电梯停车。

⑥ 每一层门区信号用于确认电梯的位置。

### 3. 并联功能

该控制柜具有并联功能，PLC 通过并联适配器或串行通信接口卡 FX485BD、FX232BD，在两台控制柜之间传送数据，根据每台电梯的位置及运行状态分配外呼信号，从而达到最佳运行状态。

并联运行时，两台控制柜的 01 号线短接，并联时电梯信号电源的公共端要经过处理。两台控制柜的电梯端子都要接线，以便其中一台停用时，电梯信号仍能进入另一台控制柜。

### 4. 司机服务

① 有内选或外呼信号后，自动定向，司机按关门按钮后关门，启动。

② 在平层位置，电梯未运行之前，司机可以改变运行方向。

③ 司机直驶功能：在司机状态下，按下直驶按钮，电梯不应外呼信号。

### 5. 消防服务

① 返基站状态：火灾时，设在大厅的消防开关合上后，消除内选和外呼信号，电梯向下返回消防层站，消防层站一般设在一层（也可以根据用户的要求更改），在返回消防层站的过程中，电梯不应答任何内选和外呼信号。

② 消防员专用状态：到达消防层后，电梯进入消防员专用状态，每次只应答一个内选，并且只有一直按下内选按钮，直到关好门后此内选信号才被登记。此状态下，外呼信号不登记。

6. 换速时间保护

从电梯开始换速起，在一定的时间内如果收不到变频器发出的零速信号，则 PLC 机所有输出断开，进行急停保护。

7. 运行保护

电梯启动后，即发出方向及速度指令后一秒钟内收不到变频器发出的运行信号，则断开所有输出（指示层除外），同时取消内选和外呼信号。

## 6.4.3 电梯控制调速功能

电梯控制调速部分采用日本安川公司矢量控制电梯专用变频器 676VGL 或 616G5，该系列变频器具有结构紧凑、运转可靠、性能优良等特点，尤其是良好的低速运行特性更适合于电梯应用。

电梯控制柜三相电源 R、S、T 经接线端子进入变频器为其主回路和控制回路供电，输出端 U、V、W 接电动机的快速绕组，N、P 端接制动单元、制动电阻，外接制动单元和制动电阻是为了减少制动时间，加快制动过程，制动过程中电梯机械系统的动能转换成热能，消耗在制动电阻上，因此电梯控制柜要保持良好的散热条件。

连在电梯电动机轴头的旋转编码器用来检测电梯的运行速度和运行方向，编码器和变频器之间用屏蔽电缆相连，该电缆连接于变频器 PG-2 卡上的的 TA1 端子上，屏蔽端接在 PG-B2 卡上的 TA2 端。TA1 的 1、2 分别为给编码器供电的正负电源+12V、0V。当采用推挽式输出的编码器时，电梯运行时编码器将电梯的实际运行速度反馈给变频器，变频器将实际速度与变频器内部的给定速度相比较，从而调节变频器的输出频率及电压，使电梯的实际速度跟随变频器内部的给定速度，达到调节电梯速度的目的。为提高控制精度，旋转编码器应选择 500P/R 以上的产品。

变频器运行时要求的输入信号为：

上、下行方向指令，零速、爬行、低速、高速、检修速度等各种速度指令和外部故障信号（常闭点）。

变频器输出信号有以下三种：

① 变频器准备就绪信号 JRS：此信号在变频器运转正常时输出，其常开闭合，通知控制系统变频器可以正常运行。当变频器出现故障时 JRS 断开无输出，控制系统根据此信号完成响应处理。

② 零速信号 JL：当电梯运行速度为零时，此信号输出有效。电梯开始运行后，此信号断开。在每个运行过程结束时此信号通知控制系统，控制系统根据此信号完成抱闸、停车等动作。

③ 故障信号 FAUL：变频器正常时此信号无输出，当变频器出现故障时，此信号输出，通知控制系统，控制系统立即响应，给变频器断电。

## 6.4.4 电梯运行动作顺序

1. 电梯正常运行的必要条件

① 供电电压正常。

② 锁梯开关 KST 断开，电锁继电器 JC 吸合，变压器原边得电。

③ RD1~RD7 断路器闭合，各控制回路电源电压正常。

④ 相序正确，无缺相，相序继电器常开点吸合，安全回路中各开关接触良好，安全回路接通，急停继电器 JJT 可靠吸合。

⑤ 关门到位后，各厅门门锁和轿门门锁触点吸合正常，保证门锁继电器可靠吸合。

⑥ 开、关门回路动作正常，可靠。

⑦ 电梯制动器动作正常可靠。

⑧ 井道中各开关位置正确，动作可靠。换速距离各层准确一致。

⑨ 上、下限位开关，上、下极限开关位置正确，动作可靠。

⑩ 变频器处于正常工作状态，JRS 信号输出有效。

⑪ PLC 处于正常工作状态，其 RUN/STOP 开关处于 RUN 状态。

2. 运行时各接触器、继电器的动作顺序

（1）正常运行

假设电梯停在某层，乘客进入轿厢，按了另外一层的内选，关门继电器 JGM 吸合，自动关门，关门到位后，JMS 继电器吸合，同时关门继电器 JGM 断开。门锁吸合后 PLC 发出方向指令，方向继电器 S 或 X 吸合，延时后抱闸继电器 JBZ 吸合，抱闸打开，PLC 向变频器发出快速指令，电梯启动，快速运行。运行过程中，PLC 接收井道的信号和变频器分频发出的脉冲，根据轿厢所处的位置变换楼层，当电梯到达预定层站时，PLC 将发给变频器的快车信号变成爬行信号，变频器由快车转为爬行速度，进入门区之前，电梯以爬行速度运行。进入门区之后，PLC 经延时，断开爬行信号速度，变频器输出由爬行速度变为零速，这时变频器输出零速信号给 PLC，PLC 断开抱闸继电器，抱闸线圈失电，抱闸放下。然后开门继电器吸合，自动开门，乘客出去后，等待下一次呼梯。

若经过一段时间后，仍无内选和外呼，则电梯自动返回基站待命。基站一般设在一层。（返基站功能可选）

（2）检修运行

检修时，将检修开关 KJX1 或 KJX2 打到检修的位置，08 号线与 02 断开，PLC 程序进入检修模式。PLC 输出检修速度。上行时手按 AJS 或 ADS，这时上方向继电器 S 吸合，同时抱闸打开，变频器收到方向信号后，启动，输出检修速度。电梯向上行驶。

下行时，与上行类似。

3. 锁梯

锁梯时，KST 开关闭合，进入锁梯状态，若电梯不在锁梯层，则消除内选和外呼信号，自动返回锁梯层，然后关门，断开电源继电器 JC 和变频器电源接触器 CC，这样变压器原边失电，变频器断电，进入锁梯状态。

锁梯层可以根据用户的要求设定。

### 6.4.5 安装调试

① 将编码器装在曳引机的电动机一侧，与电动机同轴连接，确保编码器轴与电动机轴

同心，编码器通过支架固定在电动机座上，用屏蔽线连接旋转编码器与控制柜端子。

② 控制柜在检修方式下，接好井道里的安全回路、各层的呼梯钮、呼梯灯、指层器，将轿厢内的各操作开关、内选钮、内选灯、门机和井道中的开关接好后，就可以进行调试了。

在调试之前，要确保急停按钮动作可靠，上下端站要装好上下强迫换速开关、上下限位开关、上下极限开关，并确保各个开关动作可靠。

③ 测试电动机的参数：将电梯的轿厢吊起，将钢丝绳从曳引机上摘下，使整个曳引机不带负载，在测试过程中，控制回路输入信号无效。在进行测试之前，要确保电梯处于停止状态。

在测试过程中，由于载波频率为2kHz，所以，电梯运转时有明显的电磁噪声。

测试之前，将抱闸线圈通电，使抱闸打开。使变频器进入测试模式AUTO TUNING，根据提示输入电动机必要的参数，按RUN按钮即可进行测试。

对于616G5测试过程大概需要两分钟。676VGL所需的时间要长一些。

④ 调整井道换速距离，对于1m/s的电梯换速距离设为1.5m，1.6m/s的换速距离设为2.4m，顶层和底层强迫换速距离与正常换速距离持平。

⑤ 调试前，先将电梯以检修速度开到中间层站，然后将检修开关拨到正常位置，选层后，看实际运行方向与控制柜吸合的继电器是否一致。若不一致，将电梯快车绕组其中的两根线对调即可。

⑥ 参照变频器使用说明书调整舒适感。控制柜出厂时一般都设成开环矢量控制模式，即A1-02=2，调试快车之前要将变频器设成闭环矢量控制方式，即A1-02=3。

舒适感的调整主要是调节加减速时间C1-01、C1-02，S曲线时间C2-01、C2-2、C2-03、C2-04，ASR比例增益C6-01，ASR积分增益C6-02。

⑦ 调整平层精度。舒适感调整完之后，调平层精度，平层精度调整主要是调整门区的遮磁板，要保证电梯停在每层的平层位置时，门区的遮磁板正好插在门区磁开关的正中间，误差在2mm之内。然后试运行，记录每一层的平层误差，若每一层的同一方向的误差基本一致，则下一步通过调整变频器的爬行速度调整平层，通过调整D1-02爬行速度对应的频率，调好平层。

⑧ 变频器参数的设置如表6-5所示。

**表6-5 变频器参数设置**

| 参数 | 设置 | 意义 |
|---|---|---|
| A1-00 | 0（英语） | 语言选择 |
| A1-01 | 4（高级） | 参数访问级别 |
| A1-02 | 3（闭环矢量） | 控制模式选择 |
| A1-03 | 0（不复位） | 初始化参数 |
| B1-01 | 0（操作器） | 频率指令选择 |
| B1-02 | 1（端子） | 运转指令选择 |
| B1-03 | 1（滑停） | 停止方式选择 |
| B1-04 | 0（可反转） | 反转禁止选择 |
| B1-05 | 0（通常） | 最低频率以下运转选择 |
| B1-06 | 1（5ms） | 控制端子扫描两次时间选择 |
| B2-01 | 0.5 | 零速度标准 |
| B2-03 | 0.4 | 启动时直流制动时间 |

| 参数 | 设置 | 意义 |
|---|---|---|
| C3-01 | 1 | 转差补偿增益 |
| C6-01 | 50 | ASR比例增益 |
| C6-02 | 0.8S | ASR积分增益 |
| C6-01 | 15kHz | 载波频率 |
| D1-01 | 0 Hz | 频率指令1 |
| D1-02 | 5 Hz | 频率指令2 |
| D1-03 | 45 Hz | 频率指令3 |
| D1-04 | 45 Hz | 频率指令4 |
| D1-05 | 0 Hz | 频率指令5 |
| D1-06 | 0 Hz | 频率指令6 |

续表

| 参　数 | 设　置 | 意　义 | 参　数 | 设　置 | 意　义 |
|---|---|---|---|---|---|
| B2-04 | 0.4 | 停止时直流制动时间 | D1-07 | 0 Hz | 频率指令 7 |
| B3-01 | 1 | 启动时速度搜索选择 | D1-08 | 0 Hz | 频率指令 8 |
| B4-01 | 0.4 | TIMERDELAY 时间 | D1-09 | 12 Hz | 爬行指令 |
| B4-02 | 0.4 | TIMEROFFDELAY 时间 | D2-01 | 100% | 频率上限 |
| B6-01 | 0 | PID 控制模式选择 | D2-02 | 0% | 频率下限 |
| C1-01 | 2.5S | 加速时间 | D6-01 | 0（速度控制） | 转矩控制选择 |
| C1-02 | 2.5S | 减速时间 | E2-01 | 25A | 额定电流 |
| C2-01 | 0.5S | 加速开始时 S 曲线时间 | E2-02 | 2.6 Hz | 额定转差 |
| C2-02 | 0.5S | 加速完成时 S 曲线时间 | E2-03 | 12.6A | 空载电流 |
| C2-03 | 0.8S | 减速开始时 S 曲线时间 | E2-04 | 6 | 电动机极数 |
| C2-04 | 0.8S | 减速完成时 S 曲线时间 | H1-01 | 24（外部异常） | 端子 3-11 功能选择 |
| E2-05 | 0.55 | 电动机线间阻抗 | H1-02 | 14（异常复位） | 端子 4-11 功能选择 |
| E2-06 | 17.2% | 电动机漏感抗 | H1-03 | 3（多段 1） | 端子 6-11 功能选择 |
| E2-07 | 0.5 | 电动机铁芯饱和系数 1 | H1-04 | 4（多段 2） | 端子 6-11 功能选择 |
| E2-08 | 0.75 | 电动机铁芯饱和系数 2 | H1-05 | 6（点动） | 端子 7-11 功能选择 |
| E2-09 | 0 | 电动机机械损耗 | H1-06 | 9（BB 常闭） | 端子 8-11 功能选择 |
| F1-01 | 600P/R | 编码器脉冲数 | H2-01 | 6（READY） | 端子 9-10 功能选择 |
| F1-02 | 1（自由停止） | PG 断线动作选择 | H2-02 | 1（零速） | 端子 26-27 功能选择 |
| F1-03 | 1（自由停止） | 过速度动作选择 | H2-03 | （无用） | 端子 26-27 功能选择 |
| F1-04 | 1（自由停止） | 速度偏差过大动作选择 | H3-05 | 1F（不用） | 端子 16 功能选择 |
| F1-05 | 0 或 1 | PG 运转方向 | L3-04 | 0（失速防止无效） | 减速中失速防止功能选择 |
| F1-06 | 1 | PG 分频比 | | | |

# 6.5　变频器常见故障及处理

目前人们所说的交流调速系统，主要指电子式电力变换器对交流电动机的变频调速系统。变频调速系统以其优越于直流传动的特点，在很多场合中都被作为首选的传动方案，现代变频调速基本都采用 16 位或 32 位单片机作为控制核心，从而实现全数字化控制，调速性能与直流调速基本相近，但使用变频器时，其维护工作要比直流调速复杂，一旦发生故障，企业的普通电气人员就很难处理，这里就变频器常见的故障分析一下产生原因及处理方法。

## 6.5.1　电梯常见故障及处理

1. 电梯运行中急停：可能是安全回路或门锁回路断了，检查安全回路或门锁回路。
2. 电梯不关门：超载开关动作。
3. 电梯指层与实际楼层不符：可能是井道信号丢失，检查井道信号，将电梯开到底层进行校正。

4. 变频器发不出 JRS 信号：变频器保护或故障，控制柜重新上电，变频器复位。

5. 电梯运行四五年后，要及时观察 PC 机的锂电池使用情况，电池指示灯异常闪烁时，要及时更换锂电池，以免程序丢失。

6. 电梯运行故障代码：

A：门锁故障；

B：安全回路故障；

C：变频器故障。

当电梯运行出现上述故障时，指层器分别闪烁显示“A”、“B”、“C”；维修人员可根据故障代码，处理相应的故障。

## 6.5.2 参数设置故障及处理

常用变频器在使用中，是否能满足传动系统的要求，变频器的参数设置非常重要，如果参数设置不正确，会导致变频器不能正常工作。

1. 参数设置

常用变频器，一般出厂时，厂家对每一个参数都有一个默认值，这些参数叫工厂值。在这些参数值的情况下，变频器能以面板操作方式正常运行，但以面板操作并不满足大多数传动系统的要求。所以，用户在正确使用变频器之前，校对变频器参数时从以下几个方面进行。

（1）确认电动机参数，变频器在参数中设定电动机的功率、电流、电压、转速、最大频率，这些参数可以从电动机铭牌中直接得到。

（2）变频器采取的控制方式，即速度控制、转矩控制、PID 控制或其他方式。采取控制方式后，一般要根据控制精度进行静态或动态辨识。

（3）设定变频器的启动方式，一般变频器在出厂时设定从面板启动，用户可以根据实际情况选择启动方式，可以用面板、外部端子、通信方式等几种。

（4）给定信号的选择，一般变频器的频率给定也可以有多种方式，面板给定、外部给定、外部电压或电流给定、通信方式给定，当然对于变频器的频率给定也可以是这几种方式的一种或几种方式之和。正确设置以上参数之后，变频器基本上能正常工作，如要获得更好的控制效果则只能根据实际情况修改相关参数。

2. 参数设置类故障的处理

一旦发生了参数设置类故障后，变频器都不能正常运行，一般可根据说明书修改参数。如果以上方法不行，最好是能够把所有参数恢复出厂值，然后按上述步骤重新设置，对于每一个公司的变频器其参数恢复方式也不相同。

## 6.5.3 运行故障及处理

1. 过压故障及处理

变频器的过电压集中表现在直流母线的支流电压上。正常情况下，变频器直流电为三相全波整流后的平均值。若以 380V 线电压计算，则平均直流电压 $U_d$=1.35V，$U_{线}$=513V。在过电压发生时，直流母线的储能电容将被充电，当电压上至 760V 左右时，变频器过电压保护动作。因此，对变频器来说，都有一个正常的工作电压范围，当电压超过这个范围时很可能损坏变频器，常见的过电压有两类。

（1）输入交流电源过压

这种情况是指输入电压超过正常范围，一般发生在节假日负载较轻时，因电压升高或降低而使线路出现故障，此时最好断开电源，检查、处理。

（2）发电类过电压

这种情况出现的概率较高，主要是电动机的同步转速比实际转速还高，使电动机处于发电状态，而变频器又没有安装制动单元，有两种情况可以引起这一故障。

① 当变频器拖动大惯性负载时，其减速时间设得比较小，在减速过程中，变频器输出的速度比较快，而负载靠本身阻力减速比较慢，使负载拖动电动机的转速比变频器输出的频率所对应的转速还要高，电动机处于发电状态，而变频器没有能量回馈单元，因而变频器支流直流回路电压升高，超出保护值，出现故障，而纸机中经常发生在干燥部分，处理这种故障可以增加再生制动单元，或者修改变频器参数，把变频器减速时间设得长一些。增加再生制动单元功能包括能量消耗型，并联直流母线吸收型、能量回馈型。能量消耗型在变频器直流回路中并联一个制动电阻，通过检测直流母线电压来控制功率管的通断。并联直流母线吸收型使用在多电机传动系统，这种系统往往有一台或几台电动机经常工作于发电状态，产生再生能量，这些能量通过并联母线被处于电动状态的电动机吸收。能量回馈型的变频器网侧变流器是可逆的，当有再生能量产生时可逆变流器就将再生能量回馈给电网。

② 多个电动机拖动同一个负载时，也可能出现这一故障，主要由于没有负荷分配引起。以两台电动机拖动一个负载为例，当一台电动机的实际转速大于另一台电动机的同步转速时，则转速高的电动机相当于原动机，转速低的处于发电状态，引起故障，处理时须加负荷分配控制，可以把变频器特性调节软一些。

### 2. 过流故障及处理

过流故障可分为加速、减速、恒速过电流。其可能是由于变频器的加减速时间太短、负载发生突变、负荷分配不均，输出短路等原因引起的。这时一般可延长加减速时间、减少负荷的突变、外加能耗制动元件、进行负荷分配设计，或直接对线路进行检查。如果断开负载变频器还是过流故障，说明变频器逆变电路已坏，需要更换变频器。

### 3. 过载故障及处理

过载故障包括变频过载和电动机过载。其可能是加速时间太短，直流制动量过大、电网电压太低、负载过重等原因引起的。一般可通过延长加速时间、延长制动时间、检查电网电压等。负载过重，所选的电动机和变频器不能拖动该负载，也可能是由于机械润滑不好引起的。如是前者则必须更换大功率的电动机和变频器；如是后者则要对生产机械进行检修。

4. 其他故障及处理

（1）欠压

说明变频器电源输入部分有问题，须检查后才可以运行。

（2）温度过高

如电动机有温度检测装置，检查电动机的散热情况；变频器温度过高，检查变频器的通风情况。

（3）其他情况

如硬件故障，通信故障等，出现此类故障可以同供应商联系，找出解决办法。

## 6.5.4 常见故障及处理

一般来说，当你拿到一台有故障的变频器，再上电之前，首先要用万用表检查一下整流桥和IGBT模块有没有烧，线路板上有没有明显烧损的痕迹。

具体方法是：用万用表（最好是用模拟表）的电阻1k挡，黑表棒接变频器的直流端（-），用红表棒分别测量变频器的三相输入端和三相输出端的电阻，其阻值应该在5kΩ～10kΩ之间，三相阻值要一样，输出端的阻值比输入端略小一些，并且没有充放电现象。然后，反过来将红表棒接变频器的直流端（+），黑表棒分别测量变频器三相输入端和三相输出端的电阻，其阻值应该在5kΩ～10kΩ之间，三相阻值要一样，输出端的阻值比输入端略小一些，并且没有充放电现象。否则，说明模块损坏。这时候不能盲目上电，特别是整流桥损坏或线路板上有明显的烧损痕迹的情况下尤其禁止上电，以免造成更大的损失。

如果以上测量结果表明模块基本没问题，可以上电观察。

（1）上电后面板显示[F231]或[F002]（MM3变频器），这种故障一般有两种可能。常见的是由于电源驱动板有问题（也有少部分是因为主控板的问题）造成的，可以先换一块主控板试一试，否则问题肯定在电源驱动板部分了。

（2）上电后面板无显示（MM4变频器），面板下的指示灯[绿灯不亮，黄灯快闪]，这种现象说明整流和开关电源工作基本正常，问题出在开关电源的某一路不正常（整流二极管击穿或开路，可以用万用表测量开关电源的几路整流二极管，很容易发现问题）。换一个相应的整流二极管问题就解决了。这种问题一般是二极管的耐压偏低，电源脉动冲击造成的。

（3）有时显示[F0022,F0001,A0501]不定（MM4），敲击机壳或动一动面板和主板时而能正常，一般属于接插件的问题，检查一下各部位接插件。也可能有个别机器是因为线路板上的阻容元件质量问题或焊接不良所致。

（4）上电后显示[-----]（MM4），一般是主控板问题。多数情况下换一块主控板问题就解决了，一般是因为外围控制线路有强电干扰造成主控板某些元件（如贴片电容、电阻等）损坏所至，与主控板散热不好也有一定的关系。但也有个别问题出在电源板上。

例如：重庆某水泥厂回转窑驱动用的一台MM440-200kW变频器，由于负载惯量较大，启动转矩大，设备启动时频率只能上升到5Hz左右就再也上不去，并且报警[F0001]。

经现场检查分析，这种故障是因为主控板出问题造成的，因为用户在安装的过程中没有严格遵循EMC规范，强弱电没有分开布线、接地不良并且没有使用屏蔽线，致使主控板的

I/O 口被烧毁。

（5）上电后显示正常，一运行即显示过流。[F0001]（MM4）或[F002]（MM3）即使空载也一样。一般这种现象说明 IGBT 模块损坏或驱动板有问题，须更换 IGBT 模块并仔细检查驱动部分后才能再次上电，不然可能因为驱动板的问题造成 IGBT 模块再次损坏！

这种问题的出现，一般是因为变频器多次过载或电源电压波动较大（特别是偏低）使得变频器脉动电流过大，主控板 CPU 来不及反应并采取保护措施所造成的。

还有一些特殊故障，例如：

① 有一台变频器（MM3-30kW），在使用的过程中经常“无故”停机。再次开机可能又是正常的。经过较长时间的观察，发现上电后主接触器吸合不正常，有时会掉电，乱跳。查故障原因，发现是因为开关电源出来到接触器线包的一路电源的滤波电容漏电造成电压偏低，这时如果供电电源电压偏高还问题不大，如果供电电压偏低就会致使接触器吸合不正常造成无故停机。

② 还有一台变频器（MM4-22kW），上电显示正常，一给运行信号就出现[P----]或[-----]，经过仔细观察，发现风扇的转速有些不正常，把风扇拔掉又会显示[F0030]，在维修的过程中有时报警较乱，还出现过[F0021\F0001\A0501]等。先给运行信号，然后再把风扇接上去就不出现[P----]。但是，接上一个风扇时，风扇的转速是正常的，输出三相也正常，第二个风扇再接上时，风扇的转速明显不正常。分析原因，问题可能在电源板上。检查结果是开关电源出来的一路供电滤波电容漏电造成以上故障，换上一个同样的电容，问题就解决了。

③ 在某钢铁厂有一台 75kW 的 MM440 变频器，安装好以后开始时运行正常，半个多小时后电动机停转，可是变频器的运转信号并没有丢失却仍在保持，面板显示[A0922]报警信息（变频器没有负载），测量变频器三相输出端无电压输出。将变频器手动停止，再次运行又恢复正常。正常时面板显示的输出电流是 40～60A。过了二十多分钟，同样的故障现象出现，这时面板显示的输出电流只有 0.6A 左右。经分析判断，是驱动板上的电流检测单元出了问题，更换驱动板后问题解决。

总结以上故障及处理方法，在变频器运行时，大的元器件如 IGBT 功率模块出问题的并不多，而一些低端的简单元器件问题和装配问题引发的故障却较多，如果有图纸和零件，这些问题便不难解决而且费用不高，否则解决这些问题还是不容易的。最简单的办法就是换整块的线路板！

# 6.6 变频器的实训操作

## 6.6.1 三菱 FR-E500 型变频器的实操练习

1. [PU 操作]模式的启、停练习

① 主电路接线：主电路接线就是将三菱 FR-E500 型变频器与电源及电动机连接。按图 6-32 所示的示意图连线，接好电动机和电源。

② 按变频器使用说明书所示的方法设定参数 Pr.79=l，操作单元上“PU”灯亮。

③ 按变频器使用说明书所示的方法，在“HELP”画面下，按“▲”键，调出“全部清

除”子画面，进行全部清除操作。

④ 按变频器使用说明书所示的方法设定运行频率为30Hz。

⑤ 在[参数设定]画面下，设定参数Pr.1=50Hz；Pr.2=3Hz；Pr.3=50Hz；Pr.7=3s；Pr.8=4s；Pr.9=2A（由电动机功率定）。

⑥ 连接电动机：按星形接法连接。

⑦ 分别按操作面板的[FWD]键和[REV]键，电动机会在30Hz的频率上正转或反转。

⑧ 按操作面板上的[STOP]键，电动机停止。

⑨ 改变第⑤步的参数值及第④步的运行频率值，反复练习。

2. 外部运行的启、停练习

① 主电路接线如图6-32所示。

② 设定参数Pr.79=2，操作单元上“EXT”灯亮。

③ 控制端子按图6-33所示进行接线。

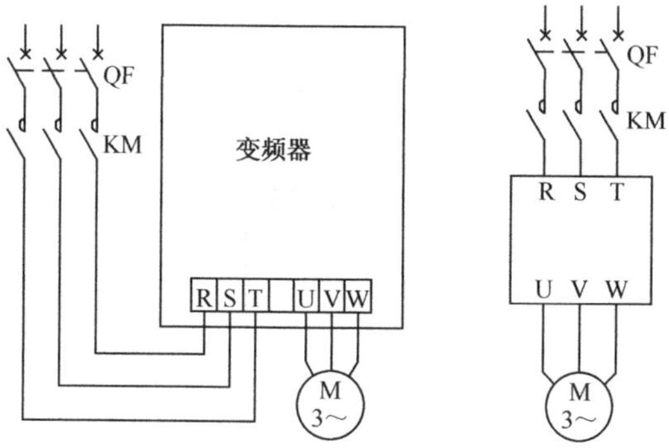


图6-32 电源、电动机、变频器连接图

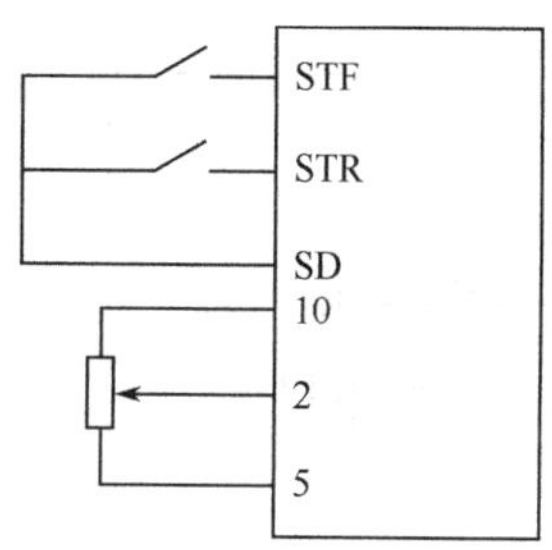


图6-33 外部控制运行接线示意图

④ 接通SD与STF端子，转动电位器，电动机正向加速运行。

⑤ 断开SD与STF端子连线，电动机停止。

⑥ 接通SD与STR端子，转动电位器，电动机反向加速运行。

⑦ 断开SD与STF端子连线，电动机停止。

## 6.6.2 组合运行操作

组合运行操作是应用参数单元和外部接线共同控制变频器运行的一种方法，一般来说有两种：一种是参数单元控制电动机的启停，外部接线控制电动机的运行频率；另一种是参数单元控制电动机的运行频率，外部接线控制电动机的启停，这是工业控制中常用的方法。

1. 外部信号控制启停，操作面板设定运行频率

具体运行操作步骤如下。

① 参数设定：在“PU模式”、“参数设定”画面下，设定Pr.1=50Hz；Pr.2=0Hz；Pr.3=50Hz；Pr.7=3s；Pr.8=4s；Pr.4=40Hz；Pr.5=30Hz；Pr.6=15Hz；Pr.20=50Hz；Pr.79=3。

② 主电路如图6-32所示，将电源与电动机及变频器连接好，控制端子按图6-34所示接线。

③ 在接通 RH 与 SD 前提下，SD 与 STF 导通，电动机正转运行在 40Hz；SD 与 STR 导通，电动机反转运行在 40Hz。

④ 在接通 RM 与 SD 前提下，SD 与 STF 导通，电动机正转运行在 30Hz；SD 与 STR 导通，电动机反转运行在 30Hz。

⑤ 在接通 RL 与 SD 前提下，SD 与 STF 导通，电动机正转运行在 15Hz；SD 与 STR 导通，电动机反转运行在 15Hz。

⑥ 练习完毕断电后拆线，并且清理现场。

2. 用外接电位器设定频率，操作面板控制电动机启停

具体运行操作步骤如下。

① 参数设定：在“PU 模式”、“参数设定”画面下，设定 Pr.1=50Hz；Pr. 2=2Hz；Pr. 3=50Hz；Pr.7=3s；Pr.8=4s；Pr.20=50Hz；Pr.79=4；Pr.9=1A（由电动机功率定）。

② 主电路如图 6-32 所示，将电源与电动机及变频器连接好，控制端子按如图 6-35 所示接线。

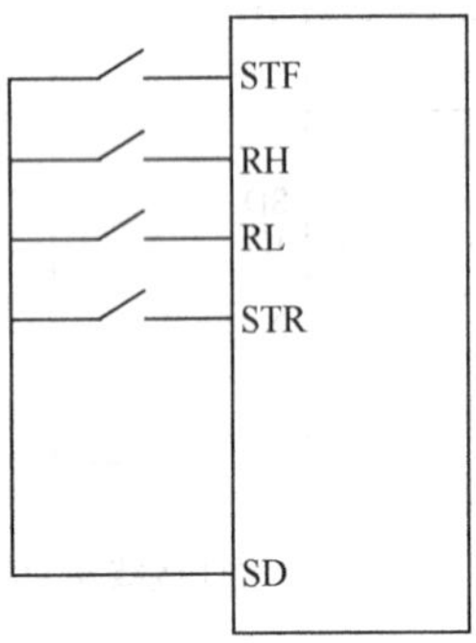


图 6-34　组合操作控制端子接线图

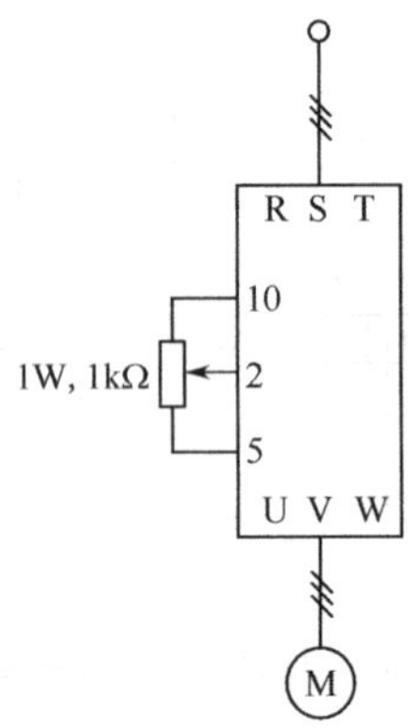


图 6-35　外部控制频率的组合操作控制端子接线图

③ 按下操作面板上的[FWD]键，转动电位器，电动机正向加速。

④ 按下操作面板上的[REV]键，转动电位器，电动机反向加速。

⑤ 按下[STOP]键，电动机停。

⑥ 练习完毕断电后拆线，并且清理现场。

## 6.6.3　多段速度运行操作

多段速度控制方式在实际应用中是十分广泛的，是工业生产控制中变频器基本控制方式之一。FR-E500 型三菱变频器的多段速度运行共有 15 种运行速度，通过外部接线端子的控制可以运行在不同的速度上，在需要经常改变速度的生产机械上得到广泛应用。多段速与各输入端状态之间的关系，参见前面介绍的图 6-21。

1. 7 段速度运行操作

此操作练习，可参考如图 6-36 所示的 7 段速度运行曲线运行。

① 参数设定：在“PU 模式”、“参数设定”画面下，设定 Pr.1=50Hz; Pr. 2=2Hz; Pr. 3=50Hz; Pr.7=3s; Pr.8=4s; Pr.20=50Hz; Pr.79=3; Pr.9=1; Pr.4=30Hz; Pr. 5=35Hz; Pr. 6=25Hz; Pr.24=20Hz; Pr.25=12Hz; Pr.26=25Hz; Pr.27=13Hz。

② 主电路按图 6-32 所示，将电源与电动机及变频器连接好，控制端子按图 6-37 所示接线。

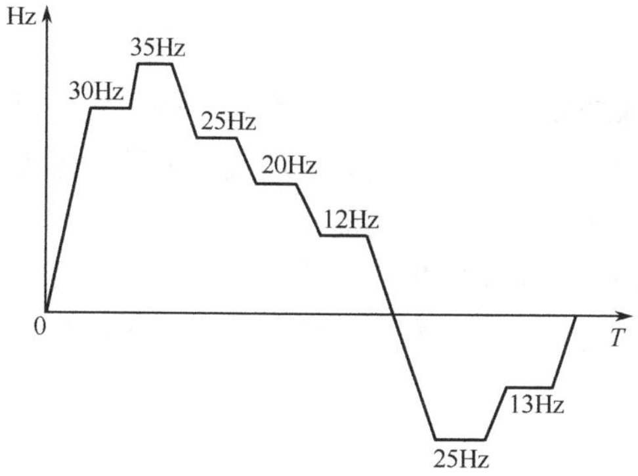


图 6-36 7 段速度运行曲线图

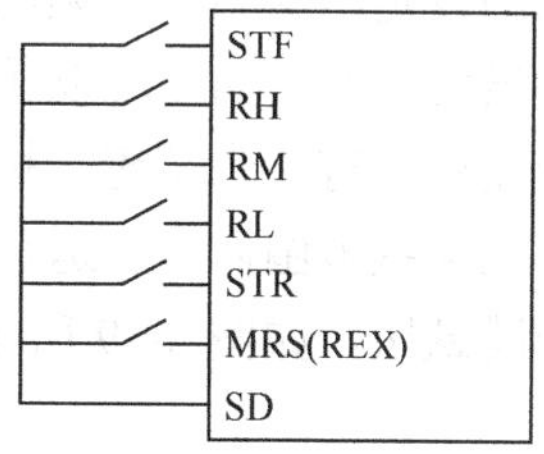


图 6-37 多段速度运行控制回路接线示意图

③ 在接通 RH 与 SD 情况下，接通 STF 与 SD，电动机正转在 30Hz。

④ 在接通 RM 与 SD 情况下，接通 STF 与 SD，电动机正转在 35Hz。

⑤ 在接通 RL 与 SD 情况下，接通 STF 与 SD，电动机正转在 25Hz。

⑥ 在同时接通 RM、RL 与 SD 情况下，接通 STF 与 SD，电动机正转在 20Hz。

⑦ 在同时接通 RH、RL 与 SD 情况下，接通 STF 与 SD，电动机正转在 12Hz。

⑧ 在同时接通 RH、RM 与 SD 情况下，接通 STR 与 SD，电动机反转在 25Hz。

⑨ 在同时接通 RH、RM、RL 与 SD 情况下，接通 STR 与 SD，电动机反转在 13Hz。

⑩ 正转运行过程中，若断开 STF 与 SD；反转运行过程中，若断开 STR 与 SD，电动机停。

⑪ 练习完毕断电后拆线，并且清理现场。

### 2. 15 段速度运行操作

在前面 7 段速度基础上，再设定下面 8 种速度，变成 15 段速度运行。

（1）改变端子功能

设 Pr.183=8，使 MRS 端子的功能变为 REX 功能。

（2）参数设定

在原参数设定的基础上，再设定下面 8 种速度的参数，即 Pr.232=30Hz；Pr.233=35Hz；Pr.234=25Hz；Pr.235=20Hz；Pr.236=12Hz；Pr.237=22Hz；Pr.238=16Hz；Pr.239=10Hz。8 种速度运行曲线如图 6-38 所示。

（3）操作步骤（按图 6-37 所示接线）。

① 接通 REX 与 SD 端，运行 30Hz。

② 同时接通 REX、RL 与 SD 端，运行 35Hz。

③ 同时接通 REX、RM 与 SD 端，运行 25Hz。

④ 同时接通 REX、RL、RM 与 SD 端，运行 20Hz。

⑤ 同时接通 REX、RH 与 SD 端，运行 12Hz。

⑥ 同时接通 REX、RL、RH 与 SD 端，运行 22Hz。

⑦ 同时接通 REX、RH、RM 与 SD 端，运行 16Hz。

⑧ 同时接通 REX、RL、RM、RH 与 SD 端，运行 10Hz。

### 6.6.4 频率跳变的设置

变频器除了以上的使用方法外，还有一些特殊功能的设定，包括跳变频率的设定、瞬时掉电再启动的设定、变频—工频电源切换功能的设定等。掌握这些方面的设定方法，也是灵活使用变频器的重要方面。现以频率跳变的设置操作说明其特殊功能。

实际应用中，有时为了避开机械系统的固有频率，防止发生机械系统的共振，对变频器的运行频率在某些范围内限制运行，即跳过去，这就是频率跳变。三菱系列的变频器最多可以设定 3 个跳跃区，如图 6-39 所示。

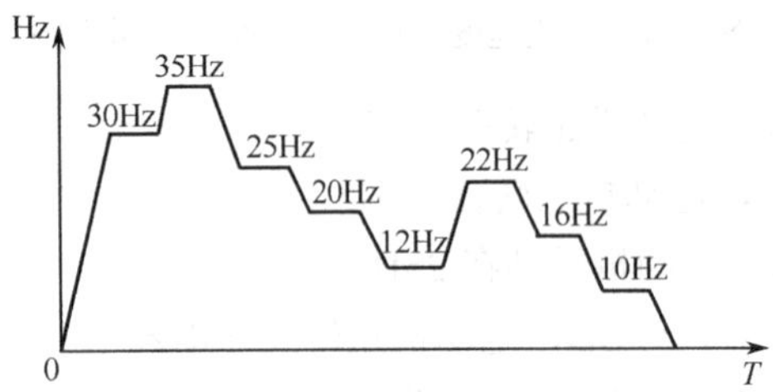


图 6-38　8~15 段速度运行曲线图

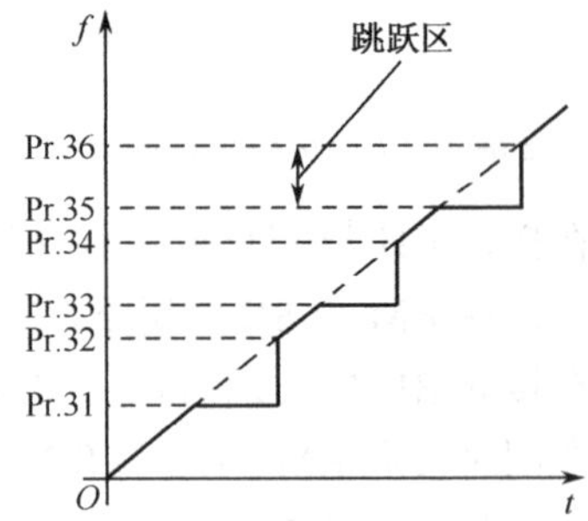


图 6-39　频率跳变示意图

具体运行操作步骤如下。

① 假设要跳过 30Hz~38Hz 的频率，且在此频率之间固定在 30Hz 运行，请设定 Pr.31=30Hz，Pr.32=38Hz；假设要跳过 30Hz~38Hz 的频率，且在此频率之间固定在 38Hz 运行，请设定 Pr.3l=38Hz，Pr.32=30Hz。

② 其他参数设置照常。

③ 在外部操作和 PU 操作模式下运行，其运行频率会跳过所设的区间。

## 本 章 小 结

变频器是电压频率变换器，是利用半导体器件的通断作用将固定频率的交流电变换成频率连续可调的交流电源，以供给电动机运转的电源装置。通过本章的学习应掌握以下内容。

① 变频器类型和技术指标：类型可按变换环节、控制方式、用途等进行分类：技术指标主要由额定值与频率指标等组成。

② 变频器的组成：由主电路和控制线路两大部分组成。主电路将三相交流电整流成直流电，然后，通过逆变电路变为三相交流电。而对主电路中逆变电路的控制及对整个变频器的控制是通过控制线路来完成的。

③ 通用变频器基本参数的意义、设定是学习变频器的基础，应对其中各参数深入理解并灵活掌握，如加减速时间的设定与生产的效率、变频器的保护等是有关联的。

④ 通用变频器的选择：介绍了变频器所驱动负载的机械特性，按照生产机械的类型、调速范围、速度响应和控制精度、启动转矩等要求，决定采用什么功能的变频器。

⑤ 介绍了三菱 FR-E500 型变频器的使用、各接线端功能与作用、参数号的选择与使用。

变频器功能参数很多，一般都有数十甚至上百个参数供用户选择。实际应用中，没必要对每一参数都进行设置和调试，多数只要采用出厂设定值即可，只是对与具体的运行控制有关的功能参数才进行适当的修正；学习参数设定方法及基本功能操作，必须熟练掌握变频器各操作画面的切换；监视运行参数；完成参数模式、操作模式设定、帮助模式的各种操作等。

⑥介绍了变频器使用过程中出现的各种故障与处理方法。

⑦通过实训，可以掌握三菱 FR-E500 型变频器的功能和操作。

## 思考与练习

6-1 什么是变频器？其功能是什么？

6-2 变频器是怎样分类的？

6-3 变频器由几部分组成？各部分都具有什么功能？

6-4 变频器所带的负载主要有哪些类型？各类负载类型的机械特性和功率特性是怎样的？

6-5 变频器为什么要设置上限频率和下限频率？

6-6 变频器的回避频率功能有什么作用？在什么情况下要选用这些功能？

6-7 变频器为什么具有加速时间和减速时间设置功能？如果变频器的加减速时间设为0，启动时会出现什么问题？加速时间和减速时间应如何设置？

6-8 制动时加入直流制动方式的目的是什么？

# 第 7 章　电力拖动控制系统

## 知识目标

本章的知识目标要求掌握常用低压电器的结构、主要的技术数据和电器型号；了解绘制基本电力拖动电气控制系统图所依据国家标准规定的各种符号、单位、名词术语和绘制原则；能绘制基本的电力拖动电气控制系统图，进行简单控制线路的设计；掌握电力拖动控制电路采用时间原则、电流原则、行程原则和速度原则控制电动机的启动、制动、调速等运行的原理；熟悉电力拖动控制电路常用的保护环节及其实现方法。

本章的难点在于简单电力拖动控制线路的设计；电力拖动控制电路采用时间原则、电流原则、行程原则和速度原则控制电动机启动、制动、调速的运行原理；电力拖动控制电路常用的保护环节及其实现方法等。

## 能力目标

| 能力目标 | 知识要点 | 相关知识 | 权　重 | 自测分数 |
|---|---|---|---|---|
| 低压电器和控制系统图 | 低压电器结构、主要技术数据和电器型号 | 符号、单位、名词术语和绘制原则 | 30% | |
| 异步电动机启动控制 | 各种启动控制方式的线路设计 | 启动控制保护环节 | 20% | |
| 异步电动机制动控制 | 制动控制的线路设计 | 制动控制保护环节 | 15% | |
| 异步电动机调速控制 | 各种调速控制方式的线路设计 | 调速控制保护环节 | 15% | |
| 电力拖动控制系统实训 | 电力拖动控制系统的安装接线 | 检测与调试的实操练习 | 20% | |

用电动机拖动生产机械运行，来实现生产机械的各种不同的工艺要求，就必须有一套控制装置。尽管电力拖动自动控制已向无触点、连续控制、弱电化、微机控制方向发展，但由于继电器—接触器控制系统所用的控制电器结构简单、价格便宜、能够满足生产机械一般生产的要求，因此，目前仍然获得广泛的应用。

本章在讲述各种低压电气元件的基本结构、工作原理、用途及表示符号的基础上，重点分析继电器—接触器控制线路中基本控制环节的组成和工作原理。通过学习，掌握控制线路的一般分析方法，并学会简单控制线路的设计。

## 7.1　常用低压电器

生产机械中所用的控制电器多属低压电器。低压电器通常是指交流 1200V 及以下与直流 1500V 及以下电路中起通断、控制、保护和调节作用的电气设备。其主要作用就是接通或断开电路中的电流，因此“开”和“关”是其最基本和最典型的功能。

## 7.1.1 低压电器的基本知识

### 1. 低压电器的分类

低压电器的种类繁多，构造各异，用途广泛。下面介绍两种主要分类方式。

（1）按动作方式分类

① 自动切换电器。此类电器有电磁铁等动力机构，依靠本身参数或外来信号的变化而自动动作来接通或断开电路，如接触器、继电器、自动开关等。

② 非自动切换电器。此类电器无动力机构，依靠人力操作或其他外力来接通或断开电路，如刀开关、转换开关、行程开关等。

（2）按用途分类

① 控制电器。用来控制电动机的启动、制动、调速等动作，如接触器、继电器、电磁启动器、控制器等。

② 保护电器。用来保护电动机和生产机械，使其安全运行，如熔断器、电流继电器、热继电器等。

③ 执行电器。用来带动生产机械运行和保持机械装置在固定位置上的一种执行元件，如电磁铁、电磁离合器等。

### 2. 低压电器的基本结构

从结构上看，电器一般都具有两个基本组成部分，即感受部分与执行部分。感受部分接收外界输入的信号，并通过转换、放大与判断做出有规律的反应，使执行部分动作，输出相应的指令，实现控制或保护的目的。有些电器还具有中间部分。

（1）电磁机构

电磁机构是各种电磁式电器的感测部分，其主要作用是将电磁能量转换成机械能，带动触点的闭合和分断。电磁机构一般由吸引线圈、铁芯和衔铁三部分组成。其结构形式按动作方式可分为直动式和转动式等，如图 7-1 所示。其工作原理是：当吸引线圈通入电流后，产生磁场，磁通经铁芯、衔铁和工作气隙形成闭合回路，产生电磁吸力，将衔铁吸向铁芯。与此同时，衔铁还要受到反作用弹簧的拉力，只有当电磁吸力大于弹簧反力时，衔铁才能可靠地被铁芯吸住。

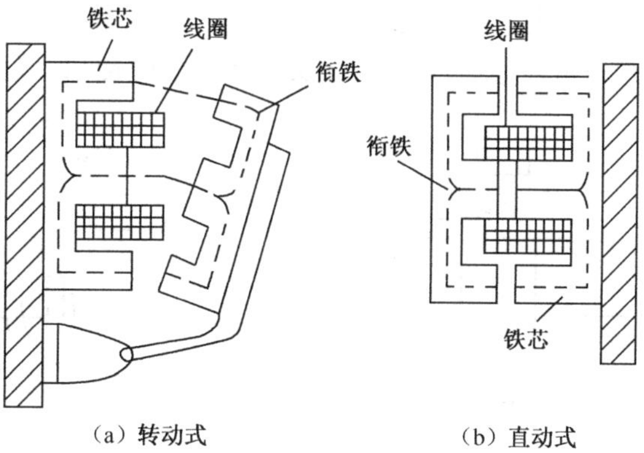


（a）转动式　　（b）直动式

图 7-1　电磁机构的结构形式

电磁铁的线圈是电能与磁场能量转换的场所，按吸引线圈通入电流性质的不同，电磁铁可分为直流电磁铁与交流电磁铁。直流电磁铁在稳定状态下通入恒定磁通，铁芯中没有磁滞损耗与涡流损耗，只有线圈本身的铜损，所以铁芯用整块铸铁或铸钢制成，线圈无骨架，且成细长形。而交流电磁铁为减少交变磁场在铁芯中产生的涡流与磁滞损耗，一般采用硅钢片叠压而成，线圈有骨架，且成短粗形，以增加散热面积。

**特别提示**

交流电磁铁的铁芯上装有短路环，如图 7-2（a）所示，短路环的作用是减少交流电磁铁吸合时产生的振动和噪声。当线圈中通以交变电流时；在铁芯中产生的磁通$\phi_1$也是交变的，对衔铁的吸力时大时小，有时为零，在复位弹簧的反作用下，有释放的趋势，造成衔铁振动，对电器正常工作十分不利，同时还产生噪声。装入短路环后，交变磁通$\phi_1$的一部分穿过短路环，在环中产生感应电流，因此环中的磁通成为$\phi_2$。$\phi_1$与$\phi_2$相位不同，如图 7-2（b）所示，也即不同时为零。这样就使得线圈的电流和铁芯磁通$\phi_1$过零时环中磁通$\phi_2$不为零，仍然将衔铁吸住，从而消除了振动和噪声。只要在设计时注意保证合成吸力大于弹簧的反力便可满足减振和消除噪声的要求。

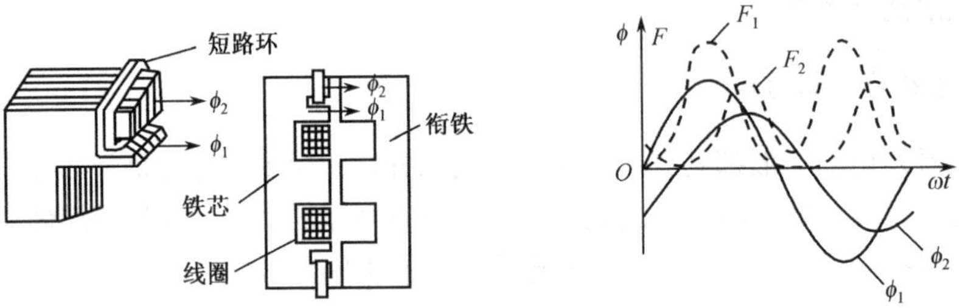


（a）结构图　　（b）电磁吸力图

图 7-2　交流电磁铁的短路环

（2）触点系统

触点是一切有触点电器的执行部件，用来接通或断开电路。按其结构形式可分为桥式触点和指式触点，如图 7-3 所示。桥式触点有点接触和面接触两种，前者适用于小电流电路，后者适用于大电流电路：指式触点为线接触，在接通和分断时产生滚动摩擦，以利于去除触点表面的氧化膜，这种形式适用于大电流且操作频繁的场合。为使触点接触时导电性能好，减小接触电阻并消除开始接触时产生的振动，在触点上装设了压力弹簧，以增加动静触点间的接触压力。

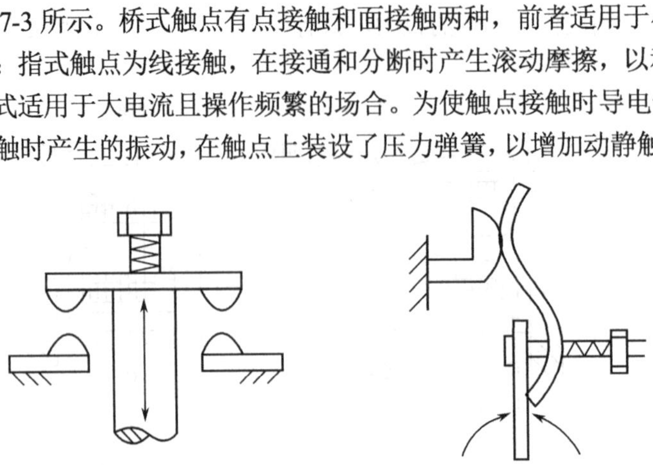

（a）桥式触点　　（b）指式触点

图 7-3　触点系统的结构形式

根据用途的不同，触点可以分为动合（常开）触点和动断（常闭）触点两类。电气元件在没有通电或不受外力作用的常态下处于断开状态的触点，称为动合触点，反之则称为动断触点。

（3）灭弧装置

当触点分断大电流电路时，会在动、静触点间产生强烈的电弧。电弧会烧伤触点，并使电路的切断时间延长，严重时甚至会引起其他事故。为使电器可靠工作，必须采用灭弧装置使电弧迅速熄灭。

**特别提示**

电动力灭弧简便且不需要专门灭弧装置，多用于10A以下的小容量交流电器，容量较大的交流电器一般采用灭弧栅灭弧，对于直流电器则广泛采用磁吹灭弧装置，还有交、直流电器皆可采用的纵缝灭弧。实际上，上述灭弧装置有时是综合应用的。

## 7.1.2 开关电器

1. 刀开关

刀开关又称闸刀开关，是结构简单且应用广泛的一种手控电器，一般用来不频繁地接通和分断容量不很大的低压供电线路，也可作为电源的隔离开关，并可对小容量异步电动机进行不频繁的直接启停控制。

如图7-4所示为刀开关的典型结构。推动手柄使触刀紧紧插入插座中，电路即被接通。

刀开关的种类很多。按刀的极数可分为单极、双极和三极，常用三极刀开关长期允许通过的电流有100A、200A、400A、600A和1000A五种，其主要型号有HD（单投）系列和HS（双投）系列。

为使刀开关分断时有利于灭弧，并加快分断速度，有带速断刀极的刀开关与熔断器组合的产品，如铁壳开关，其常用型号有HH4系列；有的还装有灭弧罩，如瓷底胶盖刀开关，其常用型号有HK1系列。

刀开关的图形符号和文字符号如图7-5所示。

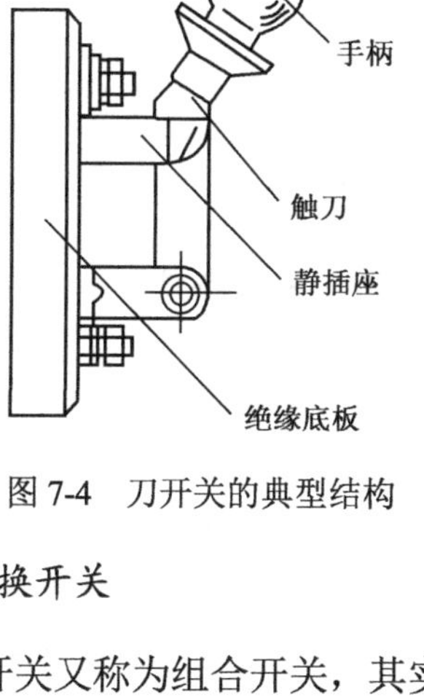


图7-4 刀开关的典型结构

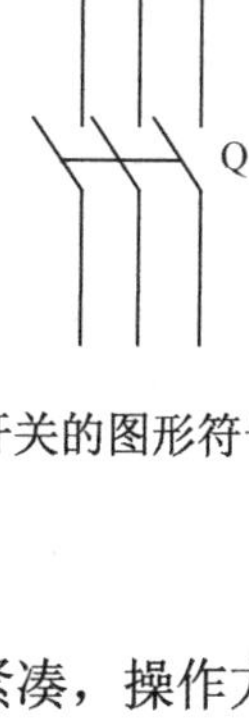


图7-5 刀开关的图形符号和文字符号

2. 转换开关

转换开关又称为组合开关，其实质为刀开关。由于其结构紧凑，操作方便，所以在机床上广泛地用转换开关代替刀开关，作为电源的引入开关、照明电路的控制开关、或控制小容量异步电动机的不频繁（每小时关合次数不超过 20 次）启停与正反转。

转换开关的结构如图 7-6 所示。它是由单个或多个单极旋转开关叠装在同一根绝缘方轴上组成的。当转动手柄时，一部分动触片插入相应的静触片中，使相应的线路接通，而另一部分断开；也可使全部动、静触片同时接通或断开。转换开关采用扭簧储能机构来操作，可使开关快速动作而不受操作速度的影响，同时亦利于灭弧，

转换开关有单极、双极和多极之分，其常用型号有 HZ5、HZ10 系列。转换开关的图形符号和文字符号如图 7-7 所示。

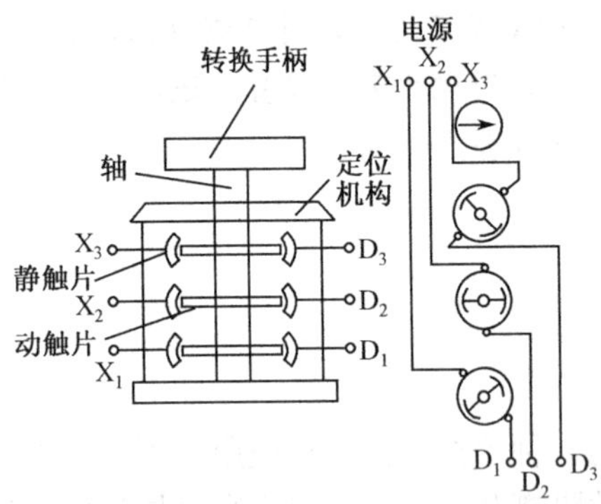


图 7-6　转换开关的结构

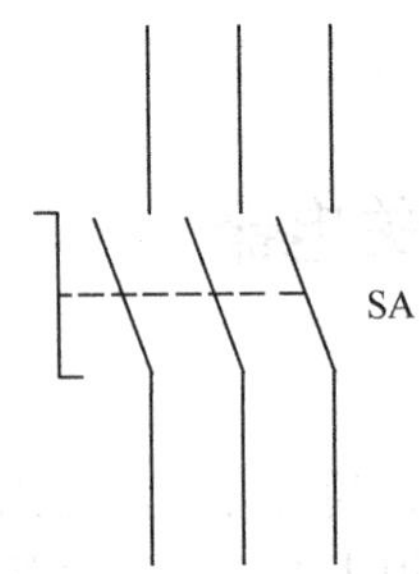


图 7-7　转换开关的图形符号和文字符号

3. 自动开关

自动开关又称自动空气断路器，当电路发生严重过载、短路及失压等故障时，能自动切断故障电路，有效保护电动机和接在它后面的电气设备。同时，也可用于不频繁接通和断开电路及控制电动机。

自动开关主要由触点系统、灭弧装置、操作机构和保护装置（各种脱扣器）等几部分组成。如图 7-8 所示为自动开关的工作原理图。开关的主触点靠操作机构手动或电动合闸后，即被锁扣锁在闭合位置。当电路正常运行时，串联在电路中的电磁脱扣器线圈所产生的电磁吸力不足以吸动衔铁，当发生短路故障时，短路电流超过整定值，衔铁被迅速吸合，同时撞击杠杆，顶开锁扣，使主触点迅速断开将主电路分断。

自动开关的图形符号和文字符号如图 7-9 所示。

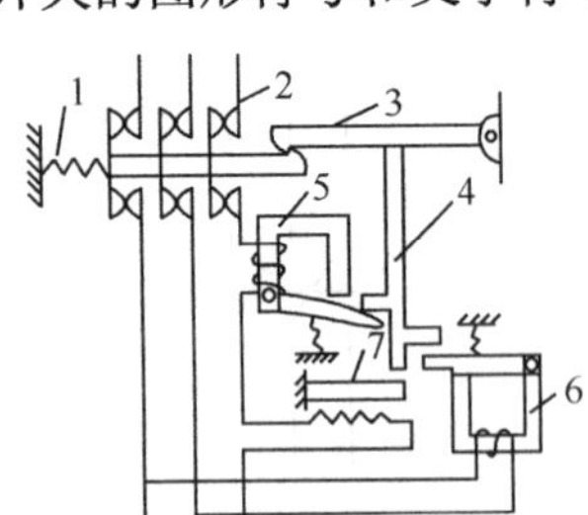


1—复位弹簧　2—主触点　3—锁扣　4—杠杆
5—电磁脱扣器　6—失压脱扣器　7—热脱扣器

图 7-8　自动开关的工作原理图

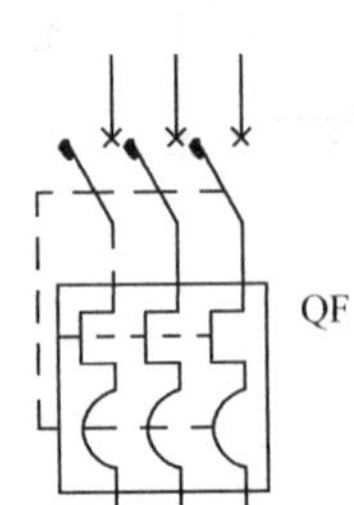


图 7-9　自动开关的图形符号和文字符号

一般电磁脱扣器是瞬时动作的。图 7-8 中失压脱扣器在电路正常运行时，其线圈所产生的电磁力足以将衔铁吸合，当电源电压过低或降为零时，吸力减小或消失，衔铁被弹簧拉开，并撞击杠杆，使锁扣脱扣，实现了失压或欠压保护。图 7-8 中还有热脱扣器，其工作原理与后面介绍的热继电器相同。除此以外，还有分励脱扣器（图 7-8 中未画出），作为远距离控制分断电路之用。

综上所述，自动开关具有多种保护功能，特别是实现短路保护时性能比熔断器更为优越。因为三相电路短路时，很可能只有一相的熔体熔断，造成单相运行。而只要线路短路，自动开关就跳闸，将三相电路同时切断。此外，自动开关还具有动作值可调、分断能力较高及动作后不需要更换零部件等优点，因此获得广泛应用。

**特别提示**

常用的自动开关有 DW5、DW10 系列框架式和 DZ5、DZ10 系列塑料外壳式两种，前者主要作为配电系统的保护开关，后者除具有上述作用外，还可作为电动机、电气控制柜及照明电路的控制开关。

### 7.1.3 熔断器

熔断器是一种用于过载与短路保护的电器，具有结构简单、价格低廉、使用方便等优点，因而获得广泛应用。

熔断器由熔体和安装熔体的熔管两部分组成。熔体材料一种是由铅锡合金和锌等低熔点金属制成，多用于小电流电路；另一种由银、铜等较高熔点的金属制成，多用于大电流电路。

熔断器是根据电流的热效应原理工作的。丝状或片状的熔体，串联于被保护电路中。当电路正常工作时，流过熔体的电流小于或等于它的额定电流，由于熔体发热的温度尚未达到熔体的熔点，所以熔体不会熔断；当流过熔体的电流达到额定电流的 1.3~2 倍时，熔体缓慢熔断；当电路发生短路时，电流很大，熔体迅速熔断。电流越大，熔断越快。这一特性称为熔断器的安秒特性，如图 7-10 所示，$I_R$ 称为最小熔化电流或临界电流。因此熔断器对轻度过载反应比较迟钝，一般只能作为短路保护。

**特别提示**

常用的熔断器主要有 RC1A 系列瓷插式熔断器，RL1 和 RLS 系列螺旋式熔断器，RM7 系列无填料封闭管式熔断器，RT0 系列有填料封闭管式熔断器，此外，还有 RS0 系列快速熔断器，主要用于半导体整流元件的短路保护。

熔断器的图形符号和文字符号如图 7-11 所示。

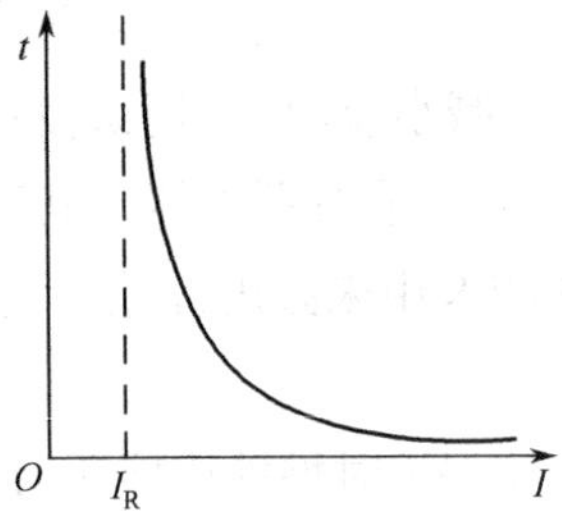


图 7-10　熔断器的安秒特性

图 7-11　熔断器的图形符号和文字符号

## 7.1.4　主令电器

主令电器是能按预定的顺序接通和分断电路以达到发号施令目的的电器。它是实现人机联系和对话的重要环节，主要有按钮、行程开关、万能转换开关和主令控制器等。

1. 按钮

按钮是一种手动且可以自动复位的主令电器，一般用来远距离操纵接触器、继电器等电磁装置或用于信号和电气连锁线路中。

按钮的基本结构如图 7-12 所示，按下按钮，动断触点断开，然后动合触点闭合；松开按钮，则在复位弹簧的作用下，使触点恢复原位。触点数量可按照需要拼接，一般装置成 1 动合 1 动断或者 2 动合 2 动断。按钮的结构形式有揿钮式、紧急式、钥匙式和旋钮式四种。

为避免误操作，通常将按钮制成不同颜色。一般红色表示停止按钮，绿色表示启动按钮，红色蘑菇形按钮则表示急停按钮。常用按钮有 LA18、LA19、LA20 和 LA25 等系列。

按钮的图形符号和文字符号如图 7-13 所示。

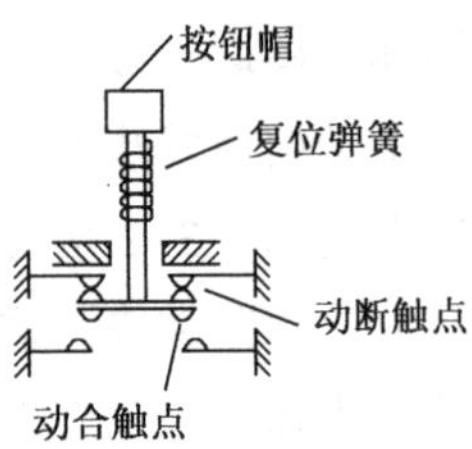


图 7-12　按钮的基本结构

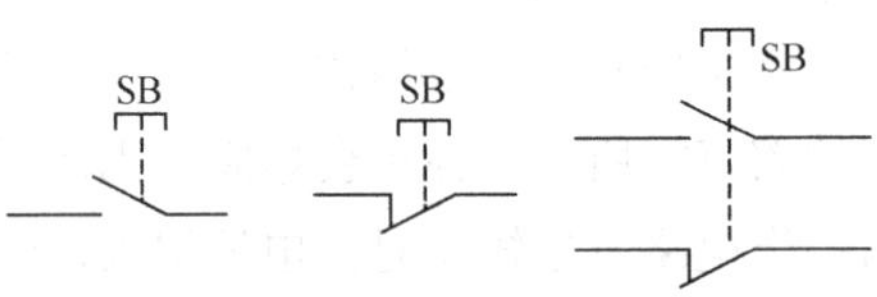


（a）动合触点　（b）动断触点　（c）复合触点

图 7-13　按钮的图形符号和文字符号

2. 行程开关

机床运动机构常常需要根据运动部件位置的变化来改变电动机的工作情况，即要求按行程进行自动控制，如工作台的往复运行、刀架的快速移动、自动控制等。电气控制系统中通常采用直接测量位置信号的元件——行程开关来实现行程控制的要求。行程开关又称限位开关，是一种利用生产机械运动部件的碰撞发出指令的主令电器，用于控制生产机械的运动方向、行程大小或限位保护。

行程开关有机械式和电子式两种，机械式又分为直动式（按钮式）和转动式（滚轮式）等。

（1）一般行程开关

行程开关一般都具有瞬动机构，其触点瞬时动作，既可保证行程控制的位置精度，又可减少电弧对触点的灼烧。行程开关的结构如图 7-14 所示。当挡铁向下按压顶杆时，顶杆向下移动，压迫弹簧，当到达一定位置时，弹簧的弹力改变方向，由原来向下的力变为向上的力，因此动触点上跳，与静触点分开，与静触点接触，完成了快速切换动作，将机械信号变换为电信号，对控制电路发出了相应的指令。当挡铁离开顶杆时，顶杆在复位弹簧的作用下上移，带动动触点恢复原位。

常用的行程开关有 LX19 和 JLXK1 等系列。行程开关的图形符号和文字符号如图 7-15 所示。

（2）微动开关

微动开关是具有瞬时动作和微小行程的灵敏开关，除用于行程控制要求较精确的场合外，还可用来作为其他电器，如空气阻尼式时间继电器的触头系统。常用的微动开关有 LXW-11、LX31 等型号。

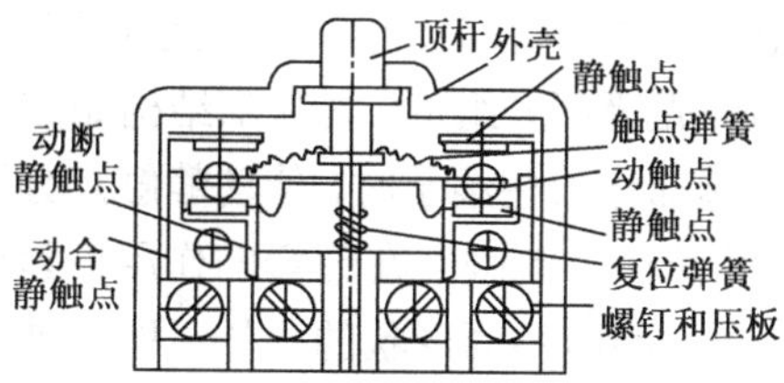


图 7-14　行程开关的结构

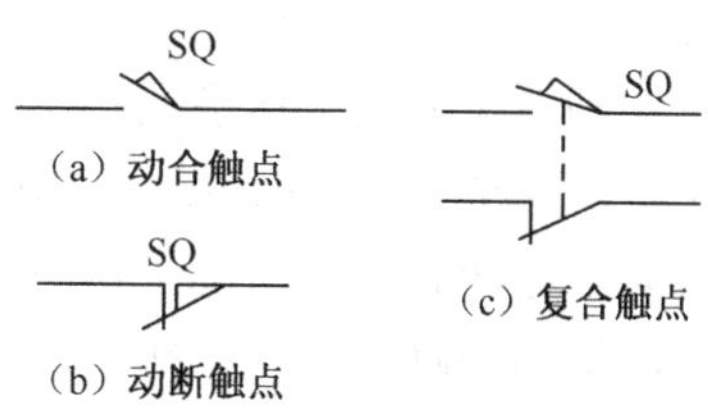


图 7-15　行程开关的图形符号和文字符号

（3）接近开关

接近开关是电子式无触点行程开关，它是由运动部件上的金属片与之接近到一定距离发出接近信号来实现控制的。接近开关使用寿命长、操作频率高、动作迅速可靠，其用途已远远超出一般行程控制和限位保护，它还可用于高速计数、测速、液面控制、检测金属体的存在等，其常用型号有 LJ2、LJ5、LXJ6 等系列。

3. *万能转换开关*

万能转换开关是一种多挡式的能够控制多回路的主令电器。一般用于各种配电装置的远距离控制，也可作为电气测量仪表的换相开关或作为小容量电动机的启动、制动、调速和换向的控制。由于它换接线路多，用途广泛，故称为万能转换开关。

万能转换开关由凸轮机构、触点系统和定位装置等部分组成。它依靠操作手柄带动转轴和凸轮转动，使触点动作或复位，从而按预定的顺序接通与分断电路，同时由定位机构确保其动作的准确可靠。行程开关的外形如图 7-16（a）所示。

常用的万能转换开关有 LW5、LW6 系列。其中 LW6 系列万能转换开关还可装配成双列形式，列与列之间用齿轮啮合，并由公共手柄进行操作，因此装入的触点数最多可达 60 对。

万能转换开关的图形符号和文字符号如图 7-16（b）所示。图形符号中的竖虚线表示手柄的不同位置，每一条横线表示一路触点，而黑点“·”则表示该路触点的接通位置。触点通断也可用通断表来表示，如图 7-16（c）所示，表中的“×”表示触点闭合，空格表示触点分断。

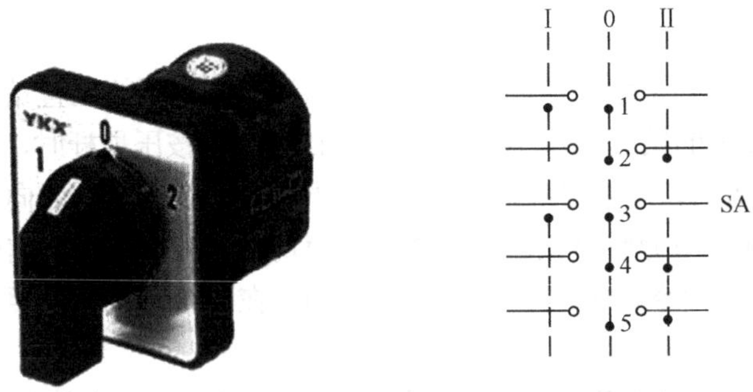


（a）万能开关的外形　　（b）图形符号和文字符号

| 触点号 | I | 0 | II |
|---|---|---|---|
| 1 | × | × |  |
| 2 |  | × | × |
| 3 | × | × |  |
| 4 |  | × | × |
| 5 |  | × | × |

（c）通断表

图 7-16　万能转换开关

4. 凸轮控制器

凸轮控制器是一种大型手动控制电器。由于其控制线路简单，维护方便，因而广泛用于控制中小型起重机的平移机构电动机和小型起重机的提升机构电动机，它可以变换主电路和控制电路的接法及转子电路的电阻值，以达到直接控制电动机的启动、制动、调速和换向的目的。

凸轮控制器主要由操作手柄、转轴、凸轮、触点和外壳等部分组成，其内部结构如图 7-17 所示。转动手柄时，凸轮随绝缘方轴转动，当凸轮的凸起部分顶住滚子时，使动静触点分开；当转轴带动凸轮转到凹处与滚子相对时，凸轮无法支住滚子，动触点在弹簧的作用下紧压在静触点上，使动静触点闭合，接通电路。若在绝缘方轴上叠装不同形状的凸轮，即可使一系列的触点按预定的顺序接通和分断电路，以达到不同的控制目的。

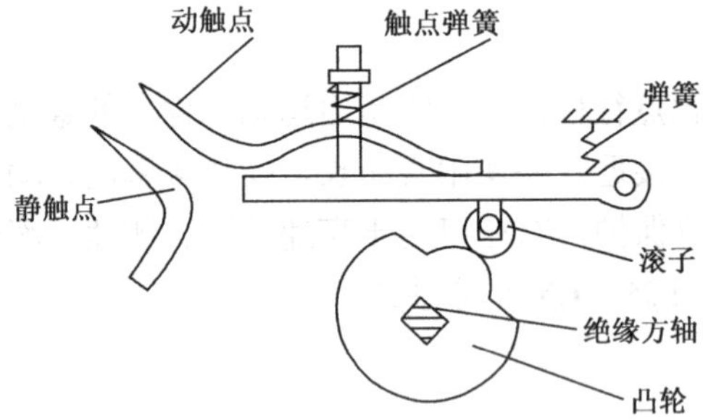


图 7-17　凸轮控制器的内部结构

目前常用的凸轮控制器有 KT10、KT12、KT14 等系列，其额定电流有 25A 和 60A 两种，一般左右（或前后）各有五个工作位置，触点数 7~17 个不等，额定操作频率为 600 次/小时。其中 KT14-251J/1 型用以控制一台三相绕线转子异步电动机，KT10-25J/5 型可同时控制两台绕线转子异步电动机，KT14-25J/3 型用以控制一台三相笼形异步电动机。

**特别提示**

凸轮控制器在电气原理图上是以其圆柱表面的展开图来表示的。其图形符号的具体画法见桥式起重机的电气控制，文字符号为 SA。

5. 主令控制器

主令控制器是用来频繁切换复杂的多回路控制电路的一种主令电器，主要用于起重机、轧钢机等生产机械的远距离控制。部分主令控制器的外形如图7-18所示。

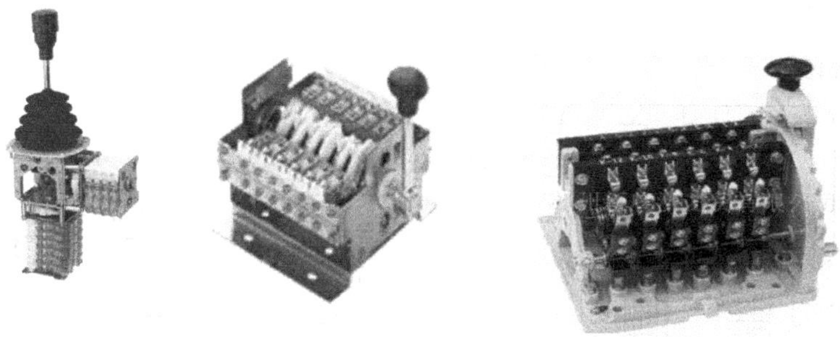

图7-18 主令控制器外形

起重机电气控制中，当拖动电动机容量较大，要求操作频率较高（每小时通断次数超过600次），并要求有较好的调速、点动运行性能，而凸轮控制器无法满足时，常采用主令控制器与交流磁力控制盘相配合，即通过主令控制器的触点变换，来控制交流磁力控制盘上的接触器动作，以达到控制电动机的启动、制动、调速和换向等目的。

主令控制器的结构和工作原理与凸轮控制器基本相同，也是靠凸轮动作来控制触点系统的通断。其触点多为桥式触点，一般采用银及其合金材料制成，所以操作轻便、灵活，并且操作频率较凸轮控制器有较大提高。

特别提示

常用的主令控制器有LK14、LK15系列等。机床上有时用到的十字形转换开关也属主令控制器，这种开关一般用于多电动机或需要多重连锁的控制系统中，如X62W型万能铣床中，用于控制工作台垂直方向和横向的进给运动；摇臂钻床中用于控制摇臂的上升和下降、放松和夹紧等动作。

主令控制器的图形符号与万能转换开关的图形符号相似，文字符号也为SA。

## 7.1.5 接触器

接触器是用于远距离频繁地接通与断开交直流主电路及大容量控制电路的一种自动切换电器。其主要控制对象是电动机，也可用于控制其他电力负载，如电热器、电焊机等。接触器不仅能实现远距离集中控制，而且操作频率高、控制容量大，并具有低电压释放保护、工作可靠、使用寿命长等优点，是继电器一接触器控制系统中最重要和最常用的元件之一。

接触器种类很多，按驱动力的不同可分为电磁式、气动式和液压式，按流过电流的种类，可分为交流接触器和直流接触器，机床控制上以电磁式交流接触器应用最为广泛。

1. 交流接触器

交流接触器常用于远距离接通和分断电压低于 1140V、电流低于 630A 的交流电路，以及频繁控制交流电动机。其结构如图 7-19（a）所示。由电磁系统、触头系统、灭弧装置、弹簧和支架底座等部分组成。

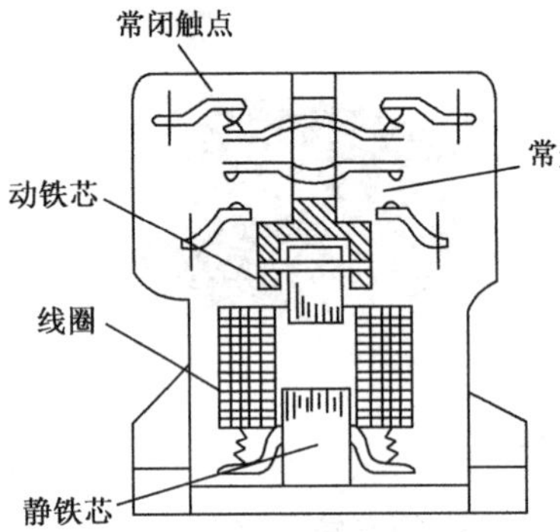

（a）接触器结构示意图

（b）接触器的图形符号和文字符号

图 7-19　交流接触器的结构和符号

（1）电磁系统

电磁系统用来操纵触点的闭合与分断，由铁芯、线圈和衔铁三部分组成。当线圈通电后，衔铁在电磁吸力的作用下，克服反力弹簧的拉力与铁芯吸合，带动触点动作，从而接通或断开相应电路。当线圈断电后，动作过程与上述相反。交流接触器为减少其吸合时产生的振动和噪声，在铁芯上装设了短路环。

（2）触点系统

根据用途不同，接触器的触点可分为主触点和辅助触点。主触点用以通断电流较大的主电路，一般由三对动合触点组成；辅助触点用于通断小电流的控制电路，由动合和动断触点成对组成。

（3）灭弧装置

接触器用于通断大电流电路，因此，必须设置灭弧装置。交流接触器通常采用电动力灭弧、纵缝灭弧和金属栅片灭弧。

**特别提示**

常用的交流接触器有 CJ10、CJ20、CJX1 等系列。接触器的图形符号和文字符号如图 7-19（b）所示。

2. 直流接触器

直流接触器主要用来远距离接通和分断电压低于 440V、电流低于 630A 的直流电路，以及频繁地控制直流电动机的启动、反转与制动等。

直流接触器的结构和工作原理与交流接触器基本相同。电磁系统的不同之处已叙述，而主触点则采用滚动接触的指形触点，做成单极或双极，灭弧装置通常采用磁吹式灭弧。

常用的直流接触器有CZ0、CZ18等系列。

### 7.1.6 继电器

继电器是一种根据电量（电压、电流）或非电量（时间、温度、速度、压力等）的变化自动接通或断开控制电路，以完成控制或保护任务的电器。

虽然继电器与接触器都是用来自动接通或断开电路的，但是它们仍有很多不同之处。继电器可以对各种电量或非电量的变化做出反应，而接触器只有在一定的电压信号下动作；继电器用于切换小电流的控制电路，而接触器则用来控制大电流电路，因此，继电器触点容量较小（不大于5A），且无灭弧装置。

继电器用途广泛，种类繁多。按反应的参数可分为：电流继电器、电压继电器、时间继电器和热继电器等；按动作原理可分为：电磁式、电动式、电子式和机械式继电器等。

#### 1. 电磁式继电器

电磁式继电器是电气控制设备中用得最多的一种继电器。其主要结构和工作原理与接触器相似，如图7-20所示为电磁式继电器的典型结构图。

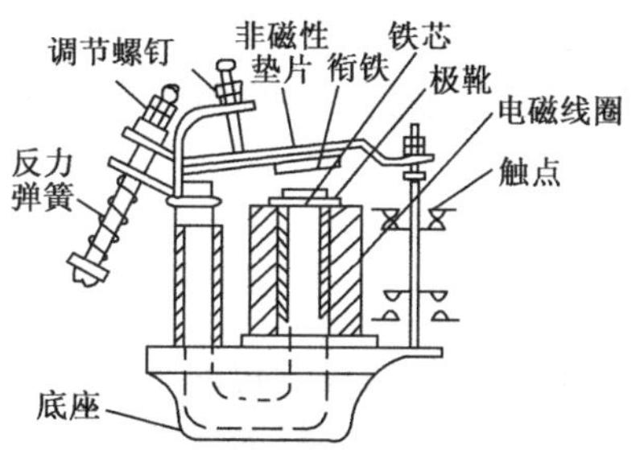


图7-20 电磁式继电器的结构图

（1）电磁式电流继电器

电流继电器的线圈与负载串联，用以反映负载电流，故线圈匝数少，导线粗，阻抗小。电流继电器既可按“电流”参量来控制电动机的运行，又可对电动机进行欠电流或过电流保护。

对于欠电流继电器，在电路正常工作时，衔铁是吸合的，只有当线圈电流降低到某一整定值时，继电器才释放，这种继电器常用于直流电动机和电磁吸盘的失磁保护；而过电流继电器在电路正常工作时不动作，当电流超过其整定值时才动作，整定范围通常为1.1~4倍额定电流，这种继电器常用于电动机的短路保护和严重过载保护。

常用的电流继电器有JL14、JL15、JT9等型号。电流继电器的图形符号和文字符号如图7-21所示。

（2）电磁式电压继电器

电压继电器的线圈与负载并联，以反映电压变化，故线圈匝数多，导线细，阻抗大。按动作电压值的不同，电压继电器可分过电压继电器和欠电压（或零压）继电器。

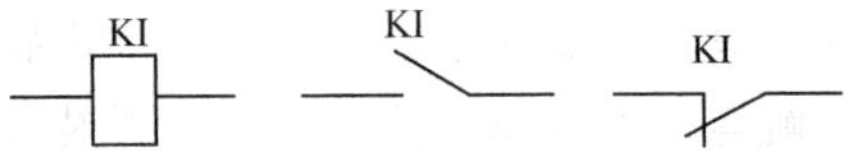


（a）线圈　（b）动合触点　（c）动断触点

图 7-21　电流继电器的图形符号和文字符号

一般来说，过电压继电器在电压为额定电压的 110%~115%以上动作，对电路进行过电压保护；欠电压继电器在电压为额定电压的 40%~70%时动作，对电路进行欠电压保护；零压继电器在电压降至额定电压的 5%~25%时动作，对电路进行零压保护。

常用的电压继电器有 JT3、JT4 型。电压继电器的图形符号和文字符号如图 7-22 所示。

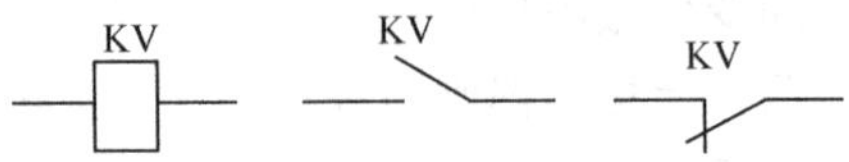


（a）线圈　（b）动合触点　（c）动断触点

图 7-22　电压继电器的图形符号和文字符号

（3）中间继电器

中间继电器实质上是电压继电器，但它还具有触点数多（多至六对或更多）、触点电流容量较大（额定电流 5~10A）、动作灵敏（动作时间不大于 0.05s）等特点。其主要用途是当其他电器的触点数量或触点容量不够时，可借助中间继电器增加它们的触点数量或触点容量，起到中间信号的转换和放大作用。

常用的中间继电器有 JZ7、JZ8 等系列。中间继电器的图形符号和文字符号与电压继电器相同。

2. 时间继电器

从得到输入信号的时间开始计时，须经过一定的延时后才能输出信号的继电器称为时间继电器，时间继电器获得延时的方法是多种多样的，按其工作原理可分为电磁式、空气阻尼式、电动式和电子式。其中，以空气式时间继电器在机床控制线路中的应用最为广泛。

空气阻尼式时间继电器是利用空气阻尼作用获得延时的。如图 7-23 所示为 JS7-A 系列空气阻尼式时间继电器的结构示意图，它主要由电磁系统、触点系统和延时机构组成。其工作原理如下。

线圈通电后，衔铁与铁芯吸合，带动推板使上侧微动开关立即动作；同时，活塞杆在塔形弹簧的作用下，带动活塞及橡皮膜向上移动，因此使橡皮膜下方气室空气稀薄，活塞杆不能迅速上移。当室外空气由进气孔进入气室，活塞杆才逐渐上移，移至最上端时，杠杆撞击下侧微动开关，使其触点输出信号。从电磁铁线圈通电时刻起至微动开关动作时止的这段时间即为时间继电器的延时时间。通过调节螺钉调节进气孔气隙的大小就可以调节延时时间，进气越快，延时越短。

当电磁铁线圈断电后，衔铁在复位弹簧的作用下立即将活塞推向最下端，气室内空气通过橡皮膜、弱弹簧和活塞的局部所形成的单向阀迅速经上气室缝隙排掉，使得两微动开关同时迅速复位。

上述分析为通电延时时间继电器的工作原理，若将其电磁机构翻转 180° 安装，即可得到断电延时型时间继电器。

时间继电器的图形符号和文字符号如图 7-24 所示。

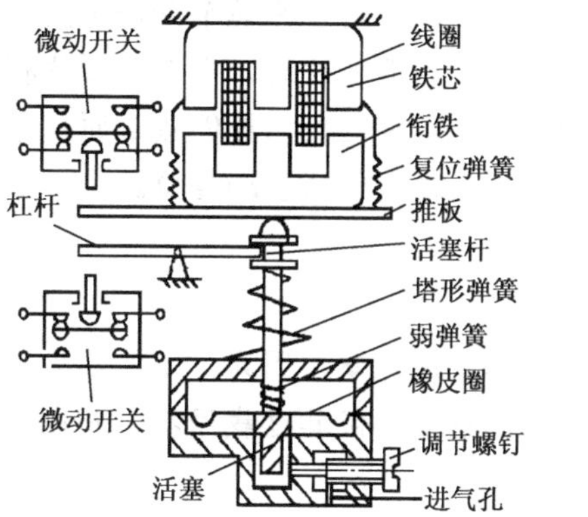


图 7-23 JST-A 型空气阻尼式时间继电器结构

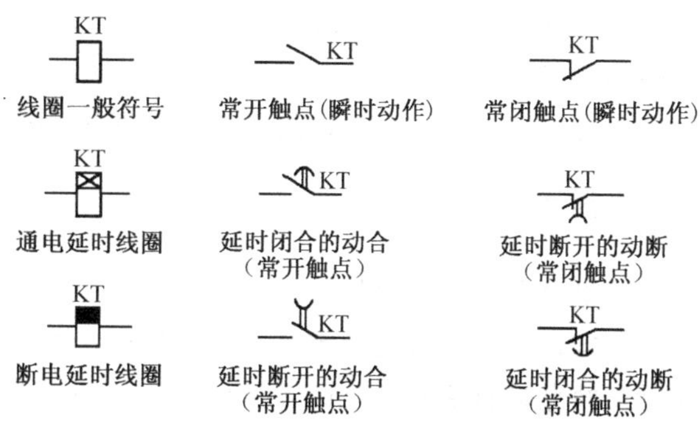


图 7-24 时间继电器的图形符号和文字符号

常用的几种时间继电器的性能、特点比较见表 7-1。

**表 7-1 几种时间继电器的比较**

| 形式 | 型号 | 线圈电流 | 延时原理 | 延时范围 | 延时精度 | 延时方式 | 其他特点 |
|---|---|---|---|---|---|---|---|
| 空气式 | JS7-AJS23 | 交流 | 空气阻尼作用 | 0.4~180s | 一般<br>±（8%~15%） | 通电延时、断电延时 | 结构简单、价格低，适用于延时精度不高的场合 |
| 电磁式 | JT3JT18 | 直流 | 电磁阻尼作用 | 0.3~16s | 一般<br>±10% | 断电延时 | 结构简单、运行可靠，操作频率高，应用较少 |
| 电动式 | JS10JS11 | 交流 | 机械延时原理 | 0.5s~72h | 准确<br>±1% | 通电延时、断电延时 | 结构复杂，价格高，操作频率低，适用于准确延时的场合 |
| 电子式 | JSJJS20 | 直流 | 电容器的充放电 | 0.1s~1h | 准确<br>±3% | 通电延时、断电延时 | 耐用，价格高，抗干扰性差，修理不便 |

### 3. 热继电器

电动机在实际运行中，短时过载是允许的，但如果长期过载、欠电压运行或断相运行等都可能使电动机的电流超过其额定值，这样将引起电动机发热。绕组温升超过额定温升，将损坏绕组的绝缘，缩短电动机的使用寿命，严重时甚至会烧坏电动机绕组。因此必须采取过载保护措施。最常用的是利用热继电器进行过载保护。

热继电器是一种利用电流的热效应原理进行工作的保护电器。

如图 7-25 所示为热继电器的结构示意图。它主要由热元件、双金属片、触点和动作机构等组成。双金属片是由两种膨胀系数不同的金属片碾压而成，受热后膨胀系数较高的主动层将向膨胀系数小的被动层方向弯曲。其工作原理如下：

热元件串接在电动机定子绕组中，绕组电流即为流过热元件的电流。当电动机正常工作时，热元件产生的热量虽能使双金属片弯曲，但不足以使其触点动作。当过载时，流过热元件的电流增大，其产生的热量增加，使双金属片产生的弯曲位移增大，从而推动导板，带动温度补偿双金属片和与之相连的动作机构使热继电器触点动作，切断了电动机控制电路。

图 7-25 中由片簧 1、片簧 2 及弓簧构成一组跳跃机构；凸轮可用来调节动作电流；补偿双金属片则用于补偿周围环境温度变化的影响，当周围环境温度变化时，主双金属片和与之采用相同材料制成的补偿双金属片会产生同一方向的弯曲，可使导板与补偿双金属片之间的推动距离保持不变。此外，热继电器可通过调节螺钉选择自动复位或手动复位。

**特别提示**

热继电器由于其热惯性，当电路短路时不能立即动作切断电路，因此，不能作为短路保护。同理，当电动机处于重复短时工作时，亦不适宜用热继电器做其过载保护，而应选择能及时反映电动机温升变化的温度继电器作为过载保护。

对于星形接线的电动机选择两相或三相结构的普通热继电器均可：而对于三角形接线的电动机，则应选择带断相保护的热继电器。

常用热继电器有 JR14、JR15、JR16、JR20 等系列。

热继电器的图形符号和文字符号如图 7-26 所示。

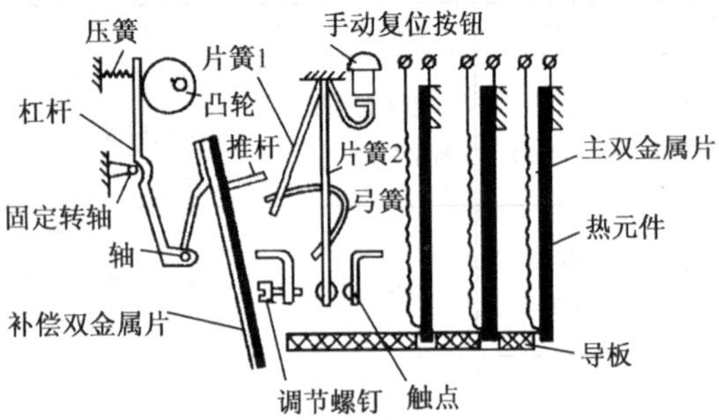


图 7-25　热继电器的结构示意图

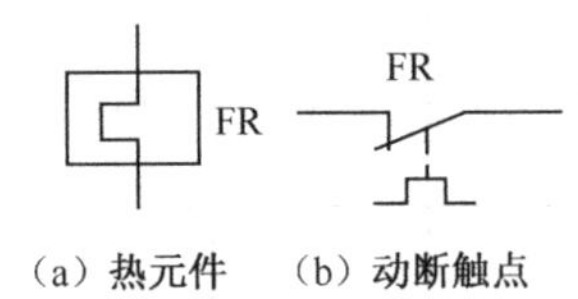


图 7-26　热继电器的图形符号和文字符号

4. 速度继电器

速度继电器是当转速达到规定值时动作的继电器。主要用于电动机及反接制动控制电路中，当反接制动的转速下降到接近零时能自动地及时切断电源。

速度继电器主要由转子、定子和触点三部分组成，如图 7-27 所示。转子是一块永久磁铁，固定在轴上。浮动的定子与轴同心，且能独自偏摆，定子由硅钢片叠成，并装有笼形绕组。速度继电器的轴与电动机轴相连，当电动机旋转时，转子随之一起转动，形成旋转磁场。笼形绕组切割磁力线而产生感应电流，此电流与旋转磁场作用产生电磁转矩，使定子随转子的转动方向偏摆，带动杠杆推动相应触点动作。在杠杆推动触点的同时也压缩反力弹簧，其反作用阻止定子继续转动。当转子的转速下降到一定数值时，电磁转矩小于反力弹簧的反作用力矩，定子便返回原来位置，对应的触点恢复到原来状态。

机床上常用的速度继电器有 JY1 型和 JFZ0 型两种。一般速度继电器的动作转速为 120r/min，触点的复位转速在 100r/min 以下。调整反力弹簧的拉力即可改变触点动作或复位时的转速，从而准确地控制相应的电路。

速度继电器的图形符号和文字符号如图 7-28 所示。

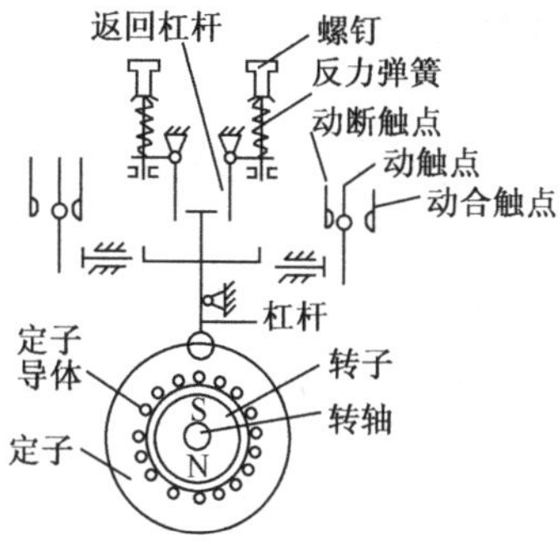


图 7-27 速度继电器的结构示意图

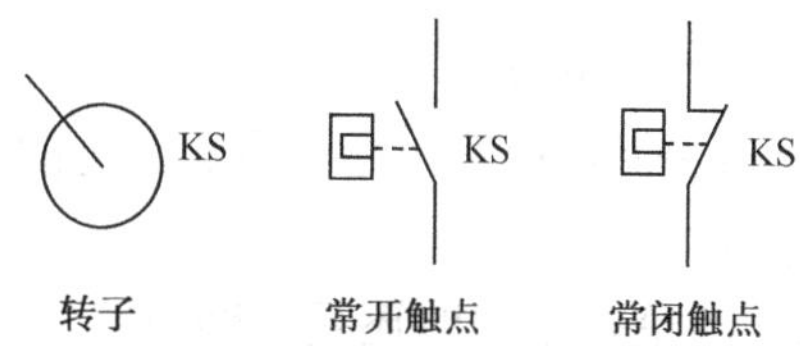


图 7-28 速度继电器的图形符号和文字符号

# 7.2 电气控制系统图

## 7.2.1 电气控制系统图中的图形符号和文字符号

继电接触式控制线路是由许多电气元件按照一定要求连接而成的，用来实现对电力拖动系统的启动、制动、反向和调速的控制及相应的保护。为了便于电气控制系统的分析设计、安装调试和使用维修，需要将电气控制系统中各电气元件及其连接关系用一定的图表示出来，这种图就是电气控制系统图。

**特别提示**

电气控制系统图中，电气元件必须使用国家统一规定的图形符号和文字符号。图形符号用来表示各种不同的电气元件，文字符号标注在图形符号近旁，进一步说明电气元件或设备的名称、功能和特征等。

## 7.2.2 电气控制系统图分类

常用的电气控制系统图有系统图或框图、电气原理图、电气布置图和电气安装接线图。

1. 系统图或框图

系统图或框图是用符号或带注释的框概略地表示系统或分系统的基本组成、相互关系及其主要特征的一种电气图。它是依据系统或分系统的功能层次来绘制的，不仅是绘制电气原理图的基础，而且还是操作、维修不可缺少的文件。

2. 电气原理图

电气原理图是用来详细表示各电气元件或设备的基本组成和连接关系的一种电气图。它是在系统图或框图的基础上采用电气元件展开的形式绘制的，包括所有电气元件的导电部件和接线端点之间的相互关系，但并不按照各电气元件的实际位置和实际接线情况来绘制，原理图是绘制电气安装接线图的依据。

由于电气原理图结构简单，层次分明，适用于研究和分析电路工作原理，所以在设计部门和生产现场获得广泛应用，其绘制原则如下。

① 原理图一般分为主电路和辅助电路两部分。主电路是电气控制线路中强电流通过的部分，一般用粗实线绘制。主电路中三相电路导线按相序从上到下或从左到右排列，中性线应排在相线的下方或右方，并用 L1、L2、L3 及 N 标记；辅助电路包括控制电路、照明电路、信号电路和保护电路，是小电流通过的部分，应用细实线绘制。通常将主电路画在控制电路的上方或左方。

② 无论是主电路还是辅助电路，各电气元件一般应按动作顺序从上到下、从左到右依次排列，电路可采用水平布置或垂直布置。电气元件的触点通常按没有通电或不受外力作用时的正常状态画出。

③ 同一电器的各个部件（如接触器的线圈和触点），分别画在各自所属的电路中。为便于识别，同一电器的各个部件均编以相同的文字符号。

④ 同一原理图中，当作用相同的电气元件有若干个时，可在文字符号后加注数字序号。

⑤ 原理图中，有直接电联系的十字交叉导线连接点必须用黑圆点表示。

#### 3. 电气布置图

电气布置图是用来表明各种电气设备上所有电动机、电器实际安装位置的一种图。是电气控制设备制造、安装和维修必要的资料。主要由机床电气设备布置图、控制柜及控制板电气元件布置图、操纵台电气设备布置图等组成。

#### 4. 电气安装接线图

根据电气设备上各元器件实际位置绘制的实际接线图称为电气安装接线图。它是配线施工和检查维修电气设备不可缺少的技术资料。主要有单元接线图、互连接线图和端子接线图等。电气布置图和电气安装接线图中各电气元件的符号应与电气原理图保持一致。

### 7.2.3 电气原理图的阅读分析方法

电气原理图的分析广泛采用“查线读图法”，采用此方法应注意遵循“化整为零看电路，积零为整看全部”的原则。

所谓“化整为零看电路”，首先应从主电路着手，明确此控制电路由几台电动机组成，每台电动机由哪个接触器或开关控制，根据其组合规律，大致可知电动机是否具有正反转控制、减压启动或制动控制等。其次分析控制电路，控制电路一般可分为几个单元，每个单元一般主要控制一台电动机。可将主电路中接触器的文字符号和控制电路的相同文字符号一一对照，然后单独分析每台电动机的控制环节，观察主令信号发出后，先动作的电气元件如何控制其他元件的动作，并随时注意控制元件的触点使执行元件有何动作，进而驱动被控对象。

经过“化整为零”，逐步分析了每一控制环节的工作原理之后，还必须用“积零为整”的方法，从整体角度去进一步分析理解各控制环节之间的联系、连锁关系及保护环节，将整个线路有机地联系起来。最后，再分析其他电路，如照明电路与信号电路等。

# 7.3 三相异步电动机启动控制电路

三相笼形异步电动机以其结构简单、价格便宜、坚固耐用和维修方便等优点获得广泛应用。它的启动方式有直接启动和减压启动两种。

直接启动又称为全压启动，是一种简便、经济的启动方法，但是启动电流较大。过大的启动电流会造成电网电压明显下降，直接影响在同一电网上的其他电气设备的正常工作，对电动机本身也有不利影响。判断一台交流电动机能否采用直接启动在前已详细介绍过，本节不再赘述。

## 7.3.1 笼形异步电动机全压启动控制电路

### 1. 单向运行控制电路

（1）开关控制电路

用刀开关、转换开关或自动开关直接控制电动机的启动和停止，是最简单的手动控制电路，其中刀开关控制电路如图7-29所示。此方法适用于不频繁启停的小容量电动机，但不能实现远距离控制和自动控制。普通机床上的冷却泵、小型台钻等常采用此种控制方法。

（2）接触器控制电路

如图7-30所示为电动机单向运行接触器控制电路，它是最常用、最简单的单向运行控制电路。图7-30中由电源L1、L2、L3经电源开关Q、熔断器FU1、接触器KM的动合主触点、热继电器FR的热元件到电动机M构成主电路部分，它流过的电流较大；由启动按钮SB2、停止按钮SB1、接触器KM的线圈和动合辅助触点、热继电器FR的动断触点和熔断器FU2构成控制电路部分，它流过的电流较小。

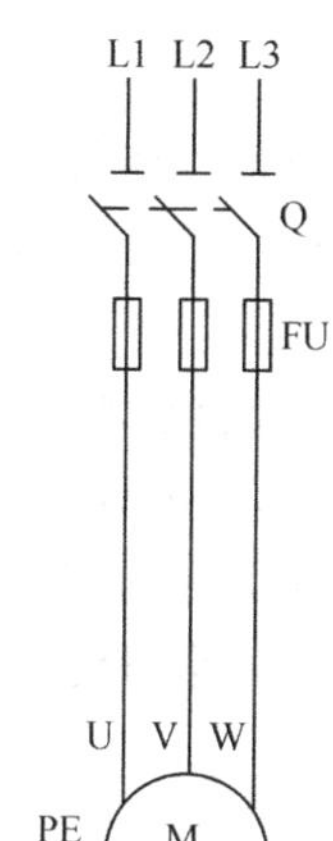


图7-29 刀开关控制电路

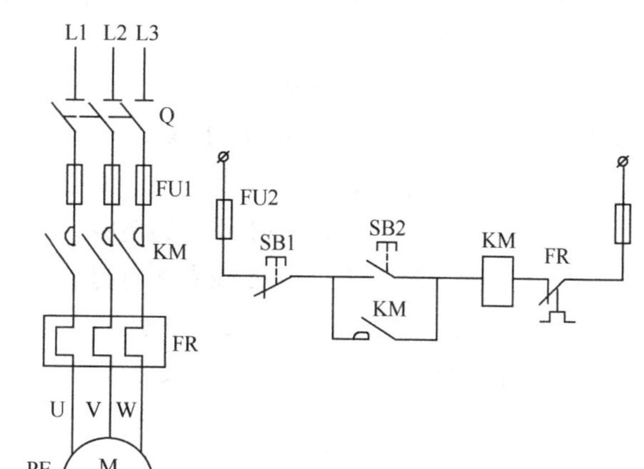


图7-30 电动机单向运行接触器控制电路

电动机启动控制：合上电源开关Q，按下启动按钮SB2，接触器KM线圈通电吸合，其主触点闭合，电动机定子绕组接通三相电源启动运转。同时，与按钮SB2并联的接触器KM

的动合辅助触点闭合。当松开 SB2 时，KM 线圈通过自身动合辅助触点仍保持通电状态，从而使电动机保持连续运行。这种依靠电器自身触点保持其线圈通电状态的电路，称为自锁电路，该触点则称为自锁触点。

电动机需停转时，可按下停止按钮 SB1，接触器 KM 线圈断电释放，其动合主触点与辅助触点同时断开，切断电动机主电路及控制电路，电动机停止运转。

电路的保护环节：

① 短路保护。电动机、电器和导线的绝缘损坏或线路发生故障时，都可能造成短路事故。很大的短路电流会引起电气设备绝缘损坏并产生强大的电动力使电动机绕组和电路中的各种电气设备产生机械性损坏，因此，当发生短路故障时，必须可靠而迅速地断开电路。图 7-30 中由熔断器 FU1、FU2 分别实现主电路与控制电路的短路保护。

② 过载保护。由热继电器 FR 实现电动机的长期过载保护。当电动机长期过载时，串接在电动机电路中的发热元件使双金属片受热弯曲，使其串接在控制电路中的动断触点断开，从而切断了接触器 KM 线圈电路，使电动机断开电源，实现了保护的目的。

③ 失压（零压）和欠压保护。电动机正常工作时，电源电压消失会使电动机停转，当电源电压恢复时，如果电动机自行启动，可能造成设备损坏和人身事故；对于电网，许多电动机或其他用电设备同时自动启动也会引起不允许的过电流和电压降。防止电源电压恢复时电动机自行启动的保护称为零压保护。此外，当电动机正常运行时，电源电压过分降低会造成电动机电流增大，引起电动机发热，严重时会烧坏电动机；同时，电压的降低会引起一些电器的释放，造成电路不能正常工作，因而需要设置欠电压保护环节。

图 7-30 中是具有自锁的按钮接触器控制电路，当电源电压恢复时，电动机也不会自行启动，从而避免了设备或人身事故的发生，实现了欠压和失压保护功能。但当控制电路中采用主令控制器或转换开关控制时，必须要设置专用的欠压和失压保护装置，否则线路无此功能。

（3）点动控制电路

生产机械不仅需要连续运转，有时还需要点动控制。点动控制多用于机床刀架、横梁、立柱等快速移动和机床对刀等场合。

后续课程在分析各种控制电路原理时。为简便起见，也可以用符号和箭头配以少量文字说明来表示其工作原理。如图 7-31（a）所示为基本的点动控制电路，其工作原理可表示如下：

先合上电源开关 Q。

启动过程：按下 SB，KM 线圈通电吸合，KM 主触点闭合，电动机 M 启动运转。

停止过程：松开 SB，KM 线圈断电释放，KM 主触点断开，电动机 M 停转。

如图 7-31（b）、图 7-31（c）所示，是两种既可点动又可连续运行的控制电路，这种电路既可用于机床的连续运行加工，又可满足短时的调整动作，操作非常方便。

### 2. 可逆运行控制电路

生产机械的运动部件往往要求实现正反两个方向的运动，如主轴的正反转和起重机的升降等，这就要求拖动电动机可进行正反向运转，由电动机原理可知，若将电动机三相电源中的任意两相对调，即可改变电动机的旋转方向。常用的电动机可逆运行控制电路有以下几种。

（1）倒顺开关控制电路

倒顺开关属于组合开关，是靠手动操作实现电动机正反转控制的，其控制电路如图 7-32

所示。这种控制电路简单、经济，但不具备失压和欠压等基本保护功能，且频繁换相时很不方便，所以仅适用于5.5kW以下的小容量电动机的正反转控制。机床控制中，有时仅采用倒顺开关来预选正反转，而由接触器来接通与断开电源，有的万能铣床使用此种控制。

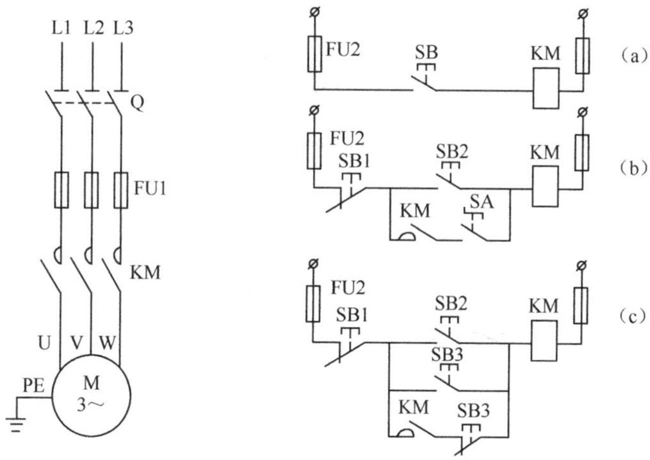


图7-31　点动控制电路和连续运行控制电路

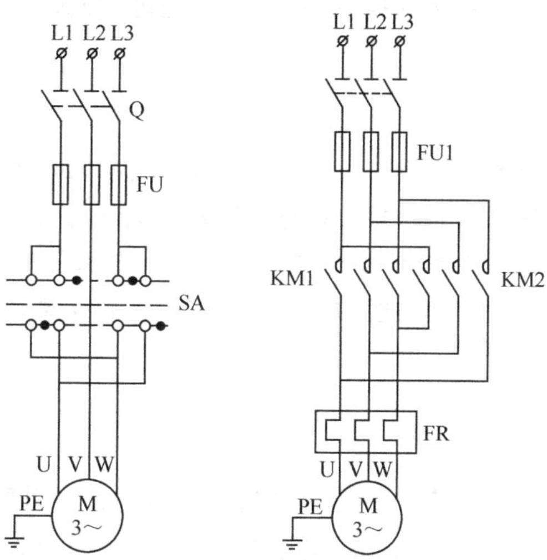


图7-32　倒顺开关控制电动机正反转电路

（2）接触器互锁可逆运行控制电路

如图7-33（a）所示为接触器互锁可逆运行控制电路。图7-33（a）中采用了两个接触器KM1和KM2分别控制电动机的正转、反转运行，而KM1和KM2不能同时通电，否则，它们的主触点同时闭合，将造成L1、L3两相电源短路。为此，将接触器KM1、KM2的动断触点串接在对方线圈电路中，形成相互制约的控制。这种相互制约关系称为互锁控制，由接触器或继电器动断触点构成的互锁称为电气互锁，起互锁作用的触点称为互锁触点。但该电路在进行正反转切换时，必须先按停止按钮，而后再启动相反方向的控制，这就构成了正—停—反的操作顺序。

（3）按钮和接触器双重互锁的可逆运行控制电路

为缩短辅助工时，常要求电动机直接进行正反转的切换，可采用如图7-33（b）所示的电路进行控制。它是在图 7-33（a）的基础上增设了启动按钮的动断触点进行互锁，构成了具有电气、按钮双重互锁的控制电路。该电路既可实现正—停—反操作，又可实现正—反—停操作，使控制非常方便，并且安全可靠，在生产机械中用得很多。

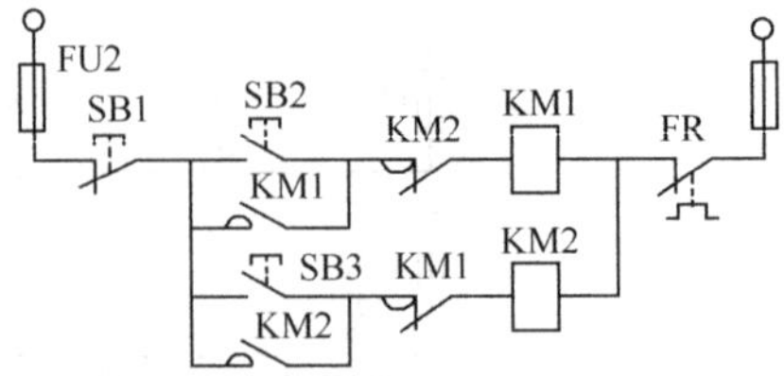


（a）

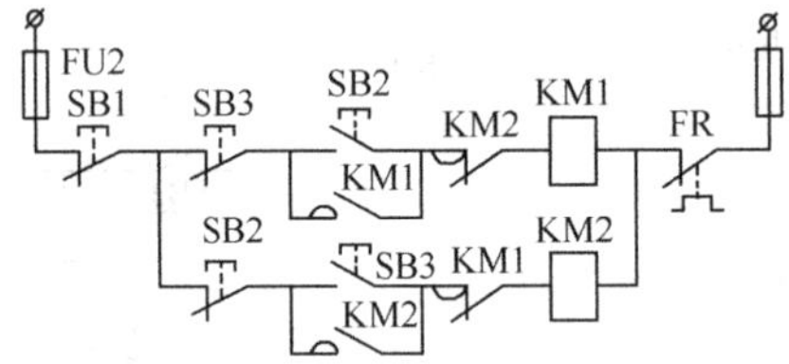


（b）

图 7-33 按钮接触器双重互锁可逆运行控制电路

**特别提示**

除上述几种单向、可逆运行控制电路外，还可采用电磁启动器来控制电动机的单向或可逆运行。电磁启动器是一种直接启动器，是将接触器、热继电器和按钮等元件组合在一起的一种启动装置，分为可逆和不可逆两种。不可逆电磁启动器工作原理与图 7-30 所示控制电路相同；可逆电磁启动器的工作原理与图 7-33（b）所示控制电路相同。常用的电磁启动器有 QC10、QC12 等系列。

3. 自动往复运行控制电路

有些生产机械的工作台需要在一定距离内自动往复运行，以使工件能得到连续的加工，如龙门刨床、导轨磨床等。为此常利用行程开关作为控制元件来控制电动机的正反转，这种控制方式称为行程原则的自动控制。

如图 7-34（b）所示为工作台自动往复运行的示意图。在工作台上装有挡铁 1 和挡铁 2，机床床身上装有行程开关 SQ1 和 SQ2，工作台的行程可通过移动挡铁或行程开关的位置来调节，以适应加工零件的不同要求。SQ3 和 SQ4 用来作为限位保护，即限制工作台运行超出其极限位置。

如图 7-34（a）所示为电动机自动往复运行控制电路。合上电源开关 Q，按下启动按钮 SB2，接触器 KM1 线圈通电吸合并自锁，电动机正转启动，拖动工作台左移。当工作台运动到一定位置时，挡铁 1 压下行程开关 SQ1，其动断触点断开，使接触器 KM1 断电释放，电动机暂时脱离电源，同时 SQ1 动合触点闭合，使接触器 KM2 通电吸合并自锁，电动机反转拖动工作台右移。当工作台运动到挡铁 2 压下行程开关 SQ2 时，使 KM2 断电释放，KM1 重新通电吸合，电动机又开始正转。如此往复循环，直至按下停止按钮 SB1，电动机停止运行，加工结束。

由上述控制情况可以看出，工作台往返一次，电动机要进行两次反接制动和启动，将会出现较大的反接制动电流和机械冲击。因此，这种线路只适用于电动机容量较小、循环周期较长和电动机转轴具有足够刚性的拖动系统中。

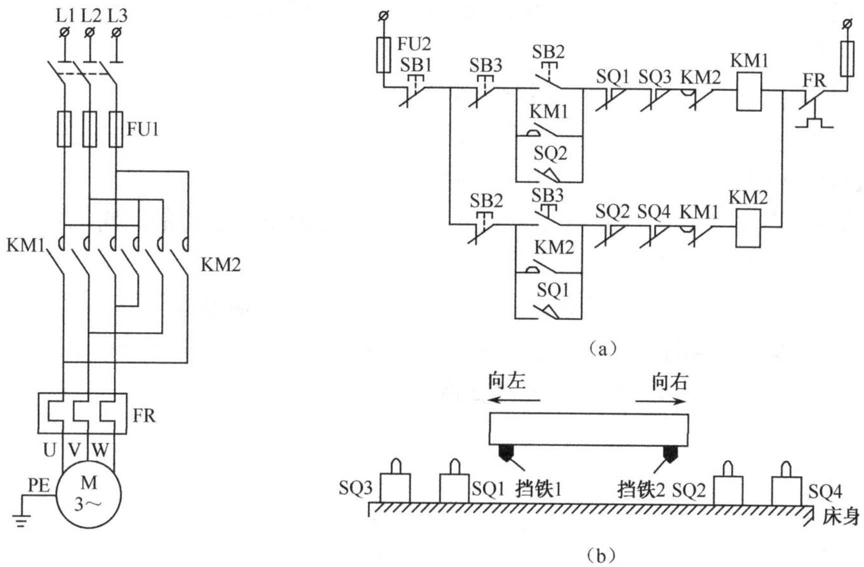


图 7-34　工作台自动往复运行控制电路

4. 多地点控制

对于大型生产机械，为了操作方便，常常要求在两个或两个以上的地点都能进行操作，称为多地点控制。实现这种控制的电路如图 7-35 所示（主电路略），即在各操作地点各安装一套按钮，其接线原则是：各启动按钮应并联连接，各停止按钮应串联连接。

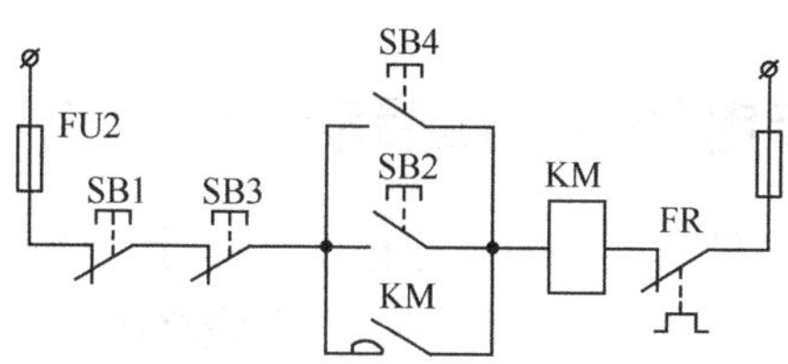


图 7-35　两地操作控制电路

除上述几种基本控制电路外，在多台电动机拖动的生产机械上，有时需要按一定的顺序启动和停车，才能保证操作过程的合理和工作的安全可靠，这些顺序关系反映在控制线路上，称为顺序控制。如铣床启动时，要求先启动主轴电动机，然后才能启动进给电动机。顺序控制的要求多种多样，可根据不同要求自行分析设计。

**【例 7-1】**　具有短路保护和过载保护的单向连续运行控制电路如图 7-36 所示，试分析该电路有何错误，应如何改正。

**解**：该电路中有两处错误，改正后方可实现正常启停控制。

① 由于自锁触点同时并接了启动按钮 SB2 和停止按钮 SB1，使停止按钮失去了作用。所以该电路只能实现启动控制，不能完成电动机的停止控制。应将接触器 KM 的自锁触点改

为并接在启动按钮 SB2 两端。

② 主电路中虽串接了热继电器的热元件，但在控制电路中却未接热继电器的动断触点，这样即使电动机发生过载，热继电器动作也起不到保护作用，故还应在控制电路中串接一个热继电器的动断触点。

**【例 7-2】** 具有过载保护的正反转连续运行控制电路如图 7-37 所示，试分析该电路有何错误，应如何改正。

**解：** 该电路中有三处错误，改正后方可实现正反转控制和过载保护。

① 自锁触点应使用接触器自身的动合辅助触点，而不能使用对方接触器的动合辅助触点。因此 KM1 和 KM2 自锁触点的位置应该对换。

② 两接触器线圈电路中串联的互锁触点应是对方的而不是自身的动断触点。因此互锁的 KM1 和 KM2 的动断触点位置也应对换。

③ 图 7-37 中热继电器 FR 的动断触点只能对正转运行实现过载保护，而反转时即使热继电器动作也不能使电路断开。为了正反转时都具有过载保护，应将热继电器 FR 的动断触点改接在接触器 KM1 和 KM2 线圈的公共支路上。

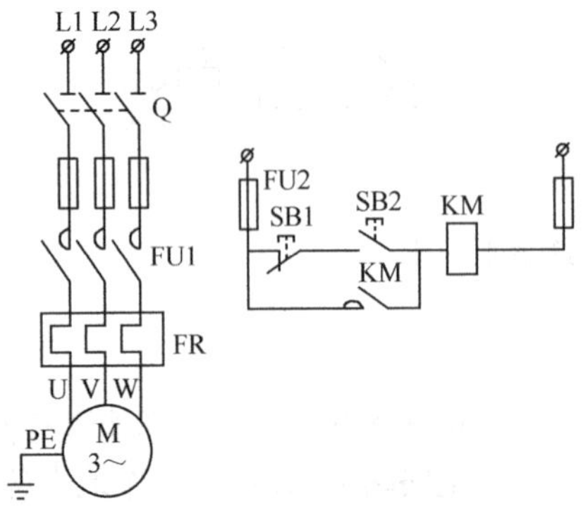


图 7-36 例 7-1 电路

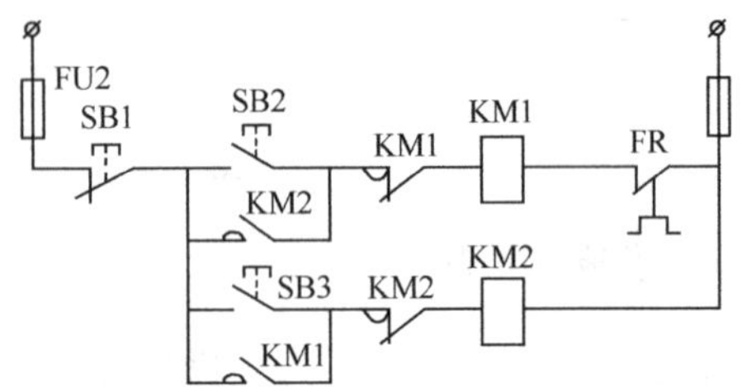


图 7-37 例 7-2 电路

## 7.3.2 三相笼形异步电动机减压启动控制电路

三相笼形异步电动机容量较大，不能进行直接启动时，应采用减压启动。

减压启动的目的在于减小启动电流，以减小供电线路因电动机启动引起的电压降。但当电动机转速上升到接近额定转速时，须将电动机定子绕组电压恢复到额定电压，使电动机进入正常运行状态。

三相笼形异步电动机常用的减压启动方法有：定子绕组串接电抗器（或电阻）减压启动；星形—三角形减压启动；自耦变压器减压启动及延边三角形减压启动，下面分别进行介绍。

### 1. 定子绕组串接电抗器（或电阻）减压启动控制电路

三相笼形异步电动机定子绕组串电抗器减压启动时，利用串入的电抗降压限流，待电动机转速升至接近额定转速时，再将三相电抗器切除，使电动机在额定电压下运行。

如图 7-38（a）所示为手动控制短接电抗器的减压启动控制电路。SB2 为启动按钮，SB3 为正常运行切换按钮，KM1 为启动接触器，KM2 为运行接触器，L 为三相电抗器。启动时，合上电源开关Q，按下启动按钮SB2，电动机定子绕组经KM1主触点串入电抗器减压启动。当电动机转速接近额定转速时，再按下按钮SB3，使KM2线圈通电吸合并自锁，电抗器被短接，电动机在全压下运行。

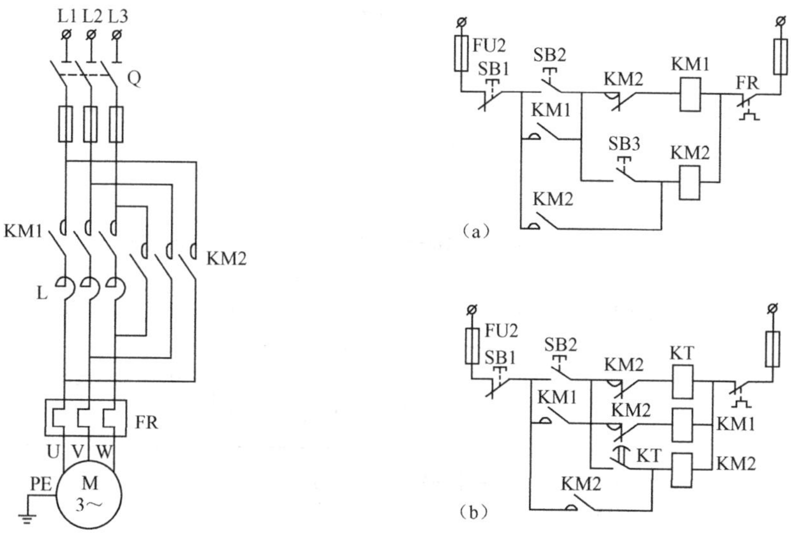


图7-38　定子绕组串接电抗器减压启动控制电路

手动切换方式在三相笼形异步电动机的减压启动控制中皆可采用。但由上述分析可以看出，从减压启动到全压运行的切换靠手动操作，不仅需要按两次按钮，而且需要人为控制切换时间，很不方便，故一般均采用时间继电器自动切换的控制方式。

如图7-38（b）所示即为按时间原则控制的自动切除电抗器的减压启动控制电路。

电路工作原理如下：先合上电源开关Q，

- 接下SB2
  - KM1线圈通电吸合
    - KM1主触点闭合—电动机M串电抗器L减压启动
    - KM2自锁触点闭合
  - KT线圈通电吸合—KT动合触点延时闭合——KM2线圈通电吸合
    - KM2主触点闭合—电动机M全压运行
    - KM2自锁触点闭合
    - KM2动断触点断开
      - KM1线圈断电释放—KM动合触点均断开
      - KT线圈断电释放

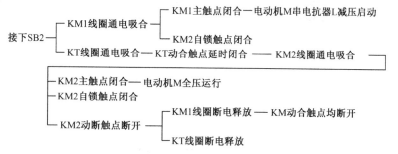

若定子绕组串电阻减压启动（控制电路与串电抗启动相同），也可减小启动电流，但所串电阻在启动过程中有较大的能量损耗，所以不适于经常启动的电动机。对于需要点动调整的电动机，常采用串电阻减压方式来限制其启动电流。

上述两种方法，均不受电动机接线形式的限制，但电压降低后，启动转矩与电压的平方成比例地减小，因此只适用于空载或轻载启动的场合。

### 2. 星形—三角形（Y-Δ）减压启动控制电路

凡是正常运行时三相定子绕组成三角形连接的三相笼形异步电动机，均可采用Y-Δ减压启动的方法来达到限制启动电流的目的。启动时定子绕组先以星形连接，待转速上升到接近额定转速时，将定子绕组的接线改为三角形连接，电动机便进入全压运行状态。

按时间原则自动控制的三相笼形异步电动机 Y-Δ减压启动控制电路如图 7-39 所示。

工作原理如下：先合上电源开关 Q，按下 SB2

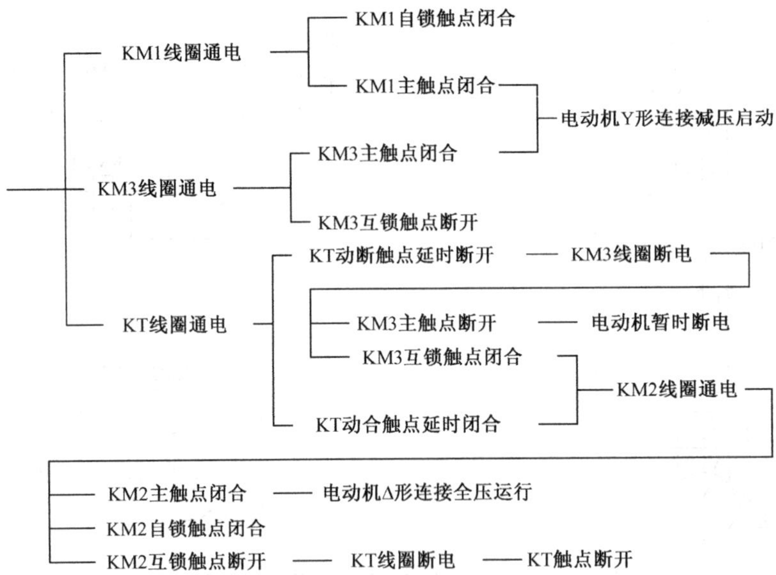


三相笼形异步电动机采用 Y-Δ减压启动，设备简单、经济，可频繁操作。但启动时，由于每相绕组的电压下降到正常工作电压的 $1/\sqrt{3}$，故启动电流也下降到全压启动时的 1/3；其启动转矩也只有全压启动时的 1/3，且启动电压不能按实际需要调节，故这种启动方法只适用于空载或轻载启动的场合。

目前，手动操作和时间继电器自动切换的 Y-Δ启动器均有现成产品，常用的 QX2 系列为手动切换方式，其余皆为自动切换方式。其中 QX3 系列由三个接触器、一个热继电器和一个时间继电器组成，工作原理与如图 7-39 所示控制电路相同，其控制电动机的最大容量可达 125kW。

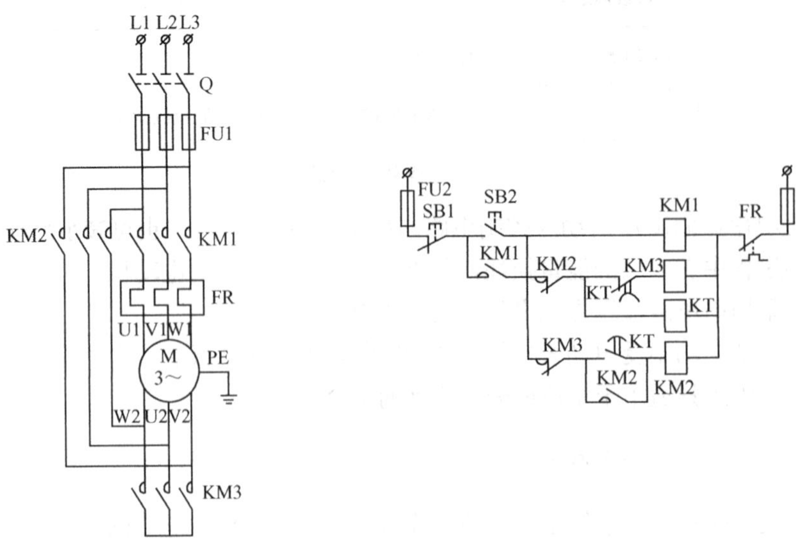


图 7-39　三相笼形异步电动机 Y-Δ减压启动电路

3. 自耦变压器减压启动控制电路

自耦变压器减压启动控制电路中，是利用自耦变压器降低启动时加在电动机定子绕组上的电压，来达到限制启动电流目的的。电动机启动的时候，定子绕组得到的电压是自耦变压器的二次电压，一旦启动完毕，自耦变压器便被切除，额定电压即自耦变压器的一次电压直接加于定子绕组，电动机进入全压正常运行。

自耦变压器采用 Y 形连接，各相绕组有一次电压的 65%和 80%两组电压抽头，可根据电动机启动时负载的大小选择适当的启动电压。

如图 7-40 所示为按时间原则控制的自耦变压器减压启动控制电路。启动时，合上电源开关 Q，指示灯 HL1 亮，表明电源电压正常。按下启动按钮 SB2，KM1、KT 线圈同时通电吸合并自锁，KM1 主触点闭合，电动机定子绕组经自耦变压器供电进行减压启动，同时指示灯 HL1 灭、HL2 亮，表明电动机正在进行减压启动。当电动机转速接近额定转速时，时间继电器 KT 动作，其动合触点延时闭合，使中间继电器 KA 线圈通电吸合并自锁，触点 KA 断开，使 KM1 线圈断电释放；触点 KA 断开，使 HL2 断电熄灭：而触点 KA 闭合，使 KM2 线圈通电吸合，其主触点闭合，将自耦变压器切除，电动机在额定电压下正常运行，同时指示灯 HL3 亮，表明电动机进入正常运行状态。应该注意，图 7-40 中接触器 KM1 应选用 CJ12B 系列带五个主触点的接触器，或将电路进行适当改动，选用三个接触器控制的自耦变压器减压启动控制电路。

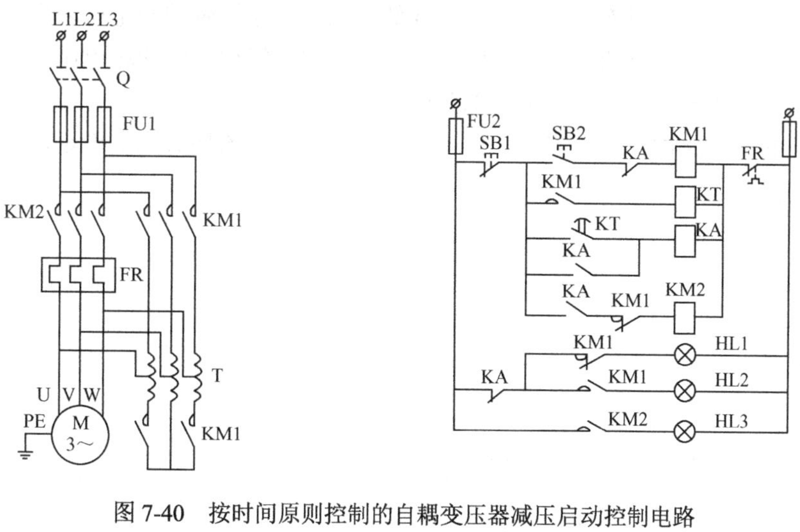


图 7-40 按时间原则控制的自耦变压器减压启动控制电路

**特别提示**

一般工厂常用的自耦变压器减压启动是采用成品的补偿减压启动器。这种补偿启动器有手动和自动操作两种方式。手动操作的补偿器一般由自耦变压器、保护装置、触点系统和手动操作机构等组成，常用的有 QJ3、QJ5 等型号；自动操作的补偿器则由接触器、自耦变压器、热继电器、时间继电器和按钮等组成，常用的有 XJ01 型和 CT2 系列等。

电动机经自耦变压器减压启动时，加在定子绕组上的电压是自耦变压器的二次电压 $U_2$，自耦变压器的变压比为 $K=U_1/U_2>1$。由电动机原理可知：自耦变压器减压启动时的电压为额定电压的 $1/K$ 时，电网供给的启动电流减小到 $1/K^2$，而启动转矩也降为直接启动时的 $1/K^2$，但大于 Y-Δ减压启动时的启动转矩，并且可通过抽头调节自耦变压器的变压比来改变启动电流和启动转矩的大小。因此，这种方法适用于电动机容量较大（可达 300kW），且正常工作时为星形连接的电动机。其主要缺点是自耦变压器价格较贵，且不允许频繁启动。

#### 4. 延边三角形减压启动控制电路

三相笼形异步电动机采用 Y-Δ减压启动，可在不增加专用启动设备的情况下实现减压启动，但由于启动转矩较小，应用受到一定的限制。而延边三角形减压启动是一种既不增加专用启动设备，又能得到较高启动转矩的减压启动方法，这种启动方法适用于定子绕组为特殊设计的异步电动机，其定子绕组共有九个接线端。

启动时，将定子三相绕组的一部分接成Δ形，另一部分接成 Y 形，使整个绕组接成如图 7-41（a）所示形状（此时 KM1、KM2 动合触点均为闭合状态）。此时，电路像一个三角形的三边延长后的形状，故称为延边三角形启动电路。待电动机启动运行后，再将定子绕组改为三角形连接（此时 KM2、KM3 动合触点均为闭合状态）：图 7-41 中，U3、V3、W3 为每相绕组的中间抽头。可以看出。星形连接部分的绕组，既是各相定子绕组的一部分，同时又兼为另一相定子绕组的降压绕组。其优点是在 U1、V1、W1 三相接入 380V 电源时，每相绕组所承受的电压比三角形连接时的相电压要低，比星形连接时的相电压要高，因此，启动转矩也大于 Y-Δ减压启动时的转矩。接成延边三角形时，每相绕组的相电压、启动电流和启动转矩的大小，取决于每相定子绕组两部分的匝数比。在实际应用中，可根据不同的启动要求，选用不同的抽头比进行减压启动。但一般情况下电动机的抽头比已确定，故不可能获得更多或任意的匝数比。

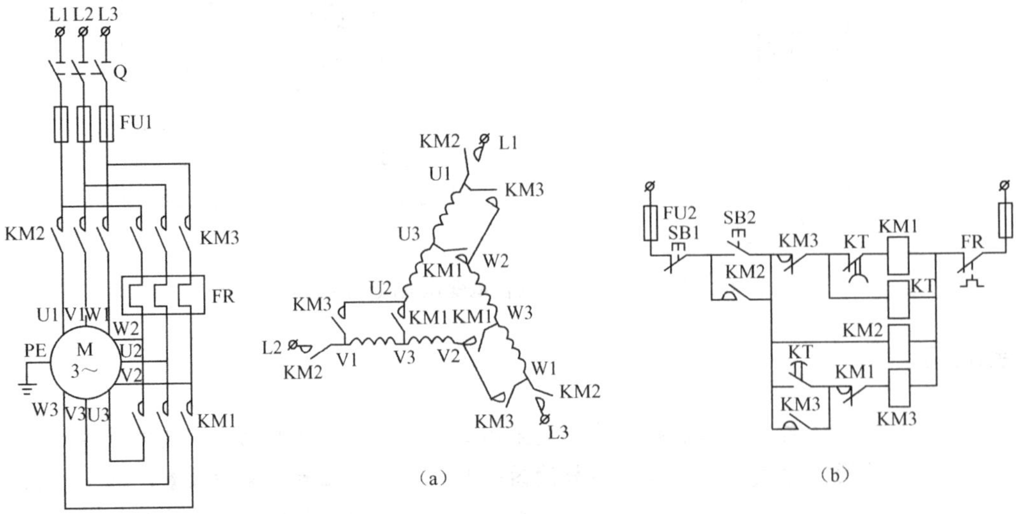


图 7-41　延边三角形减压启动控制电路

延边三角形减压启动控制电路如图 7-41（b）所示。合上电源开关 Q，按下启动按钮 SB2，

KM1、KM2、KT 线圈同时通电并自锁，KM1、KM2 主触点闭合，电动机连接成延边三角形减压启动。当电动机转速接近额定转速时，时间继电器 KT 动作，其动断触点延时断开，使 KM1 线圈断电释放；动合触点延时闭合，使 KM3 线圈通电吸合并自锁，电动机成三角形连接正常运转。图 7-41 中 KM1 与 KM3 之间设有电气互锁。

虽然延边三角形减压启动的启动转矩比 Y-Δ减压启动的启动转矩大，但与自耦变压器减压启动时的最大转矩相比仍有一定差距，而且延边三角形接线的电动机制造工艺复杂，接线麻烦，所以目前尚未得到广泛应用。

## 7.3.3 三相绕线式异步电动机启动控制电路

三相绕线转子异步电动机可以通过滑环在转子绕组中串接外加电阻，来减小启动电流，提高转子电路的功率因数，增加启动转矩，并且还可以通过改变所串电阻的大小进行调速。所以在要求启动转矩较高和需要调速的场合，绕线转子异步电动机得到了广泛应用。

三相绕线转子异步电动机的启动有转子绕组串接启动电阻和串接频敏变阻器启动等方法。

### 1. 转子绕组串接电阻启动控制电路

串接在三相转子绕组中的启动电阻，一般都连接成星形。启动开始时，启动电阻全部接入，以减小启动电流，保持较高的启动转矩。随着启动过程的进行，启动电阻依次被短接，启动结束时，启动电阻被全部切除，电动机在额定转速下运行。实现这种切换可以采用时间原则控制，也可采用电流原则进行控制。

（1）时间继电器控制电路

如图 7-42 所示为按时间原则控制转子绕组串三级电阻启动电路。

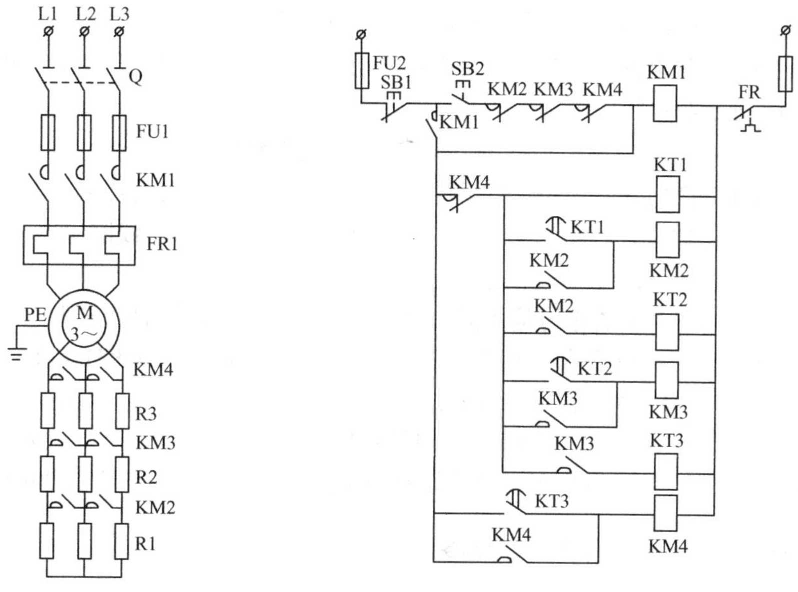


图 7-42 按时间原则控制转子绕组串三级电阻启动电路

其工作原理如下：先合上电源开关 Q，由以上分析得知：电路中只有 KM1、KM4 线圈长期通电，而 KT1、KT2、KT3 与 KM2、KM3 线圈只在电动机启动过程中短时通电，这样不仅节省电能，延长了电器使用寿命，而且更为重要的是可以减少电路故障，保证电路安全可靠地工作。另外，电路中只有当 KM1、KM2、KM3 串联在一起的动断触点均闭合，即保证三个接触器都处于断电释放状态时，按下启动按钮 SB2 才能使电动机启动，这样可以防止电动机不串电阻直接启动。

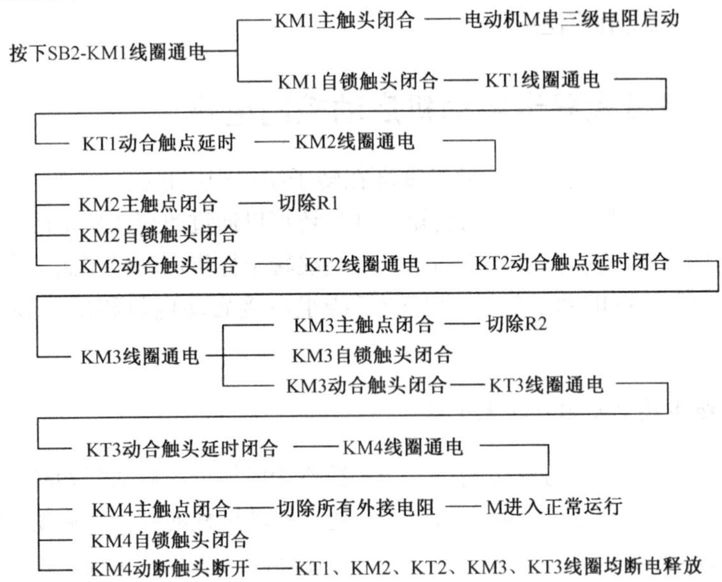


（2）电流继电器控制电路

如图 7-43 所示为按电流原则控制自动短接电阻的启动电路。它是利用电动机在启动过程中转子电流的变化来控制启动电阻的切除。图 7-43 中，KI1、KI2 为电流继电器，其线圈串接于电动机转子电路中，并调节其吸合电流相同，释放电流不同，使 KI1 释放电流大于 KI2 之释放电流。刚启动时电流大，两电流继电器同时吸合动作，其动断触点全部断开，使接触器 KM1、KM2 处于断电状态，于是转子电路两级启动电阻全部接入。当电动机转速升高，转子电流减小后，KI1 首先释放，其动断触点闭合，使 KM1 线圈通电吸合，KM1 主触点闭合，R1 被短接。R1 被切除后瞬间，转子电流重新增加，但随电动机转速的上升，转子电流又下降，到达 KI2 释放值时，KI2 释放，其动断触点闭合，使 KM2 线圈通电吸合、R2 被短接，电动机启动过程结束，进入正常运行。

线路中中间继电器 KA 的作用是保证启动开始时，接入全部的启动电阻。由于电动机开始启动时，启动电流由零增大到最大值需一定的时间，这就有可能出现 KI1 和 KI2 还未动作，而 KM1 和 KM2 通电吸合将电阻 R1 和 R2 短接，使电动机直接启动。电路中设置了中间继电器 KA 以后，不论 KI1、KI2 有无动作，开始启动时可由 KA 的动合触点来切断 KM1 和 KM2 线圈的通电回路，这就保证了启动开始时转子回路可以接入全部的启动电阻。

### 2. 转子绕组串接频敏变阻器启动电路

绕线转子异步电动机转子绕组串接电阻的启动方法，在电动机的启动过程中，由于电阻是逐级减小的，在减小电阻的瞬间，电流及转矩突然增加会产生一定的机械冲击力。同时，串接电阻启动的控制线路复杂，而且电阻器较笨重，能量损耗也较大，一般情况下，启动电阻以不超过四级为宜。

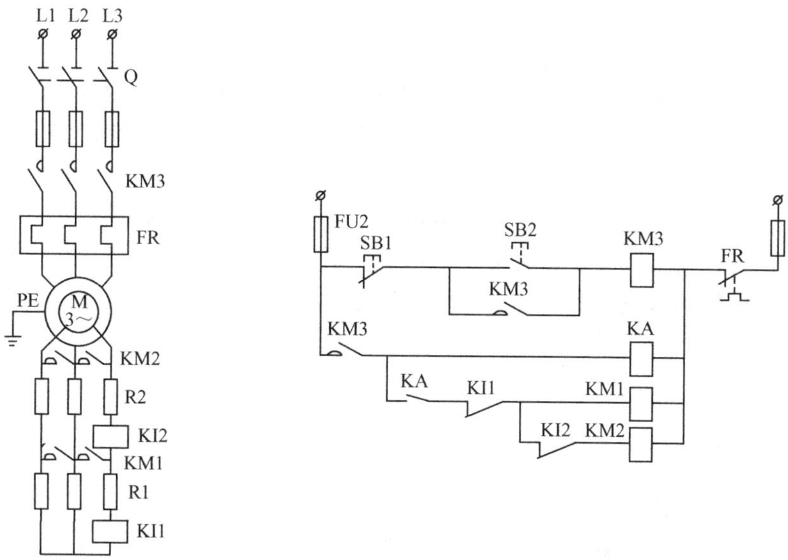


图 7-43 按电流原则控制自动短接电阻的启动电路

（1）频敏变阻器的结构和工作原理

从二十世纪 60 年代开始，广泛采用频敏变阻器来代替启动电阻以控制绕线转子异步电动机的启动。频敏变阻器是一种静止的无触点电磁元件，利用它对频率的敏感而自动变阻。

频敏变阻器实质上是一个铁损很大的三相电抗器，其结构类似于没有二次绕组的三相变压器，主要由钢板叠成的铁芯和绕组两部分组成，绕组有几个抽头，一般连接成 Y 形。将频敏变阻器接入绕线转子异步电动机转子电路中，其由绕组电抗和铁芯损耗（主要是涡流损耗）决定的等效阻抗随转子电流频率的变化而变化。电动机刚启动的瞬间，转差率最大（接近于 1），转子电流的频率也最高（等于交流电源的频率），频敏变阻器的等效阻抗值也就最大，所以限制了电动机的启动电流；随着转子转速的升高，转子电流在减小，转子电流的频率逐渐下降，频敏变阻器的等效阻抗值也自动平滑地减小。因此整个启动过程中等效阻抗逐渐自动变小，而转矩基本保持不变。启动完毕后，频敏变阻器便从转子电路中切除。

（2）转子绕组串接频敏变阻器启动控制电路

如图 7-44 所示为转子绕组串接频敏变阻器启动控制电路。图 7-44 中 RF 为频敏变阻器，TA 为电流互感器，KI 为过电流继电器。电路工作情况如下：合上自动开关 QF，指示灯 HL1 亮，表示电源电压正常。按下启动按钮 SB2，KM1、KT 线圈同时通电吸合并自锁，KM1 主触点闭合，电动机定子绕组接通电源，转子绕组接入频敏变阻器启动，同时指示灯 HL2 亮，表示电动机正处于启动运行状态。随转子转速的上升，转子电流频率减小，频敏变阻器等效阻抗值逐渐减小。当电动机转速接近额定转速时，时间继电器 KT 动作，其动合触点延时闭合，使中间继电器 KA 线圈通电吸合并自锁，KA 的动合触点闭合使 KM2 线圈通电吸合，KM2 主触点闭合将频敏变阻器短接；同时 KA 的动断触点断开，指示灯 HL2 灭，而 KM2 动合辅助触点闭合，使指示灯 HL3 亮，表示电动机进入正常运行状态，KM2 动断辅助触点断开，使 KT 线圈断电释放；位于主电路中的 KA 动断触点断开，将过电流继电器 KI 串入定子电路，对电动机进行过电流保护。该控制电路使用时，应注意调节时间继电器 KT，使其延时时间略大于电动机实际启动时间 2~3s 为宜，这样可防止过电流继电器过早接入定子电路而发生误动作；同时电流互感器 TA 的二次侧必须可靠接地。

频敏变阻器是绕线转子异步电动机的一种较为理想的启动装置。它可以自动平滑地调节启动电流并得到大致恒定的启动转矩，且结构简单、运行可靠、不需要经常维修，但其功率因数低、启动转矩较小，因而对于要求启动转矩大的生产机械不宜采用。当电动机反接时，频敏变阻器的等效阻抗最大，在反接制动到反向启动的过程中，其等效阻抗随转子电流频率的减小而减小，转矩也接近恒定。因此，频敏变阻器尤为适用于反接制动和需要频繁正反转的生产机械。也有由自动开关、接触器、频敏变阻器、时间继电器等低压电器组合而成的绕线转子异步电动机用频敏变阻器启动控制柜，广泛用于冶金、矿山、轧钢等工矿企业，控制电动机容量可由几十到几百千瓦。

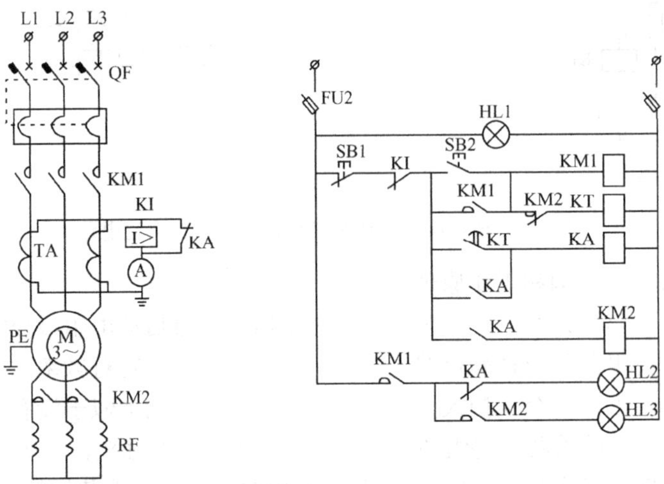


图 7-44　转子绕组串接频敏变阻器启动控制电路

（3）频敏变阻器的调整

常用的频敏变阻器有 RF1、RF2、RF3 等系列。变阻器出厂时上下铁芯间气隙为零。使用时可在上下铁芯间增减非磁性垫片来调节气隙的大小，增大气隙，可使启动电流略有增加。变阻器绕组有三个抽头，分别为 100%、85%、71%匝数，出厂时接在 85%匝数上，若启动时启动电流过大，启动太快，可增匝数，使阻抗变大，从而减小启动电流和启动转矩。反之，则应使匝数减小。

## 7.4　三相异步电动机电气制动控制电路

三相异步电动机定子绕组脱离电源后，由于惯性作用，转子须经一定时间后才停止转动，这往往不能满足某些生产机械的工艺要求，也影响生产率，并造成运动部件定位不准确。为此，应对拖动电动机采取有效的制动措施。

异步电动机的制动方法有两大类：机械制动与电气制动。所谓机械制动，是在切断电动机电源后，利用机械装置所产生的作用力使电动机迅速停转的一种方法，应用较普遍的机械制动装置有电磁抱闸和电磁离合器两种，其制动原理基本相同，多用于系统惯性较大且需要经常制动的场合，如起重、卷扬设备等；而电气制动则是使电动机工作在制动状态，使其产生一个与原来旋转方向相反的制动转矩，从而使电动机迅速停止转动。电气制动有反接制动、能耗制动和回馈制动等方式，下面仅介绍常用的反接制动与能耗制动。

## 7.4.1 反接制动控制电路

三相异步电动机的反接制动有两种情况：一种是在负载转矩作用下使正转接线的电动机出现反转的倒拉反接制动，它往往出现在位能负载的场合，如起重机下放重物时，为了使下降速度不致太快，就常用这种工作状态，这种制动不能实现电动机转速为零；另一种是电源反接的反接制动，即改变异步电动机三相电源的相序，从而使定子绕组的旋转磁场反向，转子受到与原旋转方向相反的制动力矩而迅速停转。

**特别提示**

电源反接制动时，转子与定子旋转磁场的相对速度接近于 2 倍的同步转速，以致使反接制动电流相当于全压启动时启动电流的 2 倍。为防止绕组过热和减小制动冲击，一般应在电动机定子电路中串入反接制动电阻。反接制动电阻的接法有对称接法与不对称接法两种。此外，在制动过程中，当电动机转速接近零时应及时切断三相电源，否则，电动机将会反向启动。为此，在一般反接制动控制电路中常利用速度继电器进行自动控制。

1. 单向运行反接制动控制电路

单向运行反接制动控制电路如图 7-45 所示。它的主电路和正反转控制的主电路基本相同，只是增加了三个限流电阻。图 7-45 中 KM1 为正转运行接触器，KM2 为反接制动接触器，速度继电器 KS 与电动机 M 用虚线相连表示同轴。

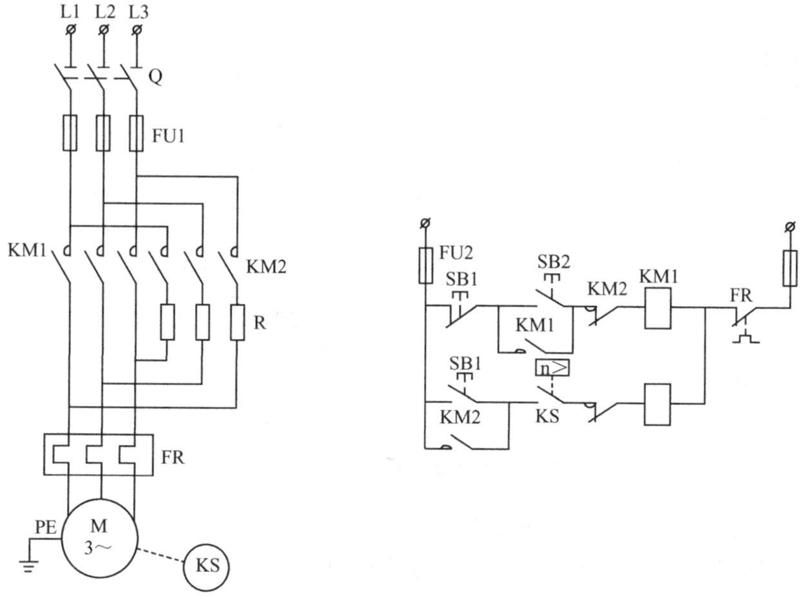


图 7-45 单向运行反接制动控制电路

启动时，先合上电源开关 Q，按下启动按钮 SB2，KM1 线圈通电吸合并自锁，其主触点闭合，电动机接通三相电源直接启动。当电动机转速升到一定值时，KS 动合触点闭合，准备反接制动。需停车时，将 SB1 按到底，KM1 线圈断电释放，电动机瞬时失电并依惯性旋转，KM1 互锁触点闭合，使 KM2 线圈通电吸合并自锁，电动机定子绕组串入限流电阻 R 进行反接制动，使电动机转速迅速下降，至速度继电器复位值时，KS 动合触点复位，使 KM2 线圈断电释放，电动机及时脱离电源，制动结束。

电动机定子绕组的相电压为 380V 时，若要限制反接制动电流不大于启动电流，则三相电路每相应串入的电阻 $R$ 可根据经验公式估算如下：

$$R \approx 1.5 \times 220 / I_s$$

式中　$I_s$ ——电动机全压启动时的启动电流（A）。

如果反接制动只在任意两相定子绕组中串联电阻，则电阻值应取上述估算值的 1.5 倍，当电动机容量较小时，也可不串接限流电阻。

2. 可逆运行反接制动控制电路

可逆运行反接制动控制电路如图 7-46 所示。图 7-46 中 KM1、KM2 为电动机正、反转运行接触器，同时又互为对方反接制动接触器，KM3 为短接反接制动电阻接触器，KA1~KA3 为中间继电器，KS 为速度继电器，其中 KS-1 为正转触点，KS-2 为反转触点，R 为限流电阻。

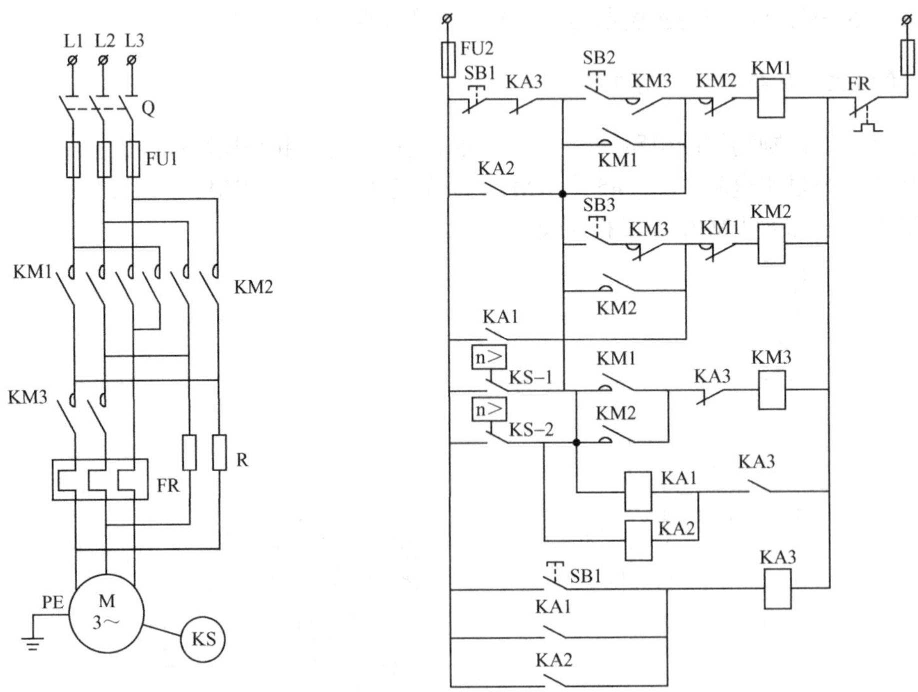


图 7-46　可逆运行反接制动控制电路

当电动机正向启动时，合上电源开关 Q，按下正向启动按钮 SB2，KM1 线圈通电吸合并自锁，其主触点闭合，电动机定子绕组串入限流电阻 R，正向减压启动，当转速达到速度继电器动作值时，其正转触点 KS-1 闭合，使 KM3 线圈通电吸合，R 被短接，电动机进入全压正常运行。

需要停车时，按下停止按钮 SB1，KM1、KM3 线圈相继断电释放，电动机脱离电源并接入限流电阻。当 SB1 按到底时，KA3 线圈通电吸合，其动断触点 KA3 断开，确保 KM3 线圈处于断电状态，即保证限流电阻的接入：而另一动断触点 KA3 闭合，此时由于电动机具有惯性，其转速仍大于速度继电器的复位值，使触点 KS-1 仍处于闭合状态，因而使 KA1 线圈通电吸合，其动合触点 KA1 闭合，使 KA3 线圈保持通电状态；而另一动合触点 KA1 闭合使 KM2 线圈通电吸合。于是，电动机定子绕组串入限流电阻并接入反相序电源进行反接制动，使电动机转速迅速下降，至速度继电器复位值时，正转触点 KS-1 断开，使 KA1、KM2、KA3 线圈相继断电释放，电动机及时脱离电源，反接制动结束。

电动机反向启动和反接制动过程与上述情况相似，读者可自行分析。

由以上分析可知，电阻 R 具有限制启动和反接制动电流的双重作用。停车制动时必须将停止按钮 SB1 按到底，否则将无反接制动效果。热继电器 FR 的热元件接于图 7-46 中的相应位置，可避免启动电流和制动电流的影响而产生误动作。此外，电动机反接制动的效果与速度继电器触点反力弹簧的松紧程度有关。若反力弹簧调得过紧，电动机转速较高时，其触点即在反力弹簧作用下断开，则过早切断了反接制动电路，使反接制动效果明显减弱；若反力弹簧调得过松，则速度继电器触点断开过于迟缓，使电动机制动结束时可能出现短时反转现象。因此，必须适当调整速度继电器反力弹簧的松紧程度，以使其适时地切断反接制动的电路。

**特别提示**

*反接制动制动力矩大，制动迅速，但是制动准确性较差，制动过程中冲击力强烈，易损坏传动零件。此外，在制动过程中，由电网供给的电磁功率和运动系统储存的动能，全部转变为电动机的热损耗，因此能量损耗大，而且对于笼形异步电动机，转子内部无法串接外加电阻，这就限制了笼形异步电动机每小时反接制动的次数。所以，反接制动一般只适用于系统惯性较大、制动要求迅速且不频繁的场合。*

### 7.4.2 能耗制动控制电路

所谓能耗制动，就是在三相异步电动机脱离三相交流电源后，迅速在定子绕组上加一直流电源，使其产生静止磁场，利用转子感应电流与静止磁场的作用达到制动的目的。

能耗制动时制动转矩的大小，与通入定子绕组的直流电流的大小有关。电流越大，静止磁场越强，产生的制动转矩就越大。但通入的直流电流不能太大，一般约为异步电动机空载电流的 3~5 倍。否则会烧坏定子绕组。直流电源可通过不同的整流电路获得。常见的有时间原则控制和速度原则控制电路，下面以时间原则控制电路为例进行介绍。

如图 7-47 所示为按时间原则控制的电动机单向运行能耗制动控制电路。其直流电源为带整流变压器的单相桥式整流电路，这种整流电路制动效果较好，而对于容量较大的电动机则应采用三相整流电路。图 7-47 中 KM1 为单向运行接触器，KM2 为制动接触器，T 为整流变压器，UR 为桥式整流器，KT 为制动时间继电器，RP 为电位器。

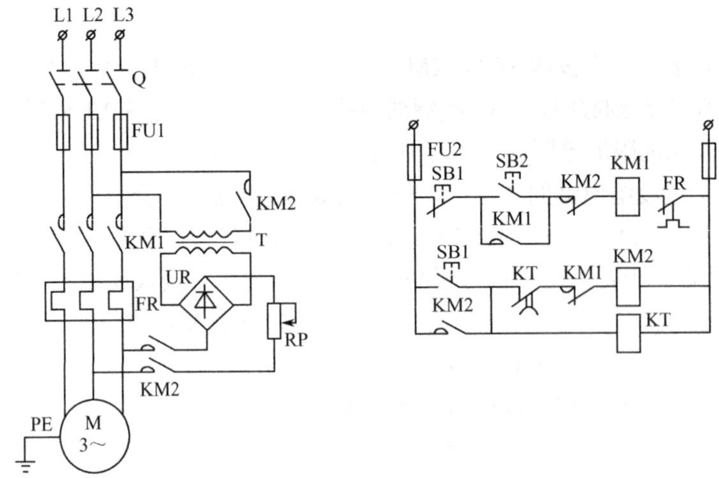


图 7-47　按时间原则控制的电动机单向运行能耗制动控制电路

控制电路工作原理如下：先合上电源开关 Q。

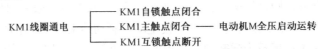

启动过程：按下 SB2

KM1线圈通电
- KM1自锁触点闭合
- KM1主触点闭合 —— 电动机M全压启动运转
- KM1互锁触点断开

停车制动过程：按下 SB1

- KM1线圈断电
  - KM1自锁触点断开
  - KM1主触点断开 —— 电动机断电进行惯性运行
  - KM2互锁闭合（为KM2线圈通电进行准备）
- KM2线圈通电
  - KM2自锁触点闭合
  - KM2主触点闭合 —— 电动机输入直流电能耗制动
  - KM2互锁触点断开
- KT线圈通电 —— KT动断触点延时断开 —— KM2线圈通电 —— 切断电动机的直流电源（制动结束）

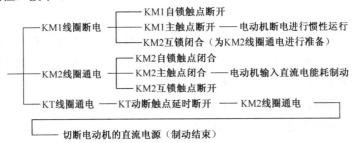

能耗制动与反接制动相比能量损耗较小，且制动平稳、准确，但须附加直流电源装置，制动力较弱，特别是低速时尤为明显。一般来说，能耗制动适用于系统惯性较小，制动要求平稳准确和需频繁启制动的场合。

## 7.5　三相异步电动机的调速控制电路

由转速公式得知异步电动机的调速方法有变极调速、变转差率调速和变频调速三种。其中变转差率调速可通过调定子电压、转子电阻，以及采用串级调速、电磁调速异步电动机调速等方法来实现。

随着电力电子技术的发展，变频调速和串级调速以其良好的调速性能被广泛地应用，但其控制线路复杂，一般用在调速要求较高的场合。而目前使用较多的仍然是变更定子极对数调速和改变转子电阻调速，电磁调速异步电动机调速系统已系列化，并获得广泛应用。

## 7.5.1 改变磁极对数调速控制电路

### 1. 改变磁极对数的方法

电网频率固定以后，电动机的同步转速与磁极对数成反比。改变磁极对数，同步转速会随着变化，也就改变了电动机的转速。由于笼形异步电动机转子极对数具有自动与定子极对数相等的能力，所以变极调速仅适用于三相笼形异步电动机。

笼形异步电动机一般采用以下两种方法来变更定子绕组的极对数：一是改变定子绕组的连接，即改变每相定子绕组中半相绕组的电流方向；二是在定子上设置具有不同极对数的两套相互独立的绕组。有时同一台电动机为了获得更多的速度等级，同时采用上述两种方法。

双速异步电动机是变极调速中最常用的一种形式。其定子绕组的连接方法有 Y-YY 与Δ-YY 变换两种，它们都是靠改变每相绕组中半相绕组的电流方向来实现变极的。如图 7-48 所示为Δ-YY 变换时的三相绕组接线图。将三相定子绕组的首尾端依次相接，首端引出接于三相电源，中间抽头空着，构成Δ连接，如图 7-48（a）所示，此时两个半相绕组串联，磁极数为 4 极，同步转速为 1500r/min。若将三相定子绕组的首尾端相接构成一个中性点，而将各相绕组的中间抽头接电源，则变为 YY 连接，如图 7-48（b）所示，此时，两个半相绕组并联，从而使其中一个半相绕组的电流方向改变，于是电动机磁极数减小一半，同步转速为 3000r/min。

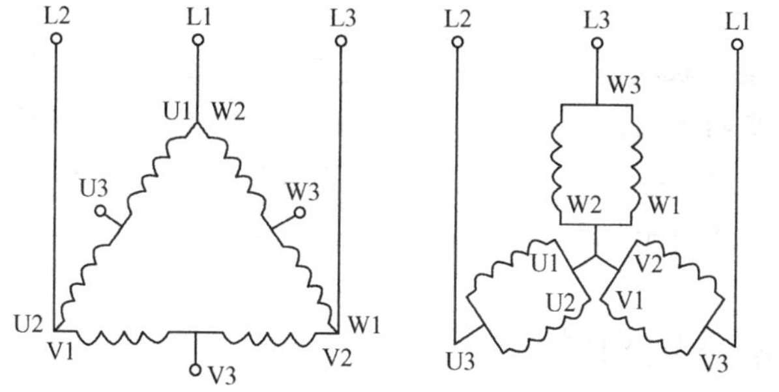


（a）Δ连接—低速　　（b）YY连接—高速

图 7-48　双速异步电动机Δ-YY 变换时的定子三相绕组接线图

应当注意，由于极对数的改变，不仅使转速发生了改变，而且三相定子绕组中电流的相序也发生了改变，为了变极后仍维持原来的转向不变，就必须在改变极对数的同时，改变三相绕组接线的相序，如图 7-48 所示，将 L1 和 L3 相对换一下。此外，多速电动机的调速性质也与其绕组连接方式有关，可以证明：Y-YY 变换的双速异步电动机属于恒转矩调速性质，而Δ-YY 变换的双速异步电动机则属于恒功率调速性质。

### 2. 双速笼形异步电动机控制电路

按时间原则控制的双速异步电动机控制电路如图 7-49 所示。当合上电源开关 Q，按下低速启动按钮 SB2 时，KM1 线圈通电吸合并自锁，电动机以Δ连接低速启动运行。若按下高速启动按钮 SB3 时，则通过时间继电器 KT 的瞬时触点先接通 KM1 线圈，使电动机以Δ连接低速启动。待电动机转速升至一定值后，时间继电器 KT 动断触点延时断开，使 KM1 线圈断电释放；同时 KT 动合触点延时闭合，使 KM2、KM3 线圈通电吸合，电动机切换至以 YY 连接的高速运行。多速电动机启动时宜先接成低速，然后再换接为高速，这样可获得较大的启动转矩。

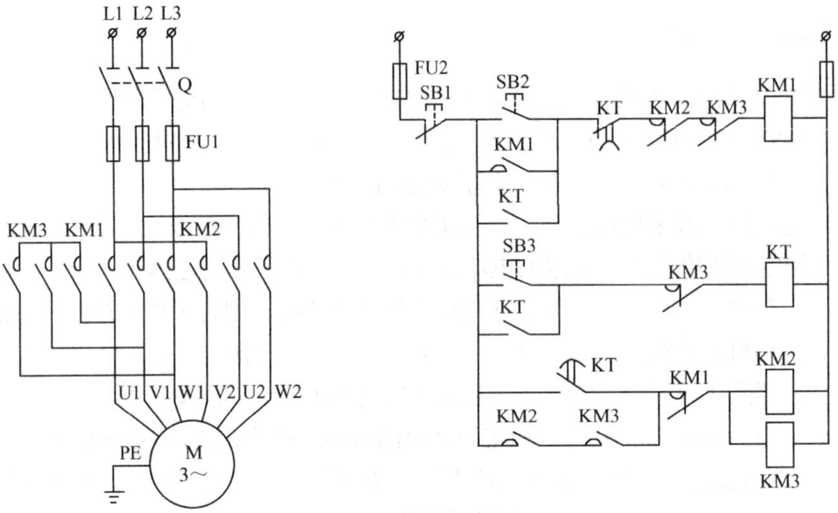


图 7-49　按时间原则控制的双速异步电动机控制电路

**特别提示**

生产中有大量的生产机械，它们并不需要连续平滑调速，只需要几种特定的转速即可，而且对启动性能没有高的要求，一般只在空载或轻载下启动，在这种情况下采用变极对数调速的多速笼形异步电动机是合理的。多速电动机虽体积稍大、价格稍高，但结构简单、效率高、特性好，因此，广泛用于机电联合调速的场合，特别是中小型机床上用得极多。

### 7.5.2　转子电路串电阻调速

转子电路串电阻调速只适用于绕线转子异步电动机，随转子电路中串联电阻的增大，电动机的转速降低，其启动电阻可兼做调速电阻使用。

绕线转子异步电动机转子电路串联电阻调速属于有级调速，其最大缺点是将一部分本可以转化为机械能的电能，消耗在电阻上变为热能散发掉，从而降低了电动机的效率。但这种调速方法简单可靠，便于操作，所以在起重机、吊车一类的重复短时工作的生产机械中被普遍采用。

## 7.6　电力拖动控制系统实训

### 7.6.1　双重连锁的三相异步电动机正反转控制

双重连锁的三相异步电动机正反转控制电路操作所需的接线图如图 5-20 所示。

双重连锁的三相异步电动机正反转控制电路操作所需的电气元件明细表见表 7-2。

表 7-2 操作所需电气元件明细表

| 代 号 | 名 称 | 型 号 | 规 格 | 数 量 | 备 注 |
|---|---|---|---|---|---|
| QF | 低压断路器 | DZ47—63/3P/10A | 10A | 1 | |
| FU | 螺旋式熔断器 | RT18—32 | 配熔体 3A | 3 | |
| KM1<br>KM2 | 交流接触器 | LC7—D0610M5N | 线圈 AC 220V | 2 | |
| FR | 热继电器 | JRS1D—25/Z | 整定 0.63A | 1 | |
| SB1<br>SB2<br>SB3 | 按钮开关 | LAY16 | 一常开一常闭<br>自动复位 | 3 | SB2、SB1 用绿色，SB3 红色 |
| M | 三相鼠笼式<br>异步电动机 | WDJ26（厂编） | $U_N$380V（△） | 1 | |

## 7.6.2 双重连锁的三相异步电动机正反转控制电路图

双重连锁的三相异步电动机正反转控制电路图如图 7-50 所示。

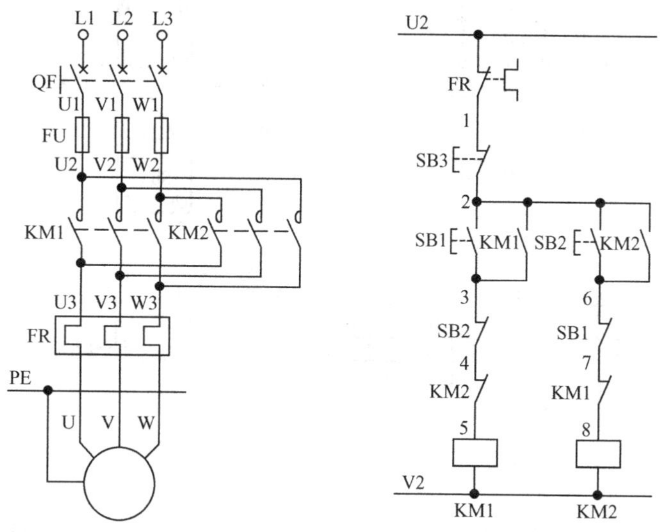


图 7-50 双重连锁的三相异步电动机正反转控制电路图

该控制线路集中了按钮连锁和接触器连锁的优点，故具有操作方便和安全可靠等优点，为电力拖动设备中所常用。

## 7.6.3 安装与接线

双重连锁的三相异步电动机正反转控制电路布置图和接线图如图 7-51 所示。

按布置图 7-51 中器件的位置，在挂板上选择 QF、FU、KM1、KM2、FR、SB1、SB3、SB2、XT 等器件。图 7-51 为用中断线表示的单元接线图，每个器件端子处接的线号及端子之间的连线在图上已明确示出，为接线和查线带来很大方便。

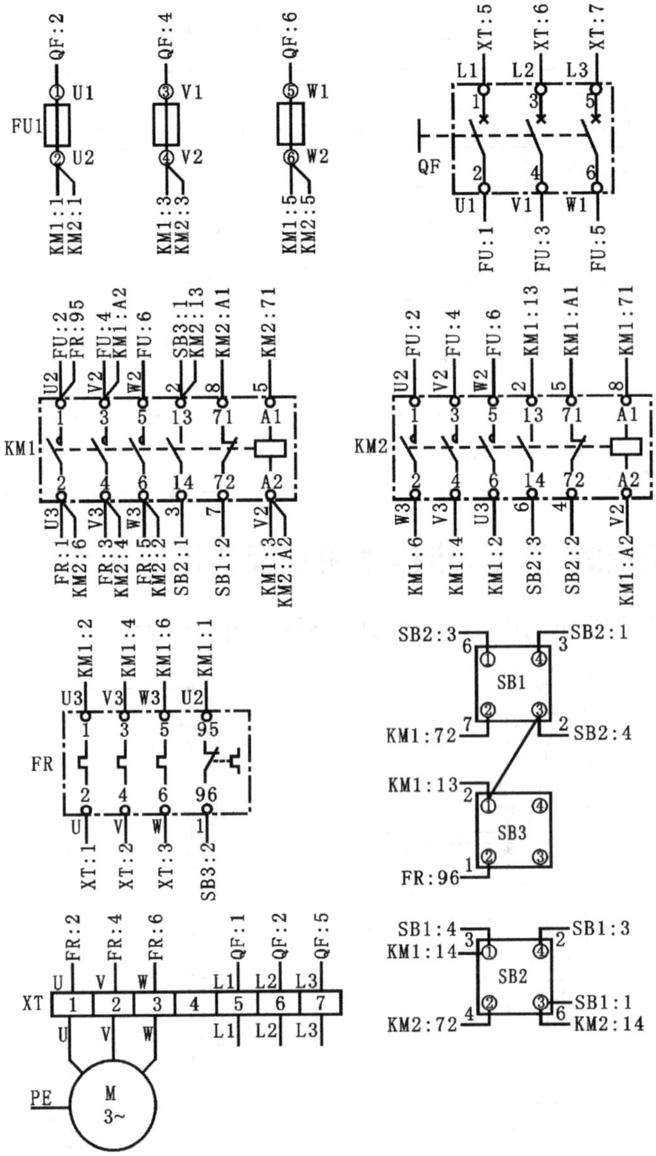

图 7-51　双重连锁的三相异步电动机正反转控制电路布置图和接线图

## 7.6.4　检测与调试

① 经检查接线牢固、无误后，按下 SB1（或 SB2），电动机应正转（或反转）；按下 SB3 电动机应停转；

② 按下 SB1，电动机应正转；松开 SB1，再按下 SB2，电动机应从正转状态变为反转状态。

③ 按下 SB2，电动机应反转；松开 SB2，再按下 SB1，电动机应从反转状态变为正转状态。

④ 若控制线路不能正常工作，则应分析排除故障后才能重新操作。

### 7.6.5 完成课题报告

① 画出本课题电气线路原理图。

② 说明本课题电气线路控制原理。

③ 叙述本课题实训步骤与结果。

④ 思考并指出本课题电气线路中的保护环节，说明本课题电气线路在实用中的优缺点。

⑤ 为什么要采用双重连锁？如果单采用按钮或接触器连锁，可能会有什么意外事故发生。

⑥ 填写以下内容：

班级：　　　　　　　　　　课题完成日期：　　　年　月　日

姓名：　　　　　　　　　　第　组、 同组人：

## 本 章 小 结

本章在简要介绍了常用低压电器的基本结构、工作原理及主要用途的基础上，重点讲述了三相异步电动机的启动、制动和调速等基本电力拖动控制环节；这些基本电力拖动控制环节是阅读、分析、设计生产机械电气控制线路的基础，因此必须熟练掌握。同时，必须严格依据国家标准规定的各种符号、单位、名词术语和绘制原则，绘制电气控制系统图时。

工作在交流 1200V 及以下与直流 1500V 及以下电路中起通断、控制、保护和调节作用的电气设备称为低压电器。常用的低压电器有刀开关和转换开关、自动开关、熔断器、接触器、继电器、主令电器、控制器、启动器、电阻器、变阻器与电磁铁等。其中大部分为有触点的电磁式电器，一般由电磁机构、触点系统和灭弧装置三部分组成。为使电器可靠地接通与分断电路，对电器提出了各种技术要求；其主要技术数据有使用类别、电流种类、额定电压与额定电流、通断能力及寿命、触点数量等，使用时可根据具体使用场合，通过查阅产品样本及电工手册确定相关的技术数据和电器型号。

控制电路经常采用时间原则、电流原则、行程原则和速度原则控制电动机的启动、制动、调速等运行。各种控制原则的选择不仅要根据控制原则本身的特点，还应考虑电力拖动装置所提出的基本要求及经济指标。无论从工作的可靠性与准确性，还是从设备的互换性来说，以时间原则控制为最好。所以在实际应用中，以时间原则控制应用最为广泛，行程原则控制次之，其他控制原则应用较少。

生产机械要正常、安全、可靠地工作，必须有完善的保护环节，控制电路常用保护环节及其实现方法见表 7-3。应该注意，短路保护、过载保护、过电流保护虽然都是电流保护，但由于故障电流、动作值、保护特性和使用元件的不同，它们之间是不能相互替代的。

表 7-3　控制电路常用保护环节及其实现

| 保护环节 | 采用电路 | 保护环节 | 采用电路 |
|---|---|---|---|
| 短路保护 | 熔断器、自动开关、过电流继电器 | 零压保护 | 电压继电器、自动开关、按钮接触器控制并且有自锁电路 |
| 过载保护 | 热继电器、自动开关 | 欠压保护 | 欠电压继电器、自动开关 |
| 过电流保护 | 过电流继电器 | 限位保护 | 行程开关 |
| 欠电压保护 | 欠电流继电器 | 弱磁保护 | 欠电流继电器 |

## 思考与练习

7-1　什么是低压电器？它可以分为哪两大类？常用的低压电器有哪些？

7-2　若交流电磁线圈误接入同电压的直流电源，或直流电磁线圈误接入同电压的交流电源，会发生什么问题？为什么？

7-3　自动空气断路器有什么功能和特点？

7-4　什么是接触器？接触器结构上由哪几部分组成？各部分的基本作用是什么？

7-5　交流接触器的铁芯上为什么要装设短路环？

7-6　热继电器只能做电动机的长期过载保护而不能做短路保护，而熔断器则相反，为什么？

7-7　电动机的短路保护、过电流保护和长期过载保护有何区别？

7-8　电动机处于重复短时工作时可否采用热继电器作为过载保护？为什么？

7-9　为什么电动机要设置零压保护和欠电压保护？

7-10　按动作原理不同，时间继电器可分为哪几种形式？各有何特点？

7-11　电气控制线路设计中常用的控制原则有哪些？各适用于什么场合？

7-12　试设计一个采取两地操作的既可点动又可连续运行的控制电路。

7-13　电动机点动控制与连续运转的区别是什么？试画出几种既可点动又可连续运行的控制电路。

7-14　画出接触器和按钮双重连锁的控制电路。

7-15　为了限制电动机点动调整时的冲击电流，试设计它的电气控制线路。要求正常运行时为直接启动，而点动调整时需串入限流电阻。

7-16　有两台电动机 M1 和 M2，要求它们可以分别启动和停止，也可以同时启动和停止。试设计其控制电路。

7-17　试设计两台电动机的顺序启停控制电路，要求如下：

（1）M1 和 M2 皆为单向运行，且 M1 可实现两地控制。

（2）启动时，M1 启动后 M2 方可启动，停车时，M2 停车后 M1 方可停车。

（3）两台电动机均可实现短路保护和过载保护。

7-18　三台笼形异步电动机启动时 M1 先启动，经 10s 后 M2 自行启动，运行 30s 后 M1 停止，同时 M3 自行启动，再运行 60s 后三台电动机同时自动停止。

7-19　试设计三台三相笼形异步电动机的控制电路，要求启动时三台电动机同时启动，停车时依次相隔 10s 停车。

7-20 试设计一个装卸料小车的运行控制电路，其动作程序如下：

① 小车若在原位，则停留 2min 装料后自动启动前进，运行到终点后自动停止。

② 在终点停留 2min 卸料后自行启动返回，运行到原位后自动停止。

③ 要求能在前进或后退途中任意位置都能停止或再次启动。

④ 要求控制电路具有短路保护、过载保护和限位保护。

7-21 按下按钮 SB，电动机 M 正转，松开按钮 SB，电动机 M 反转，过 1min 后电动机自动停止运转，试设计其控制电路。

7-22 三相异步电动机反接制动控制电路设计中应注意什么问题？

7-23 试设计一时间原则控制的电动机可逆运行能耗制动控制电路。

7-24 试设计一双速异步电动机的控制电路，要求电动机以Δ连接低速启动，经延时后自动换接为 YY 连接的高速运行。

7-25 试设计某机床主轴电动机控制电路，要求如下：

① 可正反转运行，并可实现反接制动控制。

② 正反转皆可进行点动调整。

③ 可实现短路保护和过载保护。

④ 有安全工作照明及电源信号指示。

# 第 8 章　电动机的运行维修

## 知识目标

本章的知识目标要求了解异步电动机的运行管理知识及维修常识；掌握异步电动机运行时的故障排除方法；能完成电动机的启动和制动控制；电动机的正反转控制；生产机械的限位控制三个实训。

注意本章的难点在于了解异步电动机运行时故障排除方法的基本原理、掌握完成电动机三个控制实训的具体步骤。

## 能力目标

| 能力目标 | 知识要点 | 相关知识 | 权　重 | 自测分数 |
|---|---|---|---|---|
| 电动机的运行管理 | 电动机启动及运行注意事项 | 故障时的停机处理 | 20% | |
| 电动机的运行维修 | 电动机的定期维护 | 小修和大修要求 | 30% | |
| 电动机运行时的故障排除 | 电动机的常见故障分析及排除 | 常见故障的排除方法 | 30% | |
| 电动机的运行控制实训 | 电动机的启动、制动、正反转、限位控制 | 接线与调试 | 20% | |

电力拖动是指以电动机为原动机来带动生产机械使之运转的一种方式。它的应用范围极广，这就需要机电工程技术人员必须了解异步电动机的运行管理知识及维修常识；基本掌握异步电动机运行时的故障排除方法。

不同的生产机械对电动机的运转方式有不同的要求。这就需要用各种电器组成不同的电气控制系统。我们知道，工作机械要开始工作，电动机就必须由静止状态变为正常运转状态，这时电动机就要有个启动过程；当工作机械工作到一定时间或完成某项任务后，需要停止工作时，这虽然可用断开电源开关，切断电源来达到目的，但是由于惯性作用，电动机不能立即停转，当需要电动机立即停转时，这就要对电动机进行制动。工作机械在工作过程中，有时需要正反向工作，这就要求电动机能改变转动方向，使电动机正反转运行。还有些工作机械在生产过程中需要控制部件运动的行程，使之在一定范围内往返循环工作，这就要求电动机按一定规律改变转动方向，实现工作机械的行程控制过程。这些都是工作机械的基本控制环节，任何一套工作机械的控制线路都是由这些基本控制环节组成的。

本章介绍了使用异步电动机需要了解的运行管理知识及维修常识，说明异步电动机运行时的一些基本故障的排除方法，选择了电动机的启动和制动控制；电动机的正反转控制；生产机械的限位控制三个实训来实践一下电力拖动的基本环节。

# 8.1 异步电动机的运行管理

## 8.1.1 启动前的准备

对新安装或久未运行的电动机，在通电使用之前必须先做下列检查，以验证电动机能否通电运行。

1. 安装检查

要求电动机装配灵活、螺栓拧紧、轴承运行无阻、联轴器中心无偏移等。

2. 绝缘检查

要求用兆欧表检查电动机的绝缘电阻，包括三相相间绝缘电阻和三相绕组对地绝缘电阻，测得的数值一般不小于 10MΩ。

3. 电源检查

一般当电源电压波动超出额定值+10%或–5%时，应改善电源条件后投入运行。

4. 启动、保护措施检查

要求启动设备接线正确（直接启动的中小型异步电动机除外）；电动机所配熔丝的型号合适；外壳接地良好。

在以上各项检查无误后，方可合闸启动。

## 8.1.2 启动时的注意事项

① 合闸后，若电动机不转，应迅速、果断地拉闸，以免烧毁电动机。

② 电动机启动后，应注意观察电动机，若有异常情况，应立即停机。待查明故障并排除后，才能重新合闸启动。

③ 笼形电动机采用全压启动时，次数不宜过于频繁，一般不超过 3~5 次。对功率较大的电动机要随时注意电动机的温升。

④ 绕线式转子电动机启动前，应注意检查启动电阻是否接入。接通电源后，随着电动机转速的提高而逐渐切除启动电阻。

⑤ 几台电动机由同一台变压器供电时，不能同时启动，应由大到小逐台启动。

## 8.1.3 运行中的监视

对运行中的电动机应经常检查它的外壳有无裂纹，螺钉是否有脱落或松动，电动机有无异响或振动等。监视时，要特别注意电动机有无冒烟和异味出现，若嗅到焦味或看到冒烟，必须立即停机处理。

对轴承部位，要注意它的温度和响度。温度升高、响声异常则可能是轴承缺油或磨损。

用联轴器传动的电动机，若中心校正不好，会在运行中发出响声，并伴随着发生电动机振动和联轴节螺栓胶垫的迅速磨损。这时应重新校正中心线。用皮带传动的电动机，应注意皮带不应过松而导致打滑，但也不能过紧而使电动机轴承过热。

**特别提示**

在发生以下严重故障情况时，应当停机处理：

① 人身触电事故。

② 电动机冒烟。

③ 电动机剧烈振动。

④ 电动机轴承剧烈发热。

⑤ 电动机转速迅速下降，温度迅速升高。

# 8.2 异步电动机维修及故障排除

## 8.2.1 电动机的定期维修

异步电动机定期维修是消除故障隐患、防止故障发生的重要措施。电动机维修分月维修和年维修，俗称小修和大修。前者不拆开电动机，后者需要将电动机全部拆开进行维修。

### 1. 定期小修主要内容

定期小修是对电动机的一般清理和检查，应经常进行。小修内容包括：

① 清擦电动机外壳，除掉运行中积累的污垢。

② 测量电动机的绝缘电阻，测后注意重新接好线，拧紧接线头螺钉。

③ 检查电动机端盖、地脚螺钉是否坚固。

④ 检查电动机接地线是否可靠。

⑤ 检查电动机与负载机械间的传动装置是否良好。

⑥ 拆下轴承盖，检查润滑介质是否变脏、干涸，及时加油或换油。处理完毕后，注意上好端盖及坚固螺钉。

⑦ 检查电动机附属启动和保护设备是否完好。

### 2. 定期大修内容

异步电动机的定期大修应结合负载机械的大修进行。大修时，拆开电动机进行以下项目的检查修理。

① 检查电动机各部件有无机械损伤，若有则应做相应修复。

② 对拆开的电动机和启动设备，进行清理，清除所有油泥、污垢。清理中注意观察绕组绝缘状况。若绝缘为暗褐色，说明绝缘已经老化，对这种绝缘要特别注意不要碰撞使它脱

落。若发现有脱落就进行局部绝缘修复和刷漆。

③ 拆下轴承，浸在柴油或汽油中彻底清洗。将轴承架与钢珠间残留的油脂及脏物洗掉后，用干净柴油（汽油）清洗一遍。清洗后的轴承应转动灵活，不松动。若轴承表面粗糙，说明油脂不合格；轴承表面变色（发蓝），则它已经退火。根据检查结果，对油脂或轴承进行更换，并消除故障原因（如清除油中砂、铁屑等杂物；正确安装电动机等）。

轴承安装时，加油应从一侧加入。油脂占轴承内容积 1/3~1/2 即可。油加的太满会发热流出。润滑油可采用钙基润滑脂或纳基润滑脂。

④ 检查定子绕组是否存在故障。使用兆欧表测绕组电阻可判断绕组绝缘是否受潮或是否有短路。若有，应进行相应处理。

⑤ 检查定、转子铁芯有无磨损和变形，若观察到有磨损处或发亮点，说明可能存在定、转子铁芯相擦。应使用锉刀或刮刀将亮点刮低。若有变形应做相应修复。

⑥ 在进行以上各项修理、检查后，对电动机进行装配、安装。

安装完毕的电动机，应进行修理后检查，符合要求后，方可带负载运行。

## 8.2.2 常见故障及排除方法

### 1. 电源接通后电动机不启动的可能原因

① 定子绕组接线错误、检查接线，纠正错误。

② 定子绕组断路、短路或接地，绕线转子异步电动机转子绕组断路。找出故障点，排除故障。

③ 负载过重或传动机构被卡住。检查传动机构及负载。

④ 绕线转子异步电动机转子回路断线（电刷与滑环不良，变阻器断路，引线不良等）。找出断路点，并加以修复。

⑤ 电源过低。检查原因并排除。

### 2. 电动机温升过高或冒烟的可能原因

① 负载过重或启动过于频繁。减轻负载、减少启动次数。

② 三相异步电动机断相运行。检查原因，排除故障。

③ 定子绕组接线错误。检查定子绕组接线，加以纠正。

④ 定子绕组接地或匝间、相间短路。查出接地或短路部位，加以修复。

⑤ 笼形异步电动机转子断条。铸铝转子必须更换，铜条转子可修理或更换。

⑥ 绕线转子异步电动机转子绕组断相运行。找出故障点，加以修复。

⑦ 定子、转子相擦。检查轴承、转子是否变形，进行修理或更换。

⑧ 通风不良。检查通风是否畅通，对不可反转的电动机检查其转向。

⑨ 电源电压过高或过低。检查原因并排除。

3. 电动机振动的可能原因

① 转子不平衡。校正平衡。
② 皮带轮不平稳或轴弯曲。检查并校正。
③ 电动机与负载轴线未对正。检查、调整机组的轴线。
④ 电动机安装不良。检查安装情况及地脚螺栓。
⑤ 负载突然过重。减轻负载。

4. 运行时有异声的可能原因

① 定子转子相擦。检查轴承、转子是否变形，进行修理或更换。
② 轴承损坏或润滑不良。更换轴承，清洗轴承。
③ 电动机两相运行。查出故障点并加以修复。
④ 风叶碰机壳等。检查消除故障。

5. 电动机带负载时转速过低可能原因

① 电源电压过低。检查电源电压。
② 负载过大。核对负载。
③ 笼形异步电动机转子断条。铸铝转子必须更换，铜条转子可以修理或更换。
④ 绕线转子异步电动机转子绕组单相接触不良或断开。检查电刷压力，电刷与滑环接触情况及转子绕组。

6. 电动机外壳带电的可能原因

① 接地不良或接地电阻太大。按规定接好地线，消除接地不良处。
② 绕组受潮。进行烘干处理。
③ 绝缘有损坏，有污物或引出线碰壳。修理并进行浸漆处理，消除污物，重接引出线。

# 8.3 异步电动机启动和制动控制实训

## 8.3.1 实训目的

① 掌握电动机的几种启动和制动控制线路的接线和操纵方法。
② 熟悉有关电动机电器的结构、原理及使用方法。
观察电动机在各种控制线路控制下的启动和制动过程；增加感性认识，巩固所学知识。

## 8.3.2 实训设备和器材

实训设备和器材见表8-1。

表 8-1

| 序号 | 代号 | 名称 | 规格 | 数量 | 备注 |
|---|---|---|---|---|---|
| 1 | M | 三相异步电动机 | 250W | 1 | 或其他规格 |
| 2 | KM | 交流接触器 | CJ10-10 380V | 1 | 与电动机配套 |
| 3 | FR | 热继电器 | JR16 500V | 1 | 或其他规格 |
| 4 | SB | 按钮开关 | LA10-3H | 1 | 或其他型号 |
| 5 | QS | 漏电断路器 | DZ15LE-40/390 | 1 | 或其他型号 |
| 6 | FU | 熔断电器 | RC1-10 | 3 | 与电动机配套 |
| 7 | | 连接导线 | 自选 | 适量 | |
| 8 | QS | 隔离开关 | 三刀单掷 | 1 | |
| 9 | A | 钳形电流表 | 0~10~30A | 1 | |
| 10 | | 控制板 | | | |
| 11 | | 万用表 | 自选 | 1 | |
| 12 | | 电工工具 | 自选 | 1 套 | |

## 8.3.3 实训电路

如图 8-1 所示。

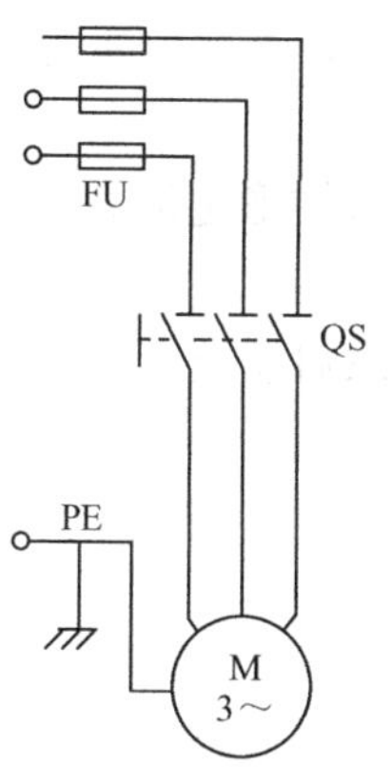

（a）开关控制启动

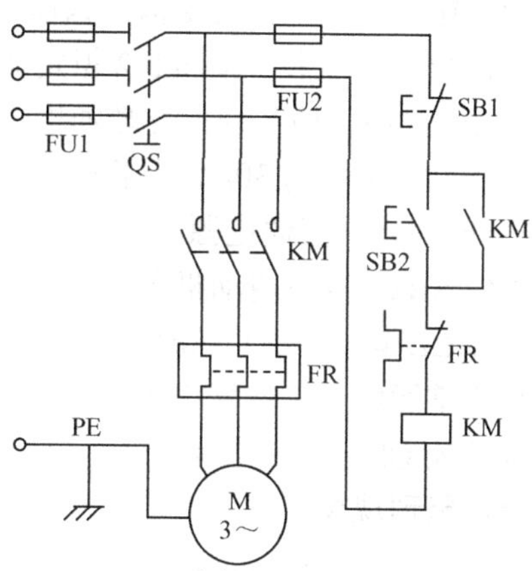

（b）接触器控制启动

图 8-1 异步电动机启动控制实训电路

## 8.3.4 实训内容和步骤

### 1. 隔离开关控制全压启动

① 检查核对全部实训设备和器材。

② 熟悉开关、熔断器和电动机的接线方式及钳形电流表的使用方法。

③ 按图 8-1（a）所示接线，自行检查，并请实训指导教师检查。

④ 选择钳形电流表的量程为 30A，并将任意一根相线卡入钳口，且使之位于钳口中央。

⑤ 合上隔离开关 QS，观察电动机全压启动情况。并记录启动电流 $I_Q$=________A；待电动机工作后，记录工作（空载）电流 $I$=________A（用 10A 量程测量）。

断开隔离开关 QS，观察电动机自然停转情况。

拆下线路，整理现场。

2. 接触器控制全压启动（点动和长动控制电路）

① 了解启动按钮和交流接触器的结构、原理及使用方法。

② 拟定接触器和启动按钮在控制板上的安装位置和实际接线图。

③ 按图 8-1（b）所示接线，请实训指导教师检查。

④ 选择钳形电流表的量程为 30A，并将任意一根相线卡入钳形电流表的钳口内，且使之位于钳口中央。

⑤ 合上隔离开关 QS，接通电源。

⑥ 按下启动按钮 SB2，观察电动机全压启动情况。并记录启动电流 $I_Q$= ______A；待电动机正常转动后，再记录工作（空载）电流 $I$= ______A（用 10A 量程测量）。

⑦ 按下停止按钮 SB1，观察电动机自然停转情况。

⑧ 断开隔离开关 QS，切断电源。

3. 具有过载保护的接触器自锁全压启动

① 了解停止按钮和热继电器的结构、原理及使用方法。

② 在前面实训线路基础上，按图 8-2 拟定加装热继电器和停止按钮的位置及接线图。

③ 按图 8-2 所示接线，请实训指导教师检查。

④ 选择钳形电流表量程为 30A，并将任意一根相线卡入钳形电流表的钳口中央。

⑤ 合上隔离开关 QS，接通电源。

⑥ 按启动按钮 SB2，观察电动机全压启动情况。并记录启动电流 $I_Q$= ______A；待电动机正常运转后，记录工作（空载）电流 $I$= _______A（用 10A 量程测量）。

⑦ 待电动机正常运转后，按停止按钮 SB1，观察电动机停转情况。

⑧ 断开隔离开关 QS，切断电源。

⑨ 拆下线路，整理现场。

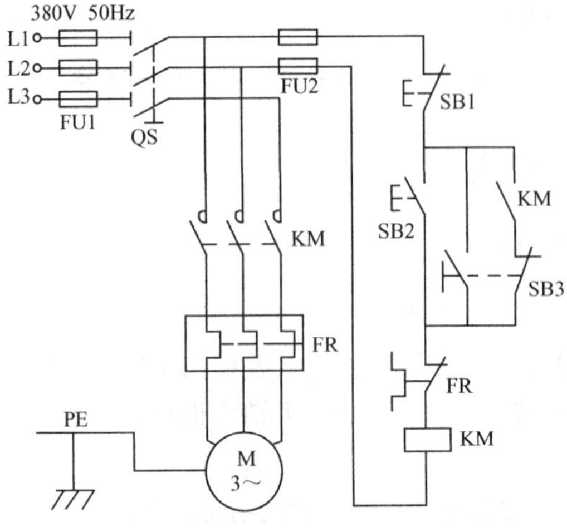


图 8-2 接触器控制点动和长动控制电路

4. 隔离开关控制反接制动

① 熟悉三刀双掷开关的使用方法。

② 画出反接制动安装接线图，经教师检查允许后接线。本实训所用开关要求事先由专业电工安装好。千万注意：一定要站在橡皮或其他绝缘垫上仔细地进行接线，并注意防止电源线短路和碰触带电的裸露导体，在接线过程中开关保持断开位置。

③ 选择钳形电流表的量程为30A，并将任意一根相线卡入钳形电流表的钳口中央。

④ 经过教师检查无误后通电，将开关QS向上闭合，接通电源，观察电动机启动运转情况，并记下启动电流$I_Q$= ______A；待电动机正常运转后，记下工作（空载）电流$I$= ______A（用10A量程测量）。

⑤ 扳断开关QS，观察电动机继续运转情况；并立即将开关QS向下闭合，观察电动机反接制动情况；待电动机转速接近零时，应立即扳断开关QS，否则电动机将反向启动。

⑥ 重复一次步骤④和⑤。

⑦ 拆下线路，整理现场，交实训指导教师验收。

## 8.3.5 实训说明

① 隔离开关控制全压启动电路简单，砂轮机、排气风扇等常用这种电路。接触器控制全压启动（点动）电路启动和停止方便，电动葫芦的起重电机控制、车床拖板箱快速移动的电机控制和绕线机等需要经常启动和停止的生产机械常用这种电路。该线路还增设了热继电器，所以具有过载保护作用。这种线路在工作机械中被广泛应用。隔离开关控制反接制动是通过改变隔离开关的合闸位置，直接改变电动机定子绕组中的电源相序来制动的。这种电路应用不多，这里只是通过这个实训实践和观察制动情况。

② 一般10kW以下的小容量电动机或电动机容量不超过电源变压器容量的15%~20%时都可以直接启动。大容量电动机不能直接启动。因为大容量电动机启动电流大，会引起线路压降大，影响接于同一电网上其他设备的正常运行；而且过大的电流会引起电动机发热，加速绝缘老化；缩短电动机寿命。

③ 实训电路图中各电器的触点均处于静止状态位置，也就是电路没有通电或电器没有受到压力时，电器没有任何动作时的自然状态位置。

④ 整个实训应站在橡皮或其他绝缘垫上进行。同时在实训操纵时，要远离电动机的转动部分，并注意不要触摸各种电器的接线螺钉等裸露导体。

⑤ 如果实训所用电动机额定运行为三角形连接（一般4kW以上电动机），则只要增加一个星三角形启动器，就可做手动星形-三角形降压启动实训。对额定运行为星形连接的小容量电动机，也可用一台三相调压变压器将三相380V交流电源电压降为220V交流电压后，进行星形-三角形降压启动实训。

### 8.3.6 实训报告

在实训报告中，除包含上述实训目的、实训设备和器材、实训电路、实训内容和步骤外，还应对下列问题进行讨论和回答。

① 写出各实训电路的启动或制动过程。

② 写出实训体会和心得。

## 8.4 异步电动机的正反转控制实训

### 8.4.1 实训目的

① 掌握电动机的几种正反转控制线路的接线和操纵方法。

② 熟悉有关电动机电器的结构、原理及使用方法。

观察电动机在几种控制线路控制下的正反转过程，增加感性认识，巩固所学知识。

### 8.4.2 实训设备和器材

实训设备和器材见表 8-2。

表 8-2

| 序　号 | 代　号 | 名　称 | 规　格 | 数　量 | 备　注 |
|---|---|---|---|---|---|
| 1 | M | 三相异步电动机 | 250W | 1 | 或其他规格 |
| 2 | KM | 交流接触器 | CJ10-10 380V 10A | 2 | 与电动机配套 |
| 3 | FR | 热继电器 | JR16 500V | 1 | 或其他规格 |
| 4 | SB | 按钮 | LA10-3H | 2 | 或其他型号 |
| 5 | QS | 断路器 | DZ5-20/330 | 1 | 或其他型号 |
| 6 | FU1 | 熔断器 | RC1-10 | 3 | 与电动机配套 |
| 7 | QS | 倒顺开关 | HY2-15 | 1 | 或其他型号 |
| 8 | QS | 漏电断路器 | DZ15LE-40/390 | 1 | |
| 9 | | 连接导线 | 自选 | 适量 | |
| 10 | | 控制板 | | 1 | |
| 11 | | 万用表 | 自选 | 1 | |
| 12 | | 电工工具 | 自选 | 1 套 | |

### 8.4.3 实训电路

实训电路如图 8-3 所示。

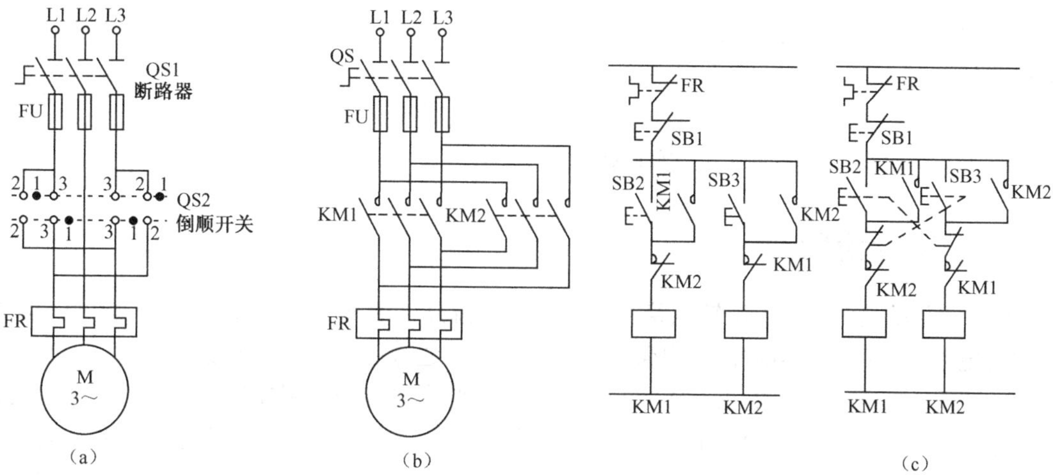


图 8-3 电动机正反转控制线路

## 8.4.4 实训内容和步骤

1. 倒顺开关控制正反转电路

① 检查核对全部实训设备和器材。

② 熟悉电动机和开关的接线方式，如图 8-3（a）所示接线图。

③ 画出接线电路图，（注意 QS 处于断开位置）请实训指导教师检查后接线。

④ 将开关 QS 扳向正转位置，接通电源，观察电动机启动运转情况。

⑤ 待电动机正常运转后，再断开开关 QS，并将开关 QS 扳向反转位置，接通电路，观察电动机反向启动运转情况。

⑥ 扳断开关 QS，切断电源。

⑦ 拆下线路（千万注意开关应始终保持断开位置），整理现场。

2. 接触器连锁的正反转控制电路

① 熟悉接触器、热继电器和按钮的结构、原理和使用方法；用万用表查明各电器的常开触点、常闭触点和线圈所对应接线柱；再仔细观察各元件上所有触点的“开”、“断”动作的相应关系，做到心中有数。

② 根据实训电路拟定实际接线图及各元件在控制板上的安装位置，并仔细检查拟定方案是否正确。

③ 按如图 8-3（b）所示接线，千万注意开关 QS 必须处于断开状态。

④ 请实训指导老师检查。

⑤ 闭合电源开关 QS，接通电源。通电时，应指定一位同学负责三相电源，三相闸刀合闸时，手暂不离开，如发现问题，立即断开电源。

⑥ 按下启动按钮 SB2，接触器 KM1 线圈通电，其常开辅助触点 KM1 闭合自锁，三个常开主触点 KM1 也同时闭合，电动机定子绕组通电，观察电动机正转情况。

⑦ 按下停止按钮 SB1，观察电动机失电停转情况。

⑧ 按下启动按钮 SB3，接触器 KM2 线圈通电，其常开辅助触点 KM2 闭合自锁，三个常开主触点 KM2 也同时闭合，电动机定子绕组通电，观察电动机反转情况。

⑨ 按下停止按钮 SB1，并断开电源开关 QS，切断电源。

⑩ 拆下线路，整理现场，交实训指导老师验收。

### 8.4.5 实训说明

① 隔离开关控制的正反转电路是通过三刀双掷开关改变合闸位置来更换电源相序，直接实现电动机正反转的电路，结构简单，原理易懂，通过这个实训很容易了解电动机的正反向运转情况。接触器连锁的正反转控制电路是采用两个接触器分别控制电动机的正转和反转的电路。由于两个接触器的三个主触头连接电源的相序不同，所以能改变电动机的转向。为避免短路事故，主触头决不允许同时闭合，所以在控制电路中串联常闭辅助触头，以便互相制约（称为连锁）。因连锁双方为接触器，所以又称为接触器连锁。图 8-3 中的 FR 是热继电器，起过载保护作用。这种电路安全可靠，但改变电动机的转向必须先按停止按钮，再按反转启动按钮，操作不够方便。为克服上述缺点，可改用复合按钮进行操作，则上述电路变为图 8-3（c）所示的复合连锁的正反转控制电路。本实训也可改为按此电路进行，所用设备和器材及实训步骤与上述实训基本相同。

② 实训电路图中各电器的触点均处于静止状态位置，也就是电路没有通电或电器没有受到压力、电器没有任何动作时的自然状态位置。

③ 整个实训应站在橡皮或其他绝缘垫上进行。同时在实训操作时，要远离电动机的转动部分，并注意不要触摸各种电器的接线螺钉等暴露导体。

### 8.4.6 实训报告

在实训报告中，除包含上述实训目的、实训设备和器材、实训电路、实训内容和步骤外，还应对下列问题进行讨论和回答：

① 写出各电路的工作过程。

② 写出实训体会和心得。

## 8.5 生产机械的限位控制实训

### 8.5.1 实训目的

① 熟悉有关电动机及电器的结构、原理及使用方法。

② 掌握生产机械的限位控制电路的工作原理、接线与操纵方法。

观察生产机械的限位控制的模拟过程，增加感性认识，巩固所学知识。

## 8.5.2 实训设备和器材见表 8–3

表 8-3

| 序号 | 代号 | 名称 | 规格 | 数量 | 备注 |
|---|---|---|---|---|---|
| 1 | M | 三相异步电动机 | 250W | 1 | 或其他型号 |
| 2 | KM | 交流接触器 | CJ10-10 380V 10A | 2 | 或其他型号 |
| 3 | FR | 热继电器 | JR16-20 500V | 1 | 或其他型号 |
| 4 | SB | 按钮开关 | LA10-3H | 2 | 或其他型号 |
| 5 | QS | 断路器 | DZ5-20/330 | 1 | 或其他型号 |
| 6 | FU | 熔断器 | RC1-10 | 3 | |
| 7 | | 控制板 | | | |
| 8 | SQ | 限位开关 | JLXK1-111 | 4 | 或其他型号 |
| 9 | | 连接导线 | 自选 | 适量 | |
| 10 | | 万用表 | 自选 | 1 | |
| 11 | | 电工工具 | 自选 | 1 套 | |

## 8.5.3 实训电路

实训电路如图 8-4 所示。

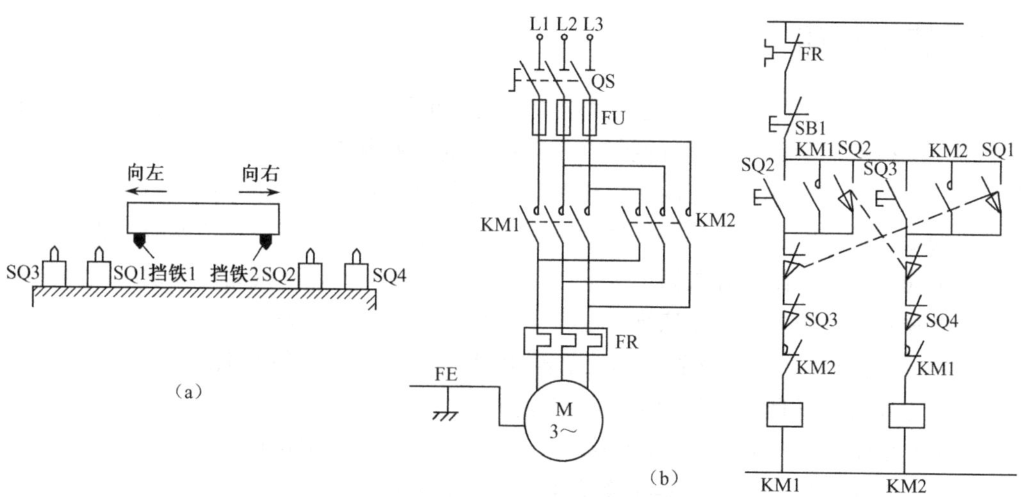


图 8-4 生产机械的限位控制电路

## 8.5.4 实训步骤

① 检查核对实训设备和器材。

② 了解实训所用接触器、热继电器、按钮和限位开关的结构、原理和使用方法及电动机的接线方法；并用万用表查实各电器的常开触点、常闭触点和线圈所对应的接线柱；再仔细观察各元件上所有触点的“开”、“断”动作的相应关系，做到心中有数。

③ 根据实训电路拟定实际接线图及各元件在控制板上的安装位置，并仔细检查拟定方

案是否正确。

④ 按如图 8-4（b）所示接线安装，千万注意开关 QS 必须处于断开状态。

⑤ 请实训指导教师检查。

⑥ 合上电源开关 QS，接通电源。通电时应指定一位同学负责三相电源，三相闸刀合闸时，手暂不离开，如发现异常现象，应立即断开电源。

⑦ 按一下正向启动按钮 SB2，正转接触器 KM1 得电并自锁，电动机正转，工作台前进。当工作台运行到 SQ2 的位置时，撞块压下 SQ2，SQ2 的动断触点使 KM1 失电，但 SQ2 的动合触点却使 KM2 得电并自锁，电动机反转，使工作台后退。后退到 SQ1 位置时，撞块压下 SQ1，使 KM2 失电，KM1 又得电动作，电动机又带动工作台前进，它就这样往复循环下去，直到按下停止按钮 SB1 才停止循环。

⑧ 图 8-4（a）中 SQ3 和 SQ4 为限位保护开关，安装在极限位置，当由于某种故障，工作台到达 SQ1 或 SQ2 位置时，未能切断 KM2（或 KM1），工作台继续移动到极限位置，压下 SQ3（或 SQ4），最终将控制线路断开，使电动机停止运转，避免了工作台由于超出允许位置所导致事故，此种线路称为超程保护。

⑨ 按停止按钮 SB1，电动机停转。

⑩ 断开电源开关 QS，切断电源。

⑪ 拆下线路，整理现场，打扫卫生，交实训指导教师验收。

## 8.5.5 实训说明

① 生产机械的限位控制电路是利用限位开关（也称行程开关）将机械信号转换成电信号，实现生产机械运动部件的行程控制，使其在一定范围内自动循环往返的电路。这种电路应用很广，龙门刨床、导轨磨床的工作台等等都是利用这种控制电路来控制的。工作台等行程大小可通过移动挡铁位置来调节。这种电路本来只要利用两个限位开关就能完成行程控制任务，因考虑到这两个限位开关万一失灵，势必引起事故，所以在线路中增设终端保护限位开关，以避免事故的发生。在本实训中也可不用终端保护限位开关。

② 实训电路图中各电器的触头均处于静止状态位置，也就是电路没有通电或电器没有受到压力、电器没有任何动作时的自然状态位置。

③ 整个实训应站在橡皮或其他绝缘垫上进行。同时在实训操作时，要远离电动机的转动部分，并注意不要触摸各种电器的接线螺钉等裸露导体。

## 8.5.6 实训报告

在实训报告中，除包含上述实训目的、实训设备和器材、实训电路、实训步骤外，还应对下列问题进行讨论和回答：

① 写出本实训电路的工作过程。

② 写出实训体会和心得。

# 本 章 小 结

本章要求了解异步电动机的运行管理知识及维修常识；掌握异步电动机运行时的故障排除方法；能完成电动机的启动和制动控制；电动机的正反转控制；生产机械的限位控制三个实训。

电力拖动是指以电动机为原动机来带动生产机械使之运转的一种方式。它的应用范围极广，这就需要机电工程技术人员必须了解异步电动机的运行管理知识及维修常识；基本掌握异步电动机运行时的故障排除方法。

不同的生产机械对电动机的运转方式有不同的要求。这就需要用各种电器组成不同的电气控制系统。任何一套工作机械的控制线路都是由这些基本控制环节组成的。

本章介绍了使用异步电动机需要了解的运行管理知识及维修常识，说明异步电动机运行时的一些基本故障的排除方法，选择了电动机的启动和制动控制；电动机的正反转控制；生产机械的限位控制三个实训来实践电力拖动的基本环节。

# 思考与练习

8-1　一台搁置较久的三相笼形异步电动机，在通电使用前应进行哪些准备工作后才能通电使用？

8-2　三相异步电动机在通电启动时应注意哪些问题？

8-3　三相异步电动机在连续运行中应注意哪些问题？

8-4　如发现三相异步电动机通电后电动机不转动首先应怎么办？其原因主要有哪些？

8-5　三相异步电动机在运行中发出焦臭味或冒烟应怎么办？其原因主要有哪些？

8-6　写出三相异步电动机的启动和制动控制实训报告。

8-7　写出三相异步电动机的正反转控制实训报告。

8-8　写出生产机械的限位控制实训报告。

# 参考文献


[1] 王广惠、王铁光、李树元．电机与拖动．北京：中国电力出版社，2007
[2] 杨天明、陈杰．电机与拖动．北京：中国林业出版社，北京大学出版社，2006
[3] 阎伟．电机技术．济南：山东科学技术出版社，北京大学出版社，2005
[4] 叶水音．电机．北京：中国电力出版社，2001
[5] 郑朝科、唐顺华．电机学．上海：同济大学出版社，1998
[6] 施振金．电机与电气控制．北京：人民邮电出版社，2007
[7] 许实章．电机学．北京：机械工业出版社，1990
[8] 吴浩烈．电机及电力拖动基础．重庆：重庆大学出版社，1996
[9] 周鄂．电机学．北京：水电出版社，1994
[10] 牛维扬．电机学．北京：中国电力出版社，1998
[11] 魏涤非、戴源生．电机技术．北京：中国水利水电出版社，2004
[12] 肖兰、马爱芳．电机与拖动．北京：中国水利水电出版社，2004
[13] 冯欣南．电机学．北京：机械工业出版社，1985
[14] 周元一．电机与电气控制．北京：机械工业出版社，2007.2
[15] 陈隆昌．控制电机．西安：西安电子科技大学出版社，2000.5
[16] 许晓峰．电机及拖动．北京：高等教育出版社，2000.8
[17] 张秀然，张希志，蔡振江主编．电工技术．北京：中国水利水电出版社，2001
[18] 梅开乡，徐滤非编著．电工职业技能实训．北京：人民邮电出版社，2006
[19] 张君薇主编．电工技术．沈阳：辽宁大学出版社，2006
[20] 闫聪主编．电工技术基础．北京：清华大学出版社，2003
[21] 邢江勇主编．电工技术与实训．武汉：武汉理工大学出版社，2006
[22] 李守成主编．电工电子技术．成都：西南交通大学出版社，2002
[23] 马宏骞主编．电气控制技术．大连：大连理工大学出版社，2005
[24] 王振有主编．中低压电控实用技术．北京：机械工业出版社，2003
[25] 武兆明主编．电气控制与 PLC 技术．北京：清华大学出版社，2005
[26] 隋惠芳主编．电机与电力拖动．北京：清华大学出版社，2005
[27] 王桂英主编．电机与拖动．沈阳：东北大学出版社，2004
[28] 吴雪琴主编．电工技术．北京：北京理工大学出版社，2006
[29] 袁宏主编．电工技术．北京：机械工业出版社，2002
[30] 颜伟中主编．电工学（土建类）．北京：高等教育出版社，2002